高等职业教育畜牧兽医类专业系列教材

人社部全国技工教育和职业教育“十四五”规划教材

猪生产

主编◎周芝佳

ZHUSHENGCHAN

北京师范大学出版集团
BEIJING NORMAL UNIVERSITY PUBLISHING GROUP
北京师范大学出版社

图书在版编目(CIP)数据

猪生产/周芝佳主编. —北京：北京师范大学出版社，2026.1
ISBN 978-7-303-26636-4

Ⅰ. ①猪… Ⅱ. ①周… Ⅲ. ①养猪学 Ⅳ. ①S828

中国版本图书馆 CIP 数据核字(2021)第 007645 号

出版发行：北京师范大学出版社 https://www.bnupg.com
北京市西城区新街口外大街 12-3 号
邮政编码：100088
印　　刷：北京天泽润科贸有限公司
经　　销：全国新华书店
开　　本：787 mm×1092 mm　1/16
印　　张：20
字　　数：410 千字
版 印 次：2026 年 1 月第 1 版第 4 次印刷
定　　价：49.80 元

策划编辑：周光明　　　　责任编辑：周光明
美术编辑：焦　丽　　　　装帧设计：焦　丽
责任校对：陈　民　　　　责任印制：赵　龙

教材编写委员会

白彩霞(黑龙江职业学院)

周芝佳(黑龙江职业学院)

赵　玮(黑龙江职业学院)

孙英杰(黑龙江职业学院)

范秀敏(黑龙江职业学院)

王　敏(黑龙江职业学院)

周　扬(黑龙江职业学院)

王素梅(黑龙江职业学院)

刘　丽(黑龙江职业学院)

张淑娟(黑龙江职业学院)

王彩丽(黑龙江职业学院)

宋　林(黑龙江职业学院)

刘广文(黑龙江职业学院)

蔡皓璠(黑龙江职业学院)

陈锦辉(黑龙江职业学院)

刘本君(黑龙江职业学院)

王　波(黑龙江正大实业有限公司)

赵　富(哈尔滨鹏程饲料科技有限公司)

谷庆年(哈尔滨大北农牧业科技有限公司)

田丽华(黑龙江正邦农牧科技有限公司)

本书编审人员

主　　编　周芝佳（黑龙江职业学院）

副 主 编　王艳辉（黑龙江职业学院）

　　　　　母治平（重庆三峡职业学院）

参　　编　贾洪山（哈尔滨鸿福集团种猪场）

　　　　　那怀宇（哈尔滨市双城区农业农村局）

　　　　　夏梓博（东北石油大学）

主　　审　吴学军（黑龙江职业学院）

内容简介

本教材是编写围绕着高职(高专)教育培养目标，依据“成果导向＋行动学习”的教学理念，兼顾职教性和高教性有机统一的教学改革思路，结合畜牧兽医行业生产岗位的职业需要，以培养学生自主学习为主线，打破传统的“章—节”式体例，同时引入了较先进的教学内容和教学方式，组织编写的适用于畜牧兽医职业岗位的成果导向教材。

在教材编写过程中，编者积极与养猪企业技术人员沟通，吸收养猪生产实践内容，同时设置任务工单，为开展项目化教学，采用行动导向教学方法提供保障。通过对本教材的学习，学生能按照国家(行业)标准掌握各阶段猪的饲养管理技术。通过识别猪品种，探究各阶段猪饲养管理技术，分析猪场生产案例，参加猪场实习，引导学生以强农兴农为己任，增强学生服务养殖业全面振兴的使命感和责任感。

本书可作为高职院校畜牧兽医类专业学生的专业课教材，也可作为相关技术人员的岗位培训教材和工具书。

序

随着畜牧业进入新的发展阶段，新工艺、新技术在生产中广泛应用，企业管理、动物饲养、动物繁育和疾病防治等生产领域对技术技能人才的需求越来越迫切，培养具有扎实畜牧兽医专业知识和较强动物生产实践能力的技术技能人才已成为本专业高职教育教学的紧迫使命。为实现这一人才培养目标，编写紧跟畜牧产业发展趋势和行业人才需求、面向典型岗位职业能力要求的“工单式”教材，已成为职业教育改革的首要任务。

按照《国家职业教育改革实施方案》和教育部《关于组织开展“十三五”职业教育国家规划教材建设工作的通知》相关要求，联合规范化畜牧企业的资深技术人员，引入新型工艺与实用技术，我们编写了本套高职畜牧兽医专业的“工单式”教材。这套教材遵循高职学生的认知规律和成果导向教育理念，面向专业培养目标，以典型工作任务为载体，对原学科体系的知识内容进行了工作过程系统化设计；依据人才需求调查，绘制了以“培养具有参与沟通合作和独立思考能力的终身学习者，具备畜牧兽医专业必备知识和较强动物生产管理实践能力的技术技能人才，成为具有敬业精神和全面发展的负责任公民”为总目标的人才培养蓝图，按蓝图分解能力构成，分科目实现职业能力，保证了专业培养目标能通过典型工作任务与典型学习任务的训练得以实现。

开发教材是人才培养最为重要的基础工作，而开发优质教材需要丰富的经验，由于作者队伍水平有限，加之时间仓促，本套教材定会有不足之处，欢迎各位专家和读者提出宝贵意见和建议。

前　言

本教材是根据教育部《关于加强高职高专教育人才培养工作的意见》和《关于全面提高高等职业教育教学质量的若干意见》的精神，围绕养猪生产的工作任务，以“项目导向、任务驱动”的教学改革思路，融合成果导向教学理念，面向学生就业岗位，突出职业性特点，兼顾职教性和高教性的有机统一，对现高职高专畜牧兽医专业教材进行了改革，将传统学科体系下的教材进行了重组、充实和改造，形成了符合学生认知特点，适应于畜牧兽医工作岗位需要、融知识与技能为一体的课程体系。

随着我国畜牧兽医行业的发展，高职院校培养的学生主要从事于畜牧生产、建设、服务和管理第一线工作，因此，作者结合养猪生产工作岗位的职业需要，编写了这本适用于猪生产岗位的成果导向教材。

本教材具有如下特点：

(1)基础性、综合性和高教性。基于养猪工作岗位的职业活动，针对岗位能力，将教材内容按照养猪工作环节划分为7个项目，项目下设任务，每个任务包含目标呼应、情境导入、知识链接、任务工单等，任务内容既有养猪的基础性操作和综合性职业活动内容，又有体现“高教性”的逻辑思维内容。

(2)适用性。每个项目由若干任务和操作训练组成，每个任务工单以养猪生产技能为核心，以相关基础知识为支撑和链接，体现教学内容的适用性。

(3)直观性和实用性。强化教学内容的直观性，选取了大量的猪品种、饲养管理操作照片，关键步骤有图片说明，使其更具有真实效果，有利于提高学生动手的能力，以及提高学生分析问题、解决问题的能力，增加了教材的实用性。

本教材由周芝佳担任主编并负责统稿，吴学军担任主审。本教材具体编写分工如下：项目一、项目三和项目六由周芝佳编写；项目二、项目四、项目五、项目七由王艳辉编写；附录部分由母治平编写；图片的收集和处理工作由贾洪山、那怀宇和夏梓博完成。

在本教材编写过程中，作者征求了行业专家的宝贵意见，同时得到了作者所在学院和教务处领导的支持和指导，在此一并表示感谢。

由于教学改革仍在不断探索之中，同时由于编写时间仓促且编者水平有限，书中不足之处在所难免，恳请各位读者提出宝贵意见和建议。

编　者

成果蓝图

成为具有参与沟通合作和独立思考能力的终身学习者

成为具有必备畜牧兽医专业知识和较强动物生产管理实践能力的技术技能人才

成为具有敬业精神和全面发展的负责任公民

沟通整合	学习创新	专业技能	问题解决	责任关怀	职业素养
具备主动沟通、积极交流的能力	具备持续学习和信息处理的能力	具备精准应用畜牧兽医专业知识的能力	具备执行畜牧兽医行业标准和实施、分析实验的能力	具备关心时事、承担责任、关爱他人、爱护动物的能力	具备遵守畜牧兽医职业规范、爱岗敬业的职业素养
具备团队协作、尊重多元观点的能力	具备独立思考和基本的创业能力	具备熟练运用专业基本技术、畜牧业设施设备的能力	具备确认畜牧业生产问题、提出解决方案并执行的能力	具备人文、艺术的基本涵养和保持身心健康的能力	具备职业生涯规划和适应岗位变迁的能力

课程目标	专业能力指标
能选用猪场常用的设施设备	具备精准应用畜牧兽医专业知识的能力
能掌握种猪、仔猪和肉猪饲养管理技术	
能根据不同猪场的规模合理编制生产工艺	具备确认畜牧业生产问题、提出解决方案并执行的能力
能制订猪种选留、利用的方案	
能应用饲养管理知识，评价猪生产常见问题及饲养效果	
养成严谨认真、安全生产的工作态度	具备遵守畜牧兽医职业规范、爱岗敬业的职业素养

目 录

项目一 猪场建设前的筹划 …… 1
任务一 养猪业的概况 …… 1
任务二 确定猪场规模及生产工艺 …… 7
任务三 猪场场址的选择、规划布局与猪舍建筑 …… 15
任务四 猪场设备的选用 …… 26
任务五 控制猪舍内环境 …… 38
任务六 饲料筹划 …… 43

项目二 猪品种的识别及利用 …… 56
任务一 识别猪品种 …… 56
任务二 猪的杂交利用 …… 73
任务三 猪的选种选配 …… 82

项目三 种猪的饲养管理 …… 109
任务一 猪的生物学特性 …… 109
任务二 饲养管理种公猪 …… 118
任务三 饲养管理配种前母猪 …… 124
任务四 猪的配种 …… 132
任务五 饲养管理妊娠母猪 …… 145
任务六 接产技术 …… 156
任务七 饲养管理泌乳母猪 …… 164

项目四 仔猪的饲养管理 …… 170
任务一 哺乳仔猪的培育 …… 170
任务二 保育猪的培育 …… 181

项目五 生长育肥猪的饲养管理 …… 192
任务一 体组织生产发育规律 …… 192
任务二 育肥猪的培育 …… 199

项目六 猪场的生物安全管理 …… 213
任务一 猪场的消毒 …… 213
任务二 猪群免疫接种 …… 222
任务三 控制与净化猪场寄生虫 …… 229

任务四 猪场废弃物的处理 …… 234
任务五 猪场重大突发事件应急处理 …… 241

项目七 猪场的经营管理 …… 249
任务一 管理猪场数据 …… 249
任务二 制订猪场管理技术岗位工作规范 …… 259
任务三 分析及控制猪场的生产成本 …… 270

附 录 …… 278
附录1 猪的饲养标准 …… 278
附录2 饲料成分及营养价值 …… 296

参考文献 …… 305

项目一
猪场建设前的筹划

任务一　养猪业的概况

目标呼应

任务目标	课程教学目标
了解我国养猪业的现状	能分析我国养猪业的行情
了解我国养猪业目前存在的问题	

情境导入

中国养猪业的历史悠久，自古就有“猪粮安天下”的说法，即便现在，在评价物价变化的指数中，猪肉的价格也是肉类的代表，具有举足轻重的地位。那么，目前我国养猪业的现状如何？未来又将是怎样的格局呢？

知识链接

一、我国养猪业的发展特点

我国养猪业的发展特点有以下几个方面。

(1)种猪繁育体系初步建成，良种猪覆盖率显著提高。根据《中国猪品种志》和联合国粮农组织(FAO)统计，中国地方猪品种 48 个，培育猪品种 50 多个，引入猪品种 10 多个。这些猪都具有优良的基因体，为培育优质猪肉提供了良好的基因。其中，从国外引入的品种主要有大约克夏猪、长白猪、杜洛克猪、汉普夏猪和皮特兰猪；引入的配套系有 PIC 配套系、迪卡配套系、托佩克配套系和斯格配套系等。我国培养的品种(品系)主要有：20世纪70—90年代培育了28个新品种(如浙江中白猪、上海白猪和北京黑猪等)，从地方品种中培育成的新品系(如金华猪Ⅰ系、Ⅱ系和Ⅲ系等)，已经通过国家畜禽品种审定委员会审定的有8个配套系(如光明猪配套系、渝荣1号猪配套系等)。为了整合和提高种质资源的开发利用，我国已初步形成了以国家育种中心、原种猪场、品种改良站(人工授精站)、国家测定中心为框架的种猪繁育体系。目前，还在不断地完善布局、扩大规模、加强种质性能测定，加快育种步伐，不断扩大良种覆盖率。

(2)规模化程度不断提高，区域化养猪生产加速形成。市场经济的快速发展，大大推进了我国养猪产业化进程，年出栏50头以上商品猪的专业户逐年增加。2012年，长江流域、中原、东北三省、两广等地猪肉产量占全国的80%。其中年出栏5 000万头以上的有2个省[四川(5 774.9万头)、湖南(5 491.1万头)]，年出栏3 000万～4 000万头的有3个省(山东、河南、河北)，年出栏2 000万～3 000万头的有5个省(广东、广西、湖北、江西、安徽)。

辽宁、吉林、黑龙江三省为我国粮食主产区，饲料资源丰富，可以就地转化，饲料成本所占比重比其他省相对稍低。近年来生猪饲养量逐年上升，商品猪出栏率增幅明显提高(递增率为8%)，正在成为我国养猪产业的优势新区。

(3)生猪产业化经营快速发展，组织化程度不断提高。随着规模化生产的发展，养猪生产区域化的形成，促进了养猪龙头企业的发展，并与具有一定实力的肉类加工企业、饲料加工企业、动物保健品企业、专业合作中介组织联合发展，成为养猪生产基地、专业户和市场之间的桥梁和纽带，出现产、供、销一条龙的成熟产业化模式，如“公司＋基地＋农户”“公司＋农户＋市场”“公司＋园区＋农户”等模式。

(4)猪肉市场向安全化、多样化、特色化方向发展。我国城乡居民人均消费猪肉的差距比较大，分别为20.3 kg和13.8 kg，人们生活正在从温饱型向小康型过渡。随着人们生活水平的提高，不仅要求吃瘦肉，还要求无农药、抗生素、激素、重金属残留的放心肉、安全肉。

目前，我国猪肉消费市场上瘦肉型猪占比很大，该型猪肉具有肉色鲜红、肉嫩、肌纤维细、脂肪少、保水力好、瘦肉率适中的特点。同样含有我国地方猪血统的优质猪肉也深受人们青睐，中式的肉制品(烧烤、腌肉、酱肉)消费量上升。所以，猪肉市场已经向优质和多元化的方向转变。

(5)猪肉加工体系正在形成，加工能力与水平不断提高。20世纪90年代以来，我国先后从国外引进100多条生猪屠宰加工生产线、700多条高温火腿肠生产线和一些低温猪肉制品关键设施，加工能力和技术水平不断提高。我国有5万多个屠宰场，其中年屠宰量100万头以上的有300多家，年屠宰量10万～50万头的有1 500多家。同时，还涌现出一批大型肉类加工企业(如双汇、金锣、得利斯、鹏程等)，通过了BMP、HACCP质量认证体系，逐步建立了食品安全保障体系。

二、我国养猪业发展现状

随着经济改革和市场发展，我国养猪生产有了较大的提高。但与国外先进国家还有很大差距，诸多问题影响着我国养猪发展。我国养猪业发展现状表现如下。

(一)目前仍以农村散养为主，规模养猪发展速度在加快

我国养猪模式主要有传统的农户养猪、专业户养猪和工厂化养猪三种。

(1)传统的农户养猪：一般每户饲养1～5头，作为家庭的副业，较为粗放。生产的猪肉偏脂肪型，主要供应广大农村、城镇及中小城市。

(2)专业户养猪：一般每户饲养从几十头到上百头，从数百头到上千头不等。这种生产方式具有一定的专业性，要投入一定的资金建设专门的猪场，有专人负责管理，同时利用混合或配合饲料饲养。生产的猪肉偏瘦肉型，主要供应国内大中城市。

(3)工厂化养猪：一般单个猪场年出栏商品猪几千头到上万头。这种生产方式专业性强，投入也较大，要有一批专业人员负责生产管理，同时对饲料营养要求也很高，饲养专门化的洋二元、三元杂交种或专门化配套系。生产的猪肉为瘦肉型，主要供应国内大中城市。

(二)疫病复杂，连绵不断，难以有效控制

疫情的净化和控制责任重大，控制猪场疾病是养猪生产的保证。近年畜牧业的流行疾病情况令人堪忧，各地猪场疾病流行情况不容乐观，传统的流行疾病依旧威胁猪场安全。

(三)食品安全越来越受重视，药物残留问题亟待解决

食品安全问题事故的发生暴露了养殖环节中存在严重的安全生产隐患，猪肉的卫生安全成为消费者日益关注的一个问题，并且影响消费者的消费欲望和消费信心，导致产品大量积压和价格大幅度下降，这不仅给相关产业造成重大的经济损失，而且使整个产业陷入困境。影响我国猪肉食品安全的因素主要有：一是环境因素带来的猪肉质量和食品安全问题；二是饲料添加剂与兽药带来的安全隐患；三是重金属和微生物污染带来的食品安全问题。

(四)环保压力加大，环保成本增加

随着养猪业的快速发展，规模化、集约化的养殖小区不断增加，畜禽的粪便和污水排放剧增，养殖污染问题越来越严重。一些猪场将不经过任何处理的污水，直接排放到河流，严重污染水源，进入土壤也将造成大量矿物质和营养素富集，破坏土壤植被生长。同时，猪场产生的恶臭散发到空气中，造成空气质量恶化，污染大气环境。因此，如何在合理发展规模养殖、调整养殖结构与布局的同时治理养殖污染，是各级主管部门十分关心的问题。由于猪肉在我国人民食品结构中的重要地位，如何解决规模化养猪生产中的环境问题，做到既要发展经济，又要保护好环境就显得尤为重要。

(五)饲料资源紧张，成本上升

目前原料价格一定程度上主导着养猪业，高价格的原料限制了一部分人养猪。我国饲料原料市场已经逐步与国际接轨，同时受自然灾害、资源减少和国际贸易等因素的影响，近几年饲料原料价格居高不下，直接推动饲料产品进入高成本时代。与此同时，随着中国步入高劳动力成本时代，饲料行业的人工成本也逐年提高，助推了饲料企业的人力、原料、资金等一系列成本的全面上升。

我国豆粕生产主要依靠进口大豆，依存度达75%；鱼粉进口依存度达70%以上。饲用玉米用量已超过1.1亿t，占国内玉米产量的64%，玉米供应日趋紧张。从长远来看，随着养殖业和饲料行业的持续发展，大宗饲料原料的供求矛盾将进一步加剧，导致饲料原料价格不断上涨、波动更加频繁。目前，我国以玉米—豆粕型为主的日粮结构，在玉米、豆粕价格高和饲料产品利润率下降的趋势下，正受到市场的冲击。

(六)技术的进步与创新落后，管理人才缺乏

我国除发达地区和后来兴建的一些猪场设施较好以外，很多规模化猪场的设备老化，结构不合理，无法提供现代猪所需要的良好环境，更无法发挥其生长潜能。农村养猪者技术欠缺，科技推广任重道远。

三、我国养猪业面临的危机

我国是世界公认的生猪生产大国，但不是生猪强国，与美国、丹麦等国相比，还有较大的差距；疫病、药残、环境污染等因素也制约着我国养猪业的持续健康发展。目前，我国养猪业主要面临以下几个危机。

(1)政府倡导养猪(生态)小区，但是很多地方搞形象工程、贴金工程，而且各养猪(生态)小区由于技术水平、饲料质量、防疫情况、种猪质量不一致，生产效率和经济效益也不尽相同，特别是养猪业中的疾病控制和环境控制难度越来越大，生态破坏也越来越严重。

(2)大规模猪场抗风险的能力较差，特别是内地规模猪场，由于对市场开拓不够，产品质量不高，其经济效益也因此受到影响。同时规模猪场面临着农村养猪户和国外现代化养猪场的双重夹击，日后竞争将趋向白热化。

(3)疫病的威胁日趋加大。原来已有的疾病出现变异或更隐性，随着种猪引进的一些“洋病”，疫病形式更错综复杂；混合感染，代谢病，新的遗传病，非典型、亚临床病症增多，传染病的危害越来越大；无科学、系统、严密规范的防疫体系，也使猪场(群)间感染(传染)的概率加大，控制环境越来越无力；对传染病更是无法从气候、区域等方面来控制，所需安全半径与实际分布的养猪格局形成对峙局面。

四、我国养猪业的发展趋势

(一)养殖模式

随着市场竞争加剧和人们对畜产品质量要求越来越高，千家万户的分散饲养已经难以适应，而规模化养殖既可增加经济效益、增强抵抗市场风险的能力，还是实施标准化生产、提高生猪质量的必要基础。只有生猪养殖达到一定规模，才能实现服务指导、科技应用、疫病防控、产品销售、质量控制等的系列化、专业化和标准化，从而适应市场发展的需求，保证养猪经济效益和生猪及其产品的质量。大力发展生猪产业的规模养殖已是大势所趋。

发展规模养猪有两种方式：一是发展企业化规模养猪。以龙头企业为核心，组建包括饲料加工、种畜生产、产品加工和销售等各个环节的产业链。农户可以为企业打工，或者在企业统一管理指导下，从事商品猪的养殖。二是通过合作组织将家庭经营的小规模养猪组织起来，实行多项统一服务，与市场或加工企业建立产销联系，实现“小舢板组成大舰队”的效果。这两种方式各有长处，可互为补充。其中，企业化规模养猪，具有资金充足、市场广阔、技术先进等优势；家庭经营的小规模饲养具有污染小、成本低等优势。但市场供求出现变化时，企业化经营可起到稳定供求的作用，家庭经营的小规模饲养可以起到补充需求或者减少供应的调节作用，从而实现生猪产业的稳定发展，防止大起大落现象发生。可以预见，将来的生猪市场必然会形成以企业化规模饲养为主、家庭化小规模经营为辅的养殖业发展模式。

(二)智能猪业

未来养猪的科技含量将得到很大的提高，养猪从业人员素质越来越高，各种新技术将更普及地应用到猪场日常管理，基本摆脱了传统的养猪方法，向高新技术要效益。

(1)分子生物学技术的应用：包括猪基因组计划、数量性状主效基因的检测与利用、数量性状的标记辅助选择等。

(2)计算机信息技术的应用：包括遗传评估系统、计算机图像分析系统、信息网络技术的应用。

(3)系统工程理论的应用。

(三)低碳排放

随着经济的发展，人们对高品质、高安全性的猪肉需求越来越强烈，在一些发达国家和地区逐渐形成绿色养猪产业。同时，在猪遗传改良方案中，加强对种猪使用寿命的选择。这些为世界各国养猪业可持续发展奠定了基础。

生态畜牧业的基本要求和特征：种养结合、健康养殖、资源循环、环境友好、节约高效。发展生态畜牧业，统筹产业发展，资源节约和环境保护，优化产业布局，调整产业结构，推行清洁生产，加强粪污治理，推进农牧结合，构筑循环产业，节约集约生产，提高生产效益，能够从根本上解决畜牧业发展中的深层次问题，实现养猪产业又好又快的发展。

任务工单

<table>
<tr><td>任务名称</td><td colspan="3">分析我国养猪业的概况</td></tr>
<tr><td>任务描述</td><td colspan="3">能分析我国目前养猪业的概况，阐述我国目前养猪业存在的问题，提出改变我国目前养猪业现状的措施</td></tr>
<tr><td>准备工作</td><td colspan="3">1. 收集我国养猪业的现状资料
2. 收集我国养猪业存在问题的资料
3. 收集我国养猪业与世界养猪业之间的差距的资料</td></tr>
<tr><td>实施步骤</td><td colspan="3">1. 小组根据收集资料情况，讨论我国养猪业的现状、存在的问题以及与世界养猪业之间的差距。尤其就非洲猪瘟对我国养猪业的影响进行讨论和分析，重点指出我国养猪业未来 10 年的重点工作应放在哪些方面
2. 总结讨论结果，以书面总结报告的形式进行汇报
3. 根据各小组汇报情况，小组之间依据评价标准进行打分
4. 教师总结，进一步提出要求，学生通过互联网搜索、学习在线开放课相关内容，结合收集的材料明确我国养猪业的地位、现状、存在问题和解决的措施</td></tr>
<tr><td rowspan="4">考核评价</td><td>考核内容</td><td>评价标准</td><td>分值</td></tr>
<tr><td>收集资料</td><td>1. 收集资料的数据是近三年的数据(20 分)
2. 收集资料信息全面(20 分)</td><td>40 分</td></tr>
<tr><td>现场汇报</td><td>1. 汇报稿书写全面，言之凿凿，无错误信息(30 分)
2. 汇报者精神饱满，语速适中，不卑不亢(30 分)</td><td>60 分</td></tr>
<tr><td>总分</td><td></td><td>100 分</td></tr>
</table>

任务二　确定猪场规模及生产工艺

目标呼应

任务目标	课程教学目标
熟记猪场各种生产工艺流程的组成及饲养周期	能根据不同猪场的规模合理编制生产工艺
能根据猪场规模确定合理的生产工艺	

情境导入

一家年出栏万头商品肉猪的猪场，各阶段猪(包括后备公猪、后备母猪、种公猪、空怀母猪、妊娠母猪、哺乳母猪、哺乳仔猪、保育猪、生长猪和育肥猪)的存栏数是多少？占栏位和圈栏数又是多少？通过本任务学习，学生能根据万头猪场的工艺参数计算出各阶段猪的存栏数、占栏位和圈栏数。

知识链接

一、工厂化养猪概述

(一)概念

工厂化养猪就像工业生产一样，以生产线的形式，实行流水作业，按照固定的周期节奏(一般以周为单位)，连续均衡地进行生产。生产过程包括配种、妊娠、分娩、哺乳、育成、育肥六个环节。现代工厂化养猪的生产工艺就是按照上述六个环节组成一条生产线进行流水式生产，正如工厂生产产品一样，养猪场的一栋猪舍就是一个生产车间，每个车间完成1～2个生产环节(或生产工序)，产品从一个车间转移到下一个车间，从一道工序转移到下一道工序，每一工序必须完成规定的生产工艺。这样进行养猪生产，分工明确具体，设备使用熟悉，饲料利用规范，能够达到较高的生产水平。

(二)主要特点

1. 流水式的工艺流程

工厂化养猪将各生产阶段的猪群按一定的生产节律和繁殖周期，组织成具备工业生产方式特点的流水式生产工艺过程，并按企业的生产计划均衡地进行养猪生产。也就是说，把养猪生产中的配种、妊娠、分娩、哺乳、保育、生长和育肥等生产环节有机地联系起来，形成一条连续的流水式的生产线，做到有计划、有节律地常年均衡生产。

2. 专门化的猪舍类别

工厂化养猪必须建立能适应各类猪群生理和生产要求的专用猪舍，如配种妊娠舍、分娩哺乳舍、仔猪保育舍和生长育肥舍等，只有这样才能保证各生产工艺有序地进行。

3. 完善化的繁育体系

工厂化养猪须选用较高生产性能的猪种，并按繁育计划建立好繁育体系，保证生产优良种猪和商品猪，从而达到最高的经济效益。

4. 系列化的全价饲粮

工厂化养猪按照猪群的划分，配制不同型号的全价饲粮，满足营养需要，最大程度地发挥猪群的生产潜力。

5. 现代化的设施设备

工厂化养猪猪群集约、全进全出，要求配备先进的养猪设施与设备。猪舍要达到保温隔热、冬暖夏凉、清洁干燥、空气新鲜的要求。设备的使用要符合猪的生理要求，并方便劳动者的生产操作，从而给猪群创造舒适的生活环境。

6. 严密化的兽医保健

工厂化养猪要求建立健全的严格的消毒、防疫和驱虫制度，确保猪群健康。同时要建立符合卫生要求的粪污处理系统。

7. 高效率的管理体制

工厂化养猪应利用先进的科学管理技术，合理的劳动组织，充分调动人的积极性，保证企业管理的高水平、高效益。

8. 标准化的产品生产

工厂化养猪应采用先进的饲养管理技术，规模地、均衡地生产符合质量标准的种猪或商品猪，并保证人们食用的猪肉的安全性。

二、工厂化养猪工艺

现代化养猪生产以工业化的生产方式把养猪生产过程中的配种、妊娠、分娩、哺乳、生长和育肥等生产环节划分成一定时段，按照全进全出、流水作业的生产方式，对猪群实行分段饲养，进而合理周转，这一整套的生产程序即饲养工艺。在现代化养猪生产中，由于建筑设施的配套、饲料的供应、人员的安排、技术的应用等都是按生产工艺流程预先进行设计的，因此，饲养工艺设计合理与否，将直接影响养猪生产效率的高低。不同规模的猪场必须根据猪场的发展、设施设备、技术应用等因素，以提高生产力水平为前提来确定合理的饲养工艺流程。

(一)养猪生产工艺类别

现代化养猪生产一般采用分段饲养、全进全出的饲养工艺。由于猪场的饲养规模、技术水平、猪群的生理要求不同，采用的饲养方法也不相同。因此，为了使生产和管理方便、系统化，提高生产效率，要求根据不同的饲养阶段，实施合理的饲养工艺。这里主要介绍几种常见的工艺流程。

1. 一点一线式生产工艺

一点一线式生产工艺是指在同一地方、一个生产场内按配种、妊娠、分娩、保育、生长、育肥生产流程组成一条生产线。根据商品生长发育不同阶段饲养管理方式的差异，又分成以下 4 种常用的生产工艺。

(1)三段饲养工艺流程(三段式生产工艺流程)：即配种妊娠期→泌乳期→生长育肥期。它是比较简单的生产工艺流程，猪群调动次数少，猪舍类型不多，节约维修费用，管理较为方便。但仔猪从断奶到出栏划分为一个时段，其营养供应和环境控制等显得较为粗放，不利于生长潜力的充分发挥。

(2)四段饲养工艺流程(四段式生产工艺流程)：即配种妊娠期→泌乳期→保育期→生

长育肥期，见图 1-1。它的特点是在三段饲养工艺的基础上，将断奶后的仔猪，保育段(5 周)的形式独立出来，待体重达 18～20 kg，再转入生长育肥舍饲养 15～16 周，体重达 90～110 kg 出栏。这样便于采取措施满足断奶后的仔猪对环境条件要求高的特点，有利于提高成活率，但转群增加 1 次，应激增多，影响猪的生长。

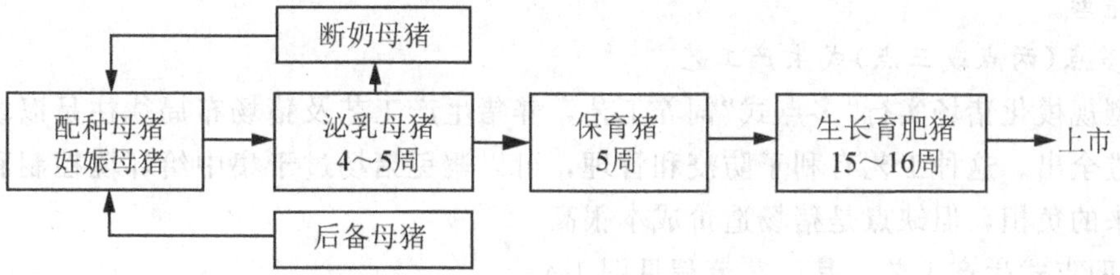

图 1-1　四段饲养工艺流程

(3)五段饲养工艺流程(五段式生产工艺流程)：即配种期→妊娠期→泌乳期→保育期→生长育肥期，见图 1-2。它的主要特点是在四段饲养工艺的基础上，将空怀待配母猪和妊娠母猪分开，单独饲养。空怀母猪经 1～2 周的配种期和 3 周左右的妊娠鉴定期，转入妊娠舍饲养 12 周，最后 1 周转入分娩哺乳舍。这种安排有利于断奶母猪的复膘、发情鉴定及配种，而且能防止空怀母猪和妊娠母猪之间的争斗引发的流产，也便于根据母猪妊娠后的膘情采取合适饲养方法，但转群多、应激多，应预防机械性流产的发生。

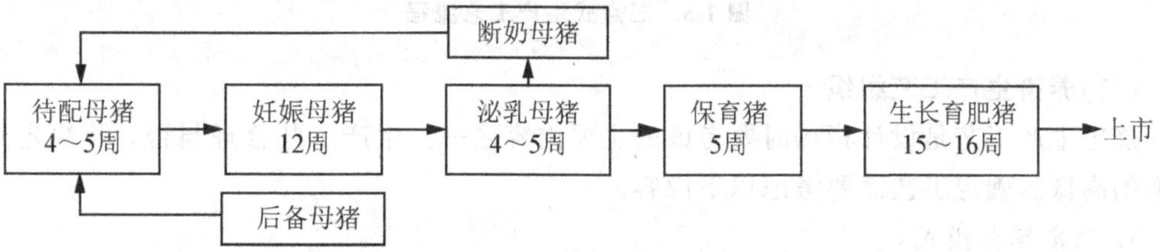

图 1-2　五段饲养工艺流程

(4)六段饲养工艺流程(六段式生产工艺流程)：即配种期→妊娠期→泌乳期→保育期→生长期→育肥期，见图 1-3。它的主要特点是在五段饲养工艺的基础上，将猪的生长育肥期划分为育成期和育肥期，各饲养 7～8 周。由于仔猪从出生到出栏分成哺乳、保育、育成、育肥四个阶段饲养，可以根据猪的不同阶段特点，最大限度地满足其生长发育的营养需要和环境要求，有利于生长潜力的充分发挥，但转群增多、应激增加，影响猪的生长，延长生长育肥期。

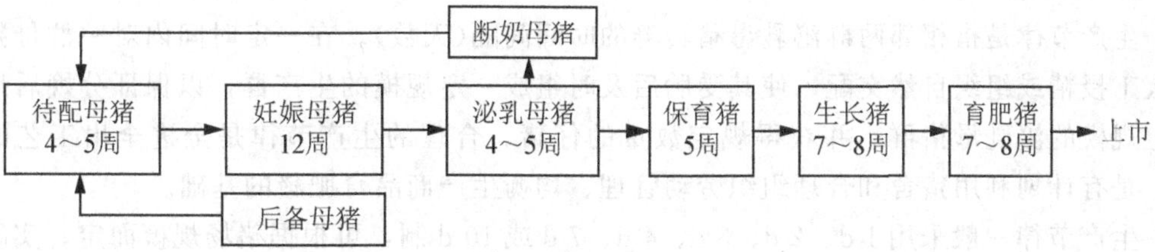

图 1-3　六段饲养工艺流程

以上几种工艺流程大多是在同一地点一条流水线作业，可以采用以猪舍局部若干栏作为单元转群，转群后进行清理消毒。其最大优点是地点集中、管理方便、转群容易，缺点是猪群过于集中，在同一条生产线上，有一个环节出现问题，其他环节就会不可避免地受到影响，尤其是疫病的交叉感染，难以切断，防疫显得困难。所以，有的猪场将猪舍按照转群的数量分隔成单元，按单元全进全出，虽有利于防疫，但夏季通风防暑较为困难，需进一步完善。

2. 多点(两点或三点)式生产工艺

大型规模化猪场实行“多点式”饲养工艺，养猪生产工艺及猪场布局往往是以场为单位实行全进全出。这种工艺有利于防疫和管理，可以避免猪场过于集中给环境控制和废弃物处理带来的负担，但缺点是猪场造价成本很高。

(1)两点式生产工艺：其工艺流程见图 1-4。

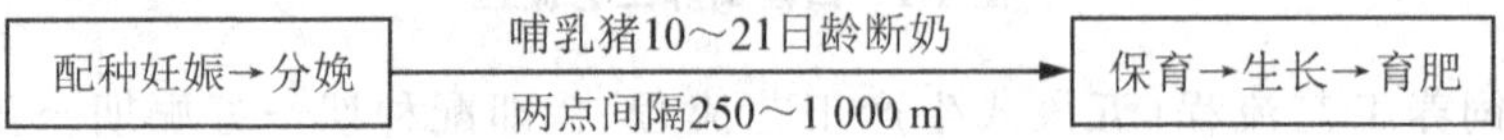

图 1-4　两点式生产工艺流程

(2)三点式生产工艺：其工艺流程见图 1-5。

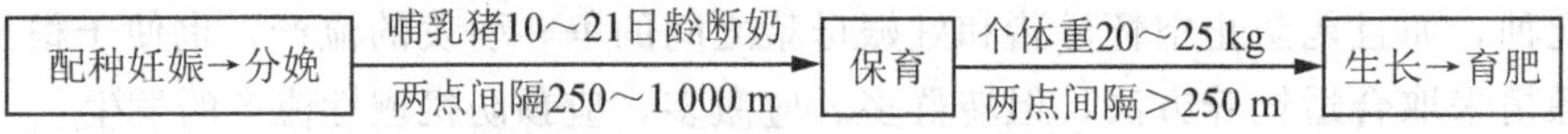

图 1-5　三点式生产工艺流程

(二)养猪生产工艺组织

确定生产工艺是设计猪场时要考虑的主要内容之一。生产工艺合理与否，将决定生产效率的高低。确定工艺需要考虑以下内容。

1. 确定饲养模式

养猪的生产模式不仅要根据经济、气候、能源、交通等综合条件来确定，还要根据猪场的性质、规模、养猪技术水平来确定。例如，同样是集约化饲养，公猪与待配母猪可以同舍饲养，也可以分舍饲养；母猪可以限位饲养，也可以小群饲养；配种方式有的采取本交，有的采取人工授精。因此，各类猪群的饲养、饲喂、饮水、环境控制、清粪等方式都需要一定的饲养模式来确定。在现阶段养猪生产形势下，饲养模式一定要符合当地的条件，不能照抄照搬；对于相应配套的设施和设备，其选择的原则是：凡能够提高生产水平的设施应尽量采用，能用人工代替的设施可以暂缓使用，以降低成本。

2. 确定生产节律

生产节律是指相邻两群泌乳母猪转群的时间间隔(天数)。在一定时间内对一群母猪进行人工授精或组织自然交配，使其受胎后及时组成一定规模的生产群，以保证分娩后形成确定规模的泌乳母猪群，并获得规定数量的仔猪。合理的生产节律是全进全出工艺的前提，是有计划利用猪舍和合理组织劳动管理、均衡生产商品育肥猪的基础。

生产节律一般采用 1 d、2 d、3 d、4 d、7 d 或 10 d 制，可根据猪场规模而定。实践表明，年产 5 万～10 万头商品育肥猪的企业多实行 1 d 或 2 d 制，即每天有一批母猪配种、产仔、断奶、仔猪保育和育肥猪出栏；年产 1 万～3 万头商品育肥猪的企业多实行 7 d 制；规模较小的养猪场一般采用 10 d 或 12 d 制。7 d 制生产节律与其他生产节律相比，有以下优点。

(1)可减少待配母猪和后备母猪的头数，因为猪的发情周期是 21 d，是 7 的倍数。

(2)可将繁育的技术工作和劳动任务安排在一周 5 d 内完成，避开周六和周日。由于大多数母猪在断奶后第 4～6 d 发情，配种工作可安排在 3 d 内完成。这样就使生产中的配种和转群工作全部在周五之前完成。配种母猪不足的数量可按规定要求由后备母猪补充。

(3)有利于按周、按月和按年制订工作计划，建立有序的工作和休假制度，减少工作的混乱性和盲目性。

3. 确定工艺参数

为了准确计算猪群结构，即各类猪群的存栏数、猪舍及各猪舍所需栏位数、饲料用量和产品数量，必须根据养猪的品种、生产力水平、技术水平、经营管理水平和环境设施等，实事求是地确定生产工艺参数。这里就几个重要的生产工艺参数加以讨论说明。

(1)繁殖周期：繁殖周期决定母猪的年产仔窝数，关系到养猪生产水平的高低。其计算公式如下：

$$繁殖周期=母猪妊娠期(114\ d)+仔猪哺乳期+母猪断奶至受胎时间$$

其中，仔猪哺乳期国内的猪场一般采用 28～35 d，有的企业也采用 21～28 d 断奶。母猪断奶至受胎时间包括断奶至发情时间(7～10 d)和配种至受胎时间两部分。其决定于情期受胎率和分娩率的高低；假定分娩率为 100%，将返情的母猪多养的时间平均分配给每头猪，其时间是 21×(1－情期受胎率)天。故繁殖周期＝114＋35＋10＋21×(1－情期受胎率)，即：

$$繁殖周期=159+21\times(1-情期受胎率)$$

当情期受胎率为 70%、75%、80%、85%、90%、95%、100%时，繁殖周期分别为 164 d、163 d、162 d、161 d、160 d、159 d、158 d。情期受胎率每增加 5%，繁殖周期就减少 1 d。

(2)母猪年产窝数：母猪年产窝数＝(365/繁殖周期)×分娩率，即：

$$母猪年产窝数=\frac{365\times 分娩率}{114+哺乳期+母猪断奶至受胎时间+21\times(1-情期受胎率)}$$

母猪年产窝数与情期受胎率、仔猪哺乳期的关系如表 1-1 所示。

表 1-1　母猪年产窝数与情期受胎率、仔猪哺乳期的关系

情期受胎率/%		70	75	80	85	90	95	100
母猪年产窝数/(窝/年)	21 d 断奶	2.29	2.31	2.32	2.34	2.36	2.37	2.39
	28 d 断奶	2.19	2.21	2.22	2.24	2.25	2.27	2.28
	35 d 断奶	2.10	2.11	2.13	2.14	2.15	2.17	2.18

由表 1-1 可知，情期受胎率每增加 5%，母猪年产窝数增加 0.01～0.02 窝/年；仔猪哺乳期每缩短 7 d，母猪年产窝数增加 0.1 窝/年；当仔猪哺乳期为 35 d 时，母猪年产窝数很难达到 2.2 窝/年；仔猪 28 d 断奶，母猪年产窝数很容易达到 2.2 窝/年。可见仔猪早期断奶、妊娠母猪的饲养等技术是提高母猪生产力水平的关键技术环节。其他参数可参考表 1-2。

表 1-2 万头商品猪场工艺参数

项目	参数	项目	参数
妊娠期/d	114	每头母猪年产活仔数	—
哺乳期/d	35	出生时/头	19.4
保育期/d	28～35	35日龄/头	17.5
断奶至受胎/d	7～14	36～70日龄	16.6
繁殖周期/d	159～163	71～170日龄	16.3
母猪年产胎次	2.15	平均日增重/g	—
母猪窝产仔数/头	10	出生～35日龄	194
窝产活仔数/头	9	36～70日龄	486
成活率/%	—	71～160日龄	722
哺乳仔猪	90	公母猪年更新率/%	33
断奶仔猪	95	母猪情期受胎率/%	90
生长育肥猪	98	妊娠母猪分娩率/%	95
出生至目标体重/kg	—	公母比例	1∶25
初生重	1.2～1.4	圈舍冲洗消毒时间/d	7
35日龄	8～8.5	生产节律/d	7
70日龄	25～30	母猪临产前进产房时间/d	7
160～170日龄	90～100	母猪配种后原圈观察时间/d	21

4. 猪群结构

根据猪场规模、生产工艺流程和生产条件，将生产过程划分为若干阶段，不同阶段组成不同类型的猪群，计算出每一类群猪的存栏数量就形成了猪群的结构。饲养阶段划分的目的是为了最大限度地利用猪群、猪舍和设备，提高生产效率。下面以年产万头商品育肥猪的猪场为例，介绍一种简便的猪群结构计算方法。

(1)年产总窝数。

年产总窝数＝计划出栏头数/(窝产仔数×从出生至出栏的成活率)

＝10 000/(10×0.9×0.95×0.98)≈1 193(窝/年)

(2)每个节律转群头数(以 7 d 为一个节律计算)。

①产仔窝数＝1 193÷52≈23(窝)，一年 52 周，即每周分娩泌乳母猪数为 23 头。

②妊娠母猪数＝23÷0.95≈24(头)，分娩率 95%。

③配种母猪数＝24÷0.9≈27(头)，情期受胎率 90%。

④哺乳仔猪数＝23×10×0.9＝207(头)，成活率 90%。

⑤保育仔猪数＝207×0.95≈196(头)，成活率 95%。

⑥生长育肥猪数＝196×0.98≈192(头)，成活率 98%。

(3)各类猪群组数：生产以 7 d 为节律，故猪群组数等于饲养的周数。

(4)猪群的结构。

各猪群存栏数＝每组猪群头数×猪群组数

猪群的结构见表1-3，生产母猪头数为561，公猪、后备猪群的计算方法为：

①公猪数＝561÷25≈22(头)，公母比例1∶25。

②后备公猪数＝23÷3≈8(头)，若半年一更新，实际养4头即可。

③后备母猪数＝561÷3÷52÷0.5≈7(头/周)，留种率50%。

表1-3　万头猪场猪群结构

猪群种类	饲养/周	组数/组	每组头数/头	存栏数/头	备注
空怀配种母猪群	5	5	27	135	配种后观察21 d
妊娠母猪群	12	12	24	288	—
泌乳母猪群	6	6	23	138	—
哺乳仔猪群	5	5	230	1 150	按出生头数计算
保育仔猪群	5	5	207	1 035	按转入的头数计算
生长育肥猪群	13	13	196	2 548	按转入的头数计算
后备母猪群	8	8	7	56	8个月配种
公猪群	52	—	—	22	不转群
后备公猪群	12	—	—	8	9个月使用
总存栏数	—	—	—	5 280	最大存栏头数

5. 猪栏配备数量

现代化养猪生产能否按照工艺流程进行，关键是看猪舍和栏位配置是否合理。猪舍的类型一般是根据猪场规模按猪群种类划分的，而栏位数量需要准确计算。计算栏位需要量公式如下：

各饲养群猪栏＝猪群组数＋消毒空舍时间(d)/生产节律(7 d)

每组栏位数＝每组猪群头数/每栏饲养量＋机动栏位数

各饲养群猪栏总数＝每组栏位数×猪栏组数

如果采用空怀待配母猪和妊娠母猪小群饲养、泌乳母猪网上饲养，消毒空舍时间为7 d，则万头猪场的栏位数如表1-4所示。

表1-4　万头猪场各饲养群猪栏配置数量(参考)

猪群种类	猪群组数/组	每组头数/头	每栏饲养量/(头/栏)	猪栏组数/组	每组栏位数/个	总栏位数/个
空怀配种母猪群	5	27	4～5	6	7	42
妊娠母猪群	12	24	2～5	13	6	78
泌乳母猪群	6	23	1	7	24	168
保育仔猪群	5	207	8～12	6	19	114
生长育肥猪群	13	196	8～12	14	18	252
公猪群(含后备)	—	—	1	—	—	27
后备母猪群	8	7	4～6	9	3	27

任务工单

<table>
<tr><td>任务名称</td><td colspan="3">确定猪场规模及生产工艺</td></tr>
<tr><td>任务描述</td><td colspan="3">能根据猪场规模确定适宜的生产工艺；能根据猪场规模计算出各阶段猪的存栏数、占栏位和圈栏数</td></tr>
<tr><td>准备工作</td><td colspan="3">1. 准备各种生产工艺流程图
2. 准备现代化猪场标准的工艺参数
3. 准备 4 个案例
(1)基础母猪 600 头的猪场
(2)年出栏 5 000 头育肥猪的猪场
(3)基础母猪 1 000 头的猪场
(4)年出栏 20 000 头商品育肥猪的猪场
根据猪场标准的工艺参数计算各阶段猪的存栏数、占栏位和圈栏数</td></tr>
<tr><td>实施步骤</td><td colspan="3">1. 通过抽签的方式每小组各抽中一个案例
2. 分析案例，明确任务
3. 小组讨论确定适宜的生产工艺，依据工艺参数进行计算
4. 小组汇报，各小组同学依据评价标准进行打分
5. 小组根据打分情况自查总结</td></tr>
<tr><td rowspan="4">考核评价</td><td>考核内容</td><td>评价标准</td><td>分值</td></tr>
<tr><td>汇报情况</td><td>1. 确定生产工艺合理(10 分)
2. 计算结果准确无误(30 分)
3. 汇报者精神饱满，有理有据(20 分)</td><td>60 分</td></tr>
<tr><td>自查总结</td><td>1. 能分析出实施过程中存在的问题(20 分)
2. 能根据存在的问题找出原因，并提出改进的措施(20 分)</td><td>40 分</td></tr>
<tr><td>总分</td><td></td><td>100 分</td></tr>
</table>

任务三　猪场场址的选择、规划布局与猪舍建筑

目标呼应

任务目标	课程教学目标
明确猪场场址选择、规划布局的原则和方法	
明确猪舍基本结构建筑的要求	能合理的选址、规划布局、建舍
能说出不同类型猪舍的特点及应用	

情境导入

养猪首先要有场地，然后进行规划布局，最后要盖舍。那么合理的选址、规划布局和建舍对养猪场的小气候环境的控制、疫病的防控、生产效率及经济效益的提高有着显著的帮助。从事养猪的技术工作，要明确选址、规划布局的原则和方法，明确各种类型猪舍的特点及适用的范围，明确猪舍建筑的基本要素。

知识链接

一、场址选择

场址选择是指在一定区域内选择适宜建设养猪场的地方。它是猪场筹划的重要内容，不仅关系到养猪场本身的经营和发展，而且还关系到当地生态环境的保护。因此在选择场址时，应从以下几方面进行综合考虑来确定。

(一)地形和地势

1. 地形

地形是指场地的形状、大小、位置和地貌(场地上的房屋、树木、河流、沟坝等)。地形要求：①整齐开阔，形状近方形，避免地形狭长或边角过多，面积充足，符合当地城乡建设的发展规划并留有发展余地；②要特别注意远离污染源，切忌在旧猪场场址或其他畜牧场、屠宰场场址上重建或改建猪场；③要充分利用自然的地形地物作为场界的天然屏障，防止侵占农田。

2. 地势

地势是指场地的高低起伏状况。地势要求：平坦干燥、背风向阳，有一定的坡度(一般为1%～3%，最大不得超过25%)。在我国寒冷地区，要避开西北方向和长形谷地建场；炎热地区要避开山坳和低洼盆地建场，以免给猪舍环境控制带来不便。

(二)水源和水质

1. 水源

养猪场必须有可靠的水源，要求水量充足、水质良好、取用方便、利于防护。水源主要包括地面水、地下水和降水，其中储存量大，流动的活水或地下水是猪场取用的理想

水源。

2. 水质

养猪场必须要有符合饮用水卫生标准的水源。在以地面水作水源时，要经过过滤和消毒处理，水点方圆 100 m 范围内不得有任何污染区，上游 1 000 m、下游 100 m 之内不得有污水排放口。在以地下水作为水源时，水井周围 30 m 范围内不得有厕所、粪池等污染源。

(三)土壤类型

土壤以沙壤土最为理想。因为沙壤土透水、透气性好，既可避免雨后泥泞潮湿，又便于土壤自净，还能防止病原微生物的生长和繁殖；沙壤土的导热性小、含水量低，具有温度稳定和较高抗压性的特点。因此，沙壤土是猪场建筑的理想地基。但在一定区域内，由于客观条件的限制，理想选择往往不易达到，所以不能一味追求。当选择地基不太理想时，应在猪舍的设计、施工和使用管理上采取一定措施，加以弥补。

(四)社会联系

社会联系指养猪场与周围社会的相互往来而形成的影响。要求必须遵守公共卫生和兽医卫生准则，既不受周围环境的污染，也不成为周围环境的污染源。因此，养猪场的位置既要适当远离人口密集的生活聚居区(如城郊、铁路、码头、工矿企业等)，又要保证运输、电力供应的便捷，还要有利于卫生防疫。一般情况下，养猪场与居民区或其他牧场的距离为：中、小型场不小于 500 m，大型场不小于 1 000 m；距离各种化工厂、畜产品加工厂在 1 500 m 以上；距离铁路和国家一、二级公路不少于 500 m。猪场应设有专用道路与公路相连，并靠近输电线路，以利物料运输和供电投资。

二、场区的规划布局

猪场场址选定后，根据利于猪场防疫、改善场区小气候、方便饲养管理、节约用地等原则，考虑当地气候、风向、地形地势、猪场建筑物和设施的大小，合理规划猪场全场的道路、排水系统、场区绿化等，安排各功能区的位置及建筑物和设施的位置及朝向。猪场的布局应整齐美观紧凑，节约土地，运输距离短，便于经营，利于生产，降低生产运行的成本。

(一)猪场规划布局的基本原则

(1)猪场内总体布局应体现建场方针、任务，在满足生产要求的前提下，做到节约用地。

(2)规模化猪场应划分功能区。

(3)按猪场所处地区的主导风自上而下，各类猪舍的顺序依次是配种舍、妊娠舍、分娩哺乳舍、断奶仔猪舍、生长舍和育肥舍。

(4)场内净道与污道必须严格分开，不得交叉。

(5)猪舍朝向与间距必须满足日照、通风、防火、防疫和排污的要求，猪舍朝向以长轴延东西走向并向东偏 30°以内为宜；相邻两栋舍之间的垂直距离以畜舍净高的 3～5 倍为宜(一般为 7～12 m)，而相邻猪舍端墙之间的间距以不少于 15 m 为宜。

(6)建筑布局要求紧凑，在满足当前生产的同时，适当考虑将来的技术提高和改造、扩建的可能性。

(二)猪场场地的规划

猪场的功能分区是否合理不仅直接关系到规模化猪场生物安全体系，也是高效、安全、环保养猪的保障。规模化猪场按功能通常分为四个区，根据地势和全年主导风向，其顺序是生活区、生产管理区、生产区和隔离区，见图 1-6。

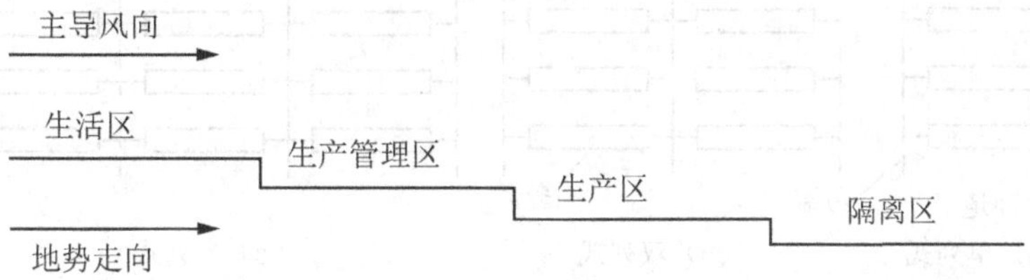

图 1-6 按地势和风向划分场区

1. 生活区

生活区是指猪场职工生活的区域。其包括职工宿舍、食堂及文化娱乐室等。生活区应设在上风向和地势较高的地方，保证卫生条件良好，便于同外界联系。

2. 生产管理区

生产管理区是指猪场管理的区域。其包括行政和技术办公室、饲料加工调配车间、饲料存储库及后勤保障设施(如水、电、车、杂品等)。其中，饲料区应位于生产区和生产管理区的分界处，并靠近生产区的净道，以便运送饲料。饲料库要开设两个门，一个面向生产区，一个面向生产管理区，开向生产管理区的门口应设消毒池。生产管理区的地势应高于生产区，并在其上风向或侧风向，距生产区不宜太远，但二者应严格隔离。

3. 生产区

生产区是指为猪群提供发挥生产性能和良好生长发育条件的区域。其主要包括猪舍、消毒室(池)、运动场、猪转群通道和装猪台等。生产区应有严密的围墙，大门入口处应设严格的防疫消毒设施，配设更衣消毒室，工作人员经消毒更衣后方可进出；生产区外车辆禁止入内，区内车辆严禁出区；各猪舍从场内料库领料要有专用的饲料道，并与饲料库相通；为方便猪只从一个饲养阶段向另一个饲养阶段转群或在出售肉猪时的装车需要，通常在生产区舍外靠近污道处设置转群通道，在育肥舍或需要外售的猪舍末端靠围墙一角设置装猪台，外面与场外道路相连，一般由通道、坡道和平台组成；为了保证种公猪、后备猪和妊娠及空怀母猪的良好繁殖能力，有条件时可在猪舍各栏南墙外的背风向阳处设立运动场。

4. 隔离区

隔离区是指用来处理病猪、新购入猪的隔离观察及处理猪场废弃物的区域。其包括兽医室、化验室、隔离猪舍、尸体剖检、粪污处理设施等。防腐区要求设在整个猪场的下风向、地势低的地方，以避免疫病传播和环境污染。

三、建筑布局

建筑布局是指根据养猪场的生产工艺、饲养管理方式和猪只对环境的要求，对各类猪舍的排列、方位、间距等进行合理的布局。其主要包括猪舍的排列形式、排列顺序、朝向确定和间距安排等。

(一)猪舍排列形式

养猪场的猪舍应布置成横成排、竖成列，一般分单列式、双列式和多列式三种(图 1-7)。

单列式适合于猪舍数量在4栋以下的小型猪场；双列式适合于猪舍数量较多的猪场；多列式适合于大型猪场。不管哪种形式的排列，应根据运送饲料和运输粪便的实际情况，合理安排净道和污道。

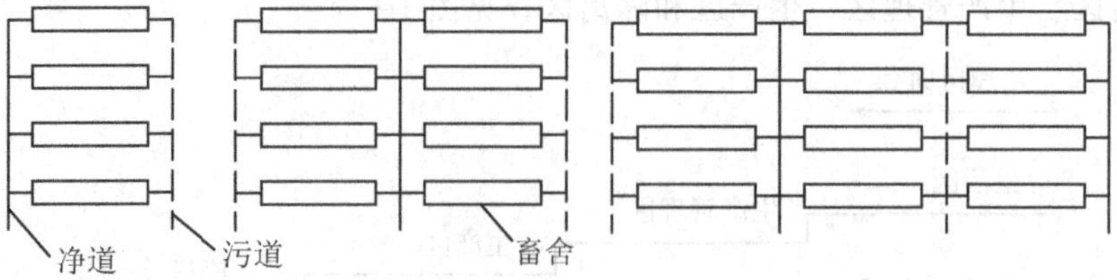

（a）单列式　（b）双列式　（c）多列式

图1-7 猪舍的排列形式

（二）猪舍排列顺序

根据养猪生产工艺流程，母猪一般需要在不同类别的种猪舍之间往复流动，而商品猪则从分娩哺乳猪舍向育肥猪舍单向流动，最后经装猪台出场上市。因此，猪舍的排列顺序应是：配种猪舍→妊娠猪舍→分娩哺乳猪舍→保育猪舍→生长猪舍→育肥猪舍。

（三）猪舍朝向确定

在我国大部分地区猪舍的最佳朝向为南或南偏东或西30°，必要时可从建筑手册上查阅当地民用建筑的适宜朝向作参考，或向建筑设计部门咨询。

（四）猪舍间距安排

猪舍间距主要根据光照、通风、防疫、防火和节约土地等因素而定。从光照方面看，冬季前排猪舍不应影响后排猪舍的光照，即猪舍间距大于前排猪舍的阴影长度；从夏季通风和防疫卫生方面看，下风向的猪舍不应处于相邻上风向猪舍的涡风内。因此，在满足要求的前提下，应尽量缩短猪舍间距，以减少猪场占地面积。在我国大部分地区，猪舍间距为猪舍高度的3～5倍，在高纬度地区可取较大间距，以充分保证后排猪舍冬季的光照。

（五）其他建筑布局

猪场生活区和生产管理区中的办公室等，可根据当地城镇规划进行，以美观、实用和节约用地为原则。猪场道路要求直而且线路短，路面不积水、不透水，向一侧或两侧有1%～3%的坡度，并在两边修筑排水沟，同时为了方便各生产环节的联系，场内道路应分设净道、污道，互不交叉，生产区不宜设直通场外的道路，而生产管理区和隔离区应分别设置通向场外的通路，以利卫生防疫。猪场绿化要求根据不同的目的栽培不同的树种，分别设立场界隔离林、场内区间隔离林、道路两旁的绿化林和场内空地绿化带，以利于改善场区的小气候和美化猪场环境。猪场场地规划与建筑布局如图1-8所示。

四、猪舍类型

猪舍是养猪场的核心部分和主要环境工程设施。一栋理想的猪舍应满足：①冬暖夏凉，舍内环境温度适宜猪的生长发育。②舍内空气质量优良，保持干燥。③适合生产工艺流程，利于操作管理和实现机械化、自动化。④结构牢固适用，维护费用少，生产成本低。猪舍的设计要求为：①在寒冷地区以保温防潮为主；②在温暖地区以隔热为主，兼顾防寒防潮；③在炎热地区以隔热防潮为主。

（一）猪舍建筑设计原则

（1）猪舍排列和布置必须符合生产工艺流程要求。一般按配种舍、妊娠舍、分娩舍、

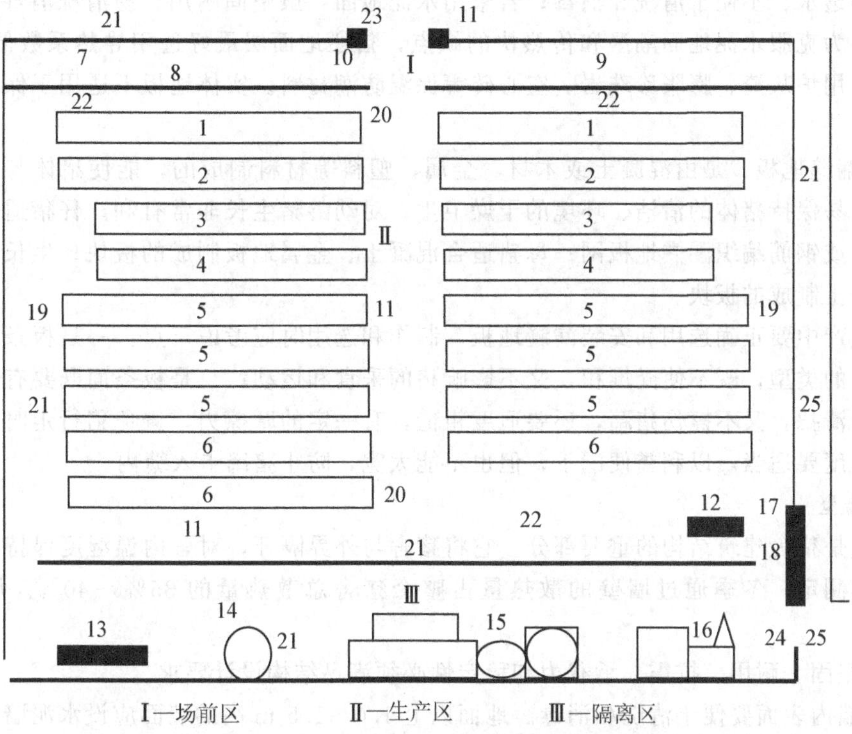

图 1-8　600 头基础母猪养猪场总平面简图

1-配种舍　2-妊娠舍　3-分娩舍　4-保育舍　5-生长舍　6-育肥舍　7-水泵房　8-生活和办公用房　9-生产附属用房　10-门卫室　11-消毒室　12-厕所　13-隔离舍及剖检室　14-死猪处理设施　15-污水处理设施　16-粪污处理设施　17-选猪间　18-装猪台　19-污道　20-净道　21-围墙　22-绿化隔离带　23-场大门　24-粪污出口　25-场外污道

保育舍、生长舍和育肥舍依次排列，尽量保证一栋猪舍一个工艺环节，便于管理和防疫。

(2)依据不同生长时期猪对环境的要求，对各种猪舍的地面、墙体、门窗、屋顶等做特殊设计处理。

(3)猪舍建筑要便利、清洁、卫生，保持干燥，有利于防疫。

(4)猪舍建筑要与机电设备密切配合，便于机电设备、供水设备的安装。

(5)因地制宜，就地取材，尽量降低造价，节约投资。

(二)猪舍建筑基本结构

猪舍的基本结构包括地面、墙壁、屋顶、门窗等。这些结构又统称为猪舍的“外围护结构”。猪舍的小气候状况，在很大程度上取决于外围护结构的性能。

1. 地面

猪舍地面关系到舍内的空气环境、卫生状况和使用价值。地面的散热量占猪舍总散热量的12%～15%，因此地面要求保温、坚实、不透水、平整、不硬不滑、便于清扫、清洗和消毒；地面应向排粪沟有一定的坡度，一般为3%～4%，以利于保持地面干燥。猪舍地面分实体地板和漏缝地板。

(1)实体地板：若采用土质地面、三合土地面或砖地面，虽然保温好、费用低，但不坚固、易透水、不便于清洗和消毒；若采用水泥地面，虽坚固耐用、易清洗消毒，但保温性能差。为克服水泥地面潮湿和传热快的缺点，猪栏地面层最好选用导热系数低的材料，垫层可采用炉灰渣、膨胀珍珠岩、空心砖等保温防潮材料。实体地板不适用于保育仔猪和幼龄猪。

(2)漏缝地板：是由混凝土或木材、金属、塑料等材料制成的，能使猪体与粪便、尿液隔离，易保持猪体的清洁、环境的干燥卫生，对幼龄猪生长非常有利。仔猪适合于塑料漏粪地板或钢筋编织漏粪地板网；母猪适合混凝土、金属地板制成的板块；生长育肥猪适合于混凝土制成的板块。

在生产中要正确选用和安装漏缝地板，制作和选用时应考虑三点：一是板条的宽度必须符合猪的类型，既不使粪堆积，又不影响猪的采食和运动；二是板条面既要有适度的光滑，便于清扫，又不擦伤猪蹄，还要适度粗糙，有一定的摩擦力，避免猪行走时打滑；三是板缝宽度要适当，以利粪便漏下，但也不能太宽，防止猪蹄卡入缝内。

2. 墙壁

墙壁是猪舍建筑结构的重要部分。它将猪舍与外界隔开，对舍内温湿度保持起着重要作用。据测定，冬季通过墙壁的散热量占整个猪舍总散热量的35%～40%。墙壁的要求是：

(1)坚固、耐用、抗震。承载力和稳定性必须满足结构设计要求。

(2)墙内表面要便于清洗和消毒。地面以上1.0～1.5 m高的墙面应设水泥墙裙，以防冲洗消毒时溅湿墙面和防止猪弄脏。

(3)墙壁应具有良好的保温隔热性能。

目前，我国猪舍墙体的材料多采用黏土砖。砖墙内表面宜用白灰水泥砂浆粉刷，既有利于保温防潮，提高舍内照明度，又便于消毒等。猪舍主体墙的厚度一般为37～49 cm。猪栏隔墙或猪栏高：母猪舍、生长猪舍0.9～1.0 m，公猪舍1.3～1.4 m，肥猪舍0.8～0.9 m；隔墙厚度：砖墙15 cm；木栏、铁栏4～8 cm。

3. 屋顶

屋顶起遮挡风雨和保温隔热的作用。要求坚固，有一定的承重能力、不透风、不漏水、耐火、结构轻便，同时必须具备良好的保温隔热性能。猪舍屋顶设计天棚可提高其保温隔热性能。

4. 门窗

门是供人和猪群通入的通道。它便于猪的转群、运送饲料、清除粪便等。一栋猪舍至少应有两个外门，一般设在猪舍的两端墙上，门向外开，门外设坡道而不应有门槛、台阶。冬季应加设门斗。猪舍内外高差一般为15～20 cm。

猪舍门规格：高2.0～2.2 m，宽1.5～2.0 m。猪栅栏门规格：大猪为高0.9～1.0 m，宽0.7～0.8 m；公猪为高1.3 m，宽0.7～0.8 m；小猪为高0.8～1.0 m，宽0.6～0.7 m。仔猪出入口规格：高0.4 m，宽0.3 m。

窗户主要用于采光和通风换气。窗户面积大则采光多、换气好，但冬季散热和夏季向舍内传热也多，不利于冬季保温、夏季防暑。窗户的数量、大小、形状、位置应根据当地气候条件合理设计。一般窗户面积占猪舍面积的1/10～1/8，窗台高0.9～1.2 m，窗上口至舍檐高0.3～0.4 m。

5. 猪舍通道

猪舍通道是猪舍内为喂饲、清粪、进猪、出猪、治疗观察及日常管理等作业留出的道路。猪舍通道分饲喂、清粪和横向通道三种。从卫生防疫角度考虑，饲喂通道和清粪通道应该分开设置。观察等作业宜用饲喂通道，进猪和出猪既可使用饲喂通道，也可用清粪通道。在采用水冲清粪和往复式刮板清粪机清粪的猪舍可以不留清粪通道，粪便通过漏缝地板落到粪沟后由水冲走或清粪机运走。当猪舍较长时，为了提高作业效率，还应设置横向通道。通道地面一般用混凝土制作，要有足够的强度。在基础坚实的前提下，由拖拉机等机械进出的通道厚度为 90～100 mm，人力作业的厚度为 50～70 mm。为了避免积水，通道向两侧应有 0.1%坡度。通道宽度取决于作业所用机具等因素。一般情况下，饲喂通道宽 1.0～1.2 m，清粪通道宽 0.9～1.2 m，横向通道宽 1.5～2.0 m。在使用机械喂料车和机械清粪车的猪舍，通道还要根据所用车辆的宽度适当加宽。

6. 猪舍高度

猪舍高度指猪舍地面到天棚的垂直高度。猪在舍内的活动空间是地面以上 1 m 左右的高度范围内，该区域内的空气环境(温度、湿度和空气质量)对猪的影响最大，而工作人员在舍内的适宜操作空间是地面以上 2 m 左右的高度。为了使舍内保持较好的空气环境，必须有足够的舍内空间，空间过大则不利于冬季保温，空间过小则不利于夏季防暑。猪舍高度一般为 2.2～3.0 m。由于对流作用热空气上升，猪舍上部的空气温度通常高于猪只活动区。因此，在以冬季保温为主的寒冷地区，适当降低猪舍高度有利于提高其保温性能；而在以夏季隔热为主的炎热地区，适当增加猪舍高度有利于使猪产生的热量迅速散失，同时又能使通过屋顶传到猪舍的太阳辐射不易到达猪的活动区，因而增强猪舍的降温隔热性能。

现介绍几种常见的大、中、小型猪舍规格，供参考。

(1)大型舍：长 80～100 m，高 2.4～2.5 m，宽 8～10 m。

(2)中型舍：长 40～50 m，高 2.3～2.4 m，单列式宽 5～6 m、双列式宽 8～9 m。

(3)小型舍：长 20～25 m，高 2.3～2.4 m，单列式宽 5～6 m、双列式宽 8～9 m。

(三)猪舍建筑常见类型

猪舍依屋顶形式、墙的结构、猪栏排列和使用功能等形式，可分为多种类型。猪舍类型示意图如图 1-9 所示。

1. 按猪舍屋顶形式分类

按猪舍屋顶形式分类，有单坡式、双坡式、联合式、平顶式、拱顶式、钟楼式和半钟楼式等。

2. 按猪舍墙的结构分类

按猪舍墙的结构分类，有开放式、半开放式和密闭式。

(1)开放式：三面有墙，一面无墙，其结构简单，通风采光好，造价低，但冬季防寒困难。

(2)半开放式：三面有墙，南墙设半截墙，略优于开放式。

(3)密闭式：分有窗式和无窗式。①有窗式：四面设墙，窗设在纵墙上，窗的大小、数量和结构应结合当地气候而定。一般北方寒冷地区，猪舍南窗大，北窗小，以利保温。为解决夏季有效通风，夏季炎热地区还可在两纵墙上设地窗，或在屋顶上设风管、通风屋

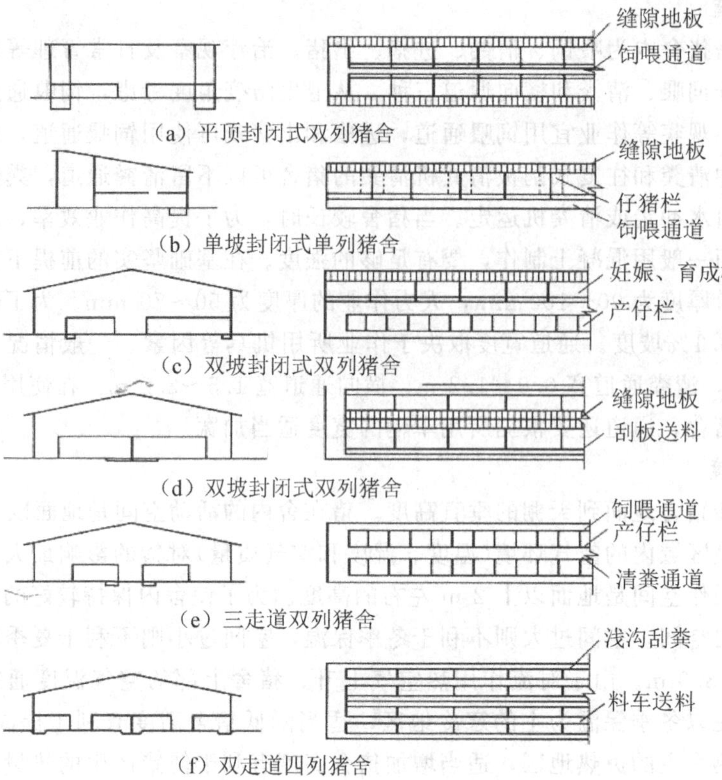

(a) 平顶封闭式双列猪舍

(b) 单坡封闭式单列猪舍

(c) 双坡封闭式双列猪舍

(d) 双坡封闭式双列猪舍

(e) 三走道双列猪舍

(f) 双走道四列猪舍

图 1-9 常见猪舍类型示意图

脊等。有窗式猪舍保温隔热性能好。②无窗式：四面有墙，墙上只设应急窗(停电时使用)，与外界自然环境隔绝程度较高，舍内的通风、采光、舍温全靠人工设备调控，能为猪提供较好的环境条件，有利于猪的生长发育，提高生产率，但这种猪舍建筑、装备、维修、运行费用大。母猪产房和仔猪保育舍可采用此形式。

3. 按猪栏排列分类

按猪栏排列分类，有单列式、双列式和多列式。

(1)单列式：猪栏一字排列，一般靠北墙设饲喂通道，舍外可设或不设运动场，跨度较小，结构简单，省工省料造价低，但不适合机械化作业。

(2)双列式：猪栏排成两列，中间设一工作道，有的还在两边设清粪通道。猪舍建筑面积利用率高，保温好，管理方便，便于使用机械。但北侧采光差，舍内易潮湿。

(3)多列式：猪栏排列成三列及以上，猪舍建筑面积利用率更高，容纳猪多，保温性好，运输路线短，管理方便。缺点是采光不好，舍内阴暗潮湿，通风不畅，必须辅以机械，人工控制其通风、光照及温湿度。

4. 按猪舍使用功能分类

按猪舍使用功能分类，有公猪舍、配种猪舍、妊娠猪舍、分娩哺乳猪舍、保育猪舍、生长猪舍、育肥猪舍和隔离猪舍等。

(1)公猪舍：指饲养公猪的圈舍。公猪舍多采用单列式结构，舍内净高 2.3～3.0 m，净宽 4.0～5.0 m，并在舍外向阳面设立运动场供公猪运动。公猪采用单栏饲养，舍内适宜的环境温度为14～16 ℃。可以建立专门的公猪舍，也可将公猪与空怀母猪、后备母猪和妊娠母猪饲养在一个舍内。

(2)配种猪舍：指专门为空怀待配母猪进行配种的猪舍。在大中型养猪场可将空怀母猪、后备母猪和公猪饲养在配种猪舍中，可群养，亦可单养，并设置配种猪栏，有条件时在公猪和后备母猪饲养区的舍外，要设置相应的运动场供猪运动。将空怀母猪和公猪同在配种猪舍中饲养，可以减轻饲养人员猪配种时的劳动强度。配种猪舍的适宜环境温度为13～22 ℃。在小型养猪场，可以不单独设配种猪舍，而是将公猪和待配母猪赶到空旷场地进行配种。

(3)妊娠猪舍：指饲养妊娠母猪的猪舍。妊娠猪舍地面一般采用部分铺设漏缝地板的混凝土地面。妊娠母猪采用单体或小群(6～8头)饲养。妊娠猪舍内适宜的环境温度为10～22 ℃(最适宜的温度为14～18 ℃)。

(4)分娩哺乳猪舍：简称分娩猪舍，亦称产仔舍，指饲养分娩哺乳母猪的猪舍。分娩哺乳猪舍要求外围护结构有较高的保温隔热性能，舍内适宜的环境温度为15～22 ℃，冬季要防止“贼风”侵入。哺乳仔猪要求适宜环境温度为25～34 ℃，并随日龄的增长而下降，因此，在分娩哺乳猪舍内必须配备局部采暖设备，为仔猪提供较高的局部环境温度。通常是将局部采暖设备安装在仔猪保温箱中，为仔猪创造一个温暖舒适的局部环境。

为了有利于卫生防疫，分娩哺乳猪舍宜采用全进全出的工艺流程。为了与该工艺流程相配合，分娩哺乳猪舍正趋向于将猪舍分割成若干个单元，每个单元饲养6～24头哺乳母猪，母猪分娩栏在单元内的布置一般采用双列三通道的形式，每个单元内的母猪同时进入，并同时转出，待母猪和断乳仔猪转出后，将单元进行彻底消毒后再进入下一批待产母猪，如图1-10所示。

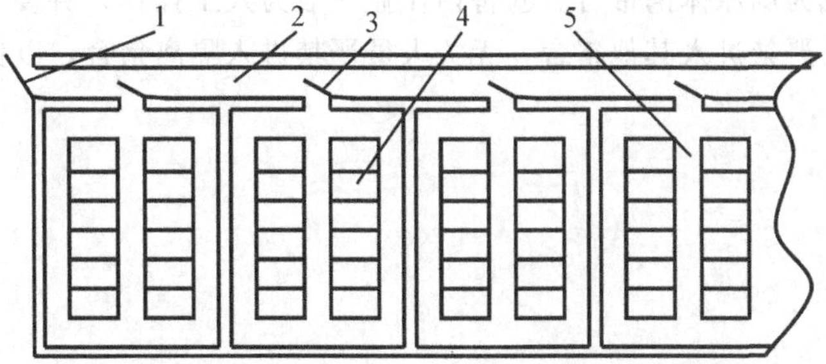

图1-10　采用全进全出工艺流程的分娩哺乳猪舍平面图

1-走廊门　2-走廊　3-猪舍门　4-分娩猪栏　5-通道

(5)保育猪舍：亦称培育猪舍、断乳仔猪舍或幼猪舍，指饲养断乳仔猪的猪舍。保育猪舍要求其外围护结构具有较高的保温隔热性能，舍内适宜的环境温度为22～25 ℃，冬季要防止“贼风”侵入。哺乳仔猪断奶后从分娩哺乳猪舍转入保育猪舍饲养至10周龄，这一饲养阶段的猪被称为保育猪、断乳仔猪、幼猪。保育猪通常采用高床网上饲养，一般采用原窝转群，也可并窝大群饲养，但每群不宜超过25头。为了便于卫生防疫和采用全进全出的工艺流程，保育猪舍正趋向于将猪舍分割成若干个单元，每个单元的猪同时转入和转出。待猪转出后，将单元进行彻底消毒后再进入下一批猪。

(6)生长猪舍：在养猪场中，猪群按配种→妊娠→分娩哺乳→保育→生长→育肥六阶段饲养时，饲养生长猪的猪舍称为生长猪舍(也叫育成猪舍)。断乳仔猪经保育舍饲养到10周龄后转入生长猪舍饲养7～8周。生长猪一般采用地面饲养，并利用混凝土铺设部分或全部漏缝地板，猪栏通常采用双列或多列。生长猪舍适宜的环境温度为18～22 ℃(最适宜温度为15～20 ℃)。在种猪场中，猪经过在生长猪舍的饲养阶段后，被选好的猪即可作为种猪出售。在商品猪场，则转入育肥猪舍中继续饲养。

(7)育肥猪舍：指饲养育肥猪的猪舍。育肥猪舍的结构一般与生长猪舍相同，对舍内温、湿度环境的要求不高于生长猪舍。育肥阶段是商品猪饲养的最后阶段，在采用配种→妊娠→分娩哺乳→保育→生长→育肥六阶段饲养时，经过生长阶段饲养的猪转入育肥猪舍饲养6～7周，体重达到90～100 kg时，即可作为商品猪出栏上市；在采用配种→妊娠→分娩哺乳→保育→育肥五阶段饲养工艺饲养时，保育阶段饲养结束后猪群即转入育肥猪舍中饲养14～15周后出栏上市。采用五阶段饲养工艺时，育肥猪舍也被称为生长育肥猪舍。

(8)隔离猪舍：指对新购入的种猪进行隔离观察或对本场疑似传染病但还具有经济价值的猪只进行隔离治疗饲养的猪舍。其主要功能是防止外购种猪将传染病带入本场，并防止本场猪群的相互接触传染。隔离猪舍的饲养容量一般为全场母猪总头数的5%左右，舍内要求卫生、护理条件好，易于实行各种消毒措施。与其他各类生产猪舍的主要区别是：①隔离猪舍要位于猪场的下风向、地势最低处，并且与其他猪舍保持一定的距离(防疫间隔)，排污系统最好也与生产区分开。②除猪栏和通道外，还应设饲料存储间和消毒管理间。③舍内猪栏为通用猪栏，各栏的食槽和粪尿沟彼此独立隔开，以防止交叉感染，相邻猪栏间的隔板应使用实体栏板，以防猪只之间接触感染。④入口及出口处要设立消毒池，工作人员进出隔离猪舍时都要严格消毒。⑤隔离猪舍要设纱门、纱窗防止鸟雀和吸血昆虫进入，地面、墙脚和墙体要坚固严实以防鼠害，粪尿沟出口处要设防鼠网，严防老鼠等小动物侵入猪舍而成为病原体携带者。⑥舍内作业一般为人工操作，并要有专人负责，隔离猪舍内的工作人员严禁进入其他猪舍，无关人员严禁进入隔离猪舍，以免传播疾病。

●●●● 任务工单

<table>
<tr><td>任务名称</td><td colspan="3">参观现代化规模养猪场(一)</td></tr>
<tr><td>任务描述</td><td colspan="3">通过观看现代化规模养猪场，明确猪场场址选择、规划布局和猪舍类型选择的原则</td></tr>
<tr><td>准备工作</td><td colspan="3">1. 联系现代化养猪场或者准备现代化养猪场宣传视频
2. 收集现代化养猪场的位置、鸟瞰图、畜舍类型的图片
3. 准备绘图纸</td></tr>
<tr><td>实施步骤</td><td colspan="3">1. 养猪场技术人员介绍猪场情况，或者通过观看现代化猪场宣传视频，了解猪场建场时间、场址、布局、规模、工艺流程、畜舍的类型及基本结构、畜舍的排列、朝向、间距、道路、排水、防疫、绿化及粪污处理等情况
2. 分组参观并做好记录
3. 小组绘制出猪场的平面图
4. 小组展示，各小组同学依据考核标准进行打分
5. 小组根据打分情况自查总结</td></tr>
<tr><td rowspan="5">考核评价</td><td>考核内容</td><td>评价标准</td><td>分值</td></tr>
<tr><td>图纸</td><td>1. 图纸内涵全面(30 分)
2. 图纸线条清晰，干净(10 分)</td><td>40 分</td></tr>
<tr><td>汇报情况</td><td>1. 汇报者能简明扼要阐述图纸内涵(20 分)
2. 汇报者精神饱满，声音洪亮(10 分)</td><td>30 分</td></tr>
<tr><td>自查总结</td><td>1. 能分析绘图过程中存在的问题(10 分)
2. 能根据存在的问题找出原因，并提出改进的措施(20 分)</td><td>30 分</td></tr>
<tr><td>总分</td><td></td><td>100 分</td></tr>
</table>

任务四　猪场设备的选用

目标呼应

任务目标	课程教学目标
熟记猪场常用的设备设施	能选用猪场常用的设施设备
能说出各种设备设施的结构及功能和适用的范围	

情境导入

养猪设备是猪场生产的硬件，它不仅有利于猪群饲养管理条件的改善和生产性能的发挥，而且能在很大程度上有效地提高劳动生产效率，改善猪只福利，提高生产性能和产品质量，从而直接影响养猪场的效益，因此养猪设备是现代化养猪生产的重要条件。

知识链接

一、猪栏设备

猪栏是养猪场的基本生产单元，它可以将猪限制在一个特定的范围内活动，以便对其进行管理。

(一)根据猪栏所用材料的不同分类

根据所用材料的不同，将猪栏分为实体猪栏、栏栅式猪栏和综合式猪栏三种形式。实体猪栏采用砖砌结构(厚 120 mm，高 1.0～1.2 m)外抹水泥，或采用水泥预制构件(厚 50 mm 左右)组装而成；栏栅式猪栏采用金属材料焊接成栏栅状再固定装配而成；综合式猪栏是由以上两种形式的猪栏综合而成，两猪栏相邻的隔栏采用实体结构，沿饲喂通道的正面采用栏栅式结构。猪栏结构如图 1-11 所示。

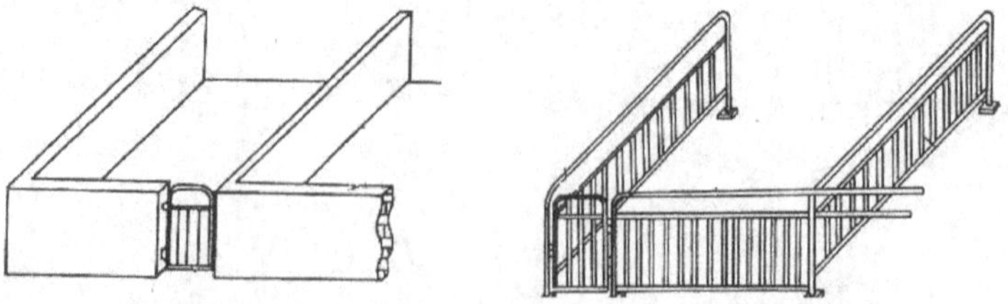

(a) 实体式　　(b) 栏栅式

图 1-11　猪栏结构

(二)根据猪栏内所养猪只种类分类

根据猪栏内所养猪只种类的不同，将猪栏可分为公猪栏、母猪栏、保育猪栏、生长猪栏和育肥猪栏等。这里要说明的是，猪栏的占地面积应根据饲养猪的数量和每头猪所需的面积而定。栏栅式猪栏的隔离间距详见表 1-5。

表 1-5 栏栅式猪栏的隔离间距

种类	成年猪	哺乳仔猪	保育猪	生长猪	育肥猪
栏栅间距/mm	100	35	55	80	90

1. 公猪栏

公猪栏面积一般为 6～7 m^2，栏高 1.2～1.4 m，每栏饲养 1 头公猪，圈栏可以是实体式结构，也可以是栅栏式结构。通常舍外与舍内公猪栏相对应的位置要配置运动场。

工厂化猪场一般不设配种栏，公猪栏同时兼作配种栏。其配置一般采用两种方式：一种是待配母猪栏与公猪栏紧密配置，由 3～4 个母猪栏对应 1 个公猪栏组成一个配种单元，公猪栏同时也是配种栏；另一种是待配母猪栏与公猪栏隔通道相结合配置方式，公猪栏同时也是配种栏，只有配种时将母猪赶至栏内配种，公猪虽然不能直接接触母猪，但如采用铁围栏，可互相观望，有利用母猪发情。

2. 母猪栏

母猪栏指饲养后备、空怀、妊娠和哺乳母猪的猪栏。它按要求分为群养母猪栏、单体母猪栏和母猪分娩栏三种。

(1)群养母猪栏：通常 6～8 头母猪占一个猪栏，栏高为 1.0 m 左右，每头母猪所需面积为 1.2～1.6 m^2。这种栏主要用于饲养后备母猪和空杯母猪，也可饲养妊娠母猪，但要注意防止抢食而引起流产。

(2)单体母猪栏：每个栏中饲养 1 头母猪，栏长为 2.0～2.3 m，栏宽为 0.6～0.7 m，栏高为 1.0 m，如图 1-12 所示。这种栏主要用于饲养空怀及妊娠母猪，与群养母猪栏相比，优点是便于观察发情，及时配种，避免母猪采食争斗，易掌握饲喂量，控制膘情，预防流产；缺点是限制母猪运动，容易出现四肢无力或肢蹄病，繁殖性能有降低的趋势。

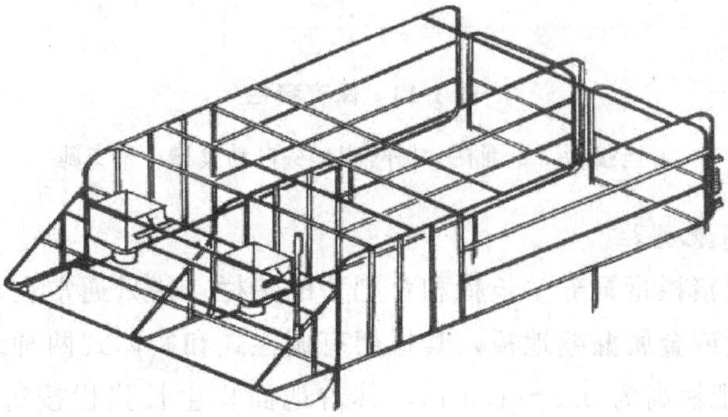

图 1-12 单体母猪栏

(3)母猪分娩栏：指饲养分娩哺乳母猪的猪栏，主要由母猪限位栏、仔猪围栏、仔猪保温箱和网床四部分组成(图 1-13)。其中，母猪限位架长为 2.0～2.3 m，宽为 0.6～0.7 m，高为 1.0 m；两侧是仔猪围栏，长度与母猪限位栏相同，宽为 1.7～1.8 m，高为 0.5～0.6 m。仔猪在围栏内采食、饮水、取暖和活动。

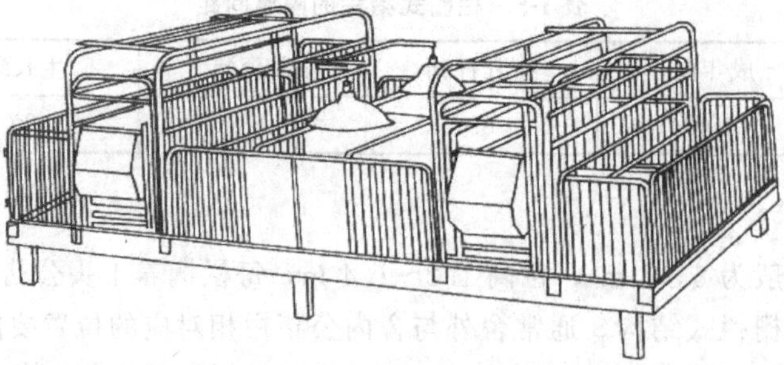

图 1-13 母猪分娩栏

3. 保育猪栏

保育猪栏指饲养保育猪的猪栏。它主要由围栏、自动食槽和网床三部分组成(图 1-14)。常用的仔猪保育猪栏长为 2 m，宽为 1.7 m，离地面高度为 0.25～0.30 m，可饲养 10～25 kg 体重的仔猪 10～12 头。

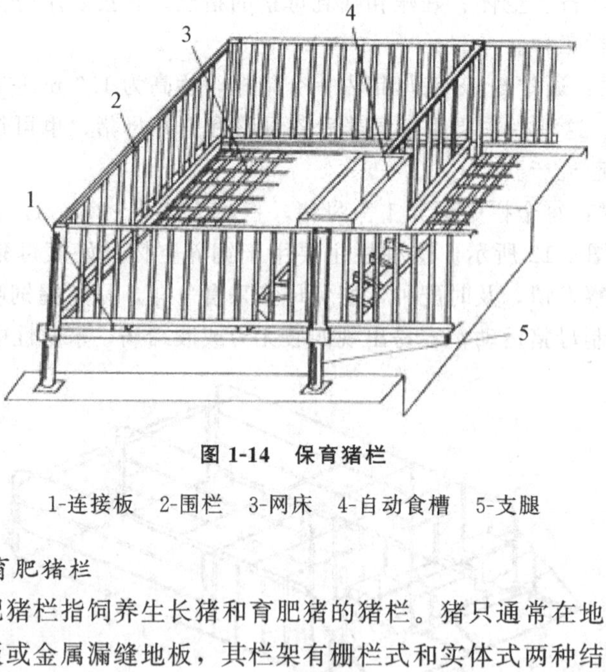

图 1-14 保育猪栏

1-连接板 2-围栏 3-网床 4-自动食槽 5-支腿

4. 生长猪栏和育肥猪栏

生长猪栏和育肥猪栏指饲养生长猪和育肥猪的猪栏。猪只通常在地面上饲养，栏内地面铺设局部漏缝地板或金属漏缝地板，其栏架有栅栏式和实体式两种结构。一般生长栏高为 0.8～0.9 m，育肥栏高为 0.9～1.0 m，其占地面积生长猪栏按每头 0.5～0.6 m^2 计，育肥栏按每头 0.8～1.0 m^2 计。

以上各类猪栏在舍内的布局应根据猪场饲养规模、猪舍类型和管理要求进行合理安排。

二、漏缝地板

现代化猪场为了保持栏内的清洁卫生，改善环境条件，减少人工清扫，普遍采用粪尿沟上设漏缝地板。漏缝地板有钢筋混凝土板条、钢筋编织网、钢筋焊接网、塑料板块、木板板条等。漏缝地板应具备耐腐蚀、不变形、表面平而不滑、导热性小、坚固耐用、漏粪效果好、易冲洗消毒，适应各种日龄猪的行走站立，不卡猪蹄等特点。

钢筋混凝土板块、板条，其规格可根据猪栏及粪沟设计要求而定，漏缝断面呈梯形，上窄下宽，便于漏粪。其主要结构参数如表 1-6 所示。

表 1-6　不同材料漏缝地板的结构与尺寸　　单位：mm

猪群	铸　铁		钢筋混凝土	
	板条宽	缝隙宽	板条宽	缝隙宽
幼猪	35～40	14～18	120	18～20
育肥猪、妊娠猪	35～40	20～25	120	22～25

金属编织地板网由直径为 5 mm 的冷拔圆钢编织成 10 mm×40 mm、10 mm×50 mm 的缝隙片与角钢、扁钢焊合，再经防腐处理而成。这种漏缝地板网具有漏粪效果好、易冲洗、栏内清洁、干燥、猪只行走不打滑、使用效果好等特点，适用于分娩母猪和保育猪。

塑料漏缝地板由工程塑料模压而成，可将小块连接组合成大面积，具有易冲洗消毒、保温好、防腐蚀、防滑、坚固耐用、漏粪效果好等特点，适用于分娩母猪栏和保育猪栏。

三、饲喂设备

猪场喂料方式可分为机械喂料和人工喂料两种。机械喂料是经饲料厂加工好的全价配合饲料，直接用专用车运输到猪场并送入饲料塔中，然后使用螺旋输送机将饲料输入猪舍内的自动落料饲槽内进行饲喂。这种工艺流程，不仅能使饲料保持新鲜，不受污染，减少包装、装卸和散漏损失，而且还可以实现机械化、自动化作业，节省劳动力，提高劳动生产率。由于这种供料饲喂设备投资大，用电多，因此，在现代化的规模猪场采用较多。

(一)饲料运输车

饲料车分为机械式和气流输送式两种。

1. 机械式饲料运输车

这种车是在载重车上加装饲料罐而组成，罐底有一条纵向搅龙，罐尾有一立式搅龙，其上有一条与之相连的悬臂搅龙，饲料通过搅龙的输送即可卸入 7 m 高的饲料塔中。

2. 气流输送式饲料运输车

这种车是在载重车上加装料罐而组成，罐底有一条或两条纵向搅龙，所不同的是在搅龙出口处设有鼓风机，通过鼓风机产生的气流将饲料输送进 15 m 以内的储料仓中。这种运输车适宜装运颗粒料。

(二)储料仓(塔)

储料仓多用 1.5～3 mm 厚的镀锌钢板压型组装而成，由 4 根钢管做支腿。仓体由进料口、上椎体、柱体和下椎体构成，进料口多于顶端，也有在椎体侧面开口的，储料仓的直径约 2 m，高度多在 7 m 以下，容量有 2 t、4 t、5 t、6 t、8 t 和 10 t 等多种。在生产实际中，由于储料仓的下椎体夹角设计不合理，饲料存储后在出口处易起拱，为防止起拱，在设计时下椎体夹角不能大于 45°，或将下椎体做成斜椎体形，以破坏拱起的条件，必要时加机械振动器装置。储料仓要密封，避免漏进雨、雪水，并设有出气孔。一个完善的储料仓，还应装有料位指示器。

(三)饲料输送机

把饲料由储料仓直接分送到食槽、定量料箱或撒落到猪床面上的设备，叫饲料输送机。饲料输送机种类较多，目前多采用螺旋弹簧输送机和塞管式输送机。这两种输送机的性能特点见表1-7。

表1-7 螺旋弹簧输送机和塞管式输送机的特点

输送机类型	优点	缺点	适宜输送距离/m
螺旋弹簧输送机	结构简单，工作可靠，90°角可自由输送，浪费少，卫生，噪声小	零部件技术要求较高，维修难	<150
塞管式输送机	可在任何方向长距离转完输送，浪费少，噪声小	零部件技术要求较高，维修难	<500

(四)加料车

加料车用于将饲料由饲料仓出口装送至食槽，如定量饲养的配种栏、妊娠母猪栏和分娩栏的食槽。加料车有手推机动加料车和手推人工加料车两种。

(五)饲槽

在养猪生产中，无论采用机械化送料饲喂还是人工饲喂的方式，都必须使用饲槽。根据饲喂制度(自由采食和限量饲喂)的不同，将饲槽分为自动饲槽和限量饲槽两种。

1. 自动饲槽

自动饲槽是在食槽的顶部装有饲料存储箱，随着猪只的采食，饲料在重力的作用下不断落入食槽内，可以间隔较长时间加料，大大减少了饲喂工作量。它用的加工材料主要有钢板或聚乙烯塑料等，也可用水泥预制板拼装而成，有长方形、圆形等多种形状。按采食面划分，长方形自动食槽分为单面和双面两种。前者供一个猪栏使用，后者供两个猪栏使用，见图1-15。自动饲槽适用于保育、生长和育肥阶段的猪，猪各类饲槽的主要结构参数见表1-8。

表1-8 猪各类自动饲槽的主要结构参数

猪的类别	高度/mm	前缘高度/mm	最大宽度/mm	采食间隙/mm
仔猪	400	100	400	140
幼猪	600	120	600	180
生长猪	800	160	650	230
育肥猪	900	180	800	330

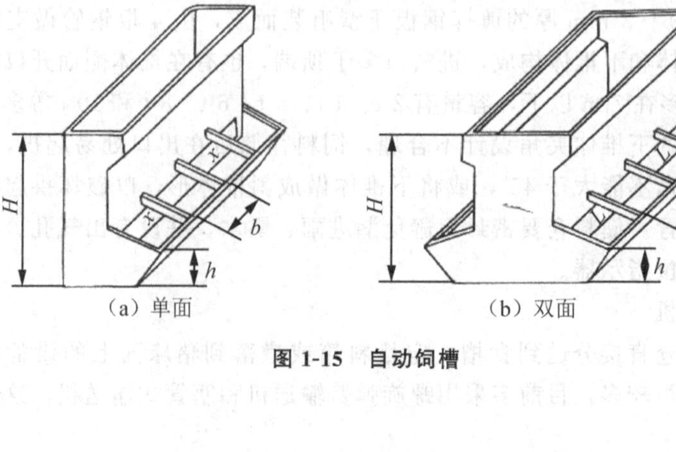

图1-15 自动饲槽

2. 限量饲槽

限量饲槽(图 1-16)常用于公猪、母猪等需要限量饲喂的猪群，一般用水泥制成，造价低廉，坚固耐用，也可用钢板或其他材料制成。每头猪所需要的饲槽长度大约等于猪肩部的宽度。每头猪采食所需要的饲槽宽度见表 1-9。

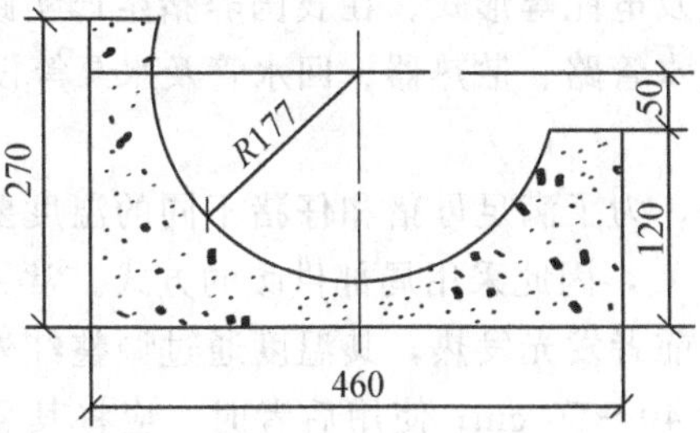

(a) 水泥限量饲槽断面结构

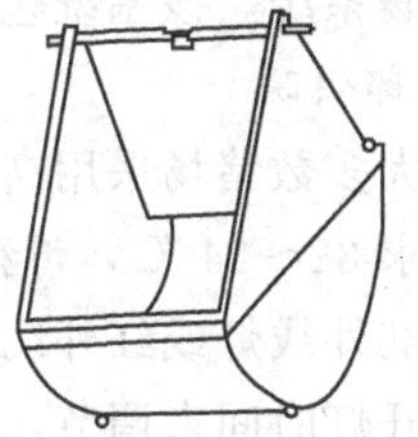

(b) 铸铁限量饲槽

图 1-16　限量饲槽(单位：mm)

表 1-9　每头猪采食所需要的饲槽宽度

猪的类别	体重/kg	饲槽宽度/mm	猪的类别	体重/kg	饲槽宽度/mm
仔猪	≤15	180	育肥猪	≤75	280
幼猪	≤30	200	育肥猪	≤100	330
生长猪	≤40	230	繁殖猪	≤100	330
育肥猪	≤60	270	繁殖猪	≥100	500

四、饮水设备

饮水设备指为猪舍猪群提供饮水的成套设备。猪舍饮水系统由管路、活接头、阀门和自动饮水器等组成。常用的自动饮水器有鸭嘴式、乳头式和杯式三种。在群养猪栏中，每个自动饮水器可负担 15 头猪饮用；在单养猪栏中，每个栏内应安装一个自动饮水器。自动饮水器的安装高度如表 1-10 所示。

表 1-10　自动饮水器安装高度

单位：cm

猪群类别	鸭嘴式	乳头式	杯式
公　猪	75～80	80～85	25～30
母　猪	65～75	70～80	15～25
后备母猪	60～65	70～80	15～25
仔　猪	15～25	25～30	10～15
保育猪	30～40	30～45	15～20
生长猪	45～55	50～60	15～25
育肥猪	55～60	70～80	15～25

五、环境控制设备

环境控制设备是为各类猪群创造适宜温度、湿度、通风换气等使用的设备。其主要有供热保温设备、通风降温设备、全气候环境控制系统和清洁消毒设备等。

(一)供热保温设备

现代化猪舍的供暖，分集中供暖和局部供暖两种方法。

1. 集中供暖

集中供暖主要利用热水、蒸汽、热空气及电能等形式。在我国养猪生产实践中，多采用热水供暖系统，该系统包括热水锅炉、供水管路、散热器、回水管及水泵等设备。

2. 局部供暖

目前大多数猪场采用高床网上分娩育仔，为了满足母猪和仔猪不同的温度要求，如初生仔猪要求 32～34 ℃，母猪则要求 15～22 ℃，因此采用局部供暖的方式。常用的局部供暖设备有红外线灯或红外线辐射板加热器。前者发光发热，其温度通过调整红外线灯的悬挂高度和开灯时间来调节，一般悬挂高度为 40～50 cm；使用后者时，应将其悬挂或固定在仔猪保温箱的顶盖上。辐射板接通电流后开始向外辐射红外线，在其反射板的反射作用下，使红外线集中辐射于仔猪趴卧区。由于红外线辐射板加热器只能发射不可见的红外线，还需安装一个白炽灯泡供夜间仔猪出入保温箱。

(二)通风降温设备

通风降温设备为了排除舍内的有害气体、调节舍内的温度、控制舍内的湿度等使用的设备。是否采用机械通风，应根据猪场具体情况来确定。

1. 通风机配置

目前常用的通风机配置有以下几种。

(1)侧进(机械)，上排(自然)通风。

(2)上进(自然)，下排(机械)通风。

(3)机械进风(舍内进)，地下排风和自然排风。

(4)纵向通风，一端进风(自然)，一端排风(机械)。

2. 湿帘—风机降温系统

湿帘—风机降温系统指利用水蒸发降温原理为猪舍进行降温的系统。整个系统主要由湿帘、风机、循环水路和控制装置组成。湿帘是用白杨木刨花、棕丝布或波纹状的纤维制成的能使空气通过的蜂窝状板。在使用时湿帘安装在猪舍的进气口，与负压机械通风系统联合为猪舍降温。

3. 喷雾降温系统

喷雾降温系统指一种利用高压水雾化后漂浮在猪舍中吸收空气的热量使舍温降低的喷雾系统。整个系统主要由水箱、压力泵、过滤器、喷头、管路及自动控制装置组成。

4. 喷淋降温或滴水降温系统

喷淋降温系统指一种将水喷淋在猪身上为其降温的系统。整个系统主要由时间继电器、恒温器、电磁水阀、降温喷头(一种将压力水雾化成小水滴的装置)和水管等组成。滴水降温系统是一种通过在猪身上滴水而为其降温的系统。其组成与喷淋降温系统基本相同，只是用滴水器代替了喷淋降温系统的降温喷头。

(三)全气候环境控制系统

全气候环境控制系统指一种使用通风换气、加热和降温等设备，调节猪舍全年适宜环境的控制系统。整个系统主要由百叶窗进气口、管道风机、通风管道、排风机、加热器和湿帘等组成，如图 1-17 所示。

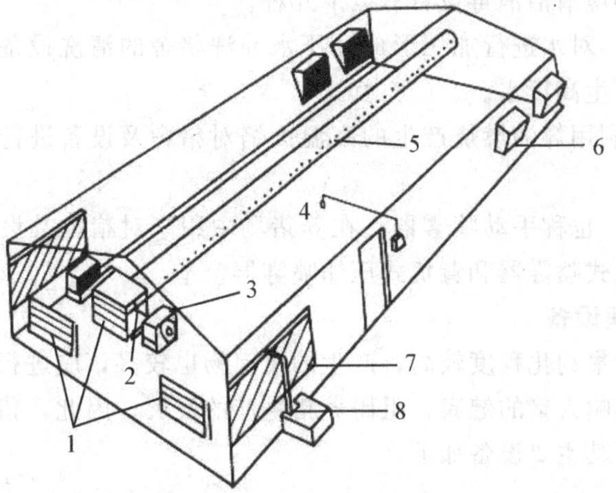

图 1-17　全气候环境控制系统

1-百叶窗进气口　2-管道风机　3-加热器　4-温度传感器　5-通风管道　6-排风机　7-湿帘　8-水泵

在冬季，温度传感器调节至某一设定温度。当温度低于设定值时，加热器和管道风机开动，在管道风机的作用下，舍内空气被吸入加热器加热，加热后的热空气通过送风管道上的送风孔均匀地吹入舍内，使舍温上升。当舍温达到或高于设定温度时，加热器关闭，管道风机仍然开动，舍内空气通过管道风机和送风管进行环流。与管道风机相对的上部百叶窗进气口及第一排风机定时打开和开动，以排出舍内潮气和污浊空气，并且使舍外一定量的新鲜空气通过进气口、管道风机均匀地吹入舍内。

在春、秋季，舍温升高，上下百叶窗进气口都打开，管道风机和第一、第二排风机开动，部分舍外新鲜空气由管道风机吸入后通过送风管道吹入舍内，部分空气由下部进气口直接进入舍内，舍内污浊空气由第一、第二排风机排出。

在夏季，舍温又进一步升高，管道风机和第一、第二、第三排风机运转，全部百叶窗进气口和带湿帘的百叶窗(相当于进气口)打开，舍外空气大部分由进气口，少部分通过送风管道进入舍内，由排风机排出，对猪舍进行通风降温。当舍温超过设定的上限温度时，管道风机和全部百叶窗进气口关闭，仅湿帘保持打开，全部排风机和水泵开动，舍外空气全部通过湿帘降温后进入猪舍。整个系统由一个控制箱进行自动控制。

(四)清洁消毒设备

集约化养猪场，由于采用高密度限位饲养工艺，必须有完善严格的卫生防疫制度，对进场的人员、车辆和猪舍环境都要进行严格的清洁消毒，才能保证养猪高效率安全生产。

1. 人员、车辆清洁消毒设施

凡是进场人员都必须经过温水彻底冲洗、更换场内工作服，工作服应在场内清洗、消毒，更衣间主要设有热水器、淋浴间、洗衣机、紫外线灯等。

集约化猪场原则上要保证场内车辆不出场，场外车辆不进场。为此，装猪台、饲料或原料仓、集粪池等设施应在围墙边。考虑到其他特殊原因，有些车辆必须进场，应设置进场车辆清洗消毒池、车身冲洗喷淋机等设备。

2. 环境清洁消毒设备

国内外常见的环境清洁消毒设备有以下几种。

(1)高压清洗机：对水进行加压形成高压水冲洗猪舍的清洗设备。常用的高压清洗机利用卧式三柱塞泵产生高压水。

(2)火焰消毒：利用煤油燃烧产生的高温火焰对猪舍及设备进行扫烧，杀灭各种病原微生物。

(3)人力喷雾器：也称手动喷雾器，在养猪场中用于对猪舍及设备的药物消毒。常用的人力喷雾器有背负式喷雾器和背负式压缩喷雾器。

六、废弃物处理设备

规模化养猪生产集约化程度较高，产生的废弃物也较多，应进行有效的处理，否则就会造成环境污染，影响人猪的健康，阻碍养猪生产的发展。因此，猪场筹划必须要考虑粪污等废弃物的处理。其主要设备如下。

(一)清粪设备

清粪设备指猪舍中清除粪便的设备。在养猪场中常用的清粪机有链式刮板清粪机、往复式刮板清粪机和螺旋搅龙清粪机等。

1. 链式刮板清粪机

链式刮板清粪机主要由链子、刮板、驱动装置、导向轮和张紧装置机构和钢丝绳等部分组成。

2. 往复式刮板清粪机

往复式刮板清粪机主要由带刮粪板的滑架、传动装置、张紧机构和钢丝绳等部分组成。

3. 螺旋搅龙清粪机

螺旋搅龙清粪机指一种采用螺旋搅龙输送粪便的清粪机，一般用于猪舍的横向清粪。往复式刮板清粪机将纵向粪沟内的粪便送到横向粪沟中，螺旋搅龙转动就将粪便送至舍外。

(二)冲水设备

冲水设备指采用水冲清粪方式清粪时，定时在粪沟内放水冲粪的设备。常用的有自动翻转水斗和虹吸自动冲水器。

(三)粪尿水固液分离机

猪粪尿水的固液分离有多种，其中应用最多的有倾斜筛式固液分离机(倾斜筛式粪水分离机)、振动式固液分离机(平面振动筛式粪尿水分离机)、回转滚筒式固液分离机(螺旋回转滚式粪水分离机)和压榨式固液分离机(压榨式粪水分离机)等。

1. 倾斜筛式粪水分离机

这种分离机，是将集粪池中的粪尿水通过污水泵抽出送至倾斜筛的上端，粪尿水沿筛面下流，液体通过筛孔流到筛板背面集液槽而流入储粪池，固形物则沿筛面下滑落到水泥地面上，定期人工运走。其结构简单，但获取的固形物含水率较高。

2. 平面振动筛式粪尿水分离机

这种分离机，由集粪池抽出的粪尿水置于平面振动筛内，通过机械振动，液体通过筛孔流入集粪池，固形物则留在筛面上，倒入储粪槽内。

3. 螺旋回转滚式粪水分离机

这种分离机，由集粪池抽出的粪尿水从滚筒一端加入，粪尿通过滚筒时，液体通过滚筒的筛网流入集液槽而流入集粪池，固形物则由于滚筒的回转、滚筒内的螺旋驱动而从滚筒的另一端排出。

4. 压榨式粪水分离机

这种分离机，固形物下落时，再通过压榨机压榨。其所获得的固形物含水率较低。

(四)堆肥处理设备

堆肥处理设备指对固体粪便进行堆肥处理的设备。堆肥处理的最佳参数为：堆肥发酵最适含水率为50%～70%，碳氮比为(26～35)∶1，堆内温度为35～55 ℃，堆内有足够的氧气。因此，在进行堆肥处理前要对粪便进行预处理，在其中添加一定量切碎的植物秸秆，并调整其含水率，使其成为碳氮比适宜、水分合适的物料。堆肥处理后的物料含水率在30%～40%，为了便于存储和运输，需要再进行干燥处理，使其含水率降至13%以下。在养猪场中常用的堆肥处理设备有自然堆肥、堆肥发酵塔和螺旋式充氧发酵仓等，如图 1-18 和图 1-19 所示。

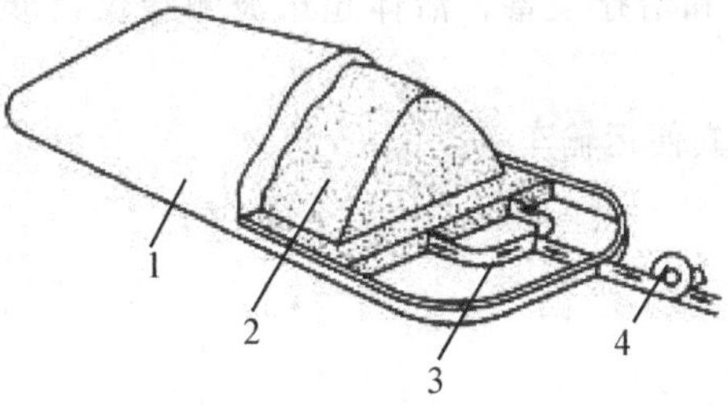

图 1-18　自然堆肥

1-表层为已腐熟的物料
2-物料　3-通风管　4-风机

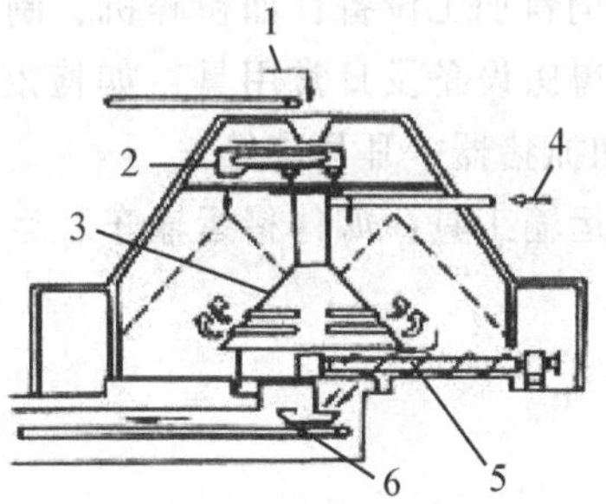

图 1-19　堆肥发酵塔

1-进料皮带　2-旋转布料机　3-通风装置
4-空气　5-螺旋输机　6-输料皮带机

(五)污水处理设备

养猪场中利用好氧性微生物对有机物的氧化分解作用进行对污水处理时，需提供充足氧气，创造有利于其繁殖的良好环境的设备称为猪场污水处理设备。在养猪场中常用的污水处理设备有曝气机和生物转盘。

1. 曝气机

曝气机指一种将空气中的氧有效地转移到污水中而使污水中的好氧性微生物对有机物进行氧化分解的污水处理设备。

2. 生物转盘

生物转盘指一种利用生物膜法处理污水的设备。生物转盘的主要工作部件是固定在转轴上的多片盘片。盘片的一半浸在氧化槽的污水中，另一半暴露在空气中，转轴高出水面100～250 mm。工作时，电机带动生物转盘缓慢转动，污水从氧化槽中流过。

(六)沼气发生设备

沼气发生设备指利用厌氧微生物的发酵作用处理各类有机废物并制取沼气的工程设备。其主要由粪泵、发酵罐、加热器和储气罐等部分组成。发酵罐是一个密闭的容器，为砖或钢筋混凝土结构，罐的四周有粪液输入管、粪便输出管、沼气导出管、热交换器以及循环粪泵等。

(七)死猪处理设备

1. 腐尸坑

腐尸坑也叫生物热坑，用来处理兽医卫生学和流行病学方面具有危险性的死猪尸体。一般坑深 9～10 m，内径 3 m，坑壁和底用防腐、防渗材料建造。坑口要高出地面，以免雨水进入。腐尸坑内死猪不要堆积太满，放入死猪后要将坑口密封，一段时间后，微生物分解死猪所产生的热量可使坑内温度达到 65 ℃，经过 4～5 个月的高温分解，就可以消灭病菌。猪尸腐烂达到无害化，分解物可做肥料。

2. 焚烧炉

焚烧炉用于处理因烈性传染病而死亡的猪的炉具。在焚化炉中添加燃油对死猪进行焚烧，通过焚烧可以将病死猪烧为灰烬，彻底消灭病菌、病毒。用焚烧炉处理死猪方便迅速，干净卫生。

七、其他常用设备

(1)饲料加工设备：如粉碎机、制粒机、搅拌机等。

(2)兽医设备及日常用具：如检疫、检验和治疗设备，活体超声波测膘仪，母猪妊娠诊断器和抓猪器、耳号牌等。

(3)运输工具：如仔猪运输车、运猪车和粪便运输车等。

●●●● 任务工单

<table>
<tr><td>任务名称</td><td colspan="3">参观现代化规模养猪场(二)</td></tr>
<tr><td>任务描述</td><td colspan="3">通过观看现代化规模养猪场，说出现代化猪场使用的猪栏设备、饲料设备、饮水设备、防暑降温设备、通风设备、清粪设备的名称和特点及适用的范围</td></tr>
<tr><td>准备工作</td><td colspan="3">1. 联系现代化养猪场或者准备现代化养猪场宣传视频
2. 收集现代化养猪场常用的设备设施图片</td></tr>
<tr><td>实施步骤</td><td colspan="3">1. 养猪场技术人员介绍猪场情况，或者通过观看现代化猪场宣传视频，了解猪场使用的猪栏设备、饲料设备、饮水设备、防暑降温设备、通风设备、清粪设备情况
2. 分组参观并做好记录
3. 小组讨论该猪场使用的设备设施的特点和存在的问题
4. 小组汇报，各小组同学依据评价标准进行打分
5. 小组根据打分情况自查总结</td></tr>
<tr><td rowspan="5">考核评价</td><td>考核内容</td><td>评价标准</td><td>分值</td></tr>
<tr><td>参观</td><td>1. 认真听技术员讲解(20 分)
2. 参观细致，有问题及时提出并做好记录(20 分)</td><td>40 分</td></tr>
<tr><td>汇报情况</td><td>1. 汇报者能准确全面说出猪场使用的设备设施的名称、作用和适宜的使用范围及使用的合理性(20 分)
2. 汇报者精神饱满，声音洪亮(20 分)</td><td>40 分</td></tr>
<tr><td>自查总结</td><td>能根据汇报情况找出本组的不足，并提出改进措施(20 分)</td><td>20 分</td></tr>
<tr><td>总分</td><td></td><td>100 分</td></tr>
</table>

任务五 控制猪舍内环境

目标呼应

任务目标	课程教学目标
明确环境因素对猪生产性能和健康的影响	能采取有效措施控制猪舍温度、湿度、气流和有害气体
能说出控制猪舍温度、湿度、气流和有害气体的措施	

情境导入

不同年龄的猪有着自己适宜的温度、湿度、光照和气流的范围，当这些环境因素不在适宜范围内对猪的健康和生产性能就会产生影响。因此通过猪舍外围护结构保温隔热设计，在某种程度与外界自然环境隔绝，形成舍内小气候，通过采取有效的措施，为猪只创造适宜的生活环境，可保证其生产性能的发挥和健康。

知识链接

一、影响猪生产的环境因素

影响猪生产的环境因素有物理性、化学性和生物性因素，通常主要有以下几个方面。

(一)温度

猪是恒温动物，适宜的环境温度是保证猪正常生长发育、繁殖和生产的先决环境条件。不同品种、类型和年龄的猪所需的适宜温度各不相同，随着日龄和体重的增长，所需环境温度逐渐下降。猪所需适宜的环境温度的估算公式为：

$$T(℃)=26-0.06W$$

式中，W 为猪的体重(kg)。该公式不适于哺乳和断奶阶段的仔猪。

实践中从猪的增重速度、饲料转换率、抗病力和繁殖力等多方面综合考虑，断奶后的猪的适宜温度应保持在 15～23 ℃，哺乳仔猪为 25～35 ℃。切记保持猪舍内温度的相对恒定，最好全天温度变化幅度不要超过 2 ℃。不同生产阶段猪的具体适宜温度详见表 1-11。

表 1-11 猪的最佳生活温度

生产阶段	体重/kg	适宜温度范围/℃	生产阶段	体重/kg	适宜温度范围/℃
初生仔猪	—	29～33	育成猪	60～100	14～21
哺乳仔猪	4～7	25～32	妊娠母猪	—	15～24
断奶仔猪	7～25	21～27	哺乳母猪	—	16～18
生长猪	25～60	15～24	公猪	—	15～20

(二)湿度

猪舍内湿度对猪的影响是多方面的，多与环境温度协同作用对猪的健康和生产性能产生影响。生产中常用相对湿度来衡量空气的潮湿程度，一般高湿的影响较大，而且猪舍内也较少出现低湿的情况。因此，应尽量保持猪舍的相对干燥，猪的适宜湿度为50%～75%。

(三)通风

通风与温度、湿度共同作用于猪体，主要是影响猪的体热散失，适当的通风还可排除猪舍内的污浊气体和多余水汽。正常温度下，猪舍内通风的气流速度以0.1～0.2 m/s为宜，最高不要超过0.25 m/s。通风时切忌“贼风”侵袭。每年冬季都是规模化猪场猪病尤其是呼吸系统疾病的多发季节，实践证明，冬季在采用热风炉或暖气等供暖措施提高猪舍温度的基础上适当增加通风，可有效降低猪群的发病率。

(四)光照

光照对猪的生长发育、健康、繁殖、生产力以及工作人员的操作均有影响。一般情况下，生长育肥猪群的光照强度为30～50 lx，光照时间为8～12 h。其他猪群光照强度为50～100 lx，光照时间为14～18 h。

(五)有害气体

猪舍内的有害气体主要有氨气(NH_3)、硫化氢(H_2S)、二氧化碳(CO_2)和一氧化碳(CO)等。有害气体在猪舍内的产生和积累浓度，取决于猪舍的密封程度、通风条件、饲养密度和排泄物处理等因素。

一般猪舍内有害气体的浓度应控制在下列范围：氨气(NH_3)在产房及哺乳母猪舍不超过15 mg/m^3，其他猪舍不超过20 mg/m^3；硫化氢(H_2S)在所有猪舍都不超过10 mg/m^3；二氧化碳(CO_2)在猪舍的空气中含量不超过0.2%；一氧化碳(CO)在妊娠及带仔母猪舍、哺乳及断奶仔猪舍不超过5 mg/m^3，种公猪舍、空怀母猪舍及育成猪舍不超过15 mg/m^3，育肥猪舍不超过20 mg/m^3。

(六)噪声

噪声一般由外界传入猪舍、舍内机械运转产生或猪自身产生。目前我国还没有制订养猪场噪声控制标准，一般认为，10周龄以内的仔猪舍噪声不得超过65 dB，其他猪舍不超过85 dB。

二、控制猪舍内环境

根据当地自然环境条件和养猪场具体情况，通过建造有利于猪只生存和生产的不同类型猪舍及环境设施，克服自然气候因素对养猪生产的不良影响，称为猪舍的环境控制。猪舍的环境控制主要有下列几个方面。

(一)控制猪舍内温度

猪舍内的温度控制主要通过猪舍的保温隔热、猪舍的防暑降温与猪舍的防寒保暖来实现。

1. 猪舍的保温隔热

通过保温隔热设计，选用热阻大的建筑材料建设猪舍。在寒冷的季节，将猪舍内的热能保存下来，防止向舍外散失；在炎热的季节，隔断太阳辐射热传入舍内，防止舍内温度升高，从而形成冬暖夏凉的猪舍小环境条件。

在猪舍的外围护结构中，屋顶面积大，冬季散热和夏季吸热最多，因此，必须选用导热性小的材料建造屋顶，并且要求有一定的厚度。在屋顶铺设保温层和进行吊顶，可明显增强保温隔热效果。

墙壁应选用热阻值大的建筑材料，如用空心砖或空心墙体，并在其中填充隔热材料(如玻璃丝)，可明显提高墙壁的热阻，取得更好的保温隔热效果。

在冬季，地面的散热也很大，可在猪舍不同部位采用不同材料的地面增加保温。猪床用保温性能好、富有弹性、质地柔软的材料，其他部位用坚实、不透水、易消毒、导热性小的材料。

减小外围护结构的表面积，可明显提高保温效果。在以防寒为主的地区，不影响饲养管理的前提下，应适当降低猪舍的高度，以檐高 2.2～2.5 m 为宜；在炎热地区，应适当增加猪舍的高度，采用钟楼式屋顶有利于防暑。

2. 猪舍的防暑降温

炎热夏季，太阳辐射强度大，气温高，昼夜温差小，持续时间长，采用有效的防暑降温措施，降低猪舍的温度十分重要。防暑降温方法很多，采用机械制冷的方法效果最好，但设备和运行费用高。常用的防暑降温方法如下。

(1)通风降温：通风分为自然通风和机械通风两种。夏季多开门窗，增设地窗，使猪舍内形成穿堂风。炎热气候和跨度较大的猪舍，应采用机械通风，形成较强气流，增强降温效果。

(2)蒸发降温：向屋顶、地面、猪体上喷洒冷水，靠水分蒸发吸热而降低舍内温度。但会使舍内的湿度增大，应间歇喷洒。在高湿气候条件下，水分蒸发有限，因此降温效果不佳。

(3)湿帘—风机降温系统：一种由湿帘、风机、循环水路及控制装置组成的降温设备。主要靠蒸发降温，也有通风降温的作用，降温效果十分明显，是目前规模化猪场采用最为普通的降温方式。

除了上面介绍的几种降温方法外，常用的其他降温措施还有在猪舍外搭设遮阳棚、屋顶墙壁涂白、搞好场区绿化、降低饲养密度以及供应清凉、洁净、充足的饮水等。

3. 猪舍的防寒保暖

通过猪舍外围护结构的保温设计不能使舍内温度达到要求时，就应该采取人工供热措施，尤其是仔猪舍和产房。人工供热可分集中采暖和局部采暖两种形式。目前规模化猪场多采用热风炉或地暖供暖方式；局部采暖是用红外线灯、电热板、火炕、保育箱、热水袋等局部采暖设备对舍内局部区域供暖，主要应用在产仔母猪舍的仔猪活动区。

(二)控制猪舍内湿度与有害气体

猪舍内的湿度与有害气体可通过通风来控制。湿度较低时，可通过地面洒水或结合喷雾消毒来提高湿度。湿度较高时，可通过通风排除多余的水汽，同时排出有害气体。通风分自然通风和机械通风两种方式。

1. 自然通风

自然通风是靠舍内外的温度和气压差实现的。猪舍内气温高于舍外，舍外空气从猪舍下部的窗户、通风口和墙壁缝隙进入舍内，舍内的热空气上升，从猪舍上部的通风口、窗户和缝隙排出舍外，这称为“热压通风”。舍外刮风时，风从迎风面的门、窗户、洞口和墙壁缝进入舍内，从背风面和两侧墙的门、窗或洞口排出，这称为“风压通风”。

2. 机械通风

猪舍的机械通风分为以下三种方式。

(1)负压通风：用风机把猪舍内污浊的空气抽到舍外，使舍内的气压低于舍外而形成负压，舍外的空气从门窗或进风口进入舍内。

(2)正压通风：用风机将风强制送入猪舍内，使舍内气压高于舍外，从而使舍内污浊空气被压出舍外。

(3)联合通风：同时利用风机送风和排风的通风方式。

冬季通风与保温是互相矛盾的，不能因为保温而忽视通风。一般情况下，冬季通风以舍温下降不超过 2 ℃为宜。

(三)控制猪舍内光照

光照按光源分为自然光照和人工光照。自然光照是利用阳光照射采光，节约能源，但光照时间、强度和照度均匀度难于控制，特别是在跨度较大的猪舍。当自然光照不能满足需要时，或者是在无窗猪舍，必须采用人工光照。

自然采光猪舍设计建造时，应保证适宜的采光系数(门窗等透光构件的有效透光面积与猪舍地面面积之比)，一般成年母猪舍和育肥猪舍为 1∶(12～15)，哺乳母猪舍、种公猪舍和哺乳仔猪舍为 1∶(10～12)，培育仔猪舍为 1∶10。人工光照多采用白炽灯或荧光灯作光源，要求照度均匀，能满足猪只对光照的需求。

(四)控制有害生物

养猪场有害生物控制的有效方法是建立生物安全体系。生物安全体系是指采取必要的措施，最大限度地减少各种物理性、化学性和生物性致病因子对动物造成危害的一种动物生产体系，其总体目标是防止有害生物以任何方式侵袭动物，保持动物处于最佳的生产状态，以获得最大的经济效益。

生物安全体系是目前最经济、最有效的传染病控制方法，同时也是所有传染病预防的前提，它将疾病的综合性防治作为一项系统工程，在空间上重视整个生产系统中各部分的联系，在时间上将最佳的饲养管理条件和传染病综合防治措施贯彻于动物养殖生产的全过程，强调了不同生产环节之间的联系及对动物健康的影响。该体系集饲养管理和疾病预防为一体，通过阻止各种致病因子的侵入，防止动物群受到疾病的危害，不仅对疾病的综合性防治具有重要意义，而且对提高动物的生长性能，保证其处于最佳生长状态也是必不可少的。因此，它是动物传染病综合防治措施在集约化养殖条件下的发展和完善。

生物安全体系的内容主要包括动物及其养殖环境的隔离、人员物品流动控制以及疫病控制等，即用以切断病原体传入途径的所有措施。

任务工单

<table>
<tr><td>任务名称</td><td colspan="3">参观现代化规模养猪场(三)</td></tr>
<tr><td>任务描述</td><td colspan="3">通过观看现代化规模养猪场，总结不同猪舍采取的防寒采暖、防暑降温、光照、通风等方式的异同点</td></tr>
<tr><td>准备工作</td><td colspan="3">1. 联系现代化养猪场或者准备现代化养猪场宣传视频
2. 收集现代化养猪场猪舍环境控制的措施相关的资料</td></tr>
<tr><td>实施步骤</td><td colspan="3">1. 养猪场技术人员介绍猪场情况，或者通过观看现代化猪场宣传视频，了解不同类别猪舍防暑降温、防寒采暖、通风、有害气体等控制措施
2. 分组参观并做好记录，总结不同类别猪舍环境控制措施的异同点
3. 小组汇报，各小组同学依据评价标准进行打分
4. 小组根据打分情况自查总结</td></tr>
<tr><td rowspan="5">考核评价</td><td>考核内容</td><td>评价标准</td><td>分值</td></tr>
<tr><td>参观</td><td>1. 认真听技术员讲解(20 分)
2. 参观细致，有问题及时提出并做好记录(20 分)</td><td>40 分</td></tr>
<tr><td>汇报情况</td><td>1. 汇报者能准确全面说出不同类别猪舍环境控制措施的异同点(20 分)
2. 汇报者精神饱满，声音洪亮(20 分)</td><td>40 分</td></tr>
<tr><td>自查总结</td><td>能根据汇报情况找出本组的不足，并提出改进措施(20 分)</td><td>20 分</td></tr>
<tr><td>总分</td><td></td><td>100 分</td></tr>
</table>

任务六　饲料筹划

目标呼应

项目目标	课程教学目标
熟知各种饲料原料的营养特点	会为各阶段猪选用饲料原料、配置日粮
能选用猪的饲料	
能配置猪的日粮	

任务导入

养猪业属耗粮型产业，一般饲料成本占总成本的70%左右。猪场经营过程中，提高饲料利用率，最大限度地发挥猪的生产潜力，尽可能地减少饲料损耗，实现饲料效益最大化，是提高猪场盈利能力的最好途径。

知识链接

一、猪的常用饲料

(一)能量饲料

能量饲料主要包括谷实类饲料、糠麸类饲料、淀粉质块根块茎及瓜果类饲料和其他加工副产品。

1. 谷实类饲料

谷实类饲料指禾本科植物成熟的种子。其营养特点是能量含量高，无氮浸出物占干物质70%～80%；粗纤维含量低，一般在5%以下，只有带壳的大麦、稻和粟等可达10%。蛋白质和必需氨基酸含量不足，粗蛋白质含量为8.9%～13.5%，氨基酸组成不平衡，缺乏必需氨基酸(如赖氨酸、蛋氨酸等)；矿物质中钙、磷比例不符合畜禽需要，钙的含量为0.1%以下，而磷为0.31%～0.45%，多以植酸磷的形式存在。

(1)玉米：玉米的有效能值高，适口性好，被誉为“能量之王”。在配合饲料中所占比例很大，可占日粮的50%～70%。

玉米含无氮浸出物为74%～80%，每千克干物质中消化能14.27 MJ。玉米粗蛋白质含量为7.2%～8.9%，缺少赖氨酸和色氨酸。玉米中不饱和脂肪酸含量高，因此，育肥猪后期不能以玉米作为唯一的能量饲料，否则易形成软脂肉。黄色玉米维生素A原较为丰富，每千克黄玉米中含1 mg左右的β-胡萝卜素和22 mg的叶黄素。玉米含钙仅为0.02%、磷0.3%。所以，玉米作为一种有效能值高而养分不全的饲料，必须搭配其他饲料和添加剂才能达到营养平衡。

粉碎的玉米易霉变，不宜久储。霉菌中以黄曲霉菌和赤霉菌危害最大。黄曲霉毒素具有致癌作用。赤霉烯酮具有雌性激素的作用，可使母猪发生卵巢病变，抑制发情，减少产仔数，可使公猪性欲降低，影响配种效果。饲粮中含量高时，可使初产母猪全部流产。因此夏季粉碎后的玉米宜在 7～10 d 内用完。

(2)高粱：高粱籽实去壳后与玉米一样，主要成分为淀粉，粗纤维少，可消化养分高，每千克干物质含消化能 13.18 MJ，粗蛋白质与其他谷物相似，但质量较差。它的含钙量少，含磷量较多，它的胡萝卜素及维生素 D 的含量少，B 族维生素含量与玉米相当，烟酸含量多。高粱种皮中含有较多的单宁，对猪来讲可降低蛋白质和矿物质的利用率。高粱有苦涩味，因此仔猪不宜使用，适口性不及玉米，在配合饲料中比例不宜过大，其他猪用量也不宜过大，否则会引起便秘，通常配合饲料中占 15%以下。

(3)大麦：大麦分为皮大麦和裸大麦(又叫青稞)。大麦用作饲料时多带皮磨碎。其粗纤维含量高，粗蛋白质和氨基酸含量略高于玉米，粗脂肪含量低，故用大麦饲喂育肥猪，肉质细致紧密，脂肪色白坚硬，能获得优质的硬脂胴体。

(4)稻谷：含有稻壳，粗纤维含量高，粗蛋白质含量略低于玉米，消化能低于玉米，仔猪饲料中不宜使用，其他猪用量也不宜过大，一般占配合饲料的 30%左右。

2. 糠麸类饲料

糠麸类饲料分为两大类，制米的副产品称为糠，制粉的副产品称为麸。其主要是由籽实的种皮、糊粉层和胚组成。其营养价值的高低随加工方法而异。

无氮浸出物比谷实类少，占 40%～50%。粗纤维含量比籽实高，约占 10%。粗蛋白质的数量与质量均介于豆科与禾本科籽实之间，米糠中粗蛋白质含量为 13%，含有较多的含硫氨基酸。矿物质中磷多、钙少，且磷多以植酸磷的形式存在，米糠中磷高于钙 20 倍。维生素 B_1、烟酸及泛酸含量较丰富，其他均缺少。

(1)小麦麸：俗称麸皮，是面粉加工过程的副产物。每千克干物质含消化能 9.37 MJ，粗蛋白质为 12%～16%，粗纤维为 10%左右。并含有较多的 B 族维生素(如维生素 B_1、维生素 B_2、烟酸和胆碱等)和维生素 E。麸皮质地膨松，适口性好，具有轻泻性。小麦麸因能量水平低，做育肥和仔猪饲料时用量不宜大。一般仔猪饲粮中不超过 10%，育肥猪喂量为 10%～25%，母猪喂量为 5%～25%。

(2)米糠：稻谷脱壳后精磨制米的副产物。其营养价值依加工程度而异。加工的精米越白，则进入米糠的胚乳越多，其能值越高。米糠约含 13%的粗蛋白质和 17%的粗脂肪，有效能值仅低于稻谷；含有较多的含硫氨基酸，且含铁、锰、锌丰富；含磷量是钙的 20 倍。米糠易氧化酸败不宜存储是由于其油脂含量较高，在饲粮中配比过高会引起腹泻及体脂肪发软，猪应控制在 20%以下。酸败的大米糠，可使猪中毒，发生严重腹泻，甚至死亡。对育肥猪可造成胴体的软质肉，降低肉脂品质。

米糠榨油后的产品称为脱脂米糠，也叫米糠饼，脂肪含量下降，能值降低。

稻壳粉(砻糠)和少量米糠混合称为统糠，不宜用来饲喂猪。

3. 淀粉质块根块茎及瓜果类饲料

此类饲料常见的有甘薯、马铃薯、甜菜、胡萝卜、南瓜等。水分含量高达 75%～90%。干物质中无氮浸出物含量为 60%～80%。粗纤维较低，为 3%～10%。粗蛋白质较少，仅为 5%～10%。矿物质较高，为 0.8%～1.8%，钙、磷、钠较少，而钾较多。缺乏 B 族维生素。有黑斑的甘薯不能喂猪，以免中毒。发芽的马铃薯含有毒的龙葵素，饲喂时应挖去芽眼并煮熟。

4. 其他加工副产品

(1)油脂：能量浓度高，约为碳水化合物的2.25倍。猪的饲粮中添加油脂，可缓解应激，提高其他养分的转化效率，从而提高整个饲粮的转化率，为猪提供必需脂肪酸，增强猪的免疫力，同时提高饲粮的适口性，促进脂溶性维生素的吸收，还可减少饲料粉尘。一般添加量不宜超过10%，按动植物脂肪2∶3的比例加入，有利于饲料利用率的提高和改善饲料的适口性，但对于早期断奶仔猪，植物油比动物油效果好。

(2)糖蜜：是甘蔗和甜菜制糖的副产品。糖蜜中仍残留大量蔗糖，含碳水化合物为53%～55%；含有相当多的有机物和无机盐，还含有20%～30%的水分；干物质中粗蛋白质含量很低，为4%～10%，其中非蛋白氮比例较大。糖蜜的灰分较高，占干物质的8%～10%。糖蜜具有甜味，对各种畜禽适口性均好，但糖蜜具有轻泻性，日粮中糖蜜量大时，粪便发黑变稀。猪饲料中适宜添加量为1%～3%。糖蜜可作为颗粒饲料的黏合剂，提高颗粒饲料的质量。

(二)蛋白质饲料

蛋白质饲料主要包括植物性蛋白质饲料、动物性蛋白质饲料等。

1. 植物性蛋白质饲料

(1)豆类籽实：豆类籽实多为油料作物，一般较少直接用作饲料。其中粗蛋白质含量丰富，为干物质的25%～40%，蛋白质中赖氨酸含量较高，但蛋氨酸含量不足。无氮浸出物含量一般稍低于禾本科籽实类。钙的含量虽比谷实类稍高，但钙少磷多。另外，豆科籽实含有多种蛋白质酶抑制物和脲酶等有害物质，须经适当处理后才可饲喂。

(2)饼粕类：饼粕是豆类籽实被提取油脂后的副产品。用压榨法得到的副产品称为饼；用浸提法得到的副产品称为粕。

①大豆饼粕：是我国最常用的一种植物性蛋白质饲料，粗蛋白质含量为40%～45%，蛋白质消化率达80%以上，含赖氨酸2.5%～2.9%、蛋氨酸0.50%～0.70%、色氨酸0.60%～0.70%、苏氨酸1.70%～1.90%，氨基酸平衡较好。大豆饼粕的代谢能也很高，达10.5 MJ/kg以上。大豆饼粕可作为猪的唯一蛋白质饲料，也可与其他饼粕及少量动物性蛋白质饲料混合使用。

因加工条件不同，大豆中的有毒有害物质会不同程度地存在于大豆饼粕中，从而降低蛋白质及其他营养物质的消化和吸收，易引起猪(特别是幼猪)腹泻，增重降低，饲料转化率下降。加热虽然可以破坏这些有毒有害物质，但加热过度也会导致蛋白质中某些氨基酸的破坏。鉴定标准是测定大豆饼粕内的脲酶活性，国家标准规定饲用大豆饼粕中脲酶活性不应超过0.4%。由于普通加热处理不能完全破坏大豆中的抗原物质，因此饲喂仔猪的饼粕最好经过膨化处理或控制饼粕在饲粮中的添加比例。

②花生仁饼粕：蛋白质含量高达47%，适口性极佳。赖氨酸和蛋氨酸等含量不及大豆饼粕，精氨酸含量高达5.2%。饲喂时，可与大豆饼粕、菜籽饼粕、鱼粉或血粉等配伍使用，肉猪10%左右。花生仁饼粕在高温高湿季节容易滋生黄曲霉菌，产生黄曲霉毒素，严重危害动物健康，使用中应高度注意。

③棉籽饼粕：是指棉花籽实被提取油脂后的副产品。完全脱壳的棉籽仁被提取油脂后的副产品称为棉仁饼粕。棉籽饼粕与棉仁饼粕因加工工艺不同，营养价值相差很大，粗蛋白质含量为40%～46%，代谢能为10 MJ/kg左右。棉籽饼粕赖氨酸不足，精氨酸过高，

蛋氨酸含量低，约为0.4%；矿物质中磷多钙少，多为植酸磷；粗纤维11%左右。

棉籽饼粕中含有有毒的棉酚。棉酚可与棉籽饼粕中的蛋白质和氨基酸结合，降低蛋白质、氨基酸(特别是赖氨酸)的有效性。进入肠道的棉酚可刺激胃肠黏膜，引起胃肠炎。棉酚进入机体后损害心脏、肝脏、肾脏及神经等组织器官。棉酚在体内还可与功能蛋白结合，使其失去活性，与铁结合引起缺铁性贫血。棉酚对公猪生精细胞有持久毒害作用，可造成不育；对母猪卵巢发育有明显抑制作用。育肥猪可用到10%。种猪应避免使用。

④菜籽饼粕：粗蛋白质含量约为36%，氨基酸比较齐全，蛋氨酸含量高于豆饼，赖氨酸含量为2.0%～2.5%，在饼粕类中仅次于大豆饼粕。

菜籽饼粕中含有硫葡萄糖甙、芥子碱、芥酸、单宁等有毒有害成分，其中主要是硫葡萄糖甙，其本身没有毒性，而是在发芽、受潮、压碎等情况下，菜籽中伴随的硫葡萄糖甙酶，可将其分解为异硫氰酸酯、恶唑烷硫酮、腈等有毒物质。硫葡萄糖甙还可在酸碱的作用下水解，并且比酶解更快。异硫氰酸酯有辛辣味，严重影响菜籽饼的适口性，高浓度时对黏膜有强烈刺激作用，可引起胃肠炎、肾炎、支气管炎及肺水肿，也可引起甲状腺肿。恶唑烷硫酮也可导致甲状腺肿。腈可引起细胞窒息，抑制猪生长。一般猪饲粮的用量不超过10%。

2. 动物性蛋白质饲料

此类饲料主要包括鱼类、肉类和乳品加工副产品以及其他动物产品。其品质优于植物性蛋白质饲料。

(1)鱼粉：品质优良的鱼粉呈淡黄色，浅褐色，略发青，有特殊的鱼粉香味，不发热，不结块，无霉变和刺激味。蛋白质含量在60%以上，富含谷物类饲料缺乏的胱氨酸、蛋氨酸和赖氨酸，脂肪含量不超过8%，水分低于15%，食盐含量低于4%，维生素A、维生素D和B族维生素含量丰富，矿物质量多质优，富含钙、磷、锰、铁、碘等。其适口性好，饲用价值高于其他蛋白质饲料。因其价格较高，一般只用于饲喂幼猪和种猪，用量不超过10%。但使用鱼粉时要注意鱼粉的质量，防止使用掺假、含盐量过高和变质的鱼粉。

(2)肉骨粉：是动物屠宰场副产品中除去可食部分后的骨、内脏、碎肉等，经过脱油脂后再干燥粉碎而制成。其不允许含有毛、蹄、角、皮革、排泄物及胃内容物。新鲜的肉骨粉为淡黄褐色。其蛋白质含量为30%～55%，赖氨酸、钙、磷、锰含量高。猪饲粮中的用量为10%左右。

(3)血粉：是动物鲜血经脱水加工而成的一种产品。其蛋白质含量为80%～90%，赖氨酸含量丰富，色氨酸、组氨酸和苏氨酸含量较高(但蛋氨酸、异亮氨酸和甘氨酸较缺乏)，钙、磷含量较低(但磷利用率高)，铁含量极高，而其他微量元素含量较少。其味苦，适口性差，故在猪饲粮中的用量一般不超过5%，仔猪饲粮中的用量为3%以下。

(4)血浆蛋白粉：是鲜血分离出红细胞后经喷雾干燥而制成的产品。其蛋白质含量为70%～78%，必需氨基酸含量高，利用率高，适口性极好，且含有大量抗病因子，可有效防止仔猪断奶后应激。因其价格较高，常用于早期断奶后的第一周，用量为5%～8%，可代替脱脂奶粉。

(三)青饲料

青饲料包括天然牧草、栽培青饲料、水生饲料、野草野菜、叶菜类及绿树叶等。

1. 青饲料的营养特点

青饲料的水分含量高，为75%～95%，因此干物质含量较低，但脆嫩多汁，适口性好。按干物质计算，粗蛋白质含量较高，为10%～20%，且含有较多的必需氨基酸，蛋白质品质好。一般豆科为15%～20%，莎草科为13%～20%，菊科和禾本科为10%～15%，少数可达20%。碳水化合物中无氮浸出物较多，粗纤维含量较少，按干物质计，禾本科牧草粗纤维含量为30%，其他牧草为20%～25%，而无氮浸出物为40%～50%。维生素含量丰富，高达50～80 mg/kg，高于其他饲料。其还含有丰富的B族维生素(维生素 B_6 除外)及较多的维生素E、维生素C和维生素K等，但缺乏维生素D。钙、磷含量丰富，比例适当，按干物质计含钙为0.2%～2.0%，含磷为0.2%～0.5%，多为植酸磷。豆科植物含钙较多，且钙磷比例接近平衡。青饲料中钙、磷主要集中于叶片中，在一般情况下，猪以青饲料为主时不易出现钙、磷缺乏。

总之，豆科牧草营养价值较高，禾本科虽然营养价值稍低，但一般适口性好，尤其生长早期，幼嫩可口。

2. 青饲料的加工

(1)切碎：青饲料经切碎后便于采食、咀嚼，减少浪费，有利于和其他饲料均匀混合。

(2)打浆：青饲料经打浆后更加细腻，并能消除某些饲料的茎叶表面毛刺而利于采食，提高利用价值。打浆前应将饲料清洗干净，除去异物，有的还须先切短，打浆时应注意控制用水，以免含水过多。

(3)闷泡和浸泡：对带有苦涩、辛辣或其他异味的青饲料，可用冷水浸泡和热水闷泡4～6 h后，去掉泡水，再混合其他饲料喂猪，这样可改善适口性，软化纤维素，提高利用价值。但泡的时间不宜过长，以免腐败或变酸。

(四)矿物质饲料

矿物质元素一般都以化合物的形式存在于矿物质中。其特点是专门补充日粮中某种矿物质的不足，养分单一，用量少。

1. 含钠与氯的饲料

(1)氯化钠：氯含量为60.65%，钠含量为38.35%。一般在猪饲粮中占0.2%～0.5%。

(2)碳酸氢钠：猪对钠的需要量一般高于对氯的需要量，碳酸氢钠常用于补充日粮中钠的不足。

2. 含钙与磷的饲料

(1)石粉：石粉为天然碳酸钙，一般含钙为35%左右，也可用较纯的商品碳酸钙。

(2)贝壳粉：其主要成分为碳酸钙，含钙为33%～38%。

(3)骨粉：动物杂骨经热压、脱脂和脱胶后干燥并粉碎而成。其钙、磷比例为2∶1，是钙、磷较平衡的矿物质饲料。其含钙30%～35%，含磷8%～15%，另有少量镁和其他元素。骨粉含氟量为0.035%，用量宜控制在2%以下。

(4)磷酸钙盐：是工业化生产的产品。最常用的是磷酸氢钙，含钙为20%～23%，含磷不低于16%，含氟不得高于0.18%。

3. 其他矿物质饲料

沸石、麦饭石、膨润土、海泡石、滑石、方解石等矿物质饲料也广泛应用于养猪业中。这些矿物质饲料除供给猪生长发育所必需的部分微量元素外，还具有独特的物理微观结构和由此而具有的某些理化性质。其独特的选择吸附能力和较大吸附容积，可以吸收肠道中过量的氨以及甲烷、乙烷、丙烯、甲醇、大肠杆菌和沙门氏杆菌的毒素等有毒物质，抑制某些病原菌的繁殖。可逆的离子交换性能，满足猪对微量元素的需要，并有促进钙吸收的功能，从而增进猪的健康，提高生产性能。

(1)沸石：是一种含水的碱金属或碱土金属的铝硅酸矿物，是50多种沸石族矿物质的总称。应用于猪饲料的天然沸石主要是斜发沸石和丝光沸石等，其中含有多种矿物质和微量元素。这些元素都以可溶性盐和可交换离子状态存在，易被猪吸收利用。据试验，在猪饲粮中适量添加沸石可提高日增重，节约饲料，增进健康，除臭，改善环境。

(2)麦饭石：是一种含有多种矿物质和微量元素的岩石。其所含的微量元素可直接被动物利用，尤其是镍、钛、铜、硒等，可提高酶的活性和饲料的利用率。在猪饲粮中添加2%以上，可提高猪的健康与生产性能。

(3)膨润土：它具有非常显著的膨胀和吸附性能，能吸附大量的水分和多量的有机物质。它含有钙、钠、钾、镁等矿物元素。猪饲粮中添加1%～2%膨润土，可提高猪的生产性能。

(五)饲料添加剂

生产实践中对饲料添加剂的要求是：①长期使用不会对畜禽产生毒害作用和不良影响，对种畜禽不影响生殖生理及胎儿；②有明显的生产效果和经济效益；③在饲料和畜禽体内具有较好的稳定性；④不影响畜禽对饲料的采食；⑤在畜禽产品中的残留量不能超过规定标准，不影响畜禽产品的质量和人体健康；⑥用作添加剂的抗生素和抗球虫药不易或不被肠道吸收；⑦不污染环境，有利于畜牧业可持续发展。

1. 营养性添加剂

营养性添加剂主要用于平衡畜禽日粮的营养。其包括氨基酸添加剂、维生素添加剂和微量元素添加剂。

(1)氨基酸添加剂：我国猪饲粮中动物性蛋白质饲料缺乏，而植物性蛋白质饲料，尤其是猪的主要饲料——谷物饲料中必需氨基酸含量不平衡，因此需要氨基酸添加剂来平衡或补充。目前，赖氨酸和蛋氨酸添加剂已在猪的饲料中广泛使用。猪饲粮中添加氨基酸后可节约蛋白质饲料，提高猪的生产性能。研究表明，1 g赖氨酸可代替10 g以上的蛋白质，相当于20 g以上的鱼粉。

(2)维生素添加剂：维生素添加剂有维生素A、维生素D、维生素K_3、维生素E、维生素B_1、维生素B_2、维生素B_6、维生素B_{12}、泛酸、氯化胆碱、烟酸、叶酸、生物素、维生素C等。维生素的添加量除考虑猪的维生素需要量外，还应注意维生素添加剂的有效性、饲粮组成、环境条件和猪的健康状况等。在维生素的有效性低，猪处于高温、严寒、疾病和接种疫苗等情况下，饲粮中维生素的添加量应高于饲料标准中规定的维生素需要量，因为在饲料存储的过程中，会损失大量的维生素。因此，在猪的饲粮中，维生素的实际添加量一般都高出猪饲养标准规定量1倍左右。

(3)微量元素添加剂：目前我国养猪生产中添加的微量元素主要有铁、铜、锌、锰、钴、硒和碘等。常用的原料主要是含有这些元素的无机矿物盐类碳酸盐、硫酸盐或氧化物类。近年来，微量元素添加剂已从无机盐发展到有机酸金属螯合物和氨基酸金属螯合物。猪用有机酸螯合物有金属葡萄糖酸盐、柠檬酸盐、乳酸盐、琥珀酸盐和延胡索酸盐等。这些螯合物中的微量元素的利用率都较无机矿物盐高。猪用的氨基酸金属螯合物有金属的蛋氨酸盐、酪氨酸盐、色氨酸盐和甘氨酸盐等。这些氨基酸金属螯合物都具有很高的生物学效价，无毒、无刺激作用，比无机盐和有机酸螯合物利用率都高。

2. 非营养性添加剂

非营养性添加剂主要起调节代谢、促进生长、驱虫、防病保健和改善产品质量等作用以及对饲料中养分起保护作用。

(1)保健和促进生长添加剂：包括抗生素与抗菌药物和铜制剂与锌制剂等。

①抗生素与抗菌药物：抗生素与抗菌药物具有抑制和杀灭大多数细菌的作用，高浓度时可预防和治疗疾病，低浓度时可提高猪的生产性能。对幼猪和在环境条件较差的情况下，效果更加显著。但使用抗生素与抗菌药物添加剂时，药物品种、使用年龄、用量、停药期等应严格遵守有关规定。常用抗生素添加剂及其用量见表 1-12。

表 1-12 常用抗生素添加剂及其用量

种类	添加量/(mg/kg)	残留性
杆菌泰	100	—
持久霉素	15	—
泰乐霉素	11～12	—
金霉素(氯四环素)	10～200	停药 6 d，肝未检出
土霉素	75～150	停药 2 d，肝、肌、肾未检出
维吉尼亚霉素	10～100	—
喹乙醇(快育灵)	20～50	—

②铜制剂与锌制剂：高铜、高锌可防止仔猪腹泻和促进生长。但应注意，使用高铜(250 mg/kg)时，必须提高铁(150 mg/kg)和锌(150 mg/kg)的添加量；使用高锌(2 000～3 000 mg/kg)时，应防止钙的不足(钙与锌的适宜比例为≥1∶0.01)。

(2)酶制剂：酶是生物体内物质代谢的催化剂。猪对饲料养分的消化能力取决于消化道内消化酶的种类和活性。酶制剂主要用于消化机能尚未发育健全的幼猪和提供消化道缺少的酶类以分解饲料中的某些特殊成分。饲料中添加酶制剂可提高猪的消化力和饲料利用率，扩大饲料资源，消除饲料抗营养因子和毒素的有害作用，全面促进饲粮养分的消化、吸收和利用，提高猪的生产性能和健康，减少粪便中氮和磷等的排出量，保护和改善生态环境。作为饲料添加剂的主要是帮助消化的裂解酶，品种有 20～30 种，其中应用最多的是非淀粉多糖酶(纤维素酶、葡聚糖酶、木聚糖酶、甘露聚糖酶、半乳糖苷酶和果胶酶)、植酸酶、淀粉酶、蛋白酶和脂肪酶的单一酶或复合酶制剂。生产中应注意根据猪的生理特性、日粮组成及要帮助消化的组分，合理选择酶制剂的种类，妥善控制存储、加工、饲喂等条件或环节。

(3)益生素：又称生菌剂、微生态制剂或饲用微生物添加剂，指可以直接饲喂动物并通过调节动物肠道微生态平衡达到预防疾病、促进动物生长和提高饲料利用率的活性微生物或其培养物。其主要作用是抑制肠道菌繁殖，起到防病保健和促进生长的作用。其主要菌种有乳酸杆菌属、链球菌属和双歧杆菌属等。

(4)酸化剂：是指能使饲料酸化的物质，主要用于幼猪日粮以调整消化道内环境，也就是为补充幼猪胃液分泌不足、降低胃内 pH 而添加于饲料中的一类物质。其包括无机酸、有机酸、复合酸及其盐类。目前，应用于猪饲料中的主要是有机酸，如以延胡索酸、柠檬酸为主的单一酸化剂和以乳酸为基础的复合酸。

在幼猪日粮中添加酸化剂，可起到补充胃酸分泌不足、激活酶原、抑制病原增殖、防止仔猪下痢、改进生产性能、降低死亡率等作用。另外，较低的胃内 pH 可降低胃内容物排空速度，有利于养分的消化吸收。有机酸化剂还可作为动物的能源。研究表明，混合有机酸能阻断大肠杆菌对哺乳仔猪的垂直感染，因此，可在母猪饲料中使用。各种有机酸在仔猪日粮中的适宜添加量：延胡索酸为 2%～3%，柠檬酸为 1%，复合酸化剂为 0.1%～0.3%。仔猪日粮中加酸的效果与酸化剂种类、添加量和饲粮类型有关，一般全植物性饲粮酸化的效果比含大量动物性饲料的饲粮酸化效果好。

(5)饲料加工保存添加剂：包括防霉剂、抗氧化剂、抗结块剂、黏结剂、着色剂和调味剂等。

二、猪的饲料配合

(一)概念

1. 配合饲料

配合饲料是指根据动物饲养标准及饲料原料的营养特点，结合实际生产情况，按照科学的饲料配方生产出来的由多种饲料原料组成的均匀的混合物。

2. 日粮

日粮是指一头家畜一昼夜所采食的饲料量。当其中营养物质的种类、数量及比例符合动物的营养需要时，称为平衡日粮或全价日粮。

3. 饲粮

饲粮是指按日粮的百分比例配制成的大量混合饲料。实际生产中，常为相同生产目的的动物群体配合大批的平衡日粮，然后按顿饲喂。平衡日粮和平衡饲粮都属于配合饲料。

(二)配合饲料的种类

1. 按饲料营养成分和用途分类

按饲料营养成分和用途分类，可分为添加剂预混合饲料、浓缩饲料、全价配合饲料。

(1)添加剂预混合饲料：是一种或多种饲料添加剂在加入配合饲料前与适当比例的载体和稀释剂配制成的均匀混合物。其不能直接喂猪，一般占全价配合饲料的 0.5%～5.0%。

(2)浓缩饲料：是由蛋白质饲料、矿物质饲料及添加剂预混料按科学配方制成的均匀混合料。其不能直接饲喂，必须与一定比例的能量饲料相混合才可制成全价配合饲料或精料补充料，一般占全价配合饲料的 20%～40%。

(3)全价配合饲料：是由浓缩饲料与能量饲料按一定比例混合制成的饲料。其可以直接饲喂，属营养平衡的饲料。

2. 按饲料形状分类

按饲料形状分类，可分为粉料、颗粒饲料、压扁饲料、膨化饲料等。

(1)粉料：是最常用的形式。其加工工艺简单，加工成本较低，易与其他饲料种类搭配使用。

(2)颗粒饲料：是指以粉料为基础经过蒸汽调质加压处理而制成的颗粒状配合饲料，

多为圆柱状、角状。这种饲料容重大，适口性好，可提高猪采食量，避免挑食，保证营养的全价性，饲料报酬高。

(3)压扁饲料：是指将饲料籽实去皮，加入16%的水，通过蒸汽加热到120 ℃左右，然后压成扁片状，经冷却干燥处理，再加入各种所需的饲料添加剂制成的扁状饲料。

(4)膨化饲料：是指把混合好的粉状配合饲料加水，加温变成糊状，同时在10～20 s内加热到120～180 ℃，通过高压喷嘴挤压干燥，使饲料膨胀、发泡成饼干状的饲料。

(5)其他：如液体饲料、砖状饲料等。

3. 按饲料饲喂对象分类

按饲料饲喂对象分类，可分为乳猪料、断乳仔猪料、生长猪料、育肥猪料、妊娠母猪料、泌乳母猪料、公猪料等配合饲料。

(三)全价配合饲料配方设计的原则

1. 营养性原则

(1)合理地设计饲料配方的营养水平：以饲养标准为基础，结合猪的生产性能、饲养技术水平与饲养设备、饲养环境条件、市场行情等调整饲粮的营养水平，要特别注意各种养分的平衡，尤其是能量与蛋白质、氨基酸、矿物质元素、抗生素和维生素之间的相对平衡，因为各养分之间的相对比例比单种养分的绝对含量更重要。

(2)合理选择饲料原料：所选原料应多样化，适口性好，粗纤维含量要适宜，体积要适当，此外还要考虑原料对畜产品风味及外观的影响。配合饲料中养分平衡与否，与所选用原料的营养成分含量有直接关系。原料营养成分含量应尽量有代表性，要根据原料的规格、等级、品质特性来确定营养成分含量，对重要指标最好实测。

(3)正确处理饲料配方设计值与配合饲料保证值的关系：配合饲料营养成分的设计值应略高于保证值。因为各养分含量的设计值与实际值之间常存在一定差异，配合饲料及原料在加工过程中也会出现养分的损失，配合饲料在储藏过程中某些营养成分还要受外界各种因素的影响而损失。

2. 安全性原则

配合饲料对猪必须是安全的，发霉、酸败、污染和未经处理的含毒素的饲料原料不能使用。设计配方时，某些饲料添加剂的用量和使用期限应符合安全法规。

3. 经济性原则

经济性主要指经济效益、社会效益和环境效益。不断提高配合饲料的质量，降低成本是配方设计的宗旨。配合饲料时应使用适度的原料种类和数量，尽量做到原料营养成分的互补，又不增加加工成本。同时还要考虑猪的废弃物中氮、磷、药物等对人类生存环境的不利影响。

4. 市场性原则

产品设计必须以市场为导向。配方设计人员必须熟悉市场，及时了解市场动态，准确确定产品在市场中的定位，明确用户的特殊要求，如外观、颜色、风味等，设计出各种不同档次的产品，以满足不同用户的需要。同时还要预测产品的市场前景，不断开发新产品，以增强产品的市场竞争力。

(四)配方设计的方法

1. 手工法设计全价饲料配方

手工法设计全价饲料配方，包括试差法和方块法。

(1)试差法：是一种经验法，先初步拟订一个饲料配方，再计算该配方的营养成分含量，并与饲养标准对照比较，若配方中能量和粗蛋白质等含量与饲养标准不相符，需适当调整配方比例，并重新计算，直到相符为止。需要注意的是，配方中营养成分的浓度可稍高于饲养标准，一般控制在2%以内。试差法的步骤如下。

①查饲喂对象的饲养标准：主要参考国家饲养标准，必要时可根据具体情况进行适当调整。

②查现有饲料营养成分表，并列出所用各种饲料原料的营养成分含量。

③根据设计者经验初拟配合饲料的配方：能量饲料一般占75%～80%，蛋白质饲料占15%～30%，矿物质饲料占1%～10%，而添加剂预混料占1%～5%。

④计算初拟配方营养成分含量(不含矿物质和预混料)。

⑤对照、调整：根据初拟配方营养成分含量与饲养标准要求之差额，适当调整部分原料配合比例，使配方中各种营养成分含量逐步符合饲养标准。方法是：用一定比例的某一原料替代同比例的另一原料。通常首先考虑调整能量和粗蛋白质的含量，其次再考虑钙、磷以及其他指标。

⑥列出调整后的全价配合饲料的配方组成，并附加说明。

(2)方块法：又称交叉法、四角法或对角线法。此法适用于饲料原料种类及营养指标较少的情况，也是由浓缩饲料与能量饲料已知的搭配比例推算浓缩饲料配方的设计方法，生产中最适合于求浓缩饲料与能量饲料的比例。

例如：用能量饲料(玉米、麸皮)和含粗蛋白质33%的浓缩饲料配制哺乳母猪日粮。

①查饲喂对象的饲养标准：一般只查一项指标，通常为粗蛋白质的指标。确定哺乳母猪日粮中粗蛋白质含量为17.5%。

②查常用饲料营养成分表。玉米和麸皮粗蛋白质含量分别为8.7%和15.7%。

③确定能量饲料组成，并计算能量饲料混合物中粗蛋白质的含量。一般玉米占能量饲料的70%，麸皮占30%，则其混合物中粗蛋白质含量为70%×8.7%+30%×15.7%=10.8%。

④用交叉法计算各种饲料在配方中的比例：先画一个方块，在方块中间写上配合饲料中粗蛋白质应达到的含量17.5%，在左上角和左下角分别写上能量饲料混合物和浓缩饲料中粗蛋白质的含量，然后按对角线方向用大数减去小数，结果分别写在相应的右上角和右下角。计算两种饲料所占的比例。

$$\text{能量饲料混合物占配合饲料的比例}=\frac{15.5\%}{15.5\%+6.7\%}\times 100\%=69.82\%$$

$$\text{浓缩饲料占配合饲料的比例}=\frac{6.7\%}{15.5\%+6.7\%}\times 100\%=30.18\%$$

⑤计算玉米、麸皮各占配合饲料的比例：

玉米：69.82×70%=48.87%

麸皮：69.82×30%=20.95%

因此，哺乳母猪日粮配方为：玉米48.87%，麸皮20.95%，浓缩饲料30.18%。

对于三种或三种以上的原料，我们首先要对原料进行分类，同时还要具有一定的生产经验。

又如：用玉米、高粱、小麦麸、豆饼、棉仁饼、菜籽饼和矿物质饲料，为体重 35～60 kg 的生长猪配成含粗蛋白质为 14%的混合料。

①查饲料的营养成分表，见表 1-13。

表 1-13　所选各种原料的粗蛋白质含量

原料名称	粗蛋白质含量/%
玉米	8.5
高粱	8.5
小麦麸	13.5
豆饼	41.6
棉仁饼	41.4
菜籽饼	36.4
矿物质饲料	0

②根据经验和养分含量把以上饲料分成比例已拟订好的三组饲料，即能量混合饲料、蛋白质混合饲料和矿物质饲料，并分别算出能量混合饲料和蛋白质混合饲料中粗蛋白质的平均含量。

能量混合饲料拟由 60%玉米、20%高粱、20%麦麸组成，经计算能量混合料含粗蛋白质为：60%×8.5%+20%×8.5%+20%×13.5%=9.5%。

混合蛋白质饲料拟由 70%豆饼、20%棉仁饼和 10%菜籽饼组成，经计算蛋白质混合料含粗蛋白质为：70%×41.6%+20%×41.4%+10%×36.4%=41%。

矿物质饲料占全价料的 2%，其成分为骨粉和食盐，按饲养标准食盐宜占混合料的 0.3%，则食盐在矿物质中应占 15%(0.3%÷2%)，骨粉则占 85%(100%−15%)。

③算出未加矿物质料前混合料中粗蛋白质的应有含量。

因为配合好的混合料再掺入矿物质料，相当于变稀。其中粗蛋白质就不足 14%了，所以要先将矿物质料用量从总量中扣除，以便按 2%添加混合料的组合仍为 14%，那么未加矿物质料前混合料的组合应为 14/98=14.3%。

④将混合能量料和混合蛋白料当作两种饲料，然后用方块法求各自百分比例。

⑤计算出混合料中各成分应占的比例：

玉米：60%×84.76%×98%=49.84%　　高粱：20%×84.76%×98%=16.61%

小麦麸：20%×84.76%×98%=16.61%　　豆饼：70%×15.24%×98%=10.46%

棉仁饼：20%×15.24%×98%=2.99%　　菜籽饼：10%×15.24%×98%=1.49%

矿物质饲料：2%

⑥列出饲料配方，见表 1-14。

表 1-14 列出饲料最终配方

原料名称	配合率/%
玉米	49.84
高粱	16.61
小麦麸	16.61
豆饼	10.46
棉仁饼	2.99
菜籽饼	1.49
矿物质饲料	2

2. 计算机设计饲料配方

(1)计算机设计饲料配方的优点：可克服手工法设计配方时指标的局限性，简化设计人员的计算过程，全面合理平衡饲料营养、成本和经济效益的关系，最大限度地降低饲料成本，大大提高配方设计的工作效率和配方准确性。应用计算机设计饲料配方，还能够提供更多的参考信息，保证生产、经营、决策的科学性。

(2)运用计算机设计配合饲料的配方时应注意的事项。

①合理地选择饲料配方软件：饲料配方软件较多，具体操作各异，初学者应选择操作简便、易学的饲料配方软件，运用时要先阅读使用手册，循序渐进，多实践，不断积累经验。

②科学地建立数学模型：只有为计算机提供了数学模型，计算机才能运算。建立数学模型时，要认真研究营养知识，明确设计目标，合理地制订约束条件和目标函数。

③正确处理“无解”情况：运用计算机设计饲料配方常出现无解的情况，造成这种情况的主要原因包括原料营养成分含量间相互矛盾；饲养标准定得过高，而原料选择太差；约束条件过多，且互相冲突等。初学者运用计算机设计配方时，不要过多给出约束条件，同时根据经验合理选择饲料原料种类，不能太少太单调，并且合理地运用饲养标准。也可以先试算，然后根据结果调整对原料用量的限制。

④认真做好后期调整工作：运用计算机计算出配方后，并非工作已经完成，还要认真研究配方，必要时应适当调整，以更好地适应当地生产和市场的情况，更加符合设计目标。

●●●● 任务工单

<table>
<tr><td>任务名称</td><td colspan="3">全价配合饲料配方设计</td></tr>
<tr><td>任务描述</td><td colspan="3">用 4%的预混料及玉米、麸皮、豆饼为 20～60 kg 的生长育肥猪配饲粮</td></tr>
<tr><td>准备工作</td><td colspan="3">1. 已知生长育肥猪的饲养标准
2. 玉米、麸皮、豆饼的营养价值</td></tr>
<tr><td>实施步骤</td><td colspan="3">1. 已知生长育肥猪的饲养标准：消化能 12.97 MJ/kg，粗蛋白 16%
2. 玉米、麸皮、豆饼的营养价值
玉米：消化能 14.39 MJ/kg，粗蛋白 8.9%
麸皮：消化能 9.37 MJ/kg，粗蛋白 15.7%
豆饼：消化能 13.51 MJ/kg，粗蛋白 40.9%
3. 采用方块法或试差法计算饲料配方</td></tr>
<tr><td rowspan="5">考核评价</td><td>考核内容</td><td>评价标准</td><td>分值</td></tr>
<tr><td>计算方法</td><td>1. 计算方法选用合理(15 分)
2. 计算方法正确(15 分)</td><td>30 分</td></tr>
<tr><td>计算过程</td><td>计算步骤正确(40 分)</td><td>40 分</td></tr>
<tr><td>结果</td><td>计算结果正确(30 分)</td><td>30 分</td></tr>
<tr><td>总分</td><td></td><td>100 分</td></tr>
</table>

项目二
猪品种的识别及利用

任务一 识别猪品种

目标呼应

任务目标	课程教学目标
熟知品种的概念	会为各猪场选择适合的猪种
识别地方品种、培育品种及引入品种的代表猪种并描述其外貌特征、生产性能及杂交利用情况	
明确猪经济类型的分类方法	

任务导入

品种是养猪生产的基础，直接关系猪的生长速度、繁殖、胴体和肉质等经济性状。识别、保护和合理利用猪种，是一项长期和艰巨的任务。

知识链接

一、品种

猪的品种是在一定的自然和社会经济条件下，经人工选择形成的一个具有共同来源、相似并能稳定遗传的外形和生产性能，并拥有一定数量的种群。社会生产力的发展水平和人类的需求，影响着品种的发展方向与消长。因此品种是一个具有变异性与可塑性的群体。

根据中国现有猪种来源，可以分为中国地方猪种、中国培育猪种及中国引入猪种三类。

(一)中国地方猪种

我国幅员辽阔，自然生态环境复杂多样，社会经济条件差异很大，几千年来，经中国劳动人民的精心选育，逐渐形成了丰富多彩的地方猪种资源，1986年据《中国猪品种志》和联合国粮农组织(FAO)统计，中国现有地方猪种48个，占全球猪种的34%，若考虑同名异种，不止此数，是世界上猪种资源最丰富的国家。这些地方猪种是我们祖先留下的一笔极其宝贵的财富，不仅对中国而且对世界养猪业的发展作出了重要的贡献，是中国养猪业可持续发展的基石和保障。

2005年畜禽品种资源普查结果表明，全国有40%左右的地方品种群体数量有不同程度的下降，相继有44个地方品种被确定为濒危资源，有15个品种为濒危灭绝资源，17个品种已经灭绝，保种工作迫在眉睫。

1. 中国地方猪品种类型

中国地方猪种根据起源、生产性能和外形特点，结合当地自然环境、农业生产情况和饲养条件等因素，可分为华北型、华南型、华中型、江海型、西南型和高原型六种类型。

(1)华北型：主要分布于秦岭、淮河以北，包括华北地区、东北地区和内蒙古、新疆、宁夏以及陕西、湖北、安徽、江苏四省的北部地区和青海西宁市、四川省广元市附近的小部分地区。

该地区气候寒冷干燥，农作物以杂粮为主，饲料数量少。历史上有放牧养猪的习惯，饲养粗放。由于饲养期长，运动量大，猪的体形较大，四肢粗壮，嘴筒较长，以便于拱地觅食。皮厚，毛粗密，鬃毛发达，以御寒冷，华北型猪繁殖性能良好，产仔数多在12头以上，乳头8对左右，护仔性良好。

例如：民猪、八眉猪、黄淮海黑猪、汉江黑猪和沂蒙黑猪等。

(2)华南型：主要分布于云南省西南和南部边缘、两广偏南的大部分地区以及福建东南部和台湾省。

该地区位于亚热带，气候温热，雨量充沛，农作物一年三熟，青绿多汁饲料资源丰富，精料以富含碳水化合物饲料为主，因此华南型猪极易沉积脂肪。为了配合农业生产，加快猪群快速周转，加之当地群众喜食烤乳猪，偏重选育成熟早、脂肪型的小型猪种，导致华南型猪极易早熟，但体格偏小，表现出短、圆、宽、皮薄毛稀的特点。华南型猪繁殖力偏低，窝产仔数多为8～11头，乳头数也少，一般为5～6对。

例如：两广小花猪、香猪、滇南小耳猪、海南猪、槐猪等。

(3)华中型：主要分布于长江南岸到北回归线之间的大巴山和武陵山以东的地区，与地理划区中的华中地区大致相符，包括江西、湖南、浙江南部以及福建、广东和广西的北部。

该地区气候温热湿润，农作物以水稻为主，饲料来源丰富，但稍逊于华南地区。由于精料和青绿饲料都较丰富，养猪数量多，饲养管理细致，猪体形比华南型大。华中型猪繁殖性能中等，窝产仔数多在10～13头，乳头多在6～8对。

例如：大花白猪、金华猪、宁乡猪、皖南花猪以及华中两头乌猪等。

(4)江海型：主要分布于汉水和长江中下游沿岸以及东南沿海地区。江海型猪种是由华北型与华中型猪种杂交选育而成。

该地区属自然交错地带，气候适宜，人口稠密，饲料条件较好，不仅青绿饲料供应充足，且有大量农副产品可用作猪饲料。江海型猪种有共同的特点，即繁殖力高，母猪发情明显，受胎率高。乳头8～9对，窝产仔数13头以上，高达15头以上。其外形特征介于南北之间，腹大、皮厚、多皱褶，沉积脂肪能力较强。

例如：太湖猪、姜曲海猪、虹桥猪、安康猪等。

(5)西南型：主要分布在云贵高原、四川盆地和湘鄂西部。

该地区气候冬暖夏凉，农业发达。养猪多舍饲，饲养较细致。当地群众喜欢饲喂体大脂多的猪，因此西南型猪一般个体较大。西南型猪繁殖性能较低，一般窝产仔8～10头，乳头6～7对。毛色复杂，以全黑居多，并有相当数量的黑白花猪和少量的红毛猪。

例如：内江猪、荣昌猪、关岭猪和乌金猪等。

(6)高原型：主要分布于青藏高原。

本地区地势高，河谷地带的海拔大都在3 000 m以上，饲料较缺乏，故高原猪终年放牧采食。高原型猪个体小，形似野猪，6月龄体重不超过16 kg，头狭长，肢蹄强健，善于奔跑，鬃毛长密，绒毛丛生。一般窝产仔5～6头，乳头多为5对，属于最小型晚熟品种。

例如：藏猪、合作猪和迪庆藏猪等。

2. 中国地方猪种的种质特性

(1)繁殖力高：我国地方猪种具有性成熟早、产仔数多、母性强、受胎率高、发情征状明显等优良特性，为国外品种所不及。

我国地方猪种性成熟时间平均为129.8 d，比国外品种早2～3个月。产仔数多是繁殖力高的一个重要特点，以繁殖力高著称于世的梅山猪，经产母猪平均窝产仔猪18头，断奶成活数高达16头。而国外产仔数高的品种经产仔一般10～11头。我国地方猪种发情征状非常明显，不出现安静发情现象，受胎率高达95%以上。母猪性情温驯，母性好，仔猪哺育率能达到85%以上。

我国地方猪种公猪睾丸发育快，60～90日龄睾丸平均重达28.96 g±3.57 g，其中二花脸猪90日龄睾丸重为40.40 g，相当于长白猪130日龄的睾丸重。二花脸猪180日龄时睾丸重达159.70 g，而国外品种的公猪同期睾丸重量平均不足130 g。

(2)肉质好：中国地方猪种素以肉质嫩美著称于世。

首先表现为肉色鲜红，没有苍白、渗水、柔软的异质肉发生。其次是肌肉失水率较低。肌内脂肪分布好，含量高。另外，地方猪种肉质肌纤维细，纤维直径小，单位面积内肌纤维根数多，这是地方猪种肌肉柔嫩多汁的原因之一。尤其是在当前养猪生产中高强度选择瘦肉率，导致部分高产瘦肉的猪种肌肉品质普遍变劣，地方猪种肉质好的特性显得尤其珍贵。

(3)抗逆性强：我国地方猪品种对逆境有着良好的适应能力。主要表现出耐粗饲、耐粗放管理、抗热、抗寒以及抗病力强等特点。

我国地方猪种有很强的耐粗饲能力，不仅可以采食大量青粗饲料，而且可以很好地利用这类饲料获得较高的生产性能。东北民猪对粗纤维的消化率可达17.9%。据测定，中国猪的大肠长度比外国猪长20%左右，由此体现出中国猪比外国猪耐粗饲。

我国大部分猪种对高寒、高温及高湿环境有着较好的耐受能力，不但能正常生活，而且还能获得相应的增重。东北民猪能耐受−30～−20 ℃的寒冷气候，在−15 ℃的条件下仍能正常产仔和哺乳。而长白猪−27 ℃室外环境下，13 min便出现不安现象，急欲回圈。

(4)生长速度慢，早熟易肥：中国地方猪种普遍生长速度较慢，饲料利用率低。

我国地方猪种增重高峰在6～7月龄，大多数猪品种在较好的饲养管理条件下，10月龄育肥体重达不到100 kg，日增重平均不足400 g，通常我国地方品种猪的饲料利用率较低，每千克增重需全价饲料为3.85～4.22 kg。如在相同饲养条件下，内江猪每千克增重比长白猪多耗0.3 kg饲料，民猪每千克增重比哈白猪多耗0.1 kg饲料。

中国地方猪种经济成熟早，一般在6—10月，体重达到50～90 kg即可屠宰，胴体瘦肉率在40%左右。国外引进猪种的胴体瘦肉率则高达60%～70%。

3. 中国主要优良地方猪种

(1)民猪(图2-1)：主要分布于黑龙江、吉林、辽宁、内蒙古、河北的唐山和承德地区。民猪分为大、中、小三个类型，分别称为大民猪、二民猪、荷包猪。2000年8月民猪被农业部确定为国家级畜禽品种资源保护品种。黑龙江、吉林均有民猪保种场，现国家级民猪保种场为兰西县种猪场，2015年统计该场民猪数量400多头，民猪血系始终保持在7个以上。

母民猪

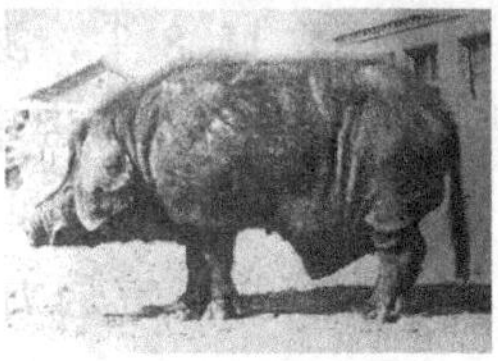

公民猪

图2-1　民猪

①体形外貌：民猪被毛全黑，鬃长毛密，冬季密生绒毛，体质强健，头中等大，面直长，耳大下垂，体躯扁平，背腰窄狭，背部稍凹，臀部倾斜，四肢粗壮，腹大，乳头数7～8对。

②生产性能：成年公猪体重200 kg，成年母猪体重148 kg。经产母猪平均产仔数13.5头，在18～92 kg体重阶段日增重458 g，体重90 kg时屠宰胴体瘦肉率为46.13%，屠宰率72%。

③特点：民猪具有繁殖力高、发情明显、产仔数多、适应能力强、抗寒能力强、耐粗饲、肉质良好、肌内脂肪较高等优点，但胴体瘦肉率低、皮较厚、后腿微弯、肌肉不丰满、增重较慢。

④利用：以民猪为基础育成的哈白猪、新金猪、三江白猪均能保留民猪的优点。生产中多用作杂交母本，例如长民、杜长民、大长民等。

(2)太湖猪(图2-2)：主要分布于长江下游太湖流域的沿江、沿海地区，其中产于上海市嘉定区的称“梅山猪”，产于武进焦溪和江阴的称“二花脸猪”，产于上海市松江区的称“枫泾猪”，产于嘉兴、平湖的称“嘉兴黑猪”，产于靖江的称“礼士桥猪”，产于崇明、启东、海门一带的称“中国沙乌头猪”，产于江苏省金坛区、扬中市的称“米猪”，由于它们具有相同或相似的外貌和生产性能，故1974年统称为太湖猪，其中前四种类群较多。我国的许多省市有引进太湖猪，并输出到阿尔巴尼亚、法国、泰国及匈牙利等国。

母太湖猪

公太湖猪

图 2-2 太湖猪

①体形外貌：太湖猪体形稍大，体质疏松，各个类群之间有差异，以梅山猪较大，骨骼粗壮；米猪的骨骼比较细致；二花脸猪、枫泾猪、横泾猪和嘉兴黑猪介于两者之间；中国沙乌头猪体质比较紧凑。

太湖猪毛色全黑或青灰色，被毛稀疏，毛丛密但间距大，腹部的皮肤多为紫红色。头大额宽，额部皱褶多、深，面微凹，耳特大，扇形，厚软下垂，耳尖和口裂齐，甚至超过口裂。背腰宽而微凹，胸较深，腹大下垂，斜尻。大腿欠丰满，后躯皮肤有皱褶。四肢稍高，卧系。梅山猪、枫泾猪和嘉兴黑猪具有“四白脚”特征，也有尾尖为白色，乳头数 8～9 对。

②生产性能：成年公猪体重 140 kg，母猪体重 114 kg。繁殖率高，3 月龄即可达性成熟，经产母猪平均产仔数 15.8 头，泌乳力强、哺育率高。生长速度较慢，6～9 月龄体重 65～90 kg，屠宰率 67％左右，瘦肉率 39.9％～45.08％。

③特点：太湖猪以繁殖力高而闻名于世，被誉为“世界级产仔冠军”，并兼具母性优良、肉质鲜美、耐热、抗寒、抗病力强等优点。但育肥期生长速度慢，胴体中皮的比例较高。

④利用：太湖猪已被多家国际育种公司研究利用。在杂交中作为母本与长白猪、大白猪配合好。

(3)两广小花猪(图 2-3)：原产于陆川、玉林、合浦、高州等地，是由陆川猪、福建猪、公馆猪和广东小耳花猪归并而成，1982 年起统称两广小花猪。2006 年被列入《国家级畜禽遗传资源保护名录》。因粤西地区烤乳猪风俗盛行，21 世纪后数量有所回升，2017 年统计出栏 200 多万头。

母两广小花猪（广东小耳花猪）

公两广小花猪（广东小耳花猪）

图 2-3 两广小花猪

①体形外貌：两广小花猪体形较小，具有头短、耳短、颈短、身短、脚短的特点，毛色为黑白花，除头、耳、背、腰、荐臀为黑色外，其余都为白色，黑白交界处有 4～5 cm 的黑皮白毛的灰色带，耳小向外平伸，背腰凹陷，腹大下垂，四肢短，卧系，乳头数 6～7 对。

②生产性能：成年公猪体重 100～130 kg，成年母猪体重 80～110 kg，性成熟早，平

均产仔数为12.4头，育肥猪15～75 kg阶段，日增重300 g左右，75 kg的肉猪屠宰率70%，胴体瘦肉率37.2%，脂肪率45.2%。

③特点：两广小花猪具有体躯矮小、皮薄、腹大背凹、肉质嫩美、骨骼纤细、早熟易肥、母性好的优点，但生长速度较慢、饲料转化率较低，存在凹背、腹大拖地的现象。

④利用：两广小花猪早期宰食，可做烤乳猪。用国外瘦肉型猪种作父本与两广小花母猪杂交效果好，尤其是与长白猪、大白猪的配合力较好。

(4)香猪(图2-4)：中心产区在贵州省从江县的宰便、加鸠两区，三都水族自治县都江区(称从江香猪)和广西壮族自治区环江毛南族自治县(称环江香猪)。贵州省从江县被誉为“中国香猪之乡”。1993年，香猪被农业部列为国家二级保护畜种。2000年农业部130号公告将其列入《国家畜禽品种资源保护名录》。

母香猪　　公香猪

图2-4　香猪

①体形外貌：香猪体躯矮小，皮薄肉细，全身被毛多为黑色，但亦有“六白”或不完全“六白”者，耳小且薄，略向两侧平伸或下垂，背腰宽微凹，腹大丰圆、触地，后躯较丰满，四肢细短，后肢多为卧系，乳头数5～6对。

②生产性能：成年母猪体重40 kg，成年公猪体重38 kg。性成熟早，3～4月龄性成熟。经产母猪窝产7～8头。初生重为450～500 g，20日龄约2 kg，60日龄断奶平均3.87 kg。育肥猪体重4～38 kg阶段，日增重136 g，体重39 kg屠宰时，屠宰率65%，胴体瘦肉率46.7%，脂肪率29.4%，背膘厚3 cm。

③特点：香猪具有体形小、早熟、抗逆性强、肉质细嫩、皮薄骨细、味道鲜美和营养价值高等优点。

④利用：香猪适宜做烤乳猪，亦可作医学实验动物。采用大白猪、杜洛克猪、长白猪等猪种与香猪母猪进行杂交，后代瘦肉率得到明显提高。

(5)金华猪(图2-5)：又称“两头乌”，原产于浙江省金华市、东阳市和义乌市，主要分布于东阳、浦江、义乌、金华、永康、武义等地。产区养猪历史悠久，由于交通不方便，猪肉不易外运，当地群众创造了肉品加工腌制方法，尤以加工火腿最为著名。以金华猪为原料加工而成的“金华火腿”享誉全球。1979年，金华猪被列为我国主要地方猪种种质特性研究课题的10个猪种之一。金华猪是国家级遗传资源保护品种，浙江省有其保种场。

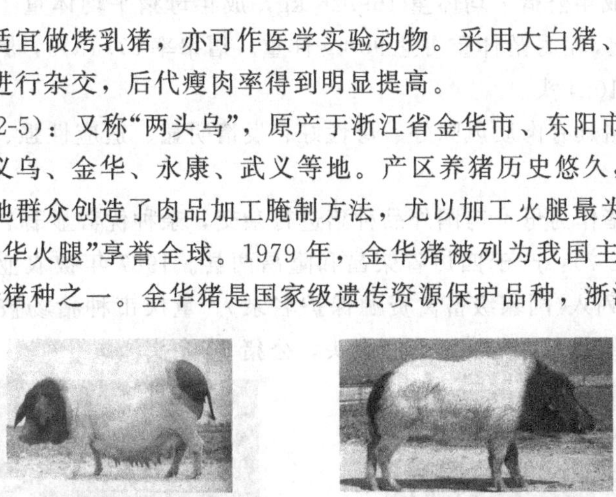

母金华猪　　公金华猪

图2-5　金华猪

①体形外貌：金华猪体形中等，毛色以中间白、两头乌为特征，但也有少数猪在背部有黑斑。头型分为“寿字头”“老鼠头”和中间型。耳下垂不过口角，背微凹，腹大微下垂，四肢细短，乳头数 7～8 对。

②生产性能：成年公猪体重 140 kg，成年母猪体重 110 kg。平均产仔数 13.78 头，8～9 月龄体重为 63～76 kg，屠宰率 72%，通常于 50～60 kg 屠宰，后腿制成 2～3 kg 的火腿较为理想，胴体瘦肉率为 43.36%，脂肪率 39.96%，肥瘦适中，适宜加工。

③特点：金华猪具有性成熟早，繁殖力强，肉质好，适于腌制优质的火腿，缺点是生长速度慢，饲料利用率低，胴体瘦肉率低。

④利用：金华猪在杂交中作为母本。

(6)内江猪(图 2-6)：主要产于四川省内江市。农业部于 2000 年将其列入《国家畜禽品种资源保护名录》。2015 年统计内江猪保种核心群存栏量达到 177 头，其中生产母猪 156 头，生产公猪 21 头，独立血缘 7 个。

母内江猪

公内江猪

图 2-6 内江猪

①体形外貌：内江猪体形大，被毛全黑，鬃毛粗长。头宽嘴短，额部横纹深陷成沟，耳中等大下垂，背宽微凹，腹部较大，臀部宽稍后倾，四肢粗短，乳头数 7 对左右。按内江猪头型划分为狮子头和二方头两种类型，两者在生产性能方面无显著差异。

a. 狮子头：额宽，嘴筒特短，额皮横纹深陷，正中形成凸出肉块，称“盖碗”。眼下两侧皱皮隆起，眼窝深陷，颈下垂肉丰满。经产母猪有卧系现象。此种类型数量较少。

b. 二方头：额较窄，有皱纹，不深陷，嘴稍长。颈下垂肉较少。此型数量多，分布广。

②生产性能：成年公猪平均体重 169.26 kg，成年母猪平均体重 154.8 kg。育肥期平均日增重 380 g 以上，7 月龄体重可达 90 kg 体重，屠宰率 67.49%，胴体瘦肉率 37.01%，内江猪平均产仔数 10.4 头。

③特点：内江猪具有肉质风味好、母性好、发情明显、适应性强、杂交配合力好、抗病力强等优点。

④利用：内江猪作为母本与国外品种猪进行杂交，杂种优势显著。

(7)荣昌猪(图 2-7)：产于四川省荣昌和隆昌两县。1987 年被农业部列为国家一级保护猪种，2000 年被列入《国家级畜禽资源保护名录》。重庆市种猪场被确定为国家级荣昌猪保种场。2017 年统计基础母猪 6 000 余头，公猪 60 余头。

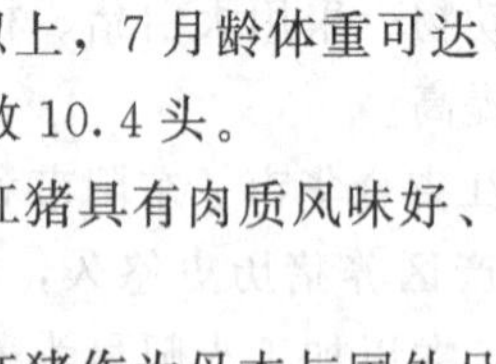
母荣昌猪

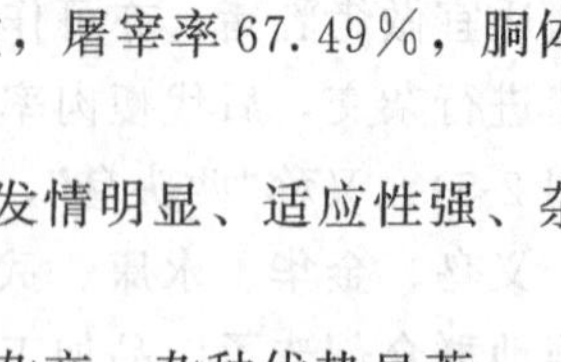
公荣昌猪

图 2-7 荣昌猪

①体形外貌：荣昌猪体格中等，被毛白色，两眼四周及头部有黑斑。头大小适中，耳中等大小而下垂，背腰微凹，腹大而深，臀部稍倾斜，鬃毛洁白粗长，乳头数6～7对。

②生产性能：成年公猪体重158.0 kg，成年母猪体重144.2 kg。经产母猪平均产仔数10～11头，育肥期日增重488 g，屠宰率69%，胴体瘦肉率42%～46%。每头荣昌猪能产鬃200～300 g，净毛率在90%以上。

③特点：荣昌猪具有早熟、耐粗饲、繁殖力强、肉质细嫩、皮薄、鬃毛品质优良等优点，但存在后腿欠丰满、卧系等缺点。

④利用：以荣昌猪为优良基因资源，先后培育出新荣昌猪Ⅰ系、渝荣Ⅰ号猪配套系、荣昌猪高肌内脂肪含量专门化品系和荣昌猪烤乳专门化品系。荣昌猪作为母本与其他品种猪杂交效果较好。

(8)藏猪(图2-8)：原产于青藏高原广大地区。藏猪是国家级重点保护畜禽品种之一。

母藏猪

公藏猪

图2-8　藏猪

①体形外貌：藏猪为小型猪，被毛黑色或棕色，部分藏猪的额、肢端、尾尖、腹下有白毛，鬃毛发达，冬季密生绒毛。嘴呈锥形，适于拱食。四肢结实，善于奔跑，心脏发达，视觉发达，嗅觉灵敏，脂肪沉积能力强。乳头数5～6对。

②生产性能：成年公猪体重为35 kg，母猪约为40 kg，经产母猪窝产仔6～7头，育肥猪307日龄53 kg，日增重173 g，体重平均49 kg屠宰，育肥猪屠宰率66.6%，胴体瘦肉率52.5%。

③特点：藏猪是世界上珍贵的高原猪种，虽繁殖力低，生长发育极其缓慢，但能适应恶劣的高寒气候，这种极强的适应能力和抗逆性，是其他猪种所不具备的。

④利用：藏猪可代替野猪与其他猪品种杂交改良，应加强藏猪保种工作。

(二)中国培育猪种

为了充分利用中国地方猪种繁殖力高、抗逆性强、肉质好的优良种质特性，改进其生长性状和胴体性状所存在的不足之处，自中华人民共和国成立以来，我国广大养猪工作者和育种专家通力协作，利用中国地方猪种和国外引进猪种杂交育成了50余个培育猪种或新品系，丰富了中国的猪种资源，推动了中国养猪业的发展。

1. 哈尔滨白猪(图2-14)

哈尔滨白猪简称哈白猪，是我国1975年育成的第一个肉脂兼用型品种。哈白猪是由东北民猪与俄国杂种白猪、约克夏猪、巴克夏猪、苏白猪等杂交培育而成，产于黑龙江省南部和中部地区，哈尔滨市及周围市县分布较多，曾广泛分布于滨州、滨绥、滨北及牡佳等铁路沿线。

母哈白猪　　公哈白猪

图 2-14　哈白猪

(1)体形外貌：哈白猪体形较大，被毛全白，头中等大小，耳直立，颜面微凹，背腰平直，腹稍大但不下垂，后躯较丰满，四肢强健，体质结实，乳头数 7 对以上。

(2)生产性能：成年公猪体重 222 kg，母猪体重为 172 kg。经产母猪平均产仔数为 11.3 头，育肥猪 15～120 kg 阶段，平均日增重 587 g。体重 115 kg 屠宰，瘦肉率 45.1%。

(3)特点：哈白猪是我国首次培育的新猪种，具有抗寒、耐粗饲、生长快、耗料较少等优点。

(4)利用：哈白猪杂交中作母本，与杜洛克猪、长白猪、大约克夏猪进行杂交，具有较好的杂交效果。

2. 三江白猪(图 2-15)

三江白猪是黑龙江省 1983 年育成的瘦肉型新品种，它是由长白猪和东北民猪进行正反杂交，再用长白猪回交，经 6 个世代定向选育，10 余年培育而成。1980 年以来曾推广至全国十几个省、自治区和直辖市。

母三江白猪　　公三江白猪

图 2-15　三江白猪

(1)体形外貌：三江白猪头轻嘴直，耳下垂，背腰宽平，腿臀丰满，被毛全白，毛丛稍密，体形近似长白，具有瘦肉型的典型体躯结构，乳头数 7 对，排列整齐。

(2)生产性能：后备公猪 6 月龄 80～85 kg，后备母猪 6 月龄 75～80 kg。经产母猪平均产仔数为 12.4 头，平均日增重 620 g，饲料转换率为 3.5∶1 以下，胴体瘦肉率 58.5%。

(3)特点：三江白猪是中国首次培育成功的瘦肉型新猪种，具有生长快、耗料少、瘦肉多、肉质好、抗寒等优点。

(4)利用：三江白猪与杜洛克猪杂交配合力高，20 世纪 80 年代以来曾在全国推广，为了巩固三江白猪的优良性能，中国人民解放军军需大学以三江白猪为母本，利用斯格猪级进杂交育成军牧一号。

3. 军牧一号猪(图 2-16)

军牧一号猪由原中国人民解放军军需大学培育成功，是以三江白猪为母本与斯格公猪(长白猪的系间杂交配套系)杂交。1999 年 3 月经国家畜禽品种资源委员会猪品种专业委员会审定通过。

母军牧一号猪

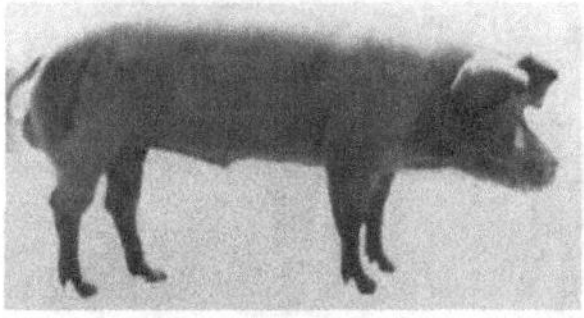

公军牧一号猪

图 2-16　军牧一号猪

(1)体形外貌：军牧一号猪头中等大，嘴直，耳中等大、前倾，肩宽背平，臀部丰满，四肢粗壮，被毛全白，乳头数 6～7 对。

(2)生产性能：6 月龄后备公猪体重约 99 kg，母猪约 98 kg。母猪初产仔 8～9 头，经产 10～12 头。育肥猪达 90 kg 体重日龄为 169 d。活重 90.79 kg 屠宰率 74.87%，6～7 肋背膘厚 2.48 cm，胴体瘦肉率 62.43%，脂肪率 17.59%。

(3)特点：军牧一号是我国培育的第一个瘦肉型杂交父系新品种，具有生长速度快、胴体瘦肉率高、背膘薄、肢蹄结实、肉质良好等优点。

(4)利用：军牧一号猪杂交中既可以作父本，也可以作母本。

4. 苏太猪(图 2-17)

苏太猪由江苏省苏州市太湖猪育种中心培育而成。1991 年课题组以太湖猪为母本与杜洛克猪杂交。1999 年 3 月通过国家畜禽品种资源委员会猪品种专业委员会审定为新品种。

母苏太猪

公苏太猪

图 2-17　苏太猪

(1)体形外貌：苏太猪耳中等大，垂向下方，头面有清晰皱纹，嘴中等长而直，部分猪允许有玉鼻，全身被毛黑色、偏淡。

(2)生产性能：公猪 10 月龄体重约 126 kg，母猪 9 月龄重约 116 kg。母猪初产仔 11～12 头，经产仔 14～15 头。育肥猪达 90 kg 体重日龄为 178.9 d。屠宰率 72.85%，胴体瘦肉率 55.98%，活体背膘厚 1.96 cm。

(3)特点：苏太猪具有产仔多、生长速度快、瘦肉率高、耐粗饲、肉质鲜美等优点。

(4)利用：苏太猪在杂交中作母本，与长白猪、大白猪配合力高。

5. 湖北白猪(图 2-18)

湖北白猪是我国育成的第二个瘦肉型品种。其由华中农业大学和湖北省农业科学院畜牧兽医研究所共同培育。湖北白猪以通城猪、荣昌猪、长白猪、大白猪为亲本，以“大×(长×本)”组建基础群，1986 年进行了品种(系)鉴定验收。湖北白猪有 6 个品系，核心群公猪 80 头，母猪 1 000 头。其中Ⅰ、Ⅱ、Ⅲ系繁殖力高，Ⅳ、Ⅴ系生长发育快，瘦肉率高。

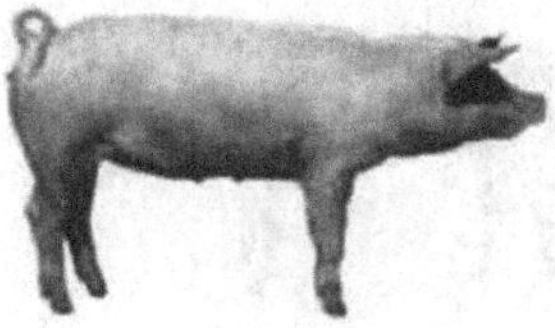

母湖北白猪

公湖北白猪

图 2-18 湖北白猪

(1)体形外貌：湖北白猪体形较大，头轻而直长，两耳前倾或稍下垂，背腰平直，腹小，腿臀丰满，被毛全白，乳头多为 7 对。

(2)生产性能：成年公猪体重约 250 kg，母猪约 200 kg。母猪初产仔 10～11 头，经产 11～12 头。育肥猪在体重 20～90 kg 阶段，日增重Ⅰ、Ⅱ、Ⅲ系为 560～620 g，Ⅳ、Ⅴ系为 622～690 g。体重 90 kg 时屠宰率 71%～72%，背膘厚 2.49～2.89 cm，胴体瘦肉率 57.98%～62.37%。

(3)特点：湖北白猪具有繁殖性能良好、生长发育快、肉质良好、适应能力强、耐高热、耐湿冷、耐粗饲等优点。

(4)利用：湖北白猪在杂交中作母本，与杜洛克猪配合力好。

6. 北京黑猪(图 2-19)

北京黑猪属于肉用型的配套母系品种猪。中心产区是北京市国有北郊农场和双桥农场。1982 年，经市级鉴定达到选育目标。

母北京黑猪

公北京黑猪

图 2-19 北京黑猪

(1)体形外貌：北京黑猪被毛黑色，头清秀，两耳向前上方直立或平伸，颈肩结合良好，背腰平直，四肢强健，腿臀丰满，腹部平直，乳头数 7 对以上。

(2)生产性能：成年公猪体重约 260 kg，产仔数平均为 11～12 头。育肥猪 20～90 kg 体重阶段，日增重 609 g，屠宰率 72%，胴体瘦肉率 51.5%。

(3)特点：北京黑猪具有繁殖力高、肉质优良、生长速度较快等优点。

(4)利用：北京黑猪与大白猪、长白猪、杜洛克猪进行杂交，可获得较好的杂交优势。

(三)中国引入猪种

中华人民共和国成立以来，我国有计划地引入巴克夏猪、大约克夏猪、苏联大白猪、长白猪等做杂交改良试验，已发挥了一定的作用。近年来，国外引入猪种对我国养猪生产影响较大的有大约克夏猪、长白猪、杜洛克猪、汉普夏猪、皮特兰猪等，这些猪在我国经过纯繁和驯化，已经成为我国猪种资源的组成部分，由于这些猪种生产速度快，胴体瘦肉率高，在我国杂交瘦肉猪生产中发挥了巨大的作用。

1. 大约克夏猪(图 2-9)

大约克夏猪原产于英国北部约克郡及附近地区，由我国广东猪和莱塞斯特猪杂交育成，1852 年正式确定为新品种，称为约克夏猪。后又逐渐分化成了大、中、小三个类型，并各自形成独立的品种，分别称之为大白猪(大约克夏猪)、中白猪(中约克夏猪)、小白猪(小约克夏猪)。大白猪属于瘦肉型猪品种，中白猪属于兼用型品种猪，小白猪属于脂肪型品种猪(已被淘汰)。大约克夏猪在全世界猪种中占有重要地位，为世界著名的腌肉型猪。

母大白猪

公大白猪

图 2-9　大白猪

(1)体形外貌：大白猪体格较大，体形匀称，被毛白色，少数猪只的额角或臀部皮上有小暗斑，颜面宽，略带凹，鼻直、耳立，背腰多微弓，腹线平直，四肢较高，乳头数 7 对。在饲养条件较差的地区，大白猪的体形变小，腹围增大。

(2)生产性能：成年公猪体重约 263 kg，母猪约 224 kg。产仔数平均为 11～12 头。育肥猪在良好条件下，日增重可达 850 g 以上，胴体瘦肉率 61%，料肉比(2.4～2.6)∶1。

(3)特点：大白猪具有增重快、饲料转换率高、屠宰率高、胴体瘦肉率高、产仔数相对较多、母猪泌乳性能良好、适应力较好等优点，但肉质性状一般，后备母猪发情不明显。

(4)利用：大白猪在杂交中常用作母本或第一父本。利用大白猪母(公)与长白猪公(母)杂交，杂种一代母猪再与杜洛克公猪交配生产商品肉猪，这是目前世界上比较好的组合。利用大白猪做父本与我国的本地猪品种进行杂交，都能取得良好的效果，如与民猪、荣昌猪、内江猪、两头乌猪及大花白猪等杂交，其一代杂种的日增重比其母本提高 20%以上。

2. 长白猪(图 2-10)

长白猪原产于丹麦，原名兰德瑞斯。长白猪是 1887 年用大约克夏猪与丹麦土种猪杂交后经长期选育而成，是世界上著名的瘦肉型品种之一，也是目前世界分布最广的腌肉型品种。我国 1964 年首次从瑞典引入，由于其体躯较长，毛色全白，故称之为长白猪。引进的初期，由于长白猪的蹄部损伤而发生猪四肢病，经过几十年的驯化，体质由纤弱趋向粗壮，蹄质坚实。

(1)体形外貌：长白猪体躯呈流线型，被毛纯白，头小肩轻，面直狭长，两耳向前下平行直伸，耳大且薄向下覆盖颜面，背腰特长，肋骨数 15～16 对，腹线平直，后臀丰满，骨细结实，乳头数 6～7 对。

(2)生产性能：成年公猪体重约 246 kg，母猪体重约 218 kg。初产母猪平均产仔数 10.5 头，经产母猪平均产仔数为 11～12 头。育肥期日增重可达 950 g，胴体瘦肉率 60%～63%，各地依来源不同，饲养水平不同，有一定差异。

(3)特点：长白猪具有生长快、饲料利用率高、瘦肉率高、母猪产仔较多、泌乳性能好等优点，但存在体质较弱、抗逆性较差、对饲养条件要求较高等缺点，经长期驯化得以较大的改善。长白猪肉质欠佳，氟烷阳性基因频率在国外引进猪种中仅次于皮特兰猪。

(4)利用：长白猪在杂交中常作为第一父本或母本。以长白猪为父本与内江猪、荣昌猪等杂交，比地方猪品种日增重提高10%～15%，饲料利用率提高10%，胴体瘦肉率提高5～8个百分点，缩短育肥期1～2个月。

母长白猪

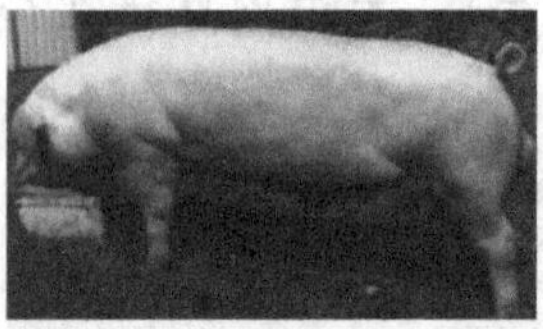
公长白猪

图 2-10　长白猪

3. 杜洛克猪(图 2-11)

杜洛克猪产于美国东北部的新泽西州等地，主要亲本是纽约州的杜洛克猪和新泽州的泽西红猪。杜洛克猪是美国目前分布最广的品种，也是当今世界较为流行的品种之一。

近年来，用红杜洛克猪作终端父本、本地黑猪作第一母本进行三元杂交，商品猪出现红、白、黑、花杂乱无章的毛色分离，影响产品一致性。因此，美国育种场采用导入大白猪和长白猪血缘的育种手段，对其横交后代进行逐代定向选育，育成白杜洛克猪。白杜洛克猪与红杜洛克猪在适应性、繁殖性能、生长性能、胴体性能方面无显著差异。

母红杜洛克猪

公红杜洛克猪

图 2-11　杜洛克猪

(1)体形外貌。

①红杜洛克猪：杜洛克猪体躯呈半月形，被毛红棕色，深浅不一，从枯草黄色到暗红色不等，其中樱桃红最受欢迎，皮肤上可以出现黑色斑点。颜面微凹，耳中等大小，为半垂耳，体躯深广，背腰平直或稍弓，背腰较宽，全身肌肉丰满，后躯肌肉发达，有“健美运动员”的美称，四肢粗长，乳头数6对左右。

②白杜洛克猪：白杜洛克猪属大体形品种，被毛白色，但身躯皮肤上有卵圆形青斑。头中等大，额宽平饱满而不失清秀，半垂耳，背腰稍弓，腹线平直，肌肉结实饱满，四肢粗壮。母猪乳头数7对。

(2)生产性能：红杜洛克成年公猪体重约250 kg，母猪约300 kg。白杜洛克成年猪体重300～500 kg。经产母猪平均产仔数为9.78头，育肥猪20～90 kg阶段，日增重可达760 g，屠宰率74.38%，膘厚1.86 cm，胴体瘦肉率62%～63%，153 d可达90 kg，料肉比2.8∶1。

(3)特点：杜洛克猪具有生长快、瘦肉率高、饲料转化率高、抗逆性强、体质结实、杂种优势显著等优点，但是产仔少，泌乳力稍差。

(4)利用：杜洛克猪在杂交中作终端父本。用杜洛克猪作父本与地方猪品种进行二元杂交，一代杂种日增重可达500～600 g，胴体瘦肉率50%左右；与培育品种进行二元或三元杂交，杂种后代日增重可达600 g以上，胴体瘦肉率可达56%～62%。

4. 汉普夏猪(图 2-12)

汉普夏猪原产于美国肯塔基州，是由薄皮猪和白肩猪杂交选育而成的，是北美分布较为广泛的品种，为世界著名瘦肉型品种之一。

母汉普夏猪

公汉普夏猪

图 2-12　汉普夏猪

(1)体形外貌：汉普夏猪体形较大，体躯较长。被毛黑色，在肩部及其前肢为白色的被毛环所覆盖，故称之为“银带猪”。头中等大，嘴筒长直，耳中等大小且直立，四肢稍短而健壮，背腰微弓，腿臀丰满，乳头数6对以上。

(2)生产性能：成年公猪体重为315～410 kg，母猪为250～340 kg。经产母猪平均产仔数为9～10头。育肥猪20～90 kg阶段，日增重可达725～845 g，胴体瘦肉率64%左右，屠宰率73.05%，各地因饲养水平不同而有所差异。

(3)特点：汉普夏猪具有背膘薄、眼肌面积大、瘦肉率高、母性好、体质强健等优点，但繁殖力偏低、肉质欠佳、发情不明显，具有特殊的酸肉效应。

(4)利用：汉普夏猪在杂交中作终端父本。国外利用汉普夏猪作为父本与杜洛克母猪杂交生产的后代公猪为父本，与长白和大白杂交，获得的四元杂交猪，生产效果最好。随着酸肉基因的成功定位和分离，以及相应的标记辅助选择技术的建立，有望消除这种不良肉质效应，提高其种用价值。

5. 皮特兰猪(图 2-13)

皮特兰猪原产于比利时的布拉帮特地区，是由比利时的土种黑白斑猪与法国的贝叶猪杂交改良，后又导入英国的泰姆沃斯猪的血液，1955年被欧洲各国所公认，是近30年来欧洲较为流行的猪种。

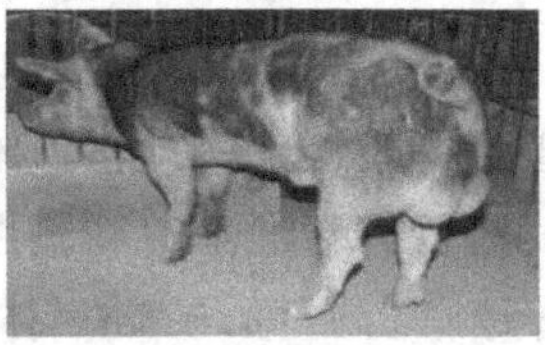

公皮特兰猪

母皮特兰猪

图 2-13　皮特兰猪

(1)体形外貌：皮特兰猪体躯呈方形，被毛灰白夹有黑色斑块，还杂有部分红色。耳中等大小，略向前倾，背腰平直，体宽而短，四肢短而骨骼细，全身肌肉发达，腿臀特别丰满，具有"双肌臀"之称。

(2)生产性能：平均窝产仔数10～11头，育肥期平均日增重800 g，饲料转换率为2.65∶1。90 kg时胴体瘦肉率高达70%左右。

(3)特点：皮特兰猪具有背膘薄、后腿发达、胴体瘦肉率极高的优点，是其他品种所无法比拟的，但繁殖性状欠佳，产仔数少，90 kg以后生长速度显著减慢，耗料多，氟烷阳性基因频率很高，肉质欠佳，易产生PSE肉。

(4)利用：皮特兰猪在杂交中作终端父本，最好与杜洛克猪或汉普夏猪杂交，杂交一代公猪作为杂交系统的终端父本，这样既可提高瘦肉率，又可防止PSE肉的出现。如皮杜长大四元杂交猪后躯、臀部肌肉非常丰满，应激综合征的发生率低。近年引进的皮特兰专门化品系，商品代猪可不发生PSE肉。在杂交体系中多用作终端父本，与应激抗型品种母本杂交生产商品肉猪。

二、猪的经济类型

根据猪生产肉脂性能以及相应的体形特点，可将其划分为瘦肉型、脂肪型和兼用型三个经济类型(图2-20)。

图2-20 猪的经济类型

1-肩部 2-背腰部 3-腹部 4-腿臀部

(一)瘦肉型

瘦肉型猪种胴体瘦肉率在56%以上，背膘厚1.5～3.0 cm，体长与胸围的差值为15～20 cm。外形特点是头颈较轻，中躯长，四肢高，前后肢间距宽，腿臀丰满。生长快，饲料利用率高，一般在6月龄体重可达90 kg。瘦肉型猪能有效地将饲料中的蛋白质转化为瘦肉，如长白猪、大约克夏猪、杜洛克猪、汉普夏猪、三江白猪和湖北白猪等。

(二)脂肪型

脂肪型猪种胴体瘦肉率不超过45%，背膘厚5～6 cm，体长与胸围之差不超过2～3 cm。外形特点是头大颈粗，体躯短而宽深，腹大，四肢短，腿臀倾斜。脂肪型猪利用饲料转化为脂肪的能力强，如老型巴克夏猪、小民猪、两广小花猪、内江猪等。

(三)兼用型

兼用型包括脂肉兼用型和肉脂兼用型。

脂肉兼用型猪种胴体瘦肉率45%～49.9%，背膘厚4.1～5.0 cm，体长大于胸围5～9.9 cm，眼肌面积19～24.9 cm^2。如民猪、哈尔滨白猪、新淮猪、新疆白猪等。

肉脂兼用型猪种胴体瘦肉率50%～55.9%，背膘厚3.1～4.0 cm，体长大于胸围10～14.9 cm，眼肌面积25～27.9 cm^2。如北京黑猪、上海白猪、新金猪、甘肃白猪、汉中白猪等。

中国猪种经济类型划分标准见表2-1。

表 2-1 中国猪种经济类型划分标准

划分标准	瘦肉型	肉脂兼用型	脂肉兼用型	脂肪型
瘦肉量/%	56 以上	50～55.9	45～49.9	44.9 以下
三点测膘厚* /cm	3.0 以下	3.1～4.0	4.1～5.0	5.1 以上
体长＞胸围/cm	15 以上	10～14.9	5～9.9	4.9 以下
眼肌面积/cm^2	28 以上	25～27.9	19～24.9	19 以下

注：* 肩部、胸腰结合部、腰荐结合处三点平均膘厚。

任务工单

<table>
<tr><td>任务名称</td><td colspan="3">识别猪的品种</td></tr>
<tr><td>任务描述</td><td colspan="3">能描述代表猪种的外貌特征、生产性能和杂交利用情况</td></tr>
<tr><td>准备工作</td><td colspan="3">实训基地、多媒体教室、猪常见品种 PPT、视频材料</td></tr>
<tr><td>实施步骤</td><td colspan="3">1. 到猪场进行观察现场品种的外貌特征，了解其来源、适应性和生产性能以及存在的优缺点
2. 利用现场或课件并结合所学理论对不同品种的特征进行比较
3. 结合现场记录，熟悉适应本地区饲养的猪品种</td></tr>
<tr><td rowspan="6">考核评价</td><td>考核内容</td><td>评价标准</td><td>分值</td></tr>
<tr><td>民猪、
太湖猪</td><td>1. 能够识别出民猪、太湖猪(10 分)
2. 能够说出民猪、太湖猪的外貌特征、生产性能(20 分)</td><td>30 分</td></tr>
<tr><td>哈白猪、
三江白猪</td><td>1. 能够识别出哈白猪、三江白猪(10 分)
2. 能够说出哈白猪、三江白猪的外貌特征、生产性能(10 分)</td><td>20 分</td></tr>
<tr><td>大白猪、
长白猪</td><td>1. 能够识别并区分大白猪和长白猪(10 分)
2. 能够说出大白猪、长白猪的产地、外貌特征、生产性能(10 分)</td><td>20 分</td></tr>
<tr><td>杜洛克猪、
皮特兰猪、
汉普夏猪</td><td>1. 能够识别杜洛克猪、皮特兰猪、汉普夏猪(15 分)
2. 能够说出杜洛克猪、皮特兰猪、汉普夏猪的产地、外貌特征、生产性能(15 分)</td><td>30 分</td></tr>
<tr><td>合计</td><td></td><td>100 分</td></tr>
</table>

任务二　猪的杂交利用

目标呼应

任务目标	课程教学目标
熟记杂交、杂种优势的概念、杂种优势度量的方法	会为猪场选择适合的杂交组合
能说出二元杂交、三元杂交、轮回杂交、双杂交和配套系的概念，并说出其优缺点	
能例举出常见的杂交组合	

情境导入

杂交繁育是与纯种繁育相对的概念，两种繁育方法构成了繁育工作不可缺少的两个体系，它们互相依存、互相促进。充分利用杂种优势是发展现代化畜牧业商品生产的重要途径。为此充分利用品种资源，系统开展杂交试验，全面了解不同品种、品系的杂交效果和经验，加速建立杂交繁育体系，进行有计划的杂交生产。

知识链接

一、杂交与纯繁

(一)杂交

两个以上不同种群(品种、品系乃至不同种属)个体间的交配繁殖称为杂交。杂交所得的后代称杂种。杂交中公猪为父本，母猪为母本，二者称为杂交亲本。

杂交的目的是加速品种改良和利用杂种优势。一般从两方面来应用杂交，一是育成性、改良性杂交，即综合不同来源的优良性状，培育新品种、改良品种。二是生产性杂交，即利用杂种优势，在短时期内生产高性能的商品育肥猪，又叫经济杂交。

(二)纯繁

纯繁即纯种繁育，同一品种内公母猪之间进行交配繁殖的选育方法。其作用和目的是为保持和发展该品种的优良品质克服其缺点，增加品种内优良个体数量。

纯种繁育一般在优良品种中采用。有些品种总体优良或某一些性状上特别突出，但存在某些缺陷，可通过纯繁进行选择，淘汰不良基因，降低不良基因频率。在纯繁过程中还可采用品系繁育，强度选择，适度近交，对纯种进一步提高和提纯，亲本越纯，则杂交效果越明显。

二、杂种优势

(一)杂种优势的概念

杂种在生活力、生长势、生产性能等方面的平均表型值比亲本纯繁在这些性状的平均表型值高，高出的部分叫杂种优势。多数杂种一代都具有显著的杂种优势。在相同饲养环境条件下，杂种后代一般比双亲平均生产性能提高5%～20%，生活力和抗逆性也有一定程度的提高。

(二)杂种优势类型

1. 个体杂种优势

个体杂种优势指杂种本身呈现的优势。表现为生活力提高，死亡率下降，生长加快，子一代在平均日增重等性状的杂种优势可达6%～8.8%。个体杂种优势在商品猪生产中广泛利用。

2. 母本杂种优势

母本杂种优势指杂种代替纯种母猪时母畜性能表现出的优势。即杂种母猪参加杂交，表现为比纯种母猪产仔数多、泌乳力强、哺育力高，母本优势率可达8%～16%。三元杂交就利用了这种优势。

3. 父本杂种优势

父本杂种优势指杂种代替纯种公猪时公畜性能表现出的优势。即杂种公猪参加杂交，表现为杂种公猪比纯种公猪性成熟早，睾丸较重，射精量大，精液质量好，父本杂种优势率一般可达3%～4%。配套杂交就利用了这种优势。

(三)杂种优势的度量

用杂种优势值来度量杂种优势的大小，即以杂种后代某性状的平均值与其双亲该性状的平均值之差来表示。杂种优势值计算公式：

$$H=\overline{F}_1-\overline{P}$$

式中，H——杂种优势值；

$\overline{F}_1$——杂种后代该性状的平均值；

$\overline{P}$——该性状的双亲平均值。

为了比较各个不同性状间杂种优势的大小，常用杂种优势率作为衡量指标。一般采用杂种后代的主要经济性状的平均表型值与双亲的平均表型值之差除以双亲均值来估计，用百分数表示。杂种优势率计算公式：

$$H(\%)=\frac{\overline{F}_1-\overline{P}}{\overline{P}}\times 100\%$$

式中，$H(\%)$——该性状的杂种优势率；

$\overline{F}_1$——杂种一代该性状的平均表型值；

$\overline{P}$——双亲该性状的平均表型值。

若只是A、B两个品种或品系杂交，双亲性状的平均表型值($\overline{P}$)为：

$$\overline{P}=\frac{\mathrm{A}+\mathrm{B}}{2}$$

若是多个品种或品系杂交，双亲性状的平均表型值($\overline{P}$)是各亲本表型值在杂交中所占血缘成分比例的加权值之和。例如A、B、C三个品种杂交，先用A、B交配，其杂种母猪再与C交配，则A、B、C在杂种后代中所占血缘成分的比例为：C占二分之一，A和B各占四分之一，则其亲本性状的平均表型值($\overline{P}$)为：

$$\overline{P}=\frac{1}{4}(\mathrm{A}+\mathrm{B})+\frac{1}{2}\mathrm{C}$$

三、获得杂种优势的规律

(一)亲本间遗传差异越大，杂种优势越强

遗传差异反映的是两个种群的基因频率间的差异，如果基因具有部分显性、完全显性、超显性及上位效应，同时这些效应像大多数情况下所表现的那样具有好的作用，则杂种将出现杂种优势。因此，在养猪生产实践中，应选用那些在遗传基础、来源和亲缘关系差异较大的品种或品系进行杂交，其杂种优势显著。

(二)亲本种群的整齐度越高，杂种优势越强

群体的整齐度在一定程度上反映其成员的纯合性，进而在一定程度上反映不同群体间的遗传差异性，因此整齐度高的种群，基因越纯合，其杂种一代的杂种优势一般越显著。因此利用纯系、近交系配套杂交，可显著提高杂种后代群体杂合子基因频率，从而增加基因的杂合效应，易产生杂种优势。

(三)不同经济性状与杂种优势

(1)最易获得杂种优势的性状：是低遗传力性状，如体质的结实性、生活力、产仔数、泌乳力、育成仔猪数、断奶个体重和断奶窝重等性状。这些性状受非加性基因影响程度大，随着杂交带来的杂种杂合子比例的增加，杂种的杂种优势就越明显。

(2)较易获得杂种优势的性状：是遗传力中等的性状，如生长速度、饲料转化率等。这些性状受加性基因和非加性基因的双重影响，杂交时较易获得杂种优势。

(3)不易获得杂种优势的性状：是高遗传力性状，如外形结构、胴体长、膘厚、眼肌面积、腿臀重、产肉量、屠宰率、瘦肉率及肉的品质等性状。这些性状主要受加性基因的影响，非加性效应程度低，杂交时不易获得杂种优势。

(四)杂交组合与杂种优势

在养猪生产和科研实践中，一般三品种杂交效果优于两品种杂交，配套系杂交效果优于四品种和三品种杂交，而购买配套系杂优猪成本高。三品种杂交与四品种以上的多品种杂交效果相近，在杂交组织与方法上又比四品种以上的多品种杂交简单，因此，三品种杂交有较大的实用和推广价值。

(五)环境与杂种优势

杂种后代除受遗传影响之外，还受环境影响。而就环境影响而言，一大部分是来自母体在产前产后对后代提供的生活条件，即母体效应。不同种群作为母本，母体效应不同，因为最终的经济效益也不同。另外为了使杂种优势充分表现，在营养上应供给杂种后代所需要的全价营养，充分满足其生长发育的需要，使优势潜力得到充分发挥。

四、杂交方式

(一)二元杂交

1. 概念

二元杂交是用两个种群杂交一次，其杂种一代全部用于商品育肥。

2. 优缺点

二元杂交的优点是简单易行，只要购进父本品种即可杂交。

二元杂交的缺点是没有利用繁殖性能的杂种优势，杂种的遗传基础不广泛，因不能利用多个品种的基因加性互补效应。

这种杂交方式虽然比较简单，但在实际应用当中却较麻烦，因为除了杂交以外尚须考

虑两个亲本群的更新补充问题。

3. 杂交组合举例

我国二元杂交主要以引入品种、培育品种猪作父本与引入品种、培育品种、本地品种猪作母本进行杂交，杂交效果好，如长大猪、大长猪、皮杜猪、长民猪、大民猪、杜湖猪、杜三猪、杜上猪等。以下介绍几种常见的二元杂交(图 2-21)实例。

A品种（♂）×B品种（♀）

↓

AB（全部作商品肉猪）

图 2-21　二元杂交示意图

(1)长本(大本)猪：即用地方良种母猪与大白或者长白公猪进行二元杂交所生产的杂交猪，一般适合小规模饲养，其杂交方式简便，一般日增重 500～600 g，饲料利用率 3.8～4.1，达 90 kg 体重日龄为 210～240 d，胴体瘦肉率 50%左右。

(2)杜湖猪：杜湖猪是以湖北白猪为母本，与杜洛克公猪杂交所生产的商品瘦肉猪。其育肥期日增重 650～780 g，达 90 kg 体重日龄为 170～180 d，饲料利用率 3.2∶1 以下，90 kg 屠宰平均产瘦肉量 40 kg 以上，胴体瘦肉率 62%以上。其突出特点是杂交方式简单，杂种优势率高，母猪繁殖力好。

(3)杜浙猪、杜三猪、杜上猪：这 3 个杂交组合分别以浙江中白猪Ⅰ系、三江白猪、上海白猪为母本，以杜洛克猪为杂交父本所生产的商品瘦肉猪，分别由浙江省农业科学院畜牧兽医研究所、黑龙江省红兴隆农场管理局，上海市农业科学院畜牧兽医研究所筛选的杂优组合，其日增重 600 g 以上，饲料利用率(3.2～3.4)∶1，胴体瘦肉率 58%～61%。

(二)三元杂交

1. 概念

三元杂交是先用两个种群杂交，所生杂种母猪再与第三个种群杂交，所生二代杂种用于商品育肥。

2. 优缺点

三元杂交的优点是综合了三个品种的优良特性，能够获得最大的个体杂种优势；利用了杂种母猪繁殖性能的杂种优势。一般三元杂交在繁殖性能上的杂种优势率较二元杂交高出 1 倍。

三元杂交的缺点是需要饲养 3 个纯种(系)，制种较复杂且时间较长，一般需要两次配合力测定，以确定二元杂种母本和三元杂种育肥猪的最佳组合，组织工作麻烦，不能利用父本的杂种优势。

3. 杂交组合举例

三元杂交所使用的第一父本品种要求繁殖性能高，胴体性状也好的品种，如长白猪、大白猪、湖北白猪、军牧一号猪等。母本可选用地方品种、培育品种和繁殖性能高的引入品种。第二父本品种可选用胴体瘦肉率高的引入品种，如杜长民猪、杜大民猪、杜长太猪、杜长大猪、皮长大猪等。以下介绍几种常见的三元杂交组合(图 2-22)。

(1)杜长大(杜大长)猪：该组合是以长白猪、大白猪作杂交一代亲本，再与杜洛克公猪杂交。所产生的三元杂种，日增重可达 700～800 g，饲料转换率 3.1∶1 以下，胴体瘦肉率达 63%以上。该组合特点是商品肉猪生长速度快、胴体瘦肉率高。

长白猪（♂）× 大白猪（♀）　　　　大白猪（♂）× 长白猪（♀）

↓　　　　　　　　　　　　　　　↓

长大猪（♀）× 杜洛克猪（♂）× 大长猪（♀）

↓　　　　　　　　　　　　　　　↓

杜长大猪　　　　　　　　　　　杜大长猪

图 2-22　杜长本、长长本、大长本三元杂交示意图

(2)杜长本(杜大本)猪、大长本(长大本)猪：用地方良种与长白猪或大白猪的二元杂交，再与杜洛克猪、长白猪或大白猪公猪进行杂交。该组合日增重达 550～650 g，达 90 kg 体重时日龄为 180～200 d，胴体瘦肉率 50%～58%。该组合突出特点是引入地方良种提高商品肉猪肉质状况。

(三)轮回杂交

1. 概念

轮回杂交指由两个或三个品种轮流参加杂交，杂交过程中，逐代选留优秀的杂种母猪作母本，每代用组成亲本的各品种公猪轮流作父本的杂交方式。在养猪生产中，常应用生产性能相近的品种进行轮回杂交。

2. 优缺点

轮回杂交的优点是充分利用繁殖性能的杂种优势；杂交过程中只需每代引入少量纯种公猪，不需要维持几个纯繁群，降低养猪成本。

轮回杂交的缺点是每代需更换种公猪，即使发现杂交效果好的公猪也不能继续使用；配合力测定较烦琐。

3. 杂交组合举例

常用的轮回杂交方法有两品种和三品种轮回杂交。例如，长白猪和大白猪的两品种轮回杂交，即长长大、大大长。

(四)双杂交

1. 概念

双杂交是用四个种群分别两两杂交，然后两种杂交间再次进行杂交，产生四元杂种商品猪。

2. 优缺点

双杂交的优点是遗传基础更广一些，可以获得较大的杂种优势；可以利用杂种母公猪的优势；可减少纯种猪的饲养头数，降低饲养成本。

双杂交的缺点是涉及四个种群，组织工作较复杂，需进行配合力测定。

3. 杂交组合举例

利用两种中国引入猪种作为杂交父本品种，如汉普夏猪作为父本与杜洛克母猪杂交生产的后代公猪为父本，与长白猪和大白猪杂交后代母猪作为母本，获得的汉长本、杜长本、长长本、大长本四元杂交猪，生产效果最好，产品质量最佳。

(五)配套系杂交

1. 概念

配套系杂交就是按照育种目标进行分化选择，培育一些专门化品系，然后根据市场需要进行品系间配套组合杂交，杂种后代作为经济利用。

2. 优缺点

配套系杂交的优点是配套系间杂交比品种间杂交效果好，杂交所得商品肉猪一致性好，可更好地适应市场需求的变化，主要表现在：①瘦肉率更高，在65%～70%；②繁殖能力更强，两年繁殖5胎，每胎产仔12头以上；③生长周期更短，生长到90～100 kg仅需160 d左右；④饲养成本更低，料重比为2.8∶1。另外，此种方法可生产出更多优质商品肉猪，并可培育出“新品系”。

配套系杂交的缺点是繁育体系复杂，投资较大，不适合规模化程度低的养殖户生产。

3. 杂交组合举例

我国养猪生产快速发展，对猪种质量的要求也越来越高。配套系杂交以优良的猪种资源为基础，以培育专门化品系为前提，以配合力测定为手段，按性状特点确定父本父系、父本母系、母本父系、母本母系等，使每个品系均具有特定的用途，利用品系繁育技术生产祖代种猪的体系。现将部分配套系介绍如下。

(1)深农配套系：由广东深圳农牧有限公司选育而成。父系来自美系杜洛克猪。母Ⅰ系是母系父本，丹美合成的长白猪；母Ⅱ系是基础母系，美系大白猪体形。该配套系父系生产性能：达90 kg体重日龄149.41 d，活体背膘厚1.41 cm，料肉比2.38∶1。母Ⅰ系生产性能：达90 kg体重日龄161.97 d，活体背膘厚1.5 cm，产仔数10.25头。母Ⅱ系生产性能：达90 kg体重日龄153.3 d，活体背膘厚1.59 cm，产仔10.50头。配套系商品肉猪达90 kg体重日龄151.54 d，活体背膘厚1.57 cm，胴体瘦肉率67.12%，料肉比2.6∶1。

(2)光明配套系：由深圳光明华侨畜牧场选育而成。父系为光明杜洛克猪。母系为光明斯格猪。该配套系父系生产性能：达90 kg体重日龄159.94 d，活体背膘厚1.54 cm，料肉比2.7∶1。母系生产性能：达90 kg体重日龄167.13 d，活体背膘厚1.67 cm，母猪初产仔平均10.22头，经产平均10.97头。配套系商品肉猪日增重880 g，活体背膘厚1.67 cm，料肉比2.547∶1。

(3)冀合白猪配套系：2002年通过国家畜禽品种审定委员会猪专业委员会审定，成为国内培育的第一个含地方猪血统的配套系。其为三系配套，父本C系由纯种汉普夏猪通过继代选育而成，母本A系由大约克猪、定县猪、深县猪杂交选育而成，母本B系由长白猪、太湖猪的二花脸品系和汉沽黑猪杂交选育而成。最后商品猪生产模式为CAB或CBA。A、B系毛色为白色，C系为汉普夏猪毛色。其父母代经产母猪产仔数平均达13.5头，商品代肉猪150日龄达90 kg，料肉比2.9∶1，胴体瘦肉率达60.61%。

(4)施格配套系：由比利时施格公司培育的一个配套系猪。父系是比利时的长白猪。母系是丹麦、德国、荷兰的长白猪。1999年斯格公司与我国河北京安集团合资成立一个公司，引进种猪324头。生产采用5系配套，父系(23、33系)含有皮特兰猪、杜洛克猪、大约克猪血统，母系(12、36、15系)含有长白猪、大约克猪血统。由上述5系最后合成商品猪。父系猪窝平均产仔10.6～11头，达100 kg体重日龄150～160 d。母系猪窝平均产仔10.8～11.8头，达100 kg体重日龄160～165 d。商品代猪日增重765～800 g，胴体瘦肉率64%～65%，料肉比(2.6～2.8)∶1。

(5)迪卡配套系(图2-23)：由美国迪卡公司培育的一个配套系猪。其曾祖代原种猪有A、B、C、E、F五个专门化品系，是从杜洛克猪、汉普夏猪、大白猪、长白猪中选育出来的。据公司介绍，其窝产仔数 11.7 头，达 90 kg 体重日龄 150 d，活体背膘厚 2.43 cm，屠宰率 74.11%，胴体瘦肉率 61.31%。

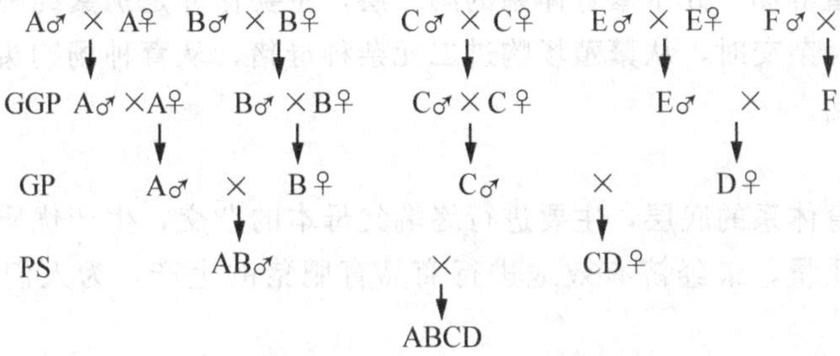

图 2-23　迪卡配套系种猪繁育体系模式

此外，我国还培育出了罗牛山瘦肉猪配套系、撒坝猪配套系、鲁农配套系、华农温氏Ⅰ号猪配套系、渝荣Ⅰ号猪配套系等。我国种猪配套系的大量培育，为优质猪肉的生产及市场的需要提供了可靠的保障。配套系杂交不仅是一种育种模式，也是一种生产模式，更是一种系统化的经营理念。因此，我国应大力发展猪配套系选育，尤其是以地方猪为素材的配套系选育，这不仅可以迎合广大消费者不同的消费需求，同时也能充分保护我国的地方猪种质资源。

五、杂交亲本的选择

杂交亲本生产性能，直接关系到杂交后代的质量。我国生产商品肉猪，由于各地养猪条件很不一致，在选择亲本时，一方面要因地制宜；另一方面要获得高的杂种优势。

1. 父本品种选择

杂交第一父本应选择日增重大、瘦肉率高、生长快、饲料转化率高、繁殖性能较好的品种，如大白猪、长白猪、湖北白猪、军牧一号猪等。第二父本或终端父本的选择应重点选择生长速度快、胴体瘦肉率高的品种，如杜洛克猪、皮特兰猪、汉普夏猪等。

2. 母本品种选择

因母本需要的头数多，宜选择猪源问题易解决，又易在本地区推广的品种。因此，母本应该具有分布广、适应性强、繁殖力高、母性好、泌乳力强等特点，如地方猪种、培育品种、繁殖性能高的引入品种。

六、杂交繁育体系

繁育体系是为达到遗传改良快、产品质量高、经济效益好的目的而建设起来的育种工作体系。其组织构成包括育种场、繁殖场、商品场和与之配套的测定站、人工授精站等。其猪群构成包括育种场(核心群)、繁殖场(繁殖群)、商品场(商品群)，形成宝塔式的繁育体系(图 2-24)。

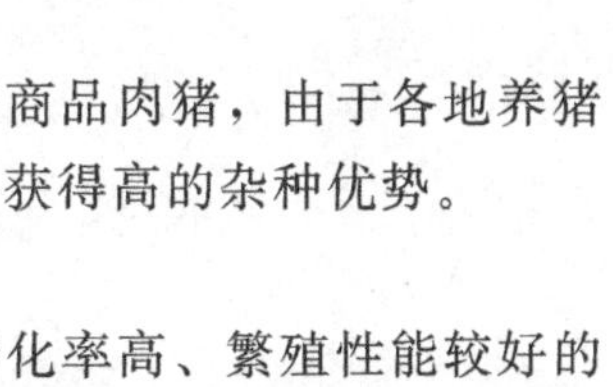

图 2-24　杂交繁育体系

(一)育种场

育种场又称原种场或核心群。每一个亲本纯种群都有一个核心群，其主要任务是分别对纯种亲本进行严格测定和强度选择。

核心群处于繁育体系的最高层。它是在整个品种结构中占极少数的种群，经采取一系列育种技术措施使猪质量得到提高，从而在品种中起到遗传改良核心作用的种群。

(二)繁殖场

繁殖场又称繁殖群场，处于繁育体系的第二层，主要任务是扩繁纯种数量和生产二元杂种母猪。如在三元杂交时，从繁殖场购进二元杂种母猪，从育种场购买纯种公猪，通过三元杂交生产商品猪。

(三)商品场

商品场处于繁育体系的底层，主要进行终端父母本的杂交，生产优质商品仔猪，保证育肥猪群的数量和质量，最经济有效地进行商品育肥猪的生产，为人们提供满意的优质猪肉。

配合宝塔式的繁育体系，还应建立种猪测定站和人工授精站。测定站的任务是通过相同环境条件下对各育种场的后备公猪进行性能测定，根据测定结果对后备公猪进行拍卖或推广到人工授精站使用，一般不返回原种场使用。

合理的猪群结构是实现杂交繁育体系的基本条件。可通过生产育肥猪的数量确定各层次的仔猪数、后备猪数以及种猪数。由于母猪的规模和比例是各繁育体系结构的关键，许多研究表明，采用常规的三元杂交时，各层次母猪占总母猪的比例大致是：核心群占2.5%，繁育群占11%，生产群占86.5%，呈典型的金字塔结构。

任务工单

<table>
<tr><td>任务名称</td><td colspan="4">调查当地杂交组合</td></tr>
<tr><td>任务描述</td><td colspan="4">调查本地区猪场饲养品种、杂交组合</td></tr>
<tr><td rowspan="8">准备工作</td><td colspan="4">准备调查报告或者利用网络调查</td></tr>
<tr><td colspan="4">猪场使用品种及利用调查表</td></tr>
<tr><td>猪场名称</td><td></td><td>基础母猪/头</td><td></td></tr>
<tr><td>种公猪/头</td><td></td><td>商品肉猪/头</td><td></td></tr>
<tr><td>公猪品种名称</td><td></td><td></td><td></td></tr>
<tr><td>母猪品种名称</td><td></td><td></td><td></td></tr>
<tr><td>本猪场的杂交组合</td><td></td><td></td><td></td></tr>
<tr><td>商品肉猪出售渠道</td><td></td><td></td><td></td></tr>
<tr><td>实施步骤</td><td colspan="4">1. 确定被调查猪场并进行调查
2. 根据调查结果总结出现频率最高的母猪品种和公猪品种
3. 总结最常用的杂交组合</td></tr>
<tr><td rowspan="5">考核评价</td><td>考核内容</td><td colspan="2">评价标准</td><td>分值</td></tr>
<tr><td>调查猪场使用的杂交组合</td><td colspan="2">1. 能够说出被调查猪场使用的杂交组合(20 分)
2. 能够说出使用该杂交组合的原因(20 分)</td><td>40 分</td></tr>
<tr><td>例举出 5 个二元杂交组合</td><td colspan="2">1. 能够例举出 5 个二元杂交组合(15 分)
2. 能够阐明 5 个二元杂交后代的特点(15 分)</td><td>30 分</td></tr>
<tr><td>例举出 5 个三元杂交组合</td><td colspan="2">1. 能够例举出 5 个三元杂交组合(15 分)
2. 能够阐明 5 个三元杂交后代的特点(15 分)</td><td>30 分</td></tr>
<tr><td>合计</td><td colspan="2"></td><td>100 分</td></tr>
</table>

任务三 猪的选种选配

目标呼应

任务目标	课程教学目标
熟记猪的主要经济性状	能制订选种、选配计划
会用正确的选种方法对断奶仔猪、后备猪和成年种猪进行选留和淘汰	
会拟订选配计划	

情境导入

种猪的质量直接影响整个猪场、地区的养猪生产水平，因此种猪选择是猪场中重要的工作之一。进行选种，首先要了解影响养猪生产力的一些性状，依据重要经济性状，进行严格、科学和规范的生产性能测定，最终实现“选优去劣”。

知识链接

一、选种的概念

选种是指根据选育目标进行选优去劣的工作，即从现有猪群中选出优良个体留作种用，使之产生符合选育要求的后代。选种的实质就是打破了繁殖随机性，使某些类型个体增加繁殖机会。选种是提高生产性能的一项重要措施。通过连续不断地选种，不但可以使现有猪群中部分优良个体的较高生产水平成为将来全群的平均生产水平，还可能出现一些超过目前最优水平的特殊个体，为选种提供新的遗传信息，最终使整个猪群乃至整个品种的质量不断提高。

二、选种方法

(一)个体选择

个体选择也称大群选择，即根据种猪本身性状的表型值的高低来进行选择的方法。这种方法对中等以上遗传力的性状选择效果较好，且方法简单，容易掌握。但对遗传力低的性状进行个体选择，收效甚微。

(二)系谱选择

系谱是种猪的父母以及其他祖先的编号、名字、生产成绩及鉴定结果的记录文件。系谱一般记载 3～5 代。

系谱选择就是根据系谱记载中的祖先相关信息，判断种猪优劣的一种选择方法。通过系谱测定，不仅可以对种猪的种用价值作出近似判断，还可以了解该种猪祖先的近代状况以及以往的选配结构，为今后种猪的选配提供借鉴。

在系谱测定时，主要应检查有无遗传病患及毛色、外形不正常的个体。了解祖先的生产成绩，特别是近代祖先的生产成绩，这对本身尚无生产记录的幼年家畜来说，具有一定参考价值。

(三)同胞选择

同胞选择是根据同胞成绩评定种猪优劣的一种选择方法。同胞测定在猪的测定中应用比较广泛，为了取得胴体和肉质性状资料，往往将同窝中一公一母肥育后屠宰，作为选择同窝的胴体和肉质性状的依据。其优点是可以缩短世代间隔，提高选种效率；缺点是只能区别家系间的优劣，同一家系的个体难以区别好坏。

(四)后裔测定

后裔测定是根据子女成绩评定种畜优劣的一种选择方法。后裔测定是评定种畜遗传价值最可靠的方法。在实际应用中后裔测定需要时间太长，延长了世代间隔，影响了选种效果；而且后裔测定站容量有限，不可能对大量公猪进行后裔测定，选择强度小，降低选择进展。所以选种过程中主要采取以性能测定为依据的个体选择，在某些情况下也可以采用后裔测定与同胞测定相结合、后裔测定与本身性能测定相结合的办法。

(五)合并选择

合并选择是兼顾个体性能成绩和个体亲属的性能成绩对种猪进行选择的方法，也就是根据个体的测定资料结合其同胞资料进行的选择。在对公猪本身进行测定的同时，对其他全同胞进行测定，然后综合两个测定结果来确定公猪是否留作种用。其优点是利用了被测个体及其同胞两个方面的信息，准确性高，可对公猪及早作出评价。

(六)多性状选择

影响猪遗传改良的性状是多方面的，而且各性状间存在着不同程度的遗传相关，如果只进行单性状的选择，尽管能获得较大的遗传进展，但可能会影响其他性状的改进，尤其是与之有负相关的性状。因此，在选种中，要同时考虑多个性状，以保证主要生产性能的遗传改良，获得最大的育种效果。

1. 顺序选择法

顺序选择法，即每个性状选择一个或数个世代，待其取得满意效果后，再选择其他性状，这样逐一对所需要改良的性状进行顺序选择的方法。其优点是对某个性状改良速度当时较快，但要改良多个性状，则需花很长时间，且没有考虑性状间的相关，对彼此存在负相关的性状，很可能造成此升彼降。

2. 独立淘汰法

独立淘汰法，即对各个被选性状规定一个淘汰标准，被选个体只要其中一项指标未达标准就被淘汰的方法。这种方法常把某些性状上表现突出，而个别性状上不足的种猪淘汰掉，选留下来的却是表现中等的个体。在猪的育种中，独立淘汰法主要用于淘汰有遗传缺陷或结实度较差的个体。

3. 综合指数选择法

综合指数选择法，即多性状选择时，将同时选择的几个性状按各自的遗传特点和经济重要性分别加权，综合成一个个体间可以互相比较的指数，然后根据这个选择指数进行选种的方法。这种方法比较全面地考虑了各种遗传和环境因素，同时考虑到育种效益，因此，能较全面地反映一头种猪的种用价值，指数的制订也较为简单，可一次完成选择。但在实际应用时，很难达到理论上的期望效果，原因是遗传参数估计的误差较大，各性状的经济加权值不够准确，群体小，近交程度增高，选择性状与目标性状不一致(如目标性状是瘦肉率，而选择性状则是背膘厚或是眼肌面积)。

三、数量性状

数量性状包括繁殖性状、生长性状、胴体品质(胴体性状、肉质性状)和体尺测量。

(一)繁殖性状

1. 产仔数

产仔数有两个指标，即总产仔数和产活仔数。总产仔数是出生时同窝的仔猪总数，包括死胎、木乃伊和畸形胎。产活仔猪数则指出生时存活的仔猪数，包括衰弱即将死亡的仔猪。产仔数的遗传力较低，一般为0.05～0.1，因此表型选择效果差，应以家系选择为主。产仔数是一个复合性状，受母猪的排卵数、受精率和胚胎成活率等因素影响。

2. 初生重和初生窝重

初生重是仔猪初生时的个体重，在出生后12 h以内测定，只测出生时存活仔猪的体重。初生窝重是同窝活产仔猪重的总和。仔猪初生重的遗传力为0.10左右，初生窝重的遗传力为0.24～0.42。仔猪初生重与仔猪哺育率、仔猪哺乳期增重以及仔猪断奶体重呈正相关，与产仔数呈负相关。

3. 泌乳力

泌乳力以仔猪20日龄的全窝重量为代表，包括寄养过来的仔猪，但不计寄出仔猪的体重。泌乳力的遗传力为0.1左右。母猪的泌乳力的高低受品种、胎次、营养及个体的影响。因为母猪的泌乳高峰期在分娩后的21日龄左右，在此以后哺乳仔猪的体重有部分是依靠补料而增加的。

4. 断奶窝重

断奶窝重指断奶时全窝仔猪的体重总和。另外，需注明断奶日龄。在现代养猪生产实践中，一般把断奶窝重作为选择性状的总指标，因为它与其他繁殖性状密切相关。它与活产仔数、初生窝重、断奶仔猪数、断奶成活率、6月龄全窝重等主要性状均呈正相关。

5. 哺乳期成活率

断奶仔猪数与产活仔数的比值称为哺乳期成活率，即：

$$\text{哺乳期成活率}(\%)=\frac{\text{断奶仔猪数}}{\text{产活仔猪数}}\times 100\%$$

6. 初产日龄和产仔间隔

初产日龄即是母猪头胎产仔时的日龄。产仔间隔指母猪相邻两胎次间的平均间隔期，即：

$$\text{产仔间隔}=\text{妊娠期}+\text{空怀期}$$

7. 情期受胎率

情期受胎率是指一定时期内受胎母猪数占配种母猪总数的百分率，即：

$$\text{情期受胎率}(\%)=\frac{\text{受胎母猪数}}{\text{配种母猪总数}}\times 100\%$$

8. 分娩率

分娩率是指一定时期内分娩母猪数占受胎母猪数的百分率，即：

$$分娩率(\%)=\frac{分娩母猪数}{受胎母猪数}\times 100\%$$

9. 母猪繁殖周期

母猪繁殖周期又称两胎间隔期，指母猪相邻两胎之间的间隔时间。它包括妊娠期、哺乳期和断奶至再受胎间隔时间，即：

母猪繁殖周期＝妊娠期＋哺乳期＋断奶至再受胎间隔时间

10. 母猪年产胎数(LFY)

母猪年产胎数分为按照个体计算和按照群体计算两种。

(1)按照个体计算公式：

$$母猪年产胎数=\frac{365}{妊娠期+哺乳期+空怀期}$$

式中，妊娠期和空杯期一般是常数，其中妊娠期平均为 114 d。空怀期为 5～7 d。哺乳期长短是可以控制的，所以哺乳期长短与母猪年胎数之间呈负相关。

(2)按照群体计算公式：

$$母猪年产胎数=\frac{365}{妊娠期+哺乳期+空怀期+21\times(1-情期受胎率)}\times 分娩率$$

$$=\frac{年产总胎数}{母猪群平均总存栏数}$$

11. 母猪年生产力(PSY)

母猪年生产力是指每头母猪一年提供的断奶仔猪数，即：

母猪年生产力＝年产胎数×每胎产活仔数×哺乳期成活率

12. 母猪年产肉猪数(MSY)

母猪年产肉猪数是指每头母猪一年提供的出栏的肉猪数，即：

母猪年产肉猪数＝母猪年生产力×肉猪成活率

13. 母猪非生产天数(NPD)

母猪非生产天数指成年母猪自仔猪断奶后到下次配种间隔的天数，即：

母猪非生产天数＝365－母猪年产胎数×(妊娠期＋哺乳期)

(二)生长性状

1. 生长速度

生长速度一般用仔猪断奶至上市期间体重的平均日增重来表示，单位为 g/d，即：

$$平均日增重=\frac{育肥期末重-育肥期始重}{育肥天数}$$

目前多用 20～90 kg 或 25～90 kg 期间平均日增重来表示，也可用达到一定活重(90 或 100 kg)的日龄作为选择指标。生长速度的遗传力为 0.30，平均日增重与饲料转化率呈强负遗传相关(相关系数是－0.7)，因而选择日增重快的猪种，也间接提高了饲料转化率。

2. 饲料转化率

饲料转化率指生长育肥期内或性能测定期每增加 1 kg 活重的饲料消耗量，它的遗传力为 0.30，与生长速度呈负相关，即：

$$饲料转化率=\frac{育肥期饲料消耗量}{育肥期末重-育肥期始重}$$

3. 活体背膘厚

活体背膘厚指在测定 100 kg 体重日龄的同时采用 B 超扫描测定其倒数第 1～2 肋骨间，距离背中线 5 cm 处的背膘厚，单位为 mm。无 B 超时可以采用 A 超测定胸腰结合部、腰荐结合部沿背中线左侧 5 cm 处的两点膘厚平均值。由于不同体重的种猪背膘厚不同，所以需将实际背膘厚校正为目标体重膘厚。

如加拿大用以下的校正公式：

$$校正背膘=实际背膘\times A/A+B\times(实际体重-目标体重)$$

式中，A 和 B 随品种和性别而异，见表 2-2。

表 2-2 不同品种膘厚校正系数表

品种	公猪		母猪	
	A	B	A	B
大约克夏猪	12.402	0.106 530	13.706	0.119 624
长白猪	12.826	0.114 370	13.983	0.126 014
汉普夏猪	13.113	0.117 620	14.288	0.124 425
杜洛克猪	13.468	0.111 528	15.654	0.156 646

4. 采食量

猪的采食量是度量食欲的性状。在不限饲条件下，猪的平均日采食饲料量称为饲料采食能力或随意采食量。采食量的遗传力平均为 0.30，采食量与日增重呈强正相关，与背膘厚呈中等相关，与胴体瘦肉量呈负相关。

(三)胴体性状

胴体性状的遗传力为 0.40～0.60，属于高遗传力性状，表型选择能取得较好的效果。

1. 宰前活重

被测猪只体重达 100 kg 后，停食(不停水)24 h 的空腹体重称为宰前重。

2. 胴体重

猪经放血、去毛后，去掉头(寰枕关节处)、蹄(前肢腕关节、后肢跗关节)和尾之后，开膛除去内脏(保留肾脏和板油)称取的重量为胴体重。

3. 屠宰率

屠宰率是胴体重占宰前体重的比例。其计算公式为：

$$屠宰率=\frac{胴体重}{宰前体重}\times 100\%$$

4. 背膘厚

背膘厚指胴体倒挂时背部皮下脂肪厚度。其测定时有两种方法：一种是测定第 6、7 胸椎接合处垂直于背部的皮下脂肪厚度(不包括皮厚)；另一种是测定三点平均背膘厚，即肩部最厚处、胸腰结合处和腰荐结合处三点背膘厚的平均值。我国常采用第一种方法。

5. 胴体长度

测量胴体长度时须倒挂，有两种测定方法：一种是测定从耻骨联合前缘至第一肋骨与胸骨结合处前缘的长度(称为胴体斜长)；另一种是从耻骨联合前缘至第一颈椎底部前缘的长度(称为胴体直长)。我国常采用第一种方法。胴体长度与瘦肉率呈正相关，与背膘厚呈负相关，在选种实践中，利用它们之间的相关关系，间接进行瘦肉率的选择。活体上将体长作为选择依据。

6. 眼肌面积

眼肌面积是指胴体胸腰结合处背最长肌的横截面积(而国外多测定第10肋骨处背最长肌的横截面积作为眼肌面积)。胴体测量时可用游标卡尺测量眼肌的宽度和厚度，然后用眼肌面积＝宽(cm)×厚(cm)×0.7公式进行估算，也可用求积仪计算它的面积。眼肌面积的遗传力较高，为0.45～0.60，它与胴体瘦肉率呈强正相关，与饲料消耗量呈较强的负相关。因此，通过加大眼肌面积的选择，能间接提高胴体瘦肉率和饲料转化率。活体上可以使用眼肌面积测定仪进行测定。

7. 腿臀比例

腿臀比例是沿倒数第一、第二腰椎间垂直切下后腿重量占整个胴体重量的比例。其计算公式为：

$$\text{腿臀比例}=\frac{\text{腿臀重量}}{\text{胴体重量}}\times 100\%$$

猪的腿臀比例遗传力高，约为0.58，同时与其他产瘦肉性状呈强正相关，它是提高瘦肉率的选择中的重要指标。腿臀是胴体中产瘦肉最多的部位，因此腿臀比例在评定胴体时具有重要意义。

但近年来发现，腿臀部肌肉过度发育与肌肉品质呈负相关。例如比利时的皮特兰猪和丹麦的兰德瑞斯猪的腿臀部非常发达，PSE肉(劣质肉)的发生率也最高。这表明，在猪的选种过程中不要过度追求腿臀部的发达程度，要注意猪整体结构的协调性，腿臀部某些肌肉不成比例地过度发育，会对肉质产生不良的影响。活体上可以通过测定腿臀围进行选择。

8. 胴体瘦肉率

将剥离板油和肾脏后的左半胴体分为瘦肉、脂肪、皮和骨四种部分，瘦肉重量占这四种重量的比例即为胴体瘦肉率。其计算公式为：

$$\text{胴体瘦肉率}(\%)=\frac{\text{瘦肉重}}{\text{瘦肉重}+\text{脂肪重}+\text{皮重}+\text{骨重}}\times 100\%$$

为简化组织剥离，肌间脂肪算作瘦肉，皮肌算作脂肪，作业损耗控制在2%以下。

胴体性状属于高遗传力性状，其遗传力估计值为0.40～0.60，这类性状通过个体选择可以获得较大的遗传进展。

(四)肉质性状

1. 肌肉pH

猪宰后随肌肉中乳酸浓度升高pH不断降低，在宰后24 h可达pH低谷，这个过程叫作pH降低。pH测定的时间是屠宰后45 min和宰后24 h，分别称为pH_1和pH_{24}。测定部位是背最长肌、半膜肌或头半棘肌中心部位。猪肉pH的度量是先在背最长肌中部刺孔，然后将酸度计的电极直接插入该孔处及肌肉渗出的浆液，即可取得 pH 读数，精确到 0.01 以上。肌肉 pH 的高低与劣质肉的产生密切相关，常作为评定肌肉品质优劣的标准。pH_1 正常范围在 6.0～6.4，pH_{24} 正常范围在 5.3～5.7。

2. 肉色

肉色是猪肉质量的主要指标之一。肉色主要取决于肉中肌红蛋白与血红蛋白含量以及这两种蛋白的氧化程度。

肉色评定方法，是凭肉色评分标准图进行目测评分。在最后肋骨部位前后切取一段背最长肌，存储在 0～4 ℃冰箱中保存，于宰后 24 h 取出，取新鲜横断面；或宰后 1～2 h 于最后肋部位切取背最长肌新鲜横断面(盖上透氧薄膜在 0 ℃±3 ℃条件下静置 1 h)在正常室内光线条件下(不允许阳光直射或阴暗环境，光照强度 750 lx 以上)，对照肉色标准图板评分。最常用的比色标准图板是 5 分制：1 分为灰白色(PSE 肉色)，2 分为轻度灰白色(倾向 PSE 肉色)，3 分为鲜红色(正常肉色)，4 分为稍深红色(正常肉色)，5 分为暗红色(DFD 肉色)。

3. 系水力

系水力又称保水力，用以描述猪肉的保水能力，是主要的肉质指标。系水力概念有三个方面：一是在外部因素作用下，超量纳入并滞留水分的潜能；二是在外力作用条件下，可以榨出多少水分；三是在自然重力条件下，肌肉液体流失程度。系水力的测定方法有多种，常用的是压力失重法。

压力失重法：①取宰后 2 h 内左半胴体第 2～3 腰椎处背最长肌一块，在硬橡胶板上切取厚度为 1.0 cm 的肉片，再用直径为 2.523 cm 的圆形取样器切取肉样。②将肉样用感应量为 0.01 g 的天平称重，记为压前试样重(g)。③用医用纱布在肉样上、下各盖一层，纱布外各垫 18 层化学定性分析滤纸，滤纸外分别各垫一层硬塑料垫板，然后将垫好的肉样放置在压力仪的平台上，用匀速缓慢摇动压力仪的摇把，使压力升 35 kg 的读数为止，并保持此压力 5 min，迅速撤除压力，取出被压肉样并立即用天平称重，记为压后试样重(g)。④按下列公式计算肉样的失水率，失水率越高，系水力越低，从而估计系水力。

$$\text{肌肉失水率}=\frac{\text{压前试样重}-\text{压后试样重}}{\text{压前试样重}}\times 100\%$$

4. 滴水损失

滴水损失又称存储损失，指猪肉在不加外力只受重力条件下表现的系水力的能力。测定方法：①宰后 2 h 内取第 4～5 腰椎处背最长肌，并将试样修整为长 5 cm、宽 3 cm、厚 2 cm 大小的肉样，放在感应量为 0.01 g 的天平上称重，记为吊前重。②用铁丝钩住肉样一端，使肌纤维垂直向下吊挂在充气的聚乙烯薄膜袋中，扎紧袋口，避免肉样与袋壁接触，吊挂于冰箱中，在 4 ℃条件下存储 24 h，然后取出试样称重，记为吊后重。③按下式计算滴水损失：

$$\text{滴水损失}=\frac{\text{吊前重}-\text{吊后重}}{\text{吊前重}}\times 100\%$$

5. 大理石纹

大理石纹是猪瘦肉切面中可见的大理石状肌束间脂肪花纹。良好的大理石纹应细致均匀，丰富而不过量，有益于肉的多汁性和风味。测定方法：一般取胸腰结合处的背最长肌肉样，置于 4 ℃的冰箱内 24 h 后，对照大理石纹评分标准图进行评分：1 分为脂肪呈极微量分布，2 分为脂肪呈微量分布，3 分为脂肪呈适量分布，4 分为脂肪呈较多量分布，5 分为脂肪呈过多量分布。3 分为理想分布，2、4 分为较理想，1、5 分为非理想分布。

6. 熟肉率

熟肉率又称烹饪损失，是度量猪肉在热处理后的系水力指标之一。测定方法：①取宰后 2～3 h 腰大肌中段 100 g 左右，蒸前称重。②放置于盛有沸水的铝锅蒸屉上，加盖，置于电炉上加热 45 min，取出蒸熟肉样，用铁丝钩住吊挂于室内阴凉处，冷却 15～20 min 后再称量熟肉重。③按下式计算熟肉率：

$$熟肉率(\%)=\frac{蒸后重}{蒸前重}\times 100\%$$

7. 嫩度

嫩度是猪肉食用时口感的老嫩。其是猪肉质地和肌肉蛋白质结构特性的反映。嫩度受多种因素影响，如品种、年龄、肌肉部位、肌纤维直径与密度、肌内脂肪含量等。屠宰加工工艺水平对嫩度有显著影响，特别是正确的整胴体(不剔骨)冷藏、电刺激熟化条件、酶制剂、酸处理和高压处理都有益于改善嫩度。宰后胴体冷冻速度和温度控制可有效防止冷收缩和解冻僵直，防止老化。此外，猪肉在烹饪时热处理的温度和时间对嫩度亦有重大影响。常用的度量方法是测定度量肉的剪切力值。

8. 肌内脂肪含量

肌内脂肪含量是指肌内结缔组织内瘦肉中含的脂肪量，是重要的肉质性状。最佳的肌内脂肪含量为 2.5%～3.0%，低于此含量会影响肌肉的嫩度和多汁性，高于此含量就会被消费者认为太肥而不愿购买。测定肌内脂肪含量主要有三种方法。第一种方法是用乙醚浸提肌内脂肪的索氏抽提法，是测定肌内脂肪含量的常用方法。第二种方法是用瑞士生产的红外线测定仪估测肌内脂肪的含量，其测定值精度较高，与索氏抽提法的相关系数达 0.92。第三种方法是主观的眼肌大理石纹评分法，此法简单易行，与索氏抽提法的相关系数也较高，达到 0.66。

9. 香味

肉与其他任何食品一样都是通过人的嗅觉和味觉所感知的。一系列挥发性物质刺激鼻黏膜和水溶性物质、脂溶性物质刺激味蕾对感知肉香味起主要作用，但肉的纹理、嫩度和多汁性对口腔的物理学刺激所产生的口感对肉味也起一定作用。香味的来源有两种不同的观点：一是瘦肉起源说，该观点认为香味来自瘦肉中水溶性香味前体物质在加热时产生的。二是脂肪起源说，该观点认为香味来自脂肪而不是瘦肉。如：将不同种的动物纯瘦肉加热，则难以鉴别出牛肉、羊肉和猪肉；将脂肪加热，则产生出种间特有的香味差异。

10. 异常肉

(1)PSE 肉：是不正常肉质的一种表现。猪发生应激综合征时，肌肉呈现灰白颜色、柔软和汁液渗出征状的肌肉。PSE 肉外观上肌肉纹理粗糙，肌肉块互相分离，存储时有水分渗出，严重时呈水煮样，宰后 45 min 肌肉 pH 低于 5.6。PSE 肉是猪应激综合征时肌肉内释放大量钙离子刺激肌肉收缩和肌糖原酵解，产生大量乳酸，使 pH 下降，肌肉呈现酸化，致使肌肉中可溶性蛋白质和结构蛋白质变性，从而失去了对肌肉中水分子的吸附力，造成水分大量渗出，肌肉系水力降低或丧失。沉淀于结构蛋白质的可溶性蛋白质干扰了肌肉表层的光学特性，致使肌肉的半透明度降低，更多的光由肌肉表面反射出来，使肌肉呈现特有灰白色。

(2)DFD 肉：是不正常肉质的一种表现。宰后肌肉外观上呈现暗黑色、质地坚硬、表面干燥的征状，又叫黑干肉。这是由于宰前动物处于持续和长期的应激状态下，肌糖原消耗过多，难以酵解足够的乳酸以促成 pH 下降，肌肉线粒体摄氧功能依然活跃，肌红蛋白的氧合能力反而差，故肌红蛋白多以暗紫色还原形式存在，使肉色发黑，加之 pH 高于 6.2 时肉容易发干，从而形成 DFD 肉。动物宰后肌肉呈现 DFD 肉征状不需要遗传基础，所有的猪都可能发生，最关键的条件是屠宰时肌肉中能量水平低，死前肌糖原耗竭。

(3)黄脂肉：又称黄膘肉，指猪胴体的脂肪变成黄色或茶色的肉。有黄膘肉的猪称黄膘(脂)猪、茶猪、粟猪、赤猪。正常猪胴体脂肪为白玉色，造成黄膘肉的原因分述如下：①肉猪饲料中鱼杂碎(内脏)过多；②饲喂的泔水等饲料不新鲜或腐败变质；③长期使用含鱼油或蚕蛹较多的饲料；④黄疸，由于胆汁排泄障碍，使胆红素进入血液使全身皮肤、黏膜、器官、脂肪全部染黄；⑤饲给肉猪大量南瓜、玉米、酱渣、米糠、豆饼等饲料易产生淡黄色脂肪。

(4)软脂肉：指脂肪的坚实度较差的肉。软脂肉在烹调时易于蒸发，而且在肉品加工时也容易产生“哈味”。因为其脂肪中含溶点低的不饱和脂肪酸(油酸)和低级脂肪酸的比例较高，常温下软、易变形，肉易变质。在肉猪饲养中使用玉米、米糠等含脂肪多的饲料或用 4%以上的植物油饲料，容易产生软脂肉。

(五)体尺测量

表示猪的各部位长度、宽度、围度大小的表型值称为体尺。体尺要用卷尺、测杖等工具测量。种猪在选择和培育过程中要进行体尺测量，将其体尺指标作为选种的依据，确定是否留种或是否调整培育方案。

1. 测量项目

种猪体尺测量项目主要有体长、体高、胸围、腿臀围、体重 5 项指标。在目前瘦肉型猪生产中，比较重视体长和腿臀围的选择。

2. 测量时间

对留种的猪每月测量一次体尺。若条件不允许，至少要进行三次体尺测量，第一次为六月龄、第二次为配种前、第三次为成年。

3. 测量方法

(1)体长：将软尺的起点固定在种猪两耳根连线的中点(枕骨嵴)，紧贴背线测量至尾根，其长度即为体长。注意，测试时使猪的下颌、颈部和胸部呈一条直线。

(2)体高：猪只自然姿势站立，用测杖测量自鬐甲至地面的垂直距离。

(3)胸围：猪只自然姿势站立，用软尺沿肩胛骨后缘测量胸部垂直周径。注意，软尺要紧贴猪的体表，勿过松或过紧，以将被毛压贴于体表为度。

(4)腿臀围：将软尺从猪的左侧膝关节前缘开始，经肛门绕至右侧膝关节前缘，其长度即为腿臀围。测量时使猪处于不低头、不抬头、不拉伸的自然姿势状态。

(5)体重：指早饲前空腹称得猪的重量，单位为 kg。

4. 测量注意事项

(1)测量器械刻度准确无误，并在测量前进行校正；

(2)保证测量场地平坦，环境安静。

四、猪的质量性状

(一)毛色

猪的毛色是最容易辨认的一项外形特征，同一个品种都能保持相对一致的毛色、耳形特征。

1. 猪毛色的类型

(1)白色：被毛全为白色，如大白猪、长白猪、苏白猪、哈白猪、上海白猪、三江白猪以及它们的杂交后代等。

(2)纯黑色：被毛全为黑色，我国的许多地方猪种被毛为黑色，如内江猪、东北民猪、八眉猪、北京黑猪、槐猪、巴克夏猪等。

(3)白环带：这类猪在腰部或颈肩部为白毛，躯体两端为黑色，如金华猪、宁乡猪、汉普夏猪等。

(4)褐红色：这类猪全身被毛都为棕红色或金黄色，如乌金猪、大河猪、柯乐猪、杜洛克猪、泰姆华斯猪等。

(5)花斑：这类毛色的猪种我国分布较多，不同猪种中黑白花斑的比例不同，如广东大花猪、泛农花猪、北京花猪、闽北花猪及比利时皮特兰猪等。

2. 猪的毛色遗传

(1)全白色显性遗传：长白猪、大白猪等白色猪与其他毛色类型的猪交配，后代均为白色，白毛色对其他毛色及野猪毛色为显性。一般认为，控制长白猪、大白猪的上位基因Ⅰ是A上的基因。长白猪的白色毛对我国大河猪的褐红色呈不完全显性，当长白猪与大河猪紫红色类型杂交，子代出现灰花和白色两类。

(2)白环带毛色显性遗传：白环毛色类型的猪(如汉普夏猪和宁乡猪)与褐红色类型的猪(如杜洛克猪等)和黑毛色类型的猪(如巴克夏猪)交配，白环带趋向显性遗传，但白环带对我国的某些黑猪为不完全显性遗传。

(3)黑毛色显性遗传：猪的黑毛色对棕红色基本上是显性遗传，但由于显性强度不同又可分为以下两种情况。

①完全显性遗传：具有白环带的汉普夏猪黑毛色对棕红色的杜洛克猪是完全显性，我国多数黑猪对棕红色猪呈显性遗传。

②不完全显性遗传：将有六白特征的巴克夏猪和波中猪与杜洛克猪等交配，后裔的毛色有红色和黑色斑点，即所谓的虎斑毛色。

(4)野猪毛色显性遗传：野猪毛色对黑色的巴克夏猪等品种为显性，但与棕红色或其他黑色品种杂交时出现复合毛色。

(二)耳型

猪的耳型和大小呈中间型遗传，垂耳对大型立耳呈不完全显性，用纯合立耳与纯合的垂耳猪杂交，其后代表现为半立耳。

(三)遗传缺陷及淘汰方法

遗传缺陷又称遗传病，是生殖细胞或受精卵中的遗传物质在结构或功能上发生了改变，从而使发育的个体出现解剖构造异常或生理机能损害。遗传缺陷具有垂直传递和终生性的特征，并往往有先天性和家族性。猪的遗传缺陷已发现200多种，群体发生率为3%～5%。

1. 主要遗传缺陷

(1)猪恶性应激综合征(PSS)：肌肉很丰满的猪在应激因子的作用下突然死亡。屠宰后肌肉呈现PSE肉。猪恶性应激综合征呈常染色体隐性遗传。在某些育肥性状和胴体性状上，这种杂合体的性能优于显性纯合体的猪，在选种时常被选留下来，从而增加氟烷基因频率。猪恶性应激综合征可用氟烷基因检测法将纯合的和杂合的应激敏感基因携带者直接检出。因此，要减少应激综合征的发生，就应在育种群中淘汰所有隐性基因携带者、其父母及同窝出现的其他猪。

(2)阴囊疝：是肠管通过腹股沟管落入阴囊，导致阴囊特别膨大的现象。群体发生率为1%。发生在左侧的频率高于右侧，仔猪生后1个月开始表现。这是一种由隐性基因所致的遗传疾病。在所有家畜中，猪的阴囊疝发病率最高。

(3)脐疝：由于脐环太大，且出生时未闭合，通常在出生后几天一部分肠管和肠系膜进入皮下结缔组织而形成。在生长期，有些患猪会因小肠的绞结而死亡，但大多数患猪不会受到太大的影响，而达到上市体重。有的是由隐性基因所致，而有的是由脐部感染造成的。

(4)隐睾症：公猪的一个睾丸或两个睾丸滞留在腹腔内。只有一侧睾丸降至阴囊称为单睾，两个睾丸都在腹腔内的公猪是不育的。单睾比双侧隐睾发生率高。该病是由隐性基因遗传所致。

(5)锁肛：患猪在出生时就没有直肠出口，使正常肠内的排泄物无法排出。若不施行手术，仔猪通常在生后1～3 d内全部死亡。手术的仔猪，断奶前发育可能正常，也可能不正常，但断奶后常因缺乏食欲而生长受阻，易形成僵猪。一部分小母猪在生后1个月内死亡，其余往往会自然形成一直肠阴道瘘连接直肠与阴道前庭，使粪便通过阴道排出而得以成活并能繁殖。该病是由隐性基因遗传所致，若群中发病率高，则应淘汰患猪及其父母与同胞。

(6)内陷乳头：其特征是乳头比正常的短且顶端凹陷，形成火山口状结构，使乳头不能从乳房表面挺起，造成仔猪吮乳困难。内陷乳头多发生在脐部附近，其次在前部，后部很少发生。先天性的内陷乳头主要是由隐性基因所致。

(7)先天性八字腿：仔猪出生时或生后不久，不能站立走路，通常两后肢(有时是前肢)向前外方或两侧张开。此病危害大，死亡率高，长白猪中多见。这是由半致死基因引起的伴性遗传病。

(8)蔷薇糠疹：开始表现为豌豆大的充血斑点，通常在腹部皮肤，以后扩展，患处周缘发炎，常发生于生后2～3个月的猪。这是由隐性基因引起的。

(9)震颤：又称为抖抖症，猪的大多数震颤是先天性的，通常在仔猪出生后几小时内发生，但也有些类型的震颤经常在较大年龄时才开始出现，其特点是头颈和四肢表现有节奏的颤抖，强度有大有小。症状轻者能够行走和吃奶，重者则不能行动，最后死亡。患猪在寒冷或其他刺激下，症状会加重。

(10)并趾：又称单蹄，每只蹄上只有一个脚趾，如同单蹄动物。该病为单基因显性遗传，只需淘汰患猪个体。

(11)前肢肥大：患猪前肢肌肉被结缔组织取代，使前肢异常肿大，常在生后数小时内死亡。该病为隐性遗传，发病率高，应淘汰患猪及其父母和同胞。

2. 淘汰方法

猪的遗传缺陷常由隐性基因决定的。致死和半致死性状受自然选择法则的制约，一般不会造成严重危害。而非致死性状如疝病、瞎乳头等畸形，从表现型不能识别这类隐性基因的携带者，在个别基因频率很高的猪群，要通过测交来鉴别猪种的基因型。

遗传缺陷常在近亲繁殖过程中表现，因此生产中避免近交。凡出现遗传缺陷的个体及其双亲和同胞不能留种，并淘汰生产的畸形、致死和半致死性状后裔的双亲就可以得到控制。

五、外形评定

外形评定又称体质外形评定，即通过观察猪的外部特征和体质外形作出主观评价的技术。外形是生产性能的直接表征，也是发育状况、健康状态、种用性能的外表反映。因此，外形评定是最基本的选种方法。外形差，毛色、耳形等不符合品种要求的猪只，即使生产性能很好，也不能作为种猪选留。

外形评定方法有肉眼鉴定及评分鉴定两种方法。前者观察该个体外形是否与选育方向相符，体质是否结实，整体发育是否协调，品种特征是否典型，肢蹄是否健壮，步态是否正常，有无缺陷等，取得一个概括的印象，即整体评定。后者则使外形评定结果数量化。按评分表中每一部位理想的要求标准对种猪的外形作出评判，即局部评定。外形评定，遵循先整体后局部的原则，沿动物纵轴依次评定猪只。

1. 整体评定

评定时，需将猪赶至一个平坦、干净且光线良好的场地上，人与被评定个体间保持一定距离，从正面、侧面和后面进行系列的观测和评定，再根据观测所得到的总体印象进行综合分析并评定优劣，要求：

(1)品种特征：体形、头部、毛色、耳形等均符合品种要求。

(2)体质：体躯各部协调匀称。骨骼结实，被毛光亮，皮肤柔软、强韧、均匀、光滑、富有弹性、厚薄适中，皮下脂肪不多，肌肉发达，外形健壮。

(3)体况：通常指膘情，即肥满程度。种用体况的特点是不肥不瘦，公母猪要求七八成膘情。这种体况的猪有良好的配种能力。

(4)健康状态：健康种猪应该具有以下特点：眼明有神，被毛光滑有光泽，站立姿势正常，呼吸均匀，行动灵活，反应灵敏，步态稳健，尾巴上卷，叫声清亮，鼻盘湿润，随群出入，粪软尿清，排便姿势正常，主动采食。

(5)肢蹄结实度：四肢与整体相协调较好，结构合理，骨骼结实，蹄系结实，着地稳健，步态轻快。

2. 局部评定

(1)头、颈：头具有本品种的典型特征，中等大小，不粗糙；额部稍宽，耳根不可过软；眼有神，两眼之间距离宽；嘴鼻长短适中，鼻孔开阔；上下腭吻合良好，光滑整洁，口角较深，无肥腮，下颌无垂肉；颈中等长，头颈结合良好，头部与体躯比例匀称；公猪头颈粗壮短厚，雄性特征明显；母猪头颈轻小(清秀)，母性良好。

(2)前躯：肩宽而平坦，肩胛骨角度适中，肌肉附着适度，肩背结合良好，胸肌丰满，鬐甲宽直而无凹陷。胸宽深，肋骨开张良好。

(3)中躯：背腰平直宽广，不能有凹背或凸背；腹部容积大而充实，腹底成直线；肷窝明显；公猪无草肚垂腹，母猪不能背腰单薄和乳房拖地。

(4)后躯：臀部宽广，大腿丰厚，肌肉结实，载肉量多，尾根附着高；后躯宽阔的母猪，骨盆腔发达，便于保胎多产，减少难产；种公猪腿臀部肌肉发达，尾根粗，肢距开阔。

(5)四肢：高而端正，肢势正确，肢蹄结实，系部有力，无卧系，站立或行走时无内、外八字形。

(6)乳房：种公、母猪乳头数均不少于该品种的最少乳头数，有效乳头至少12对；乳房发育良好且乳头排列整齐，均匀对称；粗细、长短适中，间距等距，脐前至少三对乳头；无瞎乳头、凹乳头、副乳头。

(7)生殖器官：种公猪生殖器官发育良好，阴囊紧而有弹性，不下垂；睾丸发育良好，左右对称，大小匀称，轮廓明显，无单睾、隐睾或阴囊疝；包皮适中，包皮无积尿；母猪阴户充盈，发育良好。

依据猪品种的外形鉴定标准，对供测猪进行评分，并将鉴定结果填入任务工单鉴定评分表中。

六、种猪性能测定

(一)概念

种猪性能测定是按测定方案将种猪置于相对一致的标准环境条件下进行度量的全过程，包括使用测定信息和测定结果，如根据测定结果按标准进行评估、分级和良种登记等。

(二)意义

1. 种猪重要经济性状的性能测定是整个育种工作的基础

猪育种的核心是进行选择，而单靠外形鉴别是不够的，一些性状需要精确度量，才能正确估计育种值，然后把育种值作为选择的依据，从而提高选择的准确性。

2. 对提高选择反应和遗传效应具有十分重要的作用

随着数量遗传学和群体遗传学的发展以及测定种猪表型值的手段、设备和技术的改进，特别是计算机技术在育种中的应用，开展种猪性能测定对提高选择反应和遗传效应具有十分重要的作用。

(三)性能测定的发展

1. 国外发展状况

19世纪末，丹麦需要生产腌肉向英国出口，为提高某些性状的特性，1896年开始建立第一个育种群，成立了全国育种和生产委员会，指导育种工作。全国分为9个地方育种分会，把育种群划分为核心群、繁殖群和生产群，这就是著名的金字塔式繁殖体系。1907年正式成立后裔测定站，育种群中核心群有关日增重、饲料转化率和胴体品质的选择，都以通报和后裔测定结果为依据，这些测定都在专门的测定站进行。测定站的条件应尽可能标准化。利用这种测定方法，丹麦成功地培育出了世界著名瘦肉型品种——长白猪。随后，加拿大、瑞典、荷兰和芬兰等国相继模仿，均采用后裔测定的方案。至20世纪40年代，由于遗传力学说的启示和活体测定技术的出现和发展，越来越多的国家开始改用自身性能测定，如美国、加拿大等。在1957—1978年的20余年中，胴体品质和肉质改良主要依据同胞测定，所以这一阶段实施的通报和后裔相结合的测定制度。70年代，超声波成功地用于活体背膘之后，丹麦在场内测定站中心先后开始转向自身性能测定。同时，英国、美国、加拿大也都转为公猪性能测定为主，与同胞相结合。所以说大多是实行两种以上相结合的综合测定制度。至90年代，由于电子技术与计算机技术的发展和在猪育种中的应用，世界各国逐步采用ACEMA系统实施群养自动记料的种猪性能测定方案。现在大多数养猪业发达的国家都有相当测定容量的测定站。美国自1965年在衣阿华州建立第一个种猪测定站以来，到1971年，在26个州共建立了36个测定站(施启顺，1990)。到20世纪末，丹麦14个测定站年测定容量达到10 000～16 000头，国家动物研究所负责有关测定站的实际测定工作，肌肉品质则集中在国家肉类研究所进行。日本于1960年建立了日本国立种猪测定站，随后在各都道府县相继设立了25个测定站。

2. 国内发展状况

中国于20世纪50年代初开始试验性的后裔测定，80年代初开始进行综合测定，1985年建立了第一个种猪测定机构——中国武汉种猪测定中心，标志着中国种猪测定工作开始向正规方向发展，现北京、上海、浙江、广东、四川以及有些大型种猪场(如广三宝、马山甲、大观山等)都建有种猪测定站或相应的种猪测定设施，为中国种猪的遗传改良起到了较大的促进作用。

(四)性能测定的方案

1. 测定站测定

(1)公猪性能测定：是指在相对一致的标准环境条件下测定一个或几个表型性状，按照相应品种标准进行分等定级，或根据估计育种值或综合选择指数的高低判定其优劣。采用公猪性能测定方案时，要求对核心育种场每个血统的种公猪都进行测定，每头公猪与配3头核心群母猪，每窝选1头公猪送测定中心进行测定。

(2)公猪性能加同胞测定：也称综合测定，是对公猪进行性能测定的同时进行全、半同胞测定，根据测定成绩，综合评定公猪的性能水平。其方案是在公猪性能测定的基础上，每窝加选1头去势公猪和1头母猪，即每窝3头为一个测定组。公猪单栏饲养，其余的同胞关在一个栏内，自由采食，按栏计料。当同胞测定猪体重达100 kg结束育肥，测定后进行屠宰，测定胴体品质。

(3)电子识别自动记料测试系统：由法国制造的ACEMA-64新一代猪自动化测试系统，可以准确记录自由采食情况下群养猪的个体采食量，改变了个体测定方式。ACEMA-64是在ACEMA-48系统基础上发展来的。ACEMA-48系统技术成熟，已被法国、德国、荷兰、丹麦等许多国家的种猪站(中心)所使用，中国北京、深圳、武汉和四川等地也已经引进使用。

ACEMA-64系统拥有1～64个主机与中心计算机相连接，中心计算机通过其软件与各主机对话并储存和处理信息。每台ACEMA-64主机可以饲喂自由群居在同一圈里的15头体重25～120 kg的测定猪，这些猪都配有电子识别环，其采食量会自动得到计量，料槽内的电子测量系统测定采食量可精确到±2 g。主机能记忆所有数据，如耳号、采食开始时间、采食结束时间、进食次数、日采食量和总采食量。记忆盘能储存1 200次试猪采食的细节，即15头猪中的每头150 d的日采食量和总采食量。主机能与中心计算机对话，中心计算机可发令给主机开机或停机；试猪识别图表可识别猪只进入或退出主机；监视各主机的运行情况及索取储存在电子箱里的所有数据，以便存入中心计算机的硬盘。这种设备的开发应用可以在群养条件下测定猪的生长性能，类似于商业猪场条件下的测定。因此，能最大幅度地减少遗传与环境的互作效应。

(4)测定指标：达到 100 kg 时的日龄，活体背膘厚，并计算 30～100 kg 的日增重和饲料转化率。用于估计育种值的指标是校正到 100 kg 的背膘厚、测试期日增重和饲料转化率。

(5)饲喂方式：正式试验采用统一的日粮，自由采食以充分发挥测试猪的遗传潜力。圈舍的条件也应尽量保持一致，这样有利于消除环境的影响和提高估计育种值的精确性。

2. 场内测定

场内测定应进行后备公猪和后备母猪的测定。一般当体重达到 100 kg 左右时，测定活体背膘厚和称重，并计算体重达 100 kg 的背膘厚和日龄，用于育种值估计。场内测定一般不统计个体饲料消耗。

3. 同步测定

根据统一的测定规程，测定站测定与场内测定同时进行，利用最佳线性无偏预测(BLUP)和约束最大似然法(REML)，消除双方测定数据的场、年、季等环境偏差，进行个体育种值估计，以提高群内选择差，加大选择强度。选留的种猪既可用于本场更新，又可用于场际交流。中国地域辽阔，种猪场数量多，可采用以场内测定为主、场内测定与测定站测定相结合的方案。

4. 中国的种猪测定方案

(1)武汉种猪测定中心测定方案。

①场内测定：种猪场根据“中心”制订的统一测定方案进行测定。主要进行后备公、母猪的性能测定，测定的性状有 2～6 月龄平均日增重、85 kg 时活体膘厚。

②测定站测定：各种猪场在规定的时期，将测定猪送至“中心”。测定组的公猪单栏饲养，90 kg 时测定活体膘厚，用超声波测膘仪于最后肋骨离背中线 4～6 cm 处测定。其同胞饲养在一个栏内，进行同胞育肥测定，主要度量平均日增重和饲料转化率，90 kg 时屠宰后进行胴体品质和肉质测定。

(2)广东省种猪测定站测定方案。广东省种猪测定站测定方案主要实施公猪性能测定，测定项目为平均日增重、平均饲料转化率、平均背膘厚、综合指数。测定结束后进行现场拍卖。

(五)性能测定的技术操作规程

1. 送测条件和要求

(1)确定送测品种：测定站测定品种为国家级、省级或其他重点种猪场饲养的引进品种、培育品种(或品系)，每个品种(品系)应有 5 头以上公猪血统和 80～100 头的本品种基础母猪群。

(2)选择送测个体。

①送测猪应品种特征明显，来源清楚，有个体识别标记，并附有系谱档案记录，须有 2 代以上系谱可查，有出生日期、初生重、断奶日龄和断奶重等数据资料。

②送测猪应发育正常，体重 20 kg(8～9 周龄)，同窝无任何遗传缺陷，肢体结实，每侧有效奶头不得少于 6 个。窝产仔数达到该品种标准规定的合格以上要求。

③同一批送测猪出生日期应尽量接近，前后不超过 21 d。

④送测猪应经当地技术人员和中心测定站派出的技术人员核实签字后，方能发往中心测定站。

(3)确定测定组与测定头数。

①采用公猪性能测定方案，送测猪要求来源于5个以上公猪血统的后代，从每头公猪与配的母猪中随机抽取3窝，每窝选1头公猪，共15头，即每个场每批送测15头公猪。

②采用公猪性能与同胞性能相结合的测定方案，则在上述基础上，每窝增选1头去势公猪和1头小母猪，即每个测定组3头，15个测定组共45头。

(4)保证送测猪健康。

①提供测定猪的猪场必须在近两年内没有发生过重大传染性疾病。

②送测个体运送测定站之前必须进行常规免疫注射。运输车辆必须洗净、彻底消毒，沿途不得在猪场和市场附近停靠。

③送测猪须在送测前1周完成驱虫和公猪去势。

④送测猪必须持有所在场主管兽医签发的健康证书，到测定站隔离观察后经测定站兽医检验确认是否合格。

2. 测定前隔离观察与预试

被测定猪送到中心测定站后，不能直接进入测定舍测定，应隔离观察与预试10～14 d，在此期间，饲喂测定前期料，以适应饲养与环境条件。同时观察被测猪的健康状况，若有发病应立即治疗，经多次治疗无效，应予以淘汰；若发生烈性传染病，应全群捕杀，损失由送测单位负责。

3. 测定方法

测定方法包括测定时间和测定性状。

(1)测定时间：经隔离观察与预试以后，体重达到25 kg或30 kg时转入测定舍进入正式测定，当体重达到90 kg(约165日龄)或100 kg(约180日龄)时结束测定。入试体重和结束体重均应连续2 d早晨空腹称重，取其平均值。

同胞测定猪结束育肥测定后，应继续饲喂2～3 d(以保证宰前活重达88 kg以上)，空腹24 h后进行屠宰测定。

(2)测定性状：如测定指标。这里详细介绍达100 kg体重日龄测定和活体背膘厚测定方法。

①达100 kg体重的日龄：测试猪体重25～30 kg时开始记录，直至测试猪体重达到90～100 kg时所需要的天数，并按如下校正公式转换成达100 kg体重的日龄(借用加拿大的校正公式)。

$$校正日龄=测定日龄-\frac{实测体重-100}{CF}$$

其中：

$$CF=\frac{实测体重}{测定日龄}\times 1.826\ 040(公猪)$$

$$CF=\frac{实测体重}{测定日龄}\times 1.714\ 615(母猪)$$

②活体背膘厚的测定。

a. 测量位置：我国目前以倒数3～4肋，距背中线4～5 cm处作为测定点。

b. 操作程序：使用测定仪器不同具有不同操作方法，现分述如下。

使用B超测定(图 2-25、图 2-26)：首先对测定点进行剪毛，在测定点上均匀涂上耦合剂，将探头置于测定位点处，注意用力不要太大，观察B超屏幕变化。不同的B超所使用的探头不同，所显示的测定图像也不一样，因此应正确选取测定图像，方法是：当出现图像清晰，背膘和眼肌分界明显、肋骨处出现一条亮线时，即可冻结图像，使用操作面板上的标记对背膘上缘和下缘进行标记，B超会自动计算出背膘厚度，输出或打印该图像。

图 2-25 B超测定背膘厚

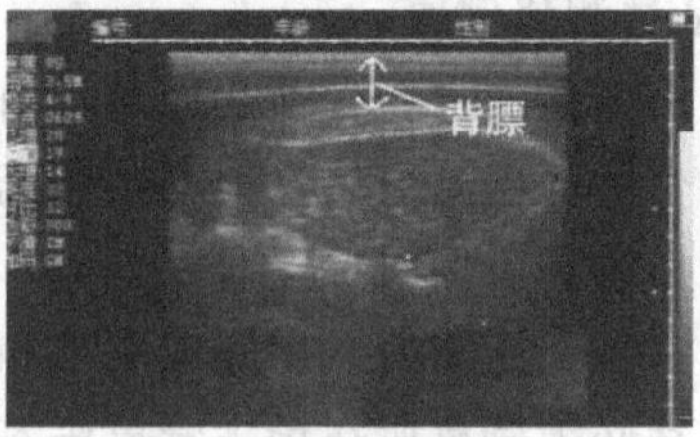

图 2-26 B超测膘图像

使用活体背标测定仪测定(图 2-27、图 2-28)：对测定点剪毛之后，如果猪的皮肤角质化严重，可用热水清洗测定部位。将耦合剂(植物油)涂在测定点和背膘仪的探头上，探头与皮肤垂直接触，即可读数。将测定所得到的背膘厚度输入遗传评估软件，计算分析后会得出达到 100 kg 体重的活体背膘厚度。

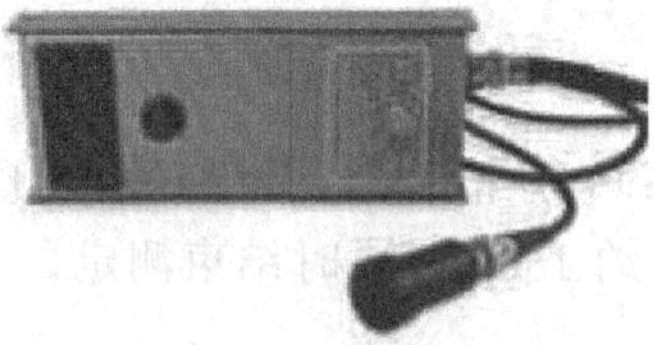

图 2-27 活体背膘测定仪

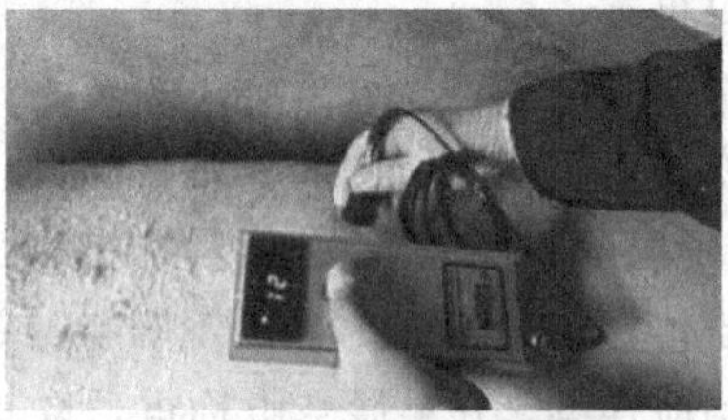

图 2-28 现场测定背膘厚

以上为采用公猪性能测定方案时应测定的性状是基本性状。若采用公猪性能与同胞性能相结合的测定方案，除测定以上性状外，需测定同胞的生长速度性状、胴体性状和肉质性状，包括达 50 kg 体重的日龄、饲料转化率、产活仔数、21 日龄窝重、产仔间隔、初产日龄、眼肌面积、后腿比例、肌肉 pH、肉色、滴水损失、大理石花纹等。

4. 测定成绩评定

种猪测定结束后，根据测定结果，参照各品种标准进行评定分级，按估计育种值或综合选择指数进行性能评定。

5. 测定成绩的公布及合格种猪的利用

测定结束后，由中心测定站填写测定成绩报告书，报国家有关主管部门，在全国范围内公布。场内测定成绩由各育种场填写并上报中心测定站审查后，由中心测定站统一申报，并予以公布。同时，由中心测定站填写测定成绩证明书送各测定单位。经测定判定不合格的种猪，应予以淘汰，不能留作种用；经测定判定合格的种猪，除进行良种登记外，可进行现场拍卖，对优良种猪应送人工授精站，以充分发挥优良种猪的作用。

七、各阶段种猪的选择

(一)断奶仔猪选择

1. 同胞、系谱选择

根据个体的同胞、半同胞、双亲以及其他有亲缘关系的祖先的表型值进行的选择。将不同窝仔猪的系谱资料进行比较，尤其是在双亲性能优异的窝中进行选留。同时要求同窝仔猪表现突出，即在产仔数多、哺乳期成活率高、断奶窝重大、发育整齐、无遗传疾患或畸形的窝中进行选择。

2. 个体选择

根据猪本身的生长发育和外形评定进行选择。具体要求是：达到品种规定月龄时的体重和体尺指标要求，头形、耳形、毛色和体躯结构符合品种特征。在同窝仔猪中，将断奶重大、身腰较长、体格健壮、发育良好、生殖器官正常、乳头6～7对且排列均匀的仔猪选留下来。这时的选留数要大，一般来说，初选数量为最终预定留选数量公猪的10～20倍，母猪的4～5倍。各场具体初选数量应根据现场情况和育种计划要求，创造条件适当提高选择强度，有利于取得较理想的选择进展。

(二)后备猪选择

1. 4月龄阶段

本阶段采用个体表型选择，以个体的生长发育、体尺测量和外形评定为依据。要求体重或日增重应达到选育标准所规定的目标，外形结构良好，肢蹄坚实。

2. 6月龄阶段

当后备猪生长发育到6月龄时，本身除繁殖性能以外的性状都已基本表现，因此，这一阶段是选择的重点和关键。要求以个体表型选择为主，适当参考同胞的成绩，综合考察，严格淘汰，淘汰率可达90%。

(1)体质和健康：选留的个体符合品种特征要求，体质结实，身体各部分发育充分，相互协调，结构匀称。骨骼发育良好，四肢结实，肢蹄结构端正，体躯长，腿臀平整丰满，乳房和生殖器官发育良好。健康无病，有病者不予鉴定。

(2)生产性能和生长发育：选择依据主要包括猪的体重和体尺、生长速度、同胞胴体品质等。实际选种中，可将6月龄的平均日增重或体重、背膘厚、体长三项指标综合成选择指数，按其高低选留。并要求公猪性欲旺盛，母猪发情明显，发情周期正常，采食速度快、食量大、不挑食。

3. 初配前的选择

后备猪一般在8月龄左右配种，此时淘汰的对象主要是生长发育慢而达不到选育指标或因有繁殖疾患不能作种用的个体。

(三)成年种猪选择

1. 初产母猪(14～16月龄)选择

母猪此时已有本身的繁殖成绩，要求产活仔数多，性情温顺，母性好，护仔性强，断奶窝重大，哺育率高，发情征状明显。此时选择淘汰的对象是产仔数少，仔猪成活率低，仔猪中有畸形、隐睾及毛色和耳形不符合育种要求的个体。

2. 初配公猪选择

此时的公猪同初产母猪一样，已有了比较全面的成绩。对初配公猪选择的依据是自身的生产性能、同胞姐妹的繁殖、胴体成绩。选择时要求公猪性欲旺盛，精液品质好，配种力强，所生后代数量多、质量好。同时将其同胞姐妹繁殖成绩、胴体品种突出的公猪留作种用。

3. 种公、母猪选择

对于2胎以上的母猪和正式参加配种的公猪，不仅本身有了2胎以上的成绩表现，而且也有用作育肥或种用的后裔成绩。此时信息多，资料全，应根据本身生产力表现和后裔成绩进行选择。种公猪参加后裔测定，繁殖母猪可利用育种记录，应用选择指数选留。

八、引种

引种是指把外地或国外的新品种或品系引入当地。狭义的引种是指生产性引种，即引入能供养猪生产上的优良品种。引种是养猪生产管理的基础环节，养猪场每年需更新种猪，种猪更新率为25%～35%，引进种猪关系到猪群品质、生产性能好坏，建立一个完善的、贯彻始终的管理措施可最大限度地发挥新引进种猪潜在的生产性能，可提高猪群的整体质量、保持较高的生产水平，达到优质、高产、高效的目的，给后续的生产带来巨大的经济效益。如缺乏引种经验，可能会导致猪群退化或带来传染病，造成难以估计的损失。

(一)供种单位选择

引种尽量从一个猪场且具有相同或更高的健康水平的猪群引种。因此，需要谨慎选择供种单位，通常应注意以下几个方面。

1. 资质水平

(1)供种场应具有相应政府主管部门核发的种畜禽生产经营许可证，当地兽医卫生监督检验所核发的兽医卫生合格证，当地工商部门核发的营业执照，并且在有效期内。目前的种猪场有农业部或省级畜牧行政主管部门核发畜禽生产经营许可证。

(2)供种场必须是通过国家畜禽遗传资源委员会审定或者鉴定的品种、配套系或者是经批准引进的境外品种，配套系。

(3)有与生产经营规模相适应的繁育设施设备。

(4)有与生产经营规模相适应的畜牧兽医技术人员，可以提供种猪完整的资料供参考，可以帮助提高饲养管理水平。

(5)供种场具备法律、行政法规和国务院畜牧兽医行政主管部门规定的种畜禽防疫条件。

(6)有完善的质量管理和育种记录制度。

2. 建场时间

任何性质有供种能力的种猪场其建场的时间不能低于3年，并达到国家有关规定的资质水平。

3. 供种能力

(1)纯种猪场：基础母猪在200头以上。

(2)扩繁猪场：基础母猪在150头以上。

(3)二元母猪繁育场：基础母猪存栏在120头以上。

(4)配套系猪群：基础母猪在100头以上。

4. 种猪健康状况

调查各地疫病流行情况和各品种种猪的质量情况，必须从没有危害严重的流行疫病地区的经过详细了解的健康种猪场引进种猪，同时了解该种猪场的免疫程序、防疫措施等整体的防控水平，确保引种种猪健康。

5. 技术水平

了解该种猪场种猪选育标准，公猪需要了解其生长速度、背膘厚、瘦肉率等指标，母猪要了解其繁殖性能。种猪场引种最好能结合种猪综合性能指数进行选种。

6. 售后服务

了解该公司的售后服务情况和是否能提供全面系统的服务，尤其是对于新建场来说，技术力量相对薄弱，完善的售后服务是引种能否成功的有力保障。供种养猪厂要有较好的信誉，信誉好的养猪厂可以协助到理想的种猪，一旦发生纠纷时比较容易解决；在鉴定供种养猪厂的信誉时，对其广告和专家推荐意见要有正确的认识。

(二)引种方法

1. 引进种猪的分类

引进种猪基本分为单品种种猪和配套系种猪，单品种种猪分为纯种猪、二元杂交猪；配套系种猪分为原种代猪、祖代猪、父母代猪。

(1)纯种猪：包括中国地方种猪，如民猪、太湖猪等；中国培育猪种，如军牧一号猪、湖北白猪、上海猪、苏太猪等；引入猪种，如长白猪、大白猪、杜洛克猪、皮特兰猪。

(2)二元杂交猪：通常是用来生产三元杂交商品猪的母本种猪，如长大、大长等。

(3)原种猪：是配套体系中最上端的种猪，在配套系猪的体系中只有原种才可以繁殖，原种的另一个用途就是用来生产祖代种猪，是祖代猪种的唯一来源。

(4)祖代猪：属于配套系种猪，仅来源于该配套系的原种在祖代种猪中，只有某专门化品系单性别的种猪。

(5)父母代猪：属于配套系种猪，仅来源于该配套系的祖代，父母代种猪仅用来生产商品猪，配套系种猪公司通常仅推广这个代次的种猪。

2. 引进种猪的选择及利用

养殖企业应根据猪场自身的生产方向、生产条件、市场需求、种群更新计划和经济实力，确定所需种猪的种类和数量。引进种猪可直接用来繁殖扩群、改良原有种猪群的生产性能和开展杂交生产。

3. 确定引种个体

通过种猪外形、健康状况和生产性能等方面进行选择。

(1)外形选择：在选择体形外貌时首先要有整体观念，不要特别偏于某一方面而过度选择。特别重要的就是四肢要健壮结实，端正，减少淘汰率，在选择体形外貌时，要符合本品种特征，如遇到毛色问题，在选猪时猪群中杂毛比例大的，表明选育程度差一些。

(2)健康选择：对健康状况的考察，首先应该考察猪场的卫生制度是否健全，猪场是否管理得井井有条，猪场主要疫病的免疫制度，仔细检查备选猪的健康状况。

(3)生产性能选择：选择优秀的生产性能很重要，一般比较正规的种猪场都开展猪的性能测定，可以通过系谱查看三代生产性能的成绩对种猪进行选择。

(4)按照经济合同的要求签订种猪购销合同、按照动物防疫法和检疫管理办法的要求进行种猪检疫开具检疫证书。

(5)索要种猪档案和技术资料：特别是纯种繁育的猪场在引种时一定要索要种猪档案，

防止在公、母猪交配时出现近交的可能性，导致产生不良后代。同时对引种后猪场种猪档案的建立具有重要的作用。在索要种猪档案的同时，技术资料也是索要的重要内容，针对不同品种的技术资料在种猪养殖过程中有不同的指导作用，按资料要求合理饲养管理，对充分发挥种猪本身的种用价值至关重要。

4. 引种手续齐全

引种前应办齐各种引种手续，保障引种工作顺利进行。

(1)所引品种应符合全省良种繁育体系建设规划，并经省畜牧兽医行政主管部门同意。如果是从国外引种，则需要经过省级畜牧兽医行政主管部门审核同意后，报请国务院畜牧兽医行政主管部门批准。

(2)引种应当从持有《种畜禽生产经营许可证》的种猪场购入，同时应附带种猪场出具的系谱、种猪合格证明和种猪个体养殖档案，并向购种单位索取供种资质证明(供种单位的《种畜禽生产经营许可证》复印件、品种数量证明。保种场必须是从地方品种原产地选择生产性能优良、健康、符合本品种特征的优秀个体。

(3)种猪引种应来自非疫区，引种前必须到输入地动物卫生监督机构办理审批手续，并取得相应的准调证明。跨省调运的，应到省动物卫生监督所办理检疫审批手续。

(4)种猪引种应有输出地动物卫生监督机构出具的动物检疫合格证明。

(5)种猪运输应符合《种畜禽调运检疫技术规范》(GB 16567—1996)的规定，并持有动物车辆运载工具消毒证明。

(三)种猪的运输

运输前停喂 6 h，可给猪饲喂水(葡萄糖和电解质)。运输车辆必须严格清洗消毒、大小合适，在车箱底部应垫上锯末或沙土等一些柔软防滑的垫料，避免种猪在运输中颠簸碰撞而出现受伤。在装车时要根据种猪的体重的大小，尽可能地将种猪按体重大小分装。对于个性强猛、特别不安的种猪，可适当注射镇定剂。运输过程中要尽量减少应激，应激会使猪只对病原的抵抗力下降。比如在夏季进行种猪运输应选择阴凉天气或者早晨傍晚时分进行。尤其在路途较远时，要在运输车辆的顶部安装遮阳网，避免温度过高而出现热应激，还应注意种猪运输途中的饮水供应。在冬季引种运输过程中要做到保温防寒，防止贼风。另外，在运输途中尽量做到匀速行驶，减少紧急刹车造成的应激。

(四)隔离与适应

隔离与适应的主要目的：一是维护原有猪群的健康状态；二是让新引进的种猪适应已存在于场内的病原；三是让新引进的种猪适应猪场的生产流程和管理；四是最大限度地减少猪只的死亡风险。

每个猪群都可能是多个病原的复合体，猪、病原、环境三者处于动态平衡之中。一旦这个平衡被打破，猪就可能发生疾病。不同猪群病原的种类和数量是不同的，每个猪群的整体免疫水平也各不相同，这取决于该猪群以前对病原的接触程度或免疫情况。隔离与适应就是让新引进的种猪在一个相对封闭的、兽医可以控制的环境中，与已存在的病原接触(但不能与某些病原接触，如猪肺炎支原体)，以使猪只对这些病原产生免疫力，而又不表现明显的临床症状。隔离本身就是一个检疫过程，适应就是让新引进的种猪适应一个新的环境。

隔离所有新引进的种猪，这会减少未知病原侵入的危险。在隔离与适应阶段，要注意观察所有猪只的临床表现，最好在兽医的指导和监视之下进行。一旦发病，必须给予适当的治疗，治疗应不少于3 d。如果怀疑是严重的新疾病(在原有猪群中未曾发现过)，须作进一步诊断。

1. 隔离时间

隔离适应期至少2周，理想的应为4周。隔离舍距原有猪群至少应有100 m。足够远的距离通常更有利于减少潜在病原通过空气传播的危险。隔离舍管理采取“全进全出”管理方式。

2. 隔离程序

将猪放到隔离舍按大小、公母进行分群饲养(1.5 m^2/头)，种公猪若体重达到50 kg以上，则应单栏饲喂。先给饮水，休息6～12 h后给少量原厂饲料，第二天逐渐增加饲喂量，5 d后恢复正常饲喂量。

引种第一周，应加强管理，供给足够的新鲜饲料和饮水，饮水中最好添加电解质。引种第一周后饲料中添加抗菌素药物，目的是控制由运输应激引起的交叉感染。其方法为：1 000 kg饲料加440 g金霉素；或添加阿莫西林100 g，磺胺二甲基嘧啶100 g，TMP 50 g。

新引进的种猪如有任何健康问题，每天应做好记录。记录内容包括栏舍号、猪号、治疗药物和治疗效果。种猪到达后的3～5 d内，所有的猪只都应按与原有猪群相同的免疫程序进行免疫。进行的基本免疫包括猪口蹄疫、伪狂犬、猪细小病毒、乙型脑炎、猪瘟等。其他疾病是否免疫，应根据猪群的健康状况和该场及周围地区疾病流行的实际情况而定。

3. 适应程序

理想的适应程序也应在隔离舍进行。如果把高度健康的后备母猪和公猪，直接饲养在一个有病原存在且病原活跃的猪群中，引进的种猪就会出现严重的健康问题，甚至表现出严重的疾病。适应期至少需4～6周。适应可通过免疫、药物添加和与原场猪或原场猪的粪便和木乃伊等接触来完成。

九、选配

(一)选配原则

1. 有明确的选配目的

无目的的选配达不到预期目标，必须根据选育目标，确定选配的方法和选配对象，以稳定和巩固猪群优点，克服缺点。

2. 选择亲合力强的公母猪交配

亲合力指交配双方的交配效果，即能否产生优良的后代。在制订选配计划时，须对猪群过去交配的结果进行分析，在此基础上找出能产生优良后代的组合。

3. 公猪的品质(等级)要高于母猪

选配组合中，种公猪的等级和品质应高于种母猪，最低公母等级应相同，不能用低于种母猪等级的种公猪配种。对猪群中鉴定出的特、一级种公猪可充分使用，对二、三级种公猪应控制使用。

4. 具有相同缺点或相反缺点的公母猪不能选配

例如，用凹背公猪与凸背母猪交配，不但改变不了缺点，反而会使缺点加重，须用背腰平直的个体配种，才能纠正缺点。

5. 正确利用近交

近交具有纯化遗传结构(基因型)、稳定优良性状的作用。但是，随意近交，易导致近交衰退现象的发生。因此，近交应根据选育情况来确定。在一般的繁殖猪场，则不宜采用近交。

6. 适宜的年龄选配

选配的公母猪应体质健康，年龄配对合适。一般是壮龄公猪配壮龄母猪最好，其他交配组合的效果均较差。应该避免交配双方均为老龄猪或初配猪，至少应有一方是壮龄猪。

(二)选配方法的应用

1. 品质选配

品质选配一般是指表型选配。它是按个体的质量性状和数量性状的表现，即考虑交配双方的品质对比来进行选配。品质包括一般品质(如体形、生物学特性、生产性能、产品质量等)和遗传品质(如估计育种值等)。品质选配分为同质选配和异质选配。

(1)同质选配：是选取在性状表现上或育种值相近的优良公母猪交配，以便获得与亲本相似甚至超过亲本的后代。例如选用体长、膘薄的公猪与体长、膘薄的母猪配种，期望其后代均为体长而膘薄的猪。

同质选配的主要作用在于能使亲本的优良性状相对稳定地遗传给后代，既可使该性状能够保持和巩固，又可尽快增加优秀个体在群体中的数量。育种实践中，若为了很好保持种猪有价值的性状，增加群体中纯合基因型的频率，就应采用同质选配。当杂交育种进行到一定阶段，出现了理想类型之后，也可采用同质选配的方法，使其尽快固定下来。

同质选配的注意事项：

①交配双方品质的同质应是优秀的，而不是中等以下的配偶组合，并且要避免近交。

②交配的双方除要求同质外，应无其他共同的品质缺陷。

③长期使用同质选配，会使群体的变异范围缩小，引起猪的适应性、生活力下降。因此，须加强选择，严格淘汰体质衰弱或有遗传缺陷的个体，必要时，应与异质选配结合，交替使用，才能不断巩固和提高整个猪群品质。

(2)异质选配：是选取具有不同优良性状或在同一性状上优良程度不同的公母猪(一般公的优于母的)进行交配，以期获得兼具双亲优点的后代或对某一性状有所改进。例如，选择增重快的公猪与肉质好、适应性强的母猪交配，可望获得增长快而肉质优良的后代。实践证明，这是一种可以用来改良许多性状的行之有效的选配方法。

异质选配的作用在于能综合双亲的优良性状，丰富后代的遗传基础，创造新的类型，并提高后代的适应性和生活力。因此，当猪群处于停滞状态，或在品种培育的初期，为了通过性状的重组，以获得理想个体时，需要应用异质选配。

2. 亲缘选配

亲缘选配是指考虑交配双方亲缘关系远近的一种选配。它包括非亲缘选配和亲缘选配。非亲缘选配是指交配双方没有亲缘关系或亲缘关系很远的选配。一般指交配双方到共同祖先的总代数超过 6 代的个体之间的交配，即所生后代的近交系数小于 0.78%者的选配，又叫作远亲交配，简称远交。亲缘选配是指交配双方有较近的亲缘关系。一般指交配双方到共同祖先的总代数不超过 6 代的个体之间的交配，即所生后代的近交系数大于

0.78%者的选配，又叫作近亲交配，简称近交。

近交往往产生衰退现象，因此，无论是繁殖猪场还是商品猪场都应避免近交而采用远交。但是近交可以固定优良性状，揭露有害基因，保持优良个体的血统，提高猪群的同质性。因此，在育种工作中，为了达到某种目的，往往需要采用近交。但在近交过程中要必须严格进行选择和淘汰，必要时进行血液更新，还应加强近交群后代的饲养管理。至于在商品场或一般的生产场，应严格禁止近交，而采取远交或杂交。

(三)选配计划

选配计划应根据猪场的具体情况、任务和要求而编制，必须了解和掌握猪群现有的生产水平、需要改进的性状、参加选配的每头种猪的个体品质等基本情况，本着“好的维持，差的重选”的原则，安排交配组合，要尽量扩大优秀种公猪的利用范围，为其多择配偶。在选配计划执行过程中，如发生公猪精液品质不良或疾病、死亡等偶然现象，应及时对选配计划作出合理的修订。猪的选配计划表见表 2-3。

表 2-3 猪的选配计划表

与配母猪				与配公猪					选配方式
猪号	品种	预期配种时间	主要特征	主要特征	主配		补配		
					猪号	品种	猪号	品种	

任务工单 1

<table>
<tr><td>任务名称</td><td colspan="5">猪外形鉴定</td></tr>
<tr><td>任务描述</td><td colspan="5">能通过整体、局部评定做好猪外形鉴定</td></tr>
<tr><td>准备工作</td><td colspan="5">实训基地种猪舍准备 4 月龄、6 月龄、初配及成年种用公母猪</td></tr>
<tr><td rowspan="12">实施步骤</td><td colspan="5">1. 观察猪的整体
2. 观察关键部位
3. 鉴定母猪体质外形，参照猪外形鉴定评分表
4. 鉴定公猪体质外形，参照猪外形鉴定评分表</td></tr>
<tr><td colspan="5">猪外形鉴定评分表</td></tr>
<tr><td colspan="5">猪耳号：　　　　品种：
月龄：　　　　性别：
等级：</td></tr>
<tr><td>序号</td><td>鉴定项目</td><td>评语</td><td>标准评分</td><td>实际得分</td></tr>
<tr><td>1</td><td>一般外形</td><td></td><td>25</td><td></td></tr>
<tr><td>2</td><td>头颈</td><td></td><td>5</td><td></td></tr>
<tr><td>3</td><td>前躯</td><td></td><td>15</td><td></td></tr>
<tr><td>4</td><td>中躯</td><td></td><td>20</td><td></td></tr>
<tr><td>5</td><td>后躯</td><td></td><td>20</td><td></td></tr>
<tr><td>6</td><td>乳房、生殖器</td><td></td><td>5</td><td></td></tr>
<tr><td>7</td><td>肢蹄</td><td></td><td>10</td><td></td></tr>
<tr><td>…</td><td></td><td></td><td>100</td><td></td></tr>
<tr><td rowspan="6">考核评价</td><td>考核内容</td><td colspan="3">评价标准</td><td>分值</td></tr>
<tr><td>观察
猪的整体</td><td colspan="3">能对猪整体结构、健康状态、生殖器官、品种特征等进行肉眼鉴定(20 分)</td><td>20 分</td></tr>
<tr><td>观察
关键部位</td><td colspan="3">能对猪头、颈、前躯、中躯、后躯、四肢、乳房、生殖器官进行鉴定(20 分)</td><td>20 分</td></tr>
<tr><td>鉴定母猪</td><td colspan="3">能按照标准鉴定母猪(30 分)</td><td>30 分</td></tr>
<tr><td>鉴定公猪</td><td colspan="3">能按照标准鉴定公猪(30 分)</td><td>30 分</td></tr>
<tr><td>总分</td><td colspan="3"></td><td>100 分</td></tr>
</table>

任务工单 2

任务名称	猪的体尺测量		
任务描述	通过准确测量体长、体高、胸围、腿臀围及体重，评量猪生长发育状况		
准备工作	1. 实训基地种猪舍准备 4 月龄、6 月龄、初配及成年种用公母猪 2. 准备测量工具：皮尺、测杖、秤		
实施步骤	1. 测量体尺前要校正测量工具，使其准确无误；保证测量场地平坦，环境安静。缓慢接近被测猪只 2. 测量体长、体高、胸围、腿臀围及体重 3. 测量部位准确，量具要紧贴体表，不松不紧为宜。每一项目测量三次取平均值 4. 被测猪只站立姿势自然，四肢端正，头颈不上抬，不低头，自然平伸		
考核评价	考核内容	评价标准	分值
	校正、使用测量工具	1. 会校正测量工具(10 分) 2. 会使用测量工具(10 分)	20 分
	测量操作	准确测量体长、体高、胸围、腿臀围及体重(50 分)	50 分
	测量结果分析	会根据测量结果进行评定猪生长发育情况(30 分)	30 分
	总分		100 分

任务工单 3

任务名称	胴体评定		
任务描述	通过测定胴体性状判定胴体等级		
准备工作	猪的半胴体、求积仪、钢卷尺、游标卡尺、秤、桶、剔骨刀(8 把)、方盘(8 个)、吊钩、拉钩(3 把)、硫酸纸、记录表格等		
实施步骤	1. 胴体测定：测定胴体重、胴体直长、胴体斜长、背膘厚、皮厚、眼肌面积、后腿比例、胴体瘦肉率等指标 2. 计算结果并评定胴体品质		
考核评价	考核内容	评价标准	分值
	评定标准	能描述出评定项目及评定方法(20 分)	20 分
	试验过程	能按照 8 个评定项目标准进行胴体评定操作(60 分)	60 分
	试验结果分析	能根据胴体评定的试验结果评定胴体等级(20 分)	20 分
	总分		100 分

任务工单 4

任务名称	肉质评定		
任务描述	通过主要肉质性状对肉质进行评定		
准备工作	准备 pH 计、肉色比色卡、滤纸、压力仪、电子秤、大理石纹评定标图、蒸锅、嫩度仪、刀、托盘、背部最长肌、腰大肌、纱布		
实施步骤	1. 主要肉质性状测定 (1)在胴体中取背部最长肌，按照肉质评定标准，进行肉色、大理石纹、pH、肌肉嫩度的评定 (2)取宰后 2 h 左半胴体第 2～3 腰椎处背最长肌，进行系水力评定 (3)取宰后 2 h 左半胴体第 4～5 腰椎处背最长肌，进行存储损失评定 (4)取宰后 2 h 左半胴体腰大肌中断 100 g，进行熟肉率、香味评定 2. 计算结果并评定肉质		
考核评价	考核内容	评价标准	分值
	评定标准	能描述出评定项目及评定方法(20 分)	20 分
	试验过程	能按照 8 个评定项目标准进行肉质评定操作(60 分)	60 分
	试验结果分析	能根据肉质评定的试验结果评定肉质(20 分)	20 分
	总分		100 分

任务工单 5

任务名称	猪群配种计划制订		
任务描述	通过配种计划拟订的训练，学会猪场猪配种计划安排		
准备工作	收集某猪场种公猪数量、耳号、特点；收集基础母猪发情时间		
实施步骤	1. 根据分娩制度，计划是季节性产仔还是常年产仔 2. 确定选配目标、选配方法 3. 根据配种计划要求，落实繁殖母猪的配种计划 4. 填写配种计划表		
考核评价	考核内容	评价标准	分值
	选配原则	能描述出选配原则(20 分)	20 分
	选配方法	能描述出选配方法(20 分)	20 分
	制订配种计划	根据猪场情况，填写配种计划表，并说明这样选配的原因(60 分)	60 分
	总分		100 分

项目三

种猪的饲养管理

任务一　猪的生物学特性

目标呼应

任务目标	课程教学目标
熟记猪的生物学特性	能利用猪的生物学特性和行为学特性指导养猪，提高生产效率
熟记猪的行为学特性	
能说出猪的生物学特性和行为学特性在生产中的应用	

情境导入

所谓行为是动物对某种刺激和外界环境的反应。猪和其他动物一样，对其生活的环境、气候条件和饲养管理条件等都有特殊的反应，而且具有一定的规律性。如果掌握了猪的行为特性，在生产中科学地利用这些行为特性，制订合理的饲养工艺，设计新型的猪舍和设备，改革传统的饲养技术方法，最大程度地创造适于猪习性的环境条件，就可以提高猪的生产性能，获得最佳的经济效益。作为猪场的技术员要了解猪的行为，并能利用这些行为指导生产。

知识链接

一、猪的生物学特性

(一)性成熟早，多胎高产

猪性成熟较早，常年发情且多胎高产。一般4～5月龄达到性成熟，6～8月龄即可初次配种；猪妊娠期短，一般为110～118 d，平均114 d。在正常情况下，一头母猪每年至少可分娩两胎，每胎产仔数10～12头，若缩短哺乳期，可以达到两年五胎；就利用年限而言，我国地方猪种一般可达5～6年，培育猪种3～4年。

据研究，母猪卵巢中约有卵原细胞11万个，但在一生的繁殖利用年限内只排卵400个左右；母猪一个发情期内排卵20～25个，而实际产仔数只有8～15头。试验证明，通过外激素处理，可使母猪一个发情期内的排卵数达30～40个，个别的可达80个。如果将母猪60 d泌乳时间缩短到21～35 d，断奶后3～10 d发情配种，母猪年产窝数可达2.2～2.5窝。若母猪每胎产活仔数10头，断奶时的成活率为90%，每头繁殖母猪每年可提供断奶仔猪20～23头。因此，生产上应采取先进的繁殖技术，充分发挥猪的多胎高产特性，提高养猪生产效益。

(二)生长速度快，沉积脂肪能力强

猪的初生重较小，平均1～1.5 kg，仅占成年猪体重的1%左右。仔猪生后为了补偿妊娠期内发育不足，生后生长速度很快。30日龄时体重达初生重的5～6倍，60日龄时体重达18～20 kg，160～170日龄时体重可达90～110 kg。在肉用家畜中，猪和牛、马相比，虽然胚胎期和妊娠期短，但从初生到成年时的生长强度很大，见表3-1。

表3-1 各种家畜的生长强度比较

畜别	妊娠期/d	生长期/月	初生重/kg	成年体重/kg	体重增加倍数
猪	114	36	1	200	7.64
牛	280	48～60	35	500	3.84
羊	150	24～56	3	60	4.32
马	340	60	50	500	3.44

猪的生长特点不仅在于体重的增加很快，而且体组织的变化也呈现明显的规律性。一般情况下，小猪(1～2月龄)阶段骨生长较快，进入中猪(3～4月龄)阶段肌肉生长加快，到大猪(5～6月龄)阶段脂肪沉积速度显著加快。现代瘦肉型猪肌肉的生长强度比脂肪型猪大，生长高峰也出现的较晚，大多在50～70 kg；而脂肪型猪的肌肉生长高峰则在体重较小时出现；同时随着体重和月龄的增加，脂肪组织在猪的生长发育后期，生长速度明显加快。由于脂肪组织含能量多，此阶段猪的增重从饲料中需要的能值较高。生产中应根据这一规律科学饲养后备猪和育肥猪，即在猪的生长育肥前期充分饲养，后期适当限饲的方法，这样不但能明显提高肉猪的瘦肉率，而且有利于降低饲料消耗。

(三)杂食，饲料来源广

猪是杂食动物，有发达的门齿、犬齿、臼齿，而且唾液腺发达；另外，猪胃是属于食肉动物单胃和反刍动物复胃之间的中间类型，容量较大，7～8 L；同时消化道也很长，其

中小肠长度16～20 m，大肠长度4～5 m。由于这样的消化道结构，猪不但能够广泛的采食动物性、植物性和矿物质等饲料，而且表现出采食量大、消化能力强、利用率高的特点。猪对精料有机物的消化率为76.7%，对青草和优质干草的消化率分别为64.6%和51.2%。虽然猪的采食量大，对精料消化利用率较高，但猪有一定的择食性且喜欢甜味。由于猪对饲料中的粗纤维消化主要靠大肠微生物分解，若饲粮中粗纤维含量过多，猪对饲料的适口性和消化率会降低。因此，猪的饲粮应以精料为主，控制日粮中粗纤维比例。

(四)嗅觉和听觉灵敏，视觉较差

猪嗅区广阔，嗅黏膜的纤毛面积大，并且嗅区的神经非常密集，因此猪的嗅觉非常灵敏。据测定，猪对气味的识别能力比狗高1倍，较人高7～8倍。仔猪在生后几小时便能依靠嗅觉辨别气味，寻找乳头，3 d内即可固定乳头；猪还能依靠灵敏的嗅觉有效地寻找埋在地下的食物，识别同群内的个体，辨别自己的圈舍，并对外来的仔猪迅速识别，加以驱出；同时猪灵敏的嗅觉在性活动当中，也占有重要地位。例如，发情母猪闻到公猪特有的气味，即使公猪不在场，也会表现"呆立"反应。

猪具有外形大、内腔深而广的耳朵，因而听觉相当发达，即便很微弱的声音都能敏锐地觉察到。猪头转动灵活，能迅速判断声源的方向、强度和节律，对各种口令、呼名等声音的刺激容易建立条件反射。这种特点虽有利于管理猪群，但也容易使猪群产生应激反应。

猪的视觉较差，视距、视野范围小，缺乏精确的辨别能力，不靠近的物体往往看不清。猪对光线强弱和物体形象的分辨能力不强，分辨颜色的能力也差。

养猪生产中，应根据猪的这些特性对猪群进行合理的调教、分群、合群、发情鉴定和采精训练等，以便提高养猪生产效益。

(五)对温、湿度敏感，喜欢清洁，容易调教

猪对各种生态条件的适应能力较强，主要表现为对气候冷、热的适应，对饲料多样性的适应，对不同饲养方式和方法的适应，但猪对温度和湿度的反应比较敏感。成猪怕热是由于皮下脂肪层较厚、汗腺不发达以及皮薄毛稀对阳光的反射能力差等因素所致；仔猪怕冷尤其是刚初生仔猪，是因为其皮薄毛稀、皮下脂肪少以及体温调节中枢不发达等因素所致。当环境温度高于猪的临界温度时，猪的热应激开始，呼吸频率升高，采食量减少，生长速度减慢，饲料转化率降低，公猪射精量减少、性欲变差，母猪不发情；当环境温度低于猪的临界温度时，猪的冷应激开始，采食量增加，增重减慢。另外，猪在阴暗潮湿的环境中易患感冒、肺炎、皮肤病和其他疾病，特别是高温、高湿和低温、高湿的环境中，严重影响猪群的健康和生产性能。生产中，为了使猪群的生产性能得到充分发挥，应给不同类别的猪群创造不同的适宜环境。

猪是爱清洁的动物，采食、趴卧和排泄粪尿都有固定的地点。一般情况下，猪喜欢在清洁干燥处趴卧，在墙角潮湿有粪尿处排泄。同时猪又是神经类型较为平衡灵活的动物，通过调教训练可有效的培养猪群采食、趴卧和排泄粪尿"三点定位"的良好习性。但猪群过大或围栏过小，上述习惯很容易被破坏，饲养管理上应加以注意。

(六)定居漫游，群体位次明显

猪在开放式饲养或散养情况下，在外自由活动或放牧运动，能顺利地回到固定的圈舍，表现出定居漫游的习性。但在圈养时又表现出一定的群居性和明显的位次秩序。例如，同窝仔猪自然散开时，彼此距离不远，若受惊会立即聚集在一起，或成群奔跑。而不同窝或不同群的猪合并到一起时，刚开始会激烈打架，并按不同来源小群躺卧，经过几天后，才形成一个群居性的集体，并建立一定的位次关系。在猪群的位次关系中，往往体重大或“战斗力强”的位次靠前，稍弱的依次排在后面。若猪群过大，生活环境改变，位次关系就会出现混乱，甚至难以建立位次，此时猪之间相互争斗频繁，必然影响采食、卧息和增重。生产中应根据这一特点，合理安排猪群的饲养密度，及时进行调教，保证猪群健康有序的生活，以促进生产性能的提高。

二、猪的行为特性

行为是动物对某种刺激和外界环境适应的反应，不同的动物对外界的刺激表现不同的行为反应，同一种动物内不同个体行为反应也不一样，这种行为反应，可以使它能从逆境中赖以生存、生长发育和繁衍后代。动物的行为习性，有的取决于先天遗传内在因素，有的取决于后天的调教、训练等外来因素，这些行为反应则是这些因素的相互作用的结果。

了解猪的行为特点对猪群疾病的控制意义重大。猪和其他动物一样，对其生活环境、气候条件和饲养管理条件等反应，在行为上都有其特殊的表现，而且有一定的规律性。随着养猪生产的变革与发展，人们越来越重视研究猪的行为活动模式及其机理，以及调教方法，广泛应用于养猪生产，尤其是在畜牧业日趋集约化的情况下，全舍饲、高密度、机械化、专业化流水式高效生产的同时，不同程度地妨碍了猪的正常行为习性，不断发生应激反应。这种人为环境与猪行为之间的矛盾，只能从猪适应反应着手，加强调教，发挥猪后效行为潜力，使其后天行为符合现代化生产要求。猪的行为大致可分为以下几种类型。

(一)采食行为

猪的采食行为包括采食与饮水。

猪生来就具有拱土的遗传特性，拱土觅食是猪采食行为的一个突出特征。猪鼻子是高度发育的器官，具有坚强的吻突，发达的嗅觉，在拱土觅食时，嗅觉起着决定性的作用。尽管在现代猪舍内，饲以良好的平衡日粮，猪还表现拱地觅食的特征，喂食时每次猪都力图占据食槽有利的位置，有时将两前肢踏在食槽中采食，如果食槽易于接近的话，个别猪甚至钻进食槽，站立食槽的一角，就像野猪拱地觅食一样，以吻突沿着食槽拱动，将食料搅弄出来，抛洒一地。

猪的采食具有选择性，特别喜爱甜食，研究发现未哺乳的初生仔猪就喜爱甜食。颗粒料和粉料相比，猪爱吃颗粒料；干料与湿料相比，猪爱吃湿料，且花费时间也少。

猪的采食具有竞争性，群饲的猪比单饲的猪吃得多、吃得快，增重也高。猪在白天采食6～8次，比夜间多1～3次，每次采食持续时间10～20 min，限饲时少于10 min，任其自由采食，不仅采食时间长，而且能表现每头猪的嗜好和个性。仔猪每昼夜吸吮次数因年龄不同而异，在15～25次范围，占昼夜总时间的10%～20%，大猪的采食量和采食频率随体重增大而增加。

在多数情况下，饮水与采食同时进行。猪的饮水量是相当大的，仔猪初生后就需要饮水，主要来自母乳中的水分，仔猪吃料时饮水量约为干料的2倍，即水与料之比为2∶1；成年猪的饮水量除饲料组成外，很大程度取决于环境温度。吃混合料的小猪，每昼夜饮水9～10次，吃湿料的猪平均2～3次，吃干料的猪每次采食后需要立即饮水，自由采食的猪通常采食与饮水交替进行，直到满意为止，限制饲喂猪则在吃完料后才饮水。月龄前的小猪就可学会使用自动饮水器饮水。

(二)排泄行为

猪不在吃睡的地方排粪尿，这是祖先遗留下来的本性，因为野猪不在窝边排粪尿，以避免敌兽发现。

在良好的管理条件下，猪是家畜中最爱清洁的动物。猪能保持其睡窝床干洁，能在猪栏内远离窝床的一个固定地点进行排粪尿。猪排粪尿是有一定的时间和区域的，一般多在采食饮水后或起卧时，选择阴暗潮湿或污浊的角落排粪尿，且受邻近猪的影响。据观察，生长猪在采食过程中不排粪，饱食后约 5 min 开始排粪 1～2 次，多为先排粪后再排尿，在饲喂前也有排泄的，但多为先排尿后排粪，在两次饲喂的间隔时间里猪多为排尿而很少排粪，夜间一般排粪 2～3 次，早晨的排泄量最大，猪的夜间排泄活动时间占昼夜总时间的 1.2%～1.7%。

(三)群体行为

猪的群体行为是指猪群中个体之间发生的各种交互作用。结对是一种突出的交往活动，猪群体表现出更多的身体接触和保持听觉的信息传递。

在无猪舍的情况下，猪能自我固定地方居住，表现出定居漫游的习性，猪有合群性，但也有竞争习性，大欺小，强欺弱和欺生的好斗特性，猪群越大，这种现象越明显。一个稳定的猪群，是按优势序列原则，组成有等级制的社群结构，个体之间保持熟悉，和睦相处，当重新组群时，稳定的社群结构发生变化，则爆发激烈的争斗，直至重新组成新的社群结构。

猪群具有明显的等级，这种等级刚出生后不久即形成，仔猪出生后几小时内，为争夺母猪前端乳头会出现争斗行为，常出现最先出生或体重较大的仔猪获得最优乳头位置。同窝仔猪合群性好，当它们散开时，彼此距离不远，若受到意外惊吓，会立即聚集一堆，或成群逃走，当仔猪同其母猪或同窝仔猪离散后不到几分钟，就出现极度活动，大声嘶叫，频频排粪尿。年龄较大的猪与伙伴分离也有类似表现。

猪群等级最初形成时，以攻击行为最为多见，等级顺位的建立，是受构成这个群体的品种、体重、性别、年龄和气质等因素的影响。一般体重大的、气质强的猪占优位，年龄大的比年龄小的占优位，公比母、未去势比去势的猪占优位。小体形猪及新加入原有群中的猪则往往列于次等，同窝仔猪之间群体优势序列的确定，常取决于断奶时体重的大小，不同窝仔猪并圈喂养时，开始会激烈争斗，并按不同来源分小群躺卧，24～48 h 内，明显的统治等级体系就可形成，一般是简单的线型。在年龄较大的猪群中，特别在限饲时，这种等级关系更明显，优势序列既有垂直方向，也有并列和三角关系夹在其中，争斗优胜者，次位排在前列，吃食时常占据有利的采食位置，或优先采食权。在整体结构相似的猪群中，体重大的猪往往排在前列，不同品种构成的群体中不是体重大的个体而是争斗性强的品种或品系占优势。优势序列建立后，就开始和平共处的正常生活，优势猪尖锐响亮的呼哧声形成的恐吓和用其吻突佯攻，就能代替咬斗，次等猪马上就退却，不会发生争斗。

(四)争斗行为

争斗行为包括进攻防御、躲避和守势的活动。

在生产实践中能见到的争斗行为一般是为争夺饲料和争夺地盘所引起，新合并的猪群内的相互交锋，除争夺饲料和地盘外，还有调整猪群居结构的作用。当一头陌生的猪进入一群中，这头猪便成为全群猪攻击的对象，攻击往往是严厉的，轻者伤皮肉，重者造成死亡。如果将两头陌生性成熟的公猪放在一起时，彼此会发生激烈的争斗。它们相互打转、相互嗅闻，有时两前肢趴地，发出低沉的吼叫声，并突然用嘴撕咬，这种斗争可能持续1 h之久，屈服的猪往往调转身躯，号叫着逃离争斗现场，虽然两猪之间的格斗很少造成伤亡，但一方或双方都会造成巨大损失，在炎热的夏天，两头幼公猪之间的格斗，往往因热极虚脱而造成一方或双方死亡。猪的争斗行为，多受饲养密度的影响，当猪群密度过大，每头猪所占空间下降时，群内咬斗次数和强度增加，会造成猪群吃料攻击行为增加，降低饲料的采食量和增重。这种争斗形式有两种：一种是咬对方的头部；另一种是在舍饲猪群中的咬尾争斗。新合群的猪群，主要是争夺群居次位，争夺饲料并非为主，只有当群居结构形成后，才会更多地发生争食和争地盘的格斗。

(五)性行为

性行为包括发情、求偶和交配行为。母猪在发情期，可以见到特异的求偶表现，公、母猪都表现一些交配前的行为。

发情母猪主要表现卧立不安，食欲忽高忽低，发出特有的音调柔和而有节律的哼哼声，爬跨其他母猪，或等待其他母猪爬跨，频频排尿，尤其是公猪在场时排尿更为频繁。发情中期，在性欲高度强烈时期的母猪，当公猪接近时，调其臀部靠近公猪，闻公猪的头、肛门和阴茎包皮，紧贴公猪不走，甚至爬跨公猪，最后站立不动，接受公猪爬跨。管理人员压其母猪背部时，立即出现呆立反射，这种呆立反射是母猪发情的一个关键行为。

公猪一旦接触母猪，会追逐它，嗅其体侧肋部和外阴部，把嘴插到母猪两腿之间，突然往上拱动母猪的臀部，口吐白沫，往往发出连续的、柔和而有节律的喉音哼声，有人把这种特有的叫声称为“求偶歌声”，当公猪性兴奋时，还出现有节奏的排尿。

有些母猪表现明显的配偶选择，对个别公猪表现强烈的厌恶，有的母猪由于内激素分泌失调，表现性行为亢进，或不发情和发情不明显。

公猪由于营养和运动的关系，常出现性欲低下，或公猪发生自淫现象，群养公猪，常造成稳固的同性性行为的习性，群内地位低的公猪多被其他公猪爬跨。

(六)母性行为

母性行为包括分娩前后母猪的一系列行为，如絮窝、哺乳及其他抚育仔猪的活动等。母猪临近分娩时，通常以叼草絮窝的形式表现出来，如果栏内是水泥地而无垫草，就会用蹄子抓地来表示。分娩前24 h，母猪表现神情不安，频频排尿、磨牙、摇尾、拱地、时起时卧，不断改变姿势。分娩时多采用侧卧。分娩时间一般多在下午4时以后，特别是在夜间产仔多见。当第一头小猪产出后，有时母猪还会发出尖叫声；当小猪吸吮母猪时，母猪四肢伸直亮开乳头，让初生仔猪吃乳。母猪整个分娩过程中，自始至终都处于放奶状态，并不停地发出哼哼的声音，母猪乳头饱满，甚至奶水流出容易使仔猪吸吮到。母猪分娩后以充分暴露乳房的姿势躺卧，形成一热源，引诱仔猪挨着母猪乳房躺下，授乳时常采取左倒卧或右倒卧姿势，一次哺乳中间不转身，母仔双方都能主动引起哺乳行为，母猪以低度有节奏的哼叫声呼唤仔猪哺乳，有时是仔猪以它的召唤声和持续地轻触母猪乳房来发动哺乳，一头母猪授乳时母仔猪的叫声，常会引起同舍内其他母猪也哺乳。仔猪吮乳过程是，开始仔猪聚集乳房处，各自占据一定位置，以鼻端拱摩乳房，吸吮，仔猪身向后，尾紧卷，前肢直向前伸，此时母猪哼叫达高峰，最后排乳完毕，仔猪又重新按摩乳房，哺乳停止。

母仔之间是通过嗅觉、听觉和视觉来相互识别和相互联系的，猪的叫声是一种联络信息。例如，哺乳母猪和仔猪的叫声，根据其发声的部位(喉音或鼻音)和声音的不同可分为“嗯嗯”之声(母仔亲热时母猪叫声)、尖叫声(仔猪的惊恐声)和鼻喉混声(母猪护仔的警告声和攻击声)三种类型，以此不同的叫声，母仔互相传递信息。

母猪非常注意保护自己的仔猪，在行走、躺卧时十分谨慎，不踩伤、压伤仔猪，当母猪躺卧时，选择靠栏三角地不断用嘴将其仔猪排出卧位慢慢地依栏躺下，以防压住仔猪，一旦遇到仔猪被压，只要听到仔猪的尖叫声，马上站起，防压动作再重复一遍，直到不压住仔猪为止。

带仔母猪对外来的侵犯，先发出警报的吼声，仔猪闻声逃窜或伏地不动，母猪会张合上下颌对侵犯者发出威吓，甚至进行攻击。刚分娩的母猪即使对饲养人员捉拿仔猪也会表现出强烈的攻击行为。这些母性行为，地方猪种表现尤为明显，现代培育品种，尤其是高度选育的瘦肉猪种，母性行为有所减弱。

(七)活动与睡眠

猪的行为有明显的昼夜节律，活动大部分在白昼，在温暖季节和夏天，夜间也有活动和采食，遇上阴冷天气，活动时间缩短。猪昼夜活动也因年龄及生产特性不同而有差异，仔猪昼夜休息时间平均60%～70%，种猪70%，母猪80%～85%，肥猪70%～85%。休息高峰在半夜，清晨8时左右休息最少。

哺乳母猪睡卧时间表现出随哺乳天数的增加睡卧时间逐渐减少，走动次数由少到多，时间由短到长，这是哺乳母猪特有的行为表现。

哺乳母猪睡卧休息有两种，一种是静卧，一种是熟睡。静卧休息姿势多为侧卧，少为伏卧，呼吸轻而均匀，虽闭眼但易惊醒；熟睡为侧卧，呼吸深长，有鼾声且常有皮毛抖动，不易惊醒。

仔猪出生后3 d内，除吸乳和排泄外，几乎全是甜睡不动，随日龄增长和体质的增强，活动量逐渐增多，睡眠相应减少，但至40日龄大量采食补料后，睡卧时间又有增加，饱食后一般较安静睡眠。仔猪活动与睡眠一般都尾随效仿母猪。出生后10 d左右便开始同窝仔猪群体活动，单独活动很少，睡眠休息主要表现为群体睡卧。

(八)探究行为

探究行为包括探查活动和体验行为。猪的一般活动大部分来源于探究行为，大多数是朝向地面上的物体，通过看、听、闻、尝、啃、拱等感官进行探究，表现出很发达的探究躯力，探究躯力指的是对环境的探索和调查，并同环境发生经验性的交互作用。猪对新近探究中所熟悉的许多事物，表现有好奇、亲近两种反应，仔猪对小环境中的一切事物都很“好奇”，对同窝仔猪表示亲近。探究行为在仔猪中表现明显，仔猪出生后2 min左右即能站立，开始搜寻母猪的乳头，用鼻子拱掘是探查的主要方法。仔猪的探究行为的另一明显特点是用鼻拱、口咬周围环境中所有新的东西。用鼻突来摆弄周围环境物体是猪探究行为的主要方面，其持续时间比群体玩闹时间还要长。

猪在觅食时，首先是拱掘动作，先是用鼻闻、拱、舔、啃，当诱食料合乎口味时，便开口采食，这种摄食过程也是探究行为。同样，仔猪吸吮母猪乳头的序位，母仔之间彼此能准确识别也是通过嗅觉、味觉探查而建立的。

猪在猪栏内能明显地区划睡床、采食、排泄不同地带，也是用鼻的嗅觉区分不同气味探究而形成的。

(九)异常行为

异常行为是指超出正常范围的行为。恶癖就是对人畜造成危害或带来经济损失的异常行为，它的产生多与动物所处环境中的有害刺激有关。如长期圈禁的母猪会持久而顽固地咬嚼自动饮水器的铁质乳头。母猪生活在单调无聊的栅栏内或笼内，常狂躁地在栏笼前不停地啃咬着栏柱。一般随其活动范围受限制程度增加则咬栏柱的频率和强度增加，攻击行为也增加。口舌多动的猪，常将舌尖卷起，不停地在嘴里伸缩动作，有的还会出现拱癖和空嚼癖。

同类相残是另一种有害恶癖，如神经质的母猪在产后出现食仔现象。在拥挤的圈养条件下，或营养缺乏或无聊的环境中常发生咬尾异常行为，给生产带来极大危害。

(十)后效行为

猪的行为有的生来就有，如觅食、母猪哺乳和性的行为；有的则是后天发生的，如学会识别某些事物和听从人们指挥的行为等。后天获得的行为称条件反射行为，或称后效行为，后效行为是猪生后对新鲜事物的熟悉而逐渐建立起来的。猪对吃、喝的记忆力强，它对饲喂的有关工具、食槽、饮水槽及其方位等，最易建立起条件反射。例如，小猪在人工哺乳时，每天定时饲喂，只要按时给以笛声或铃声或饲喂用具的敲打声，训练几次，即可听从信号指挥，到指定地点吃食。由此说明，猪的后效行为通过训练可以建立起来而听从人的指挥，可达到提高生产效率的目的。

以上猪的十个方面行为特性，为养猪者饲养管理好猪群提供了科学依据。在整个养猪生产工艺流程中，充分利用这些行为特性精心安排各类猪群的生活环境，使猪群处于最优生长状态下，发挥猪的生产潜力，达到繁殖力高、多产肉、少消耗，获取最佳经济效益。

任务工单

<table>
<tr><td>任务名称</td><td colspan="3">观察猪的行为特点</td></tr>
<tr><td>任务描述</td><td colspan="3">观察猪的生物学特性和行为学特性，能说出各项生物学特性和行为学特性在养猪生产中的应用及效果</td></tr>
<tr><td>准备工作</td><td colspan="3">1. 收集猪的行为特点的相关资料
2. 准备猪的行为特性的教学光碟、教学课件</td></tr>
<tr><td>实施步骤</td><td colspan="3">1. 学生观看猪的行为特点的影视资料。在观看过程中，先由教师示范提示猪的繁殖力高，多胎高产的特点为提高猪场母猪的年生产力的有重要指导作用
2. 分组认真观看视频，至少总结出 3 个猪的行为特性在生产中的应用
3. 小组汇报，各小组同学依据考核标准进行打分
4. 小组根据打分情况自查总结</td></tr>
<tr><td rowspan="5">考核评价</td><td>考核内容</td><td>评价标准</td><td>分值</td></tr>
<tr><td>观看视频</td><td>1. 认真观看视频，听教师讲解(20 分)
2. 参观细致，有问题及时提出并做好记录(20 分)</td><td>40 分</td></tr>
<tr><td>汇报情况</td><td>1. 汇报者能准确说出 3 个猪的行为特性在生产中的应用情况(30 分)
2. 汇报者精神饱满，声音洪亮(10 分)</td><td>40 分</td></tr>
<tr><td>自查总结</td><td>能根据汇报情况找出本组的不足，并提出改进措施(20 分)</td><td>20 分</td></tr>
<tr><td>总分</td><td></td><td>100 分</td></tr>
</table>

任务二 饲养管理种公猪

目标呼应

任务目标	课程教学目标
熟悉种公猪营养需要特点和环境要求	会饲养、管理、利用种公猪，能运用饲养管理技术解决生产中出现的问题
熟悉种公猪的饲养管理要点	
能合理使用种公猪	

情境导入

俗话说："母猪好，好一窝；公猪好，好一坡。"采用本交方式配种时，每头公猪可负担20～30头母猪的配种任务，则一头公猪一年可产生400～700头后代；如采用人工授精方式配种，一头公猪一年可产生万头左右的后代。由此可见，加强种公猪饲养管理，提高公猪的配种效率，对整个猪群有很大的影响。因此，要提高种公猪的配种效率，必须保证种公猪的营养、运动和合理使用三者之间的平衡。

知识链接

(一)种公猪生理特点

1. 射精量大

公猪射精量平均为250 mL，一般为150～500 mL。

2. 交配时间长

公猪交配时间一般为5～10 min，有的长达20 min，高于其他家畜，因此体力消耗较大。

3. 公猪精液成分

水分约占97%，粗蛋白质占1.2%～2%，脂肪占0.2%，灰分占0.9%，各种有机浸出物约占1%。其中，粗蛋白质占干物质的60%以上。因此，必须供给种公猪适宜的能量、蛋白质、矿物质和维生素等，才能满足其营养需要。生产中，种公猪应保持中上等以上的膘情和结实的体质，以利于配种。

(二)种公猪饲养管理

1. 营养需要

配种公猪营养需要包括维持、配种活动、精液生成和自身生长发育需要。所需营养有能量、蛋白质(实质是氨基酸)、矿物质、维生素等。各种营养物质的需要量还应根据其品种、类型、体重、生产情况而定。

(1)能量的需要：一般瘦肉型品种，成年公猪(体重120～150 kg)在非配种期的消化能需要量是25.1～31.3 MJ/头·d；配种期消化能需要量是32.4～38.9 MJ/头·d。对于青年公猪由于自身尚未完成生长发育，还需要一定营养物质供自身继续生长发育，一般应参照其标准上限值。北方冬季，有些猪场公猪圈舍温度达不到15～20 ℃，应在原标准基础上增加10%～20%。南方夏季天气炎热，公猪食欲降低，按正常饲养标准营养浓度进行饲粮配合，公猪很难全部采食进去所需营养。鉴于这种情况，可以通过增加各种营养物质浓度的方法使公猪尽量将所需营养摄取到，满足公猪生产需要。能量供给过高或过低对公猪均不利。能量供给过高，造成公猪过于肥胖，自淫频率增加或者不爱运动，性欲不强，精子活力降低，同样影响配种性能，严重者也不能参加配种；能量供给过低会使公猪身体消瘦，体质下降，性欲降低，导致配种性能降低，甚至有时根本不能参加配种。对于后备公猪而言，日粮中能量不足，将会影响睾丸和其他性器官的发育，导致后备公猪体形小、瘦弱、性成熟延缓。从而增加种猪饲养成本，缩短公猪使用年限，并且导致射精量减少、本交配种体力不支、性欲下降、不爱运动等不良后果；但能量过高同样影响后备公猪性欲和精液产生数量，后备公猪过于肥胖、体质下降，行动懒惰，影响将来配种性能。

(2)蛋白质、氨基酸的需要：公猪饲粮中蛋白质数量和质量，氨基酸水平直接影响公猪性成熟以及将来精液品质和身体素质。蛋白质水平一般以14%左右为宜。过高不仅增加饲料成本浪费蛋白质资源，而且多余的蛋白质会转化成脂肪沉积体内，使得公猪体况偏胖影响配种，同时也增加了肝肾负担；过低则会影响其精液中精子的密度和品质。在考虑蛋白质数量同时，还应注重蛋白质质量，需考虑一些必需氨基酸的平衡，特别是玉米—豆粕型日粮，赖氨酸、蛋氨酸、色氨酸尤为重要。目前，国外先进做法是以计算氨基酸含量来平衡饲料中含氮物营养。根据美国NRC(1998)建议，配种公猪日粮中赖氨酸水平为0.60%。其他氨基酸可以参照美国NRC(1998)标准酌情添加。

(3)矿物质的需要：矿物质对公猪精子产生和体质健康影响较大。长期缺钙会造成精子发育不全，活力降低；长期缺磷会使公猪生殖机能衰退；缺锌造成睾丸发育不良而不能产生精子；缺锰可使公猪精子畸形率增加；缺硒会使精液品质下降，睾丸萎缩退化。目前公猪多实行封闭饲养，接触不到土壤和青饲料，容易造成一些矿物质缺乏。应注意添加相应的矿物质饲料。美国NRC(1998)建议，公猪日粮中钙为0.75%，总磷0.60%，有效磷0.35%。另外公猪日粮食盐含量应控制在0.3%～0.4%。其他矿物质应参照美国NRC(1998)标准酌情添加。

(4)维生素的需要：维生素营养对于种公猪生产也十分重要，在封闭饲养条件下应注意维生素添加，如果不添加，一段时间后将会出现维生素缺乏症。种公猪日粮中长期缺乏维生素A会导致青年公猪性成熟延迟、睾丸变小、睾丸上皮细胞变性和退化，降低精子密度和质量；但维生素A过量时可出现被毛粗糙、鳞状皮肤、过度兴奋、触摸敏感、蹄周围裂纹处出血、血尿、血粪、腿失控不能站立及周期性震颤等中毒症状。日粮中维生素D缺少会降低公猪对钙磷的吸收，间接影响公猪睾丸产生精子和配种性能。公猪日粮中长期缺乏维生素E会导致成年公猪睾丸退化，永久性丧失生育能力。其他维生素也在一定程度上直接或间接地影响着公猪的健康和种用价值，也应酌情添加，因此应根据饲养标准给予满足。

NRC提供的数据，只是一般情况下最低必需量，在实际生产中可酌情增加。一般维生素添加量应是标准的2～5倍。

(5)水的需要：除了上述各种营养物质外，水也是公猪不可缺少的营养物质，如果公猪缺水将会导致食欲下降、体内矿物质离子紊乱、其他各种营养物质不能很好地消化吸收，甚至得病等不良后果。因此必须按其日粮 3～4 倍重量提供清洁、卫生、爽口的饮水。

2. 种公猪饲养

(1)满足营养需要，注意营养均衡，体况适中：饲粮中消化能(DE)12.55～12.97 MJ/kg，粗蛋白(CP)14%～15%，赖氨酸 0.6%，钙 0.95%，磷 0.80%。注意补充维生素 A、维生素 D、维生素 E、B 族维生素、锌、锰、硒、碘，维生素 A、维生素 D、维生素 E、B 族维生素按 NRC 标准的 2～5 倍添加。必须给予足够的氨基酸平衡的动物性蛋白质，在配种高峰期可适当补充鸡蛋、多种维生素等。种公猪应不肥不瘦，七八成膘。

对于七八成膘的判定方法是外观既看不到骨骼轮廓(髋骨、脊柱、肩胛等)又不能过于肥胖，用手稍用力触摸其背部，可以触摸到脊柱为宜。也可以在早晨喂饲前空腹时根据其腰角下方，膝褶斜前方凸凹状况来判定，一般七八成膘的公猪应该是扁平或略凸起，如果凸起太高说明公猪偏于肥胖；如果此部位凹陷，说明公猪过于消瘦，偏肥偏瘦均会影响种公猪使用而被淘汰。

(2)饲粮供应方法。

①按饲养标准供应全价饲粮，根据具体情况适当调整。常年配种的，全年均衡保持高营养水平；季节配种的，于配种前 20～30 d增加 20%～30%的饲喂量，配种季节保持高营养水平，配种季节过后逐渐降低营养水平；冬季舍温低于 10 ℃时，增加 10%～20%饲喂量；青年公猪，为了满足自身生长发育需要，可增加日粮给量 10%～20%。

②饲粮要求：饲粮应适口性好，以精料为主，体积不宜过大。严禁饲喂发霉变质和有毒的饲料。有条件可适当搭配青绿饲料。

③配种任务重时，补充动物性蛋白质和硒。当公猪处于热应激时，添加维生素 C 有助于改善精液质量。

(3)饲喂技术：①采用限量饲喂方式；②定时定量，不宜过饱，保持 8～9 分饱；③日喂 2 次，配种期间成年公猪 2.5～3.0 kg/头；非配种期间 2 kg/头，宜采用生干料或湿拌料；④充足饮水，10～12 L/d，水流量至少 1 L/min，饮水器高 55～65 cm，与种公猪肩高等同。

3. 种公猪管理

(1)单栏饲养(图 3-1)：成年公猪最好单栏饲养，这样可以防止公猪间相互爬跨和争斗咬架；同时也便于根据实际情况随时调整饲粮和日粮。

图 3-1　公猪单栏饲养

(2)合理运动(图 3-2)：为了增强公猪体质健康，提高精子活力，公猪应进行一定的运动，其运动形式有驱赶运动、自由运动和放牧运动三种。驱赶运动适于工厂化养猪场，在场区内沿场区工作道每天上、下午各运动一次，每次运动时间为 1～2 h，每次运动里程 2 km，方法是慢—快—慢。夏季应在早晨或者傍晚进行，冬季中午进行。配种期适当运动，非配种期加强运动。放牧运动一般在天气允许的条件下每天一次，放牧场地要求地面平整，没有有毒植物。

图 3-2　公猪的运动

(3)刷拭与修蹄(图 3-3、图 3-4)：种公猪应每天刷拭猪体 1～2 次，时间为 5～10 min。作用：保持皮肤清洁，促进血液循环，利于健康，减少皮肤疾病，又有利于“人猪亲和”便于使用和管理。夏季可结合洗浴进行。对蹄匣过长的公猪应及时修整，以免过长影响公猪的正常活动和配种。

图 3-3　刷拭

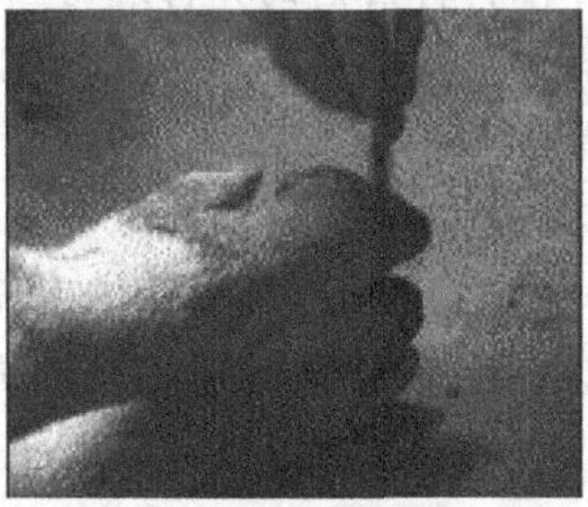

图 3-4　修蹄

(4)定期称重和检查精液品质。

①可按月龄称重：青年公猪应定期进行体重测量，便于掌握其生长发育情况，使公猪在 16～18 月龄体重控制在 150～180 kg。

②精液品质检查：人工授精，每次采精稀释前、稀释后和使用前都要检查；本交，每月检查 1～2 次；后备公猪使用之前或非配种期向配种期过渡时，应提前半个月检查精液品质。对于精子活力低于 0.7、密度 1 亿/mL 以下和畸形精子率 18%以上的精液不宜使用。

(5)提供良好的环境，防寒防暑：种公猪适宜的舍温是 14～16 ℃，当环境温度超过 30 ℃时，公猪的产精能力将受到影响。一般情况下，猪的睾丸温度比体温低 4～5 ℃，有特殊的调节能力，但是一旦高温引起睾丸温度升高，就会造成种公猪繁殖性能下降。猪的正常体温为 38～39 ℃，据报道：肛门温度只要提高 1 ℃达 72 h，精子的产生就会减少 70%以上，并需 7～8 周才能恢复正常。发烧体温在 40 ℃以内，需停止配种 3 周；发烧至 40 ℃以上时，治愈后休息一个月才能配种。种公猪舍适宜的相对湿度为 60%～75%，并且要求阳光充足，光照时间 8～12 h/d。空气新鲜，控制有害气体，及时清除粪便。

(6)搞好疫病防治和日常的管理工作。

①驱虫：每年两次用阿维菌素驱虫，每次驱虫间隔7～10 d，用药两次；每月用1.5%的兽用敌百虫进行一次猪体表及环境驱虫。

②防疫：每年春秋两次进行猪瘟、猪肺疫、猪丹毒、蓝耳病防疫，4月进行一次乙脑防疫。公猪圈应设严格的防疫屏障及进行经常性的消毒工作。

③建立良好的生活制度：每天饲喂、运动、采精等都要在相对稳定的时间进行，以便形成规律。

4. 种公猪的合理利用

(1)初配年龄和体重：地方品种，7～8月龄，体重80～100 kg；引入品种，8～9月龄，体重100～130 kg。

(2)公母比例：本交1∶(20～30)；人工授精1∶100。

(3)配种强度：人工采精，刚经训练调教后的公猪，一般一周采精1次，12月龄后，每周可增加至2次，成年后每周2～3次。本交配种，青年公猪，每周配2～3次或隔日一次，成年公猪日配1～2次，若配2次，应隔8～12 h。连用一周休息1 d。

使用过度，精液品质下降，母猪受胎率下降，减少使用寿命；使用过少则增加成本，公猪性欲不旺，附睾内精子衰老，受胎率下降。

(4)利用年限：种公猪饲养管理得当，其使用年限一般为3年左右。国外利用年限平均为2～2.5年。

5. 种公猪选择和更新淘汰

(1)种公猪选择：在养猪生产上要选择生长速度快、饲料利用率高、背膘薄的品种或品系作为配种公猪，从而提高后代的生长速度和胴体品质。其外形要求身体结实强壮、四肢端正、腹线平直、睾丸大且对称、乳头6对以上且排列整齐。不要选择自由活动受限、站立不稳、直腿、高弓背的公猪，以免影响配种，要求公猪无瞎乳头，防止其遗传给后代。

(2)淘汰与更新：种公猪的年更新率一般为35%～40%，具有以下情况之一者应淘汰。

①肢蹄患病，不能正常爬跨。

②生殖器官患病无法治愈。

③精液品质不良，如精子活力低于0.5，密度小于0.8亿个/mL。

④配母猪受胎率在50%以下。

⑤利用3年以上性欲明显降低的公猪。

任务工单

任务名称	种公猪日常管理操作规程		
任务描述	根据种公猪的饲养管理技术，制订种公猪日常管理操作程序，运用虚拟猪场运营软件饲养管理种公猪，确保公猪具有良好品质的精液和配种能力，完成采精配种任务		
准备工作	1. 收集种公猪饲养管理技术的相关资料 2. 准备种公猪饲养管理教学光碟 3. 准备猪场运营虚拟软件		
实施步骤	1. 学生通过阅读种公猪饲养管理相关资料，观看种公猪饲养管理视频，小组讨论制订种公猪日常管理操作流程。如环境控制—卫生管理—饲喂管理—健康检查—公猪调教和采精 2. 小组运用猪场运营虚拟软件，打开种公猪饲养管理操作页面，进行操作，虚拟饲养和管理种公猪，通过软件测评打分 3. 小组根据软件测评打分情况自查总结		
考核评价	考核内容	评价标准	分值
	制订方案	1. 认真阅读资讯内容(20 分) 2. 制订种公猪日常管理操作流程合理可行(20 分)	40 分
	虚拟饲养管理情况	根据实际操作，虚拟饲养和管理种公猪，软件自行测评打分(40 分)	40 分
	自查总结	根据软件打分情况和软件的提示，找出饲养管理过程中出现的问题，分析问题，提出改进方案，重新操作(20 分)	20 分
	总分		100 分

任务三 饲养管理配种前母猪

目标呼应

任务目标	课程教学目标
熟悉后备母猪、空怀母猪营养需要特点和环境要求	会饲养、管理后备母猪和空怀母猪，能运用饲养管理技术解决生产中的问题
熟悉后备母猪、空怀母猪的饲养管理技术要点	
能明确促进母猪发情排卵的措施	

情境导入

母猪经过21～35 d的哺乳后，体内营养物质消耗较大，多数母猪体况消瘦，如不及时复膘，将会推迟发情，甚至不发情。因此配种前母猪的主要工作任务就是加强营养，使体况达标，确保能正常发情、排卵和配种。

知识链接

配种前母猪有两种，一种是仔猪断奶后至配种的经产母猪；另一种是初情期至初次配种的后备母猪。

一、母猪体况评分

(一)体况评分

种猪体况评分法共分五个等级，每级1分。①1分：过瘦，躯体扁平，髋关节和脊柱骨明显凸出。②2分：瘦，躯体扁平，髋关节和脊柱骨凸出。③3分：适中，髋关节和脊柱骨看不到，躯体呈管状形。④4分：肥，髋部和脊柱骨摸不到，尾根因肥而内陷。⑤5分：过肥，髋关节和脊柱骨被皮下脂肪严重包裹，体中线略有凹陷。

断奶母猪体况应不低于2.5分，临产前的母猪为3.5分，整个妊娠期应从2.5分逐渐向3.5分过渡，大部分时间维持在3分水平。当母猪的体况过瘦或过肥时，应增减饲料喂量来调整母猪体况。在标准饲养的基础上，1分与5分体况的母猪日饲喂量分别可增加或减少料0.5 ～0.6 kg，2分与4分的母猪日喂量增加或减少料0.2～0.3 kg。

膘情的鉴别，见表3-2。

表3-2 膘情的鉴别

体形评分	体形	臀部及背部外观
1	过瘦	骨骼明显外露
2	瘦	骨骼稍外露
3	适中	手掌平压可感骨骼
4	肥	手掌平压未感骨骼
5	过肥	皮下厚覆脂肪

母猪体况评分，见图 3-5。

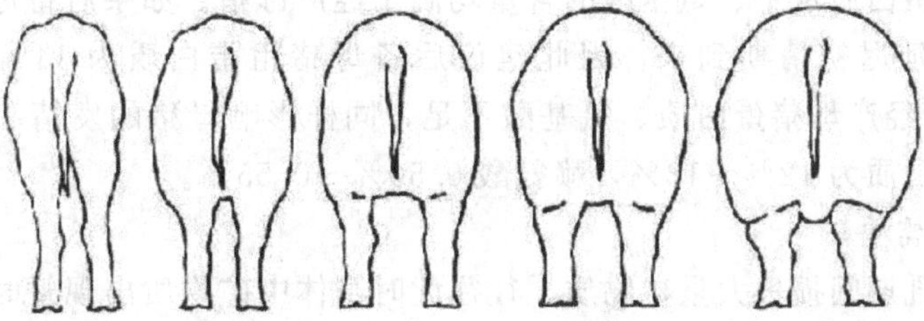

图 3-5 母猪体况评分

(二)母猪体况要求

1. 配种时膘情

配种体况要求七八成膘，经产母猪最后肋骨处背膘 12.5～18.0 mm，初产母猪为18～20 mm。母猪体况平均得分应为 2.5～3.0 分，允许 10%的母猪在配种时为 2.5 分。母猪分娩时背膘 19 mm 较为合适。

2. 过瘦的危害

(1)3 分以下的很易导致后腿踝关节和肩的磨损，特别是栏面不良时，危害更重。

(2)2.5 分以下的母猪配种分娩率降低，产仔减少。

3. 肥的危害

(1)3.5 分以上的母猪排卵减少，产仔少，配种后，胚胎易死亡。

(2)怀孕前期超过 3.5 分，仔猪出生重变小。

(3)超过 4 分的母猪易出现难产，产程加长。

二、配种前母猪饲养管理

(一)营养需要

后备母猪饲粮在蛋白质、氨基酸、矿物质供给水平上，应略高于经产母猪才能满足后备母猪身体继续生长发育和将来繁殖需要，见表 3-3。其他营养物质需要量参照美国 NRC(1998)标准酌情添加。

表 3-3 后备母猪经产母猪饲粮中主要营养物质含量

类　别	能量/(MJ/kg)	蛋白质/%	钙/%	磷/%	赖氨酸/%
后备母猪	14.21	14～16	0.95	0.80	0.70
经产母猪	14.21	12～13	0.75	0.60	0.50～0.55

1. 能量的需要

能量水平与后备母猪初情期关系密切，一般情况下，能量水平高可使后备母猪初情期提前，增重大；能量水平低，后备母猪生长缓慢，初情期延迟；但能量水平过高，后备母猪体况偏肥，抑制初情期或造成繁殖障碍，不利于发情配种，导致母猪配种受胎率低，增加母猪淘汰率。经产母猪能量水平过高或过低同样影响其发情排卵，能量水平过低使母猪在仔猪断奶后发情时间间隔变长或者不发情；能量水平过高母猪同样不发情或排卵少，卵子质量不好，甚至不孕。因此建议后备母猪日供给消化能 35.52 MJ，经产母猪 28.42 MJ。

2. 蛋白质、氨基酸的需要

后备母猪的蛋白质水平、氨基酸的含量均高于经产母猪。如果后备母猪蛋白质、氨基酸供给不足，会延迟初情期到来，因此建议后备母猪粗蛋白质为14%～16%，赖氨酸0.7%左右。对于经产母猪蛋白质、氨基酸不足，同样影响母猪的发情和排卵，因此建议经产母猪的粗蛋白质为12%～13%，赖氨酸0.50%～0.55%。

3. 矿物质的需要

经产母猪泌乳期间损失大量矿物质，往往此时身体中矿物质出现暂时性亏损，如果不及时补充，将会影响经产母猪身体健康和继续繁殖使用；后备母猪正在进行营养蓄积，为将来繁殖泌乳打基础，如果供给不科学同样会影响身体健康和终生的生产性能。特别是现代养猪生产中猪饲养在封闭圈舍内，接触不到土壤和青草野菜，无任何外源矿物质，必须注意矿物质的使用，防止不良后果出现。一般后备母猪的钙为0.95%，总磷为0.80%；经产母猪钙为0.75%，总磷为0.60%。后备母猪钙、磷、赖氨酸的含量均应高于经产母猪，有利后备母猪将来生产及自身生长发育，如果后备母猪钙、磷摄入不足对骨骼生长起到一定的限制，将来会增加肢蹄病发生等不良后果。母猪缺乏碘、锰时，将出现生殖器官发育受阻、发情异常或不发情。其他营养物质使用量可参照美国NRC(1998)标准酌情添加，但要注重各种营养物质之间的平衡。

4. 维生素的需要

维生素使用与否或多少，将直接关系到母猪繁殖和健康，母猪有存储维生素A的能力，它可以维持3次妊娠，在此以后如不再及时补给母猪将出现不发情、行动困难、后腿交叉、斜颈、痉挛等。严重时影响胚胎生长发育。母猪缺乏维生素E和硒时，造成发情困难。缺乏维生素B_1、维生素B_2、泛酸、胆碱时母猪将出现不发情、假“妊娠”、受胎率低等繁殖方面不良后果。其他维生素虽然不直接影响母猪发情排卵，但缺乏后将使母猪身体健康受到影响，最终影响生产。

5. 水的需要

由于配种前母猪饲粮中粗纤维含量比其他种类猪高，所以需要水较多，一般为日粮的4～5倍，即每日每头12～15 L，饮水不足将会影响母猪健康和生产。因此，要求常备清洁、卫生、爽口的饮水，每6～8头母猪安装一个饮水器，一般多安装在靠近粪尿沟一侧，防止饮水时洒在床面上，其高度为55～60 cm，饮水器要灵活便于饮用，水流量至少1 L/min。如使用饮水槽，要求饮水槽保持清洁，经常更换(每日3～4次)。

(二)后备母猪的饲养管理

1. 饲养后备母猪

采取“短期优饲”的方法，即在配种前10～14 d每天增加精料1～2 kg，配种结束再恢复原饲养水平。这样可增加排卵1～2个。

2. 管理后备母猪

(1)尽可能减少每圈饲养头数，以防抢食。

(2)每天坚持触摸母猪，使母猪性情变得温顺，易于接近。

(3)有条件时，让母猪在圈外活动并提供青绿饲料，具有促进发情排卵的作用。

(4)每个猪场应根据流行病学调查结果、血清学检查结果等适时适量地进行传染病疫苗接种。例如：在细小病毒病流行地区，配种前一个月和半个月，分别注射一次细小病毒疫苗，以防流产、死胎和木乃伊的发生。母猪每年至少进行两次驱虫，如果环境条件较差或者某些寄生虫多发区，应增加驱虫次数。驱虫药种类、剂量和用法应根据寄生虫实际发生情况或流行情况来决定，要防止中毒。

3. 后备母猪的利用

母猪性成熟年龄为3～6月龄。地方猪种性成熟早，一般3～4月龄，引进品种性成熟稍晚，一般为6月龄。适宜配种时间，在第二或第三个发情期实施配种，引入品种或含引入品种血液较多的猪种(系)一般7～8月龄，体重110～130 kg；地方品种6月龄左右，不同品种的适配体重相差较大，对于中等体形的品种，其适配体重为70～80 kg。

(三)空怀母猪的饲养管理

1. 饲养空怀母猪

仔猪断奶时，母猪应有7～8成膘，以确保断奶后7～10 d再次发情配种，开始下一个繁殖周期。对于母猪泌乳力高，泌乳期间营养消耗多，减重大，断奶时体况消瘦，奶量不多的，一般不会发生乳房炎，断奶时可不减料，干乳后可适当增加营养丰富的易消化的饲料，以尽快恢复体况，及时发情配种即可。若断奶前母猪仍能分泌相当多的乳汁，特别是早期断奶的母猪，为了防止乳房炎的发生，断奶前后要少喂精料，多喂青、粗料，使母猪尽快干乳。若断奶时母猪体况过肥，应少喂精料，多喂青绿饲料，加强运动，使其尽快恢复膘情，及时发情配种。

2. 管理空怀母猪

(1)单栏或小群饲养：单栏饲养是近年来工厂化养猪的一种方式，将空怀母猪饲养在单体限位栏内，活动范围很小，如母猪后侧(尾侧)饲养种公猪，可刺激母猪发情。小群饲养一般将4～6头断奶时间相同或相近的母猪饲养在一个圈内，活动范围大。实践证明群养母猪可促进母猪发情，尤其是先发情的母猪通过爬跨和外激素刺激，可以诱导未发情的母猪发情。

(2)做好发情鉴定：每天早晚两次观察发情状况，并详细做好记录。由经验丰富的饲养或配种人员通过母猪发情的行为表现和公猪试情的方法相结合判断母猪是否发情，从而提高发情鉴定的准确性。

(3)健康观察：断奶后母猪体况如不能及时恢复，可能有以下两方面的原因。一种是哺乳期失重严重，瘦肉型母猪在哺乳期失重超过30 kg，或背膘下降4 mm以上，则影响断奶后的正产发情。另一种是疾病因素，如母猪产后患子宫炎、乳房炎和阴道炎等会影响正常发情，即使正常发情也影响受胎率；其他疾病，如肢蹄病也会不同程度的影响正常发情和配种。喂料时观察空怀母猪的健康状况和体况，做到及时发现和治疗病猪。

(4)创造适宜的环境条件：良好的环境条件也是促进空怀母猪及时发情排卵，提高受胎率的重要因素。因此要保持猪舍干燥、清洁、温湿度适宜、空气新鲜等。需要强调的一点是加强光照时间，因为在配种前及妊娠期延长光照时间能促进母猪孕酮和雌二醇的分泌，有利于受胎和胚胎发育，提高受胎率。同时，增强光照强度能提高产仔数、初生窝重及断奶窝重。

三、母猪不正常发情的原因分析及科学处理

(一)母猪不正常发情的常见类别

1. 后备母猪乏情

后备母猪初情期为160～200日龄，超过210日龄或体重超过120 kg的后备母猪不发情则称为乏情。

2. 初产母猪乏情

有50%以上的初产母猪在仔猪断乳后一周内不发情。初产母猪断奶后到再发情平均时间为20 d(占81%)，超过30 d未发情称乏情，超过70 d的称不发情。

3. 经产母猪乏情

经产母猪断奶后15 d仍不发情，则为经产母猪乏情。二胎母猪断奶后到再发情平均时间为8.5 d，超过14 d为乏情，超过75 d为不发情。三胎以上母猪断奶后到再发情平均为3～8 d，超过11 d为乏情，超过75 d为不发情。

(二)母猪不正常发情的原因

1. 营养问题

(1)营养不全价；

(2)饲料营养水平过低或过高；

(3)过肥过瘦；

(4)饲料原料霉变等。

2. 管理问题

(1)配种过早；

(2)环境不良；

(3)夏季高温；

(4)缺少异性刺激；

(5)群体过大或过小；

(6)缺乏运动等。

3. 疾病问题

(1)长期患慢性疾病，影响了性腺发育；

(2)患繁殖障碍性疾病；

(3)产后感染；

(4)持久黄体；

(5)激素使用不当等。

(三)促进母猪发情排卵的措施

1. 改善饲养管理

这是首先要找的原因。合理供给营养，保持合适的膘情体况是母猪正常发情配种的重要基础。对于营养不足，过分瘦弱而不发情的母猪，可适当增加精饲料和青饲料使其恢复膘情即可发情，而对于肥胖造成母猪不发情的，可适当减少含碳水化合物的饲料喂量，使其保持7～8成膘，即可恢复发情。

2. 诱情

母猪对公猪的求偶声、气味、鼻的触弄及爬跨等刺激的反应，以听觉和嗅觉最为敏

感，诱情就是根据公母猪间的这种性行为促使母猪发情的。

(1)在配种舍内，将母猪栏与公猪栏相对排列或相邻排列，或将母猪赶到公猪舍内，有意识地让公猪追逐、爬跨母猪，可有效促进不发情的成年母猪较快发情。

(2)量取健康公猪的精液 1～2 mL，用 3～4 倍的冷开水稀释，用注射器注入母猪鼻孔内少量，或用小喷雾器向母猪鼻孔喷雾。一般经这样处理的母猪均能很快发情。

(3)在不发情的成年母猪群内，放入一头正在发情、寻求交配的母猪。母猪由于求偶的冲动，会以一头公猪的姿态追逐、爬跨母猪，做公猪交配动作。母猪在受到发情母猪的诱导刺激后，可陆续进入发情状态。

3. 合群并圈

把不发情的母猪调换到有正在发情的母猪圈栏内，通过发情母猪追逐、爬跨等刺激，促进空怀母猪发情排卵。

4. 增加运动和光照

对不发情的母猪进行驱赶运动，可促进新陈代谢，改善膘情，接受日光照射，呼吸新鲜空气，可促进母猪发情。特别是饲养在阴暗潮湿环境的母猪，终日得不到日光照射，往往造成其不发情。应将其转入干燥、向阳和通风的猪舍内，使母猪每天能够接受 4～6 h 阳光照射，同时每天进行 1～2 h 的运动。

5. 按摩乳房

按摩乳房分表层按摩和深层按摩两种。表层按摩的方法是在每排乳房两侧前后反复抚摸，所产生的刺激通过交感神经引起的垂体前叶分泌促卵细胞成熟素，促使母猪发情。深层按摩的方法是在每个乳房周围用 5 个手指捏揉(不捏乳头)，所产生的刺激通过副交感神经引起垂体前叶分泌促黄体生成素，从而促使卵泡排卵。按摩乳房的方法为：每天早晨饲喂后表层按摩 5 min 和深层按摩 10 min，发现发情后改为表层按摩和深层按摩各 5 min 即可。

6. 激素催情

以上措施仍不发情的母猪可用激素处理。具体做法如下：

(1)初产母猪，断奶当天肌内注射孕马血清 1 000～1 500 单位。

(2)经产母猪，断奶后 21～23 d 仍不发情，再肌内注射孕马血清促性腺激素(PMSG) 1 000～1 500 单位、人绒毛膜促性腺激素(HCG)500 单位。或一次注射一头份催情合剂 PG600(PMSG＋HCG)。

7. 药物治疗

由于子宫炎引起的配后不孕，可在发情前 1～2 d，用 1%的生理盐水或 1%的高锰酸钾冲洗子宫，再用消炎药消炎，消炎后可再用激素处理。

四、母猪的淘汰与更新

生产中母猪一般利用 7～8 胎，如果每年 2 胎，则可利用 4 年，因此母猪年淘汰率为 25%～30%。具有下列情况之一应淘汰：

(1)产仔数低于 7 头。

(2)连续 2 胎少乳或无乳(营养、管理正常)。

(3)断奶后两个情期不能发情配种。

(4)食仔或咬人。

(5)患传染病或无治疗意义的其他疾病。

(6)肢蹄损伤。

(7)后代有畸形。

(8)母性差。

(9)体重过大，行动不便。

(10)后代生长速度及胴体品质均低于猪群平均值。

任务工单

<table>
<tr><td>任务名称</td><td colspan="3">空怀母猪的体况评分</td></tr>
<tr><td>任务描述</td><td colspan="3">现场通过观察，手按压母猪脊柱、尾根和盆骨这三个部位判定母猪的体况，然后进行打分</td></tr>
<tr><td>准备工作</td><td colspan="3">1. 准备1头空怀母猪或者空怀母猪图片
2. 准备母猪体况评分表</td></tr>
<tr><td>实施步骤</td><td colspan="3">1. 学生现场用眼睛看，用手掌触摸母猪的脊柱、尾根和盆骨这三个部位，或者通过图片仔细观察母猪的脊柱、尾根和盆骨这三个部位，总结骨骼及背部外露情况
2. 根据评分表进行体况评分，然后总结母猪体况是否适宜，如果分值比标准高或者低，可以采取哪些措施改进，书写报告
3. 小组汇报，各小组同学依据评价标准进行打分
4. 小组根据打分情况自查总结</td></tr>
<tr><td rowspan="5">考核评价</td><td>考核内容</td><td>评价标准</td><td>分值</td></tr>
<tr><td>观察、触摸</td><td>1. 能够用眼观察母猪的脊柱、尾根和盆骨三个部位骨骼外露情况(20分)
2. 能用手掌按压母猪的脊柱、尾根和盆骨三个部位，感受骨骼外露情况(20分)</td><td>40分</td></tr>
<tr><td>体况评分</td><td>根据观察和手按压感觉，依据评分表进行打分(30分)</td><td>30分</td></tr>
<tr><td>结果</td><td>1. 打分结果准确(20分)
2. 能分析原因提出改进措施(10分)</td><td>30分</td></tr>
<tr><td>总分</td><td></td><td>100分</td></tr>
</table>

任务四　猪的配种

目标呼应

任务目标	课程教学目标
熟悉鉴定母猪发情的方法	能判断母猪发情，能适时配种，能执行猪人工授精各环节的操作
能判断母猪配种的最佳时间	
熟悉猪人工授精各环节操作要点	

情境导入

配种工作是养猪场的一个重要环节，是实现高产的第一关，搞好配种工作，一方面要提高公猪精液的数量和品质，另一方面促使母猪正常发情和多排活力强的卵子，实施先进的配种技术，做到适时配种。

知识链接

一、母猪发情排卵规律

1. 发情周期

发情周期是一次发情开始到下一次发情开始的时间间隔(图 3-6)，一般为 18～23 d，平均 21 d。发情持续期 3～5 d，平均 2.5 d。

2. 排卵规律

排卵规律是指母猪发情持续时间为 40～70 h，排卵在后 1/3 时间内，初配母猪要晚 4 h。发情期一次排卵数为 20～25 个，排卵持续时间为 10～15 h。图 3-7 所示为卵子的移行。

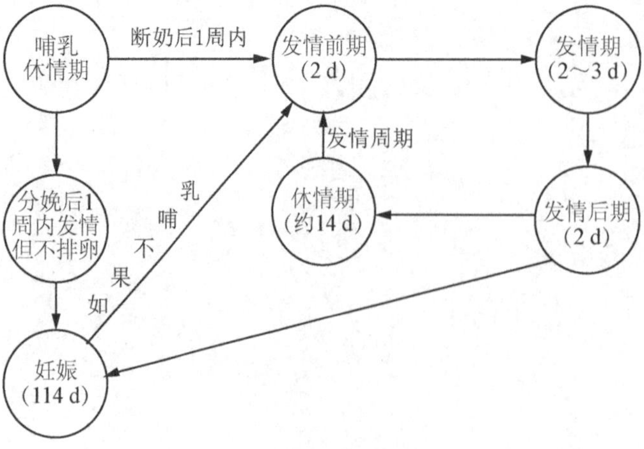

图 3-6　猪的发情周期

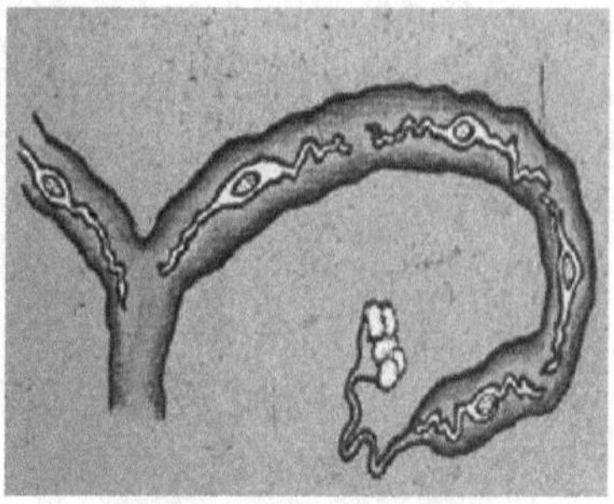

图 3-7　卵子的移行

二、发情鉴定

1. 发情鉴定方法

(1)外部观察：发情后轻度不安、不断在栏内走动、咬栏，遇到公猪鼻对鼻或闻公猪会阴或拱肋部，爱爬跨、竖耳、翘尾，常有嘶叫、跳圈、食欲减退或停止采食、喜欢爬跨其他母猪或被母猪爬跨、频频排尿、神情呆滞等外部表现。地方品种表现明显，影响采食，引入品种表现不明显，不影响采食。

(2)外阴检查：开始阴户轻度肿胀、阴唇松弛，随后明显，阴道湿润、黏膜充血，逐渐由浅红变桃红直到暗红、阴道内黏液流出由多到少、由淡变浓，阴户肿胀，阴唇颜色变深。

(3)静立反应检查(图 3-8)：双手用力压母猪的背部(30 kg 左右压力)或骑在母猪背部，猪不走动并用力支撑，神情“呆滞”(静立反射)，说明母猪正在发情。如果公猪在场，利用公猪的气味及叫声可增加发情鉴定的准确性。

(4)试情法(图 3-9)：把公猪赶到母猪圈内，如母猪拒绝公猪爬跨，证明母猪未发情，如主动接近公猪，接受公猪爬跨，证明母猪正在发情。每天早晚两次查情，做好记录。

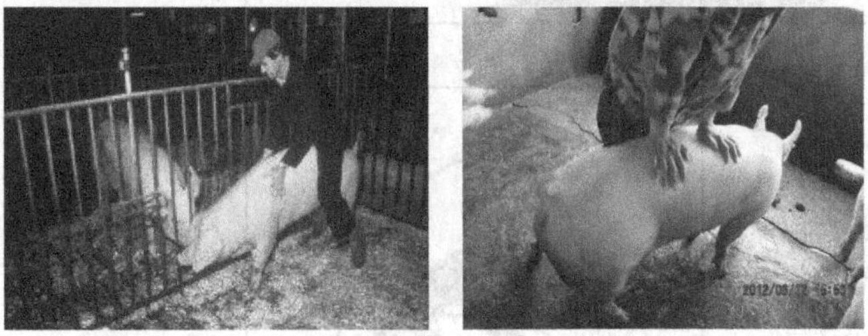

图 3-8　发情鉴定(静立反应检查)

图 3-9　发情鉴定(公猪试情法)

2. 注意事项

(1)阴门黏液分泌增多、透明，注意与生殖道炎症的母猪排出的脓性分泌物区分开。

(2)每日应安排在 7:00～9:00 和 16:00～17:30 进行发情检查，此时效果最好。

(3)必须在安静的环境下，并且有公猪在旁时工作人员进行按压母猪背部(或骑背)检查。

(4)试情公猪应选用善于交流、唾液分泌旺盛、行动缓慢的老龄公猪。

(5)需做好发情鉴定记录：包括发情母猪耳号、胎次、发情时间、外阴部变化、压背反应。

(6)掌握好观察发情时间：吃料时，这时母猪头向饲槽，尾向后，排列整齐，如人在后边边走边看，很快就可把所有猪查完，并做好准确判断。睡觉时或猪吃完料开始睡觉时，不发情的猪很安静，躺卧姿势舒适，对人、猪反应迟钝；发情猪对异常声音，如人或猪走近时会站起活动，或干脆不睡经常活动。

三、确定配种时间

(一)确定配种时间的理论依据

(1)排卵的持续时间为 10～15 h。

(2)精子存活时间为 10～20 h。

(3)卵子存活时间为 8～12 h。

(4)精子到达受精部位需要 2～4 h。

(5)配种(或输精)应在排卵前 2～4 h，即发情后 24～36 h。

(二)生产最佳配种时间的判断(图 3-10)

(1)精神状态：由兴奋到发呆，手压背部不动(静立反射)。

(2)外阴变化：由红肿到颜色发淡，出现皱褶。

(3)阴道内黏液：由稀薄到黏稠，黏液起丝。

(4)本交配种应在静立反应时配种。

(5)人工授精的第一次输精应在静立反应产生后的 12～16 h(公猪在场)，隔 12～14 h 第二次输精。应根据品种、年龄等灵活掌握。年龄的区别：老配早，少配晚，不老不少配中间。民间配种顺口溜：母猪发呆，配种受胎；按腰不动，一配就中；阴户打皱，配是时候；阴户粘草，配种正好。

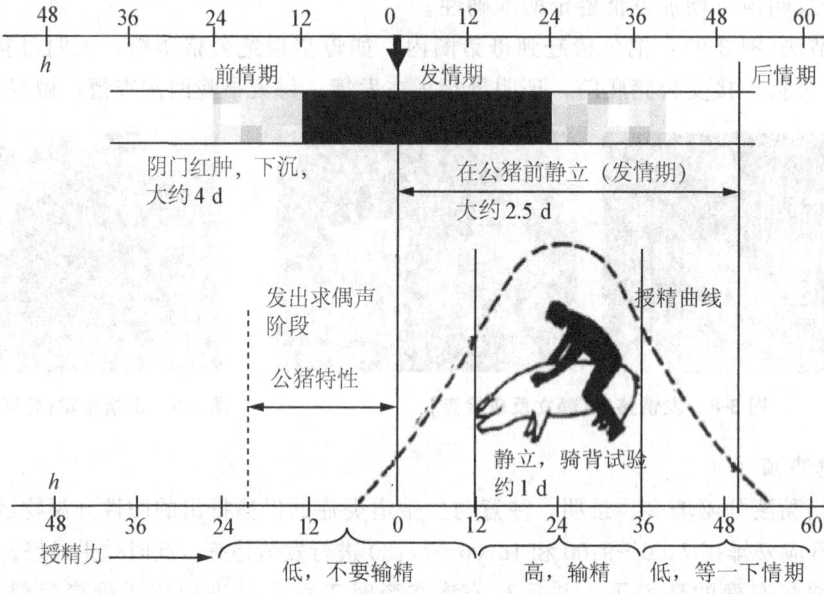

图 3-10 最佳配种时间判断

四、选择配种方法

(一)人工辅助交配

1. 人工辅助交配的方法

(1)按配种计划将公、母猪赶到配种场地。

(2)交配前用 0.1%的高锰酸钾溶液清洗公、母猪外生殖器，再用清水擦净。

(3)挤净公猪包皮积尿。

(4)人工辅助，将母猪尾巴拉开，保证体内受精。

(5)观察射精情况，一般控制 2 次射精。

2. 注意事项

(1)配种场所保持安静，地面平坦，环境清洁。

(2)配种时间最好在早饲前或晚饲前 1 h 进行。

(3)与配的公母猪体形大小最好相近。

(4)配种地点应选在母猪圈附近，禁止公猪圈附近配种。

(5)配完种不能让猪只洗澡或躺在阴暗潮湿的地方。

(二)人工授精技术

1. 公猪调教(图 3-11)

(1)开始时间：配种前 1 个月，一般 7～8 月龄，体重在 100～120 kg。

(2)方法。

①发情母猪引诱法：选择发情旺盛、明显的经产母猪，让公猪爬跨，等新公猪阴茎伸出后用手握住螺旋阴茎头，有节奏地刺激阴茎螺旋体部可试采下精液。

②外激素或类外激素喷洒假台猪：用发情母猪的尿液，公猪的精液或包皮冲洗液喷涂在假母猪台背部和后躯，引诱公猪接近假台猪，让其爬跨假台猪。

③观摩法：将小公猪赶至待采精栏，让其观摩成年公猪交配或采精，激发小公猪性冲动，经观摩 2～3 次大公猪和母猪交配后，再让其试爬假台猪进行试采。

(3)注意事项。

①调教时间应在种公猪进食后 1 h 或进食前进行，有利于保持公猪大脑的清醒。

②调教人员要有足够的耐心，不粗暴对待公猪。每次调教时间不超过 15～20 min，每天只能进行一次，一周不超过 3 次。

③采精成功后应在之后的第 2、3 d 同一时间重复一次，以后每周采 1 次。调教前，后备公猪不能安排本交。

④调教人员要注意安全，采精室应设置安全架，防止公猪攻击人。

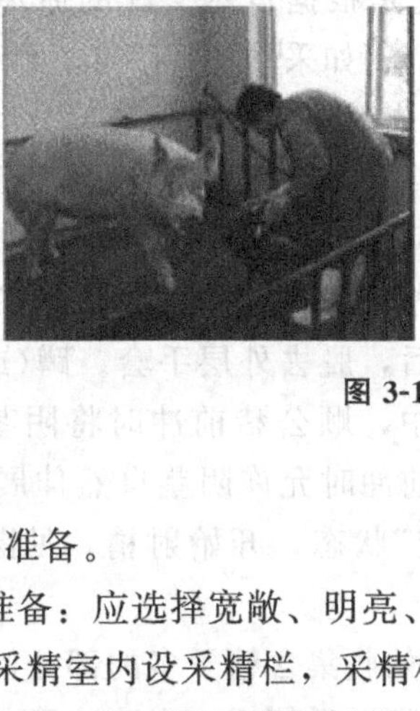
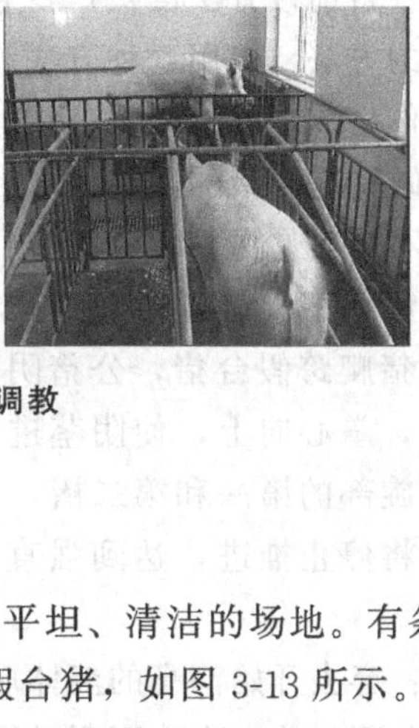

图 3-11　公猪调教

2. 采精

(1)采精前的准备。

①采精场地准备：应选择宽敞、明亮、安静、平坦、清洁的场地。有条件应建采精室，如图 3-12 所示。采精室内设采精栏，采精栏内设假台猪，如图 3-13 所示。所谓台猪，就是供公猪采精用的架子，有四脚和独脚两种。独脚假台猪制作简单，牢固结实，可以升降，使用方便。假台猪上覆盖一张硝制或腌制的有毛的猪皮(也可用麻袋代替)，支架上下端猪身、地面用铁板和螺栓固定。基部可以调高或降低。其身长为 120 cm，背宽 32 cm，高 60 cm，公猪脚踏板宽 8～10 cm。假台猪后下方设置橡胶垫，四周设安全栏。

②仪器的清洗、消毒、预热：先配制好稀释液，放在 35 ℃水浴锅中预温。准备载玻片与盖玻片，预热至 37 ℃。

③集精杯的准备：将盛放精液的专用聚乙烯袋放进采精用的保温杯内，工作人员只接触留在杯外的袋的开口处，将袋口打开，环套在保温杯口边缘，并将消过毒的专用滤纸(或四层纱布)罩在杯口上，使其能沉入 2 cm，用橡皮筋套住。然后将采精杯与杯盖分

开放入 37 ℃的恒温箱中预热，以保证采精杯内的实际温度。冬季更应该注意集精杯中适宜温度的保持。采精时，取出保温杯，盖上盖子，拿到采精室，如采精室较远，应将保温杯放入保温箱，然后带到采精室，以减少低温对精子的影响。

图 3-12 采精室

图 3-13 假台猪

④公猪的准备：采精前先剪去公猪包皮上的被毛，防止干扰采精和污染精液。挤净包皮中的积尿，用 0.1% $KMnO_4$ 溶液清洗腹部及包皮部，然后用清水洗净，擦干。

⑤人员的准备：采精人员应穿上工作服，将公猪赶入采精室，清扫猪体后，右手应尽快戴上双层无毒的一次性手套，带上纸巾、集精杯准备采精。采精人员尽量固定，以便和公猪建立较稳定的条件反射，操作时注意人畜安全。

(2)采精操作。

①徒手采精：目前该方法已被广泛应用，它是根据自然交配的原理而总结的一种简单、方便、可行的方法。使用这种方法，所用设备(如采精杯、手套、纱布等)简单，不需要特制设备，操作简单，同时可将公猪射精时最先射出的稀薄精液部分和最后射出的胶体状凝块弃掉。但缺点是公猪的阴茎伸出和抽动时，容易使阴茎碰到台畜而损伤龟头或擦伤阴茎表皮，操作不当时易污染精液。

采精具体做法如下：将公猪赶到采精室，先让其嗅、拱假台猪，工作人员按摩公猪的包皮部，待公猪爬跨假台猪，公猪阴茎勃起后，脱去外层手套。蹲(或坐)在假台猪左侧，右手呈空拳，拳心向上，使阴茎进入空拳中，顺公猪前冲时将阴茎的“S”状弯曲拉直，握紧阴茎螺旋部的第一和第二褶，在公猪前冲时允许阴茎自然伸展，不必强拉。充分伸展后，阴茎将停止推进，达到强直，“锁定”状态，开始射精，见图 3-14、图 3-15、图 3-16。

②收集精液：弃去开始清亮的液体后，再开始收集含精子多的部分，防止包皮积尿流入集精杯。要让公猪射精完全，不要过早终止射精。采精后，去除滤网。将精液放入实验室，将公猪赶回圈内休息，见图 3-17。

③采精要点：a. 采食后 2～3 h 采精。b. 最高采精频率为隔日一次，最好每 3 d 采一次精。c. 应固定采精时间(每天 9～10 点)、地点、频率和人员。d. 不要收集最初射出的精液(含菌量高)，如果可能尽量只收集浓分精液。e. 不要过早终止采精，以防公猪不适。

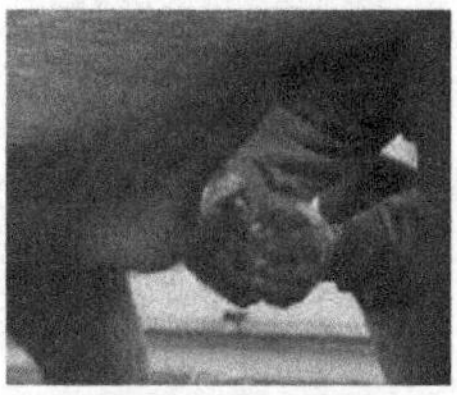

图 3-14　剪毛

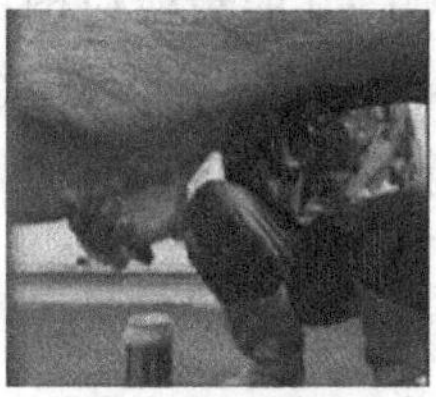

图 3-15　按摩

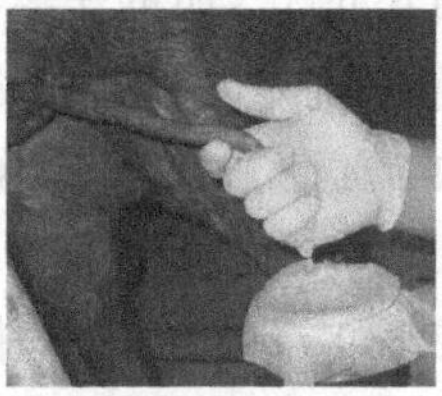

图 3-16　采精的手势

图 3-17　收集精液

3. 精液处理

(1)精液品质检查。

①直观检查项目。

色泽：乳白色或灰白色，精子密度越高，色泽越浓，其透明度越低。

气味：略带腥味，如有异常气味，应废弃。

射精量：按每克 1 mL 计，公猪一次射精量为 150～500 mL，平均 250 mL。

pH(酸碱度)：7.0～7.8。

②镜下检查项目。

活力：鲜精活率要求不低于 0.7，活力低于 0.5 分应废弃。

密度：指每毫升精液中所含的精子数，正常的全份精液的密度在 1.5 亿～3 亿/mL。浓分精液密度在 3 亿～6 亿/mL。精子的密度分为密、中、稀、无四级。

畸形率：不超过 18%，每两周检查一次精子畸形率。

(2)精液稀释。

①稀释要求。

a. 原精存储不超过 30 min；

b. 未经品质检查或检查不合格的精液不能稀释；

c. 稀释液与精液要求等温，两者温差不超过 1 ℃，即稀释液应加热至 33～37 ℃，以精液温度为标准，来调节稀释液的温度，绝不能反过来操作；

d. 稀释时，将稀释液沿盛精液的杯(瓶)壁缓慢加入到精液中，然后轻轻摇动或用消毒玻璃棒搅拌，使之混合均匀；

e. 如做高倍稀释时，应先进行低倍稀释[1∶(1～2)]，稍待片刻后再将余下的稀释液沿壁缓慢加入，以防造成“稀释打击”；

f. 稀释倍数的确定：活率≥0.7 的精液，一般按每个输精剂量含 40 亿个总精子，输精量为 80～90 mL 确定稀释倍数。

例如：某头公猪一次采精量是 200 mL，活力为 0.8，密度为 2 亿/mL，要求每个输精剂量含 40 亿精子，输精量为 80 mL，则总精子数为 200 mL×2 亿/mL＝400 亿，输精头份为 400 亿÷40 亿＝10 份，加入稀释液的量为 10×80 mL－200 mL＝600 mL。

稀释后要求静置片刻再作精子活力检查，如果稀释前后活力一样，即可进行分装与保存，如果活力下降，说明稀释液的配制或稀释操作有问题，不宜使用，并应查明原因加以改进。

②实验室内精液处理程序。

a. 配制稀释液在使用前 1 h 内完成。

b. 评定精液活率(如 0.90)，如果活率低于 0.60 的精液应倒掉。

c. 称量采集精液重量来确定其体积按 1 g=1 mL 计算，如 300 g=300 mL。

d. 估测精子密度(如 2.4 亿/mL)，计算总精子数(如 300 mL×2.4 亿/mL=720 亿)。

e. 每头份按 100 mL 含 40 亿总精子数计。

f. 计算可稀释头份数(如 720/40 亿每头份=18 头份)。

g. 计算稀释后精液总体积(如 18×100 mL 每头份=1 800 mL)。

h. 应添加稀释液的量(如 1 800－300=1500 mL)。

i. 调整稀释液与精液温度一致(±1 ℃)。

j. 根据公猪耳号、品种和采精日期标记精液。

k. 将稀释后精液置室温(21 ℃)2 h，然后放入精液保存箱(16～18 ℃)。

(3)精液分装。

①精液的分装有瓶装、管装和袋装。

②精液瓶为常用的精液包装物，瓶上一般有刻度，容量为 80～100 mL。将稀释后的精液以每 80～100 mL 为单位分装至输精瓶中，并在瓶上标明公猪品种、耳号、生产日期、稀释液名称等(图 3-18)。

(4)精液保存(图 3-19)。

①恒温冰箱应保持 17 ℃±1 ℃，小于 15 ℃，精子受冷应激，容易休克，引起死亡；大于 18 ℃，精子缓慢复苏，处于运动状态，消耗能量，缩短保存时间。

②每天两次将精液袋颠倒两次，再放入恒温冰箱中。

③精液保存时间一般不超过 3 天(72 h)。

(5)精液运输(图 3-20)。

①保温、防震、避光。

②运输时精液容器应装满封严，并用毛巾包好，以免运输中震荡产生泡沫，尽量缩短运输时间，控制温度变化。冬季用保温箱调节箱内温度在 20～25 ℃，防止忽高忽低。应避免阳光直射。

图 3-18 标记

图 3-19 精液保存

图 3-20 精液运输

4. 输精

(1)输精时间及次数：一般在母猪出现静立反射后 12～18 h 进行第 1 次输精配种；8～12 h 后进行第 2 次输精配种。

(2)输精前准备。

①将两支输精管放入窄长的塑料袋中。

②准备 1 个石蜡油瓶(红霉素软膏)、3 张纸巾、2 只聚乙烯手套。

③将两袋精液放在泡沫塑料箱中。

④将以上用品带到配种栏或母猪限位栏内。

⑤双手戴上手套。

⑥检查母猪的外阴肿胀情况和黏液。

⑦站在母猪的左后侧，用高锰酸钾消毒过的干净毛巾擦拭外阴。

⑧左手将尾部挡向母猪的右侧，用纸巾将阴门及阴门裂内的污物擦拭干净。

⑨将精液袋从泡沫箱中取出，上下颠倒两次。

⑩将输精管从塑料袋中抽出，手握住输精管的手柄或输精管的后1/3处，另一只手将红霉素软膏或精液涂在输精管的管头(应避开输精管前口)，然后可将精液袋口瓣开，将管头插入输精管内卡紧。

(3)输精操作(图3-21)。

①插入输精管：双手分开母猪外阴部，然后左手使外阴口保持张开状态，将输精管45°角向生殖道内进入10 cm左右时，再向水平方向插入。边插边逆时针方向捻转，待感到螺旋形体已锁住子宫颈时(轻拉输精管而取不出)，停止捻转插入，此时便可以输精。

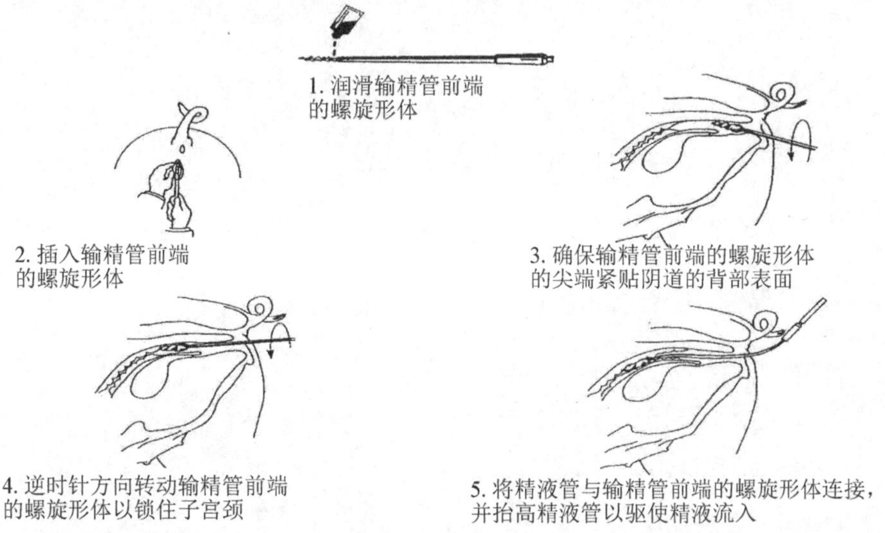

图3-21　输精过程

②输精：在输精过程中，应不断抚摸母猪的乳房或外阴、腹侧或者压背以刺激母猪，使其子宫收缩产生负压，将精液吸纳。输精时除非输精开始时精液不下，勿将精液挤入母猪的生殖道内，以防精液倒流。

③防止精液倒流：用控制精液袋高低的方法来调节精液流出的速度。输精时间一般在3～7 min。输完后，可把输精管后端一小段折起，用精液袋上的圆孔固定，使输精器滞留在生殖道内3～5 min，让输精管慢慢滑落；或精液输完后，以较快地速度将输精管向下抽出，以刺激子宫颈口收缩，防止精液倒流。

(4)输精中特殊情况的处理。

①母猪始终不安静：可在公猪面前输精，如果仍然不顺利，可能不是最佳输精时间。

②精液倒流：放低精液袋，使精液回到精液袋中，然后使输精管呈水平状态，只将输

精袋斜向提起，注意按摩侧腹，检查输精管位置是否正确，可前后移动输精管，仍然不行，可将输精管取出，重新插入，弓背母猪可加大腰部下压力度，使腰部下凹。

③输精管刚刚插入时母猪排尿：将该输精管废弃或消毒处理，另换一支输精管。

五、配种制度

配种制度是根据市场需要以及养猪厂的生产条件、生产水平和种猪状况，将母猪的分娩情况划分为常年分娩和季节分娩两种。

(一)常年分娩

常年分娩就是一年四季任何时期都有母猪分娩。这样可以充分利用圈舍和设备，做到均衡使用种猪，全年均衡向市场提供种猪、仔猪或商品肉猪。但常年分娩，均衡生产需要有一定的生产规模，规模过小时，达不到降低成本的目的。

(二)季节分娩

将母猪分娩时间安排在有利于仔猪生长发育的季节里，减少保温防暑投资，但种猪利用不均衡，圈舍设备利用不合理，一般适合生产规模较小的猪场。

任务工单 1

任务名称	母猪发情鉴定及配种时间的确定		
任务描述	现场采取外部观察、公猪试情、静立反射试验相结合的方法鉴定母猪是否发情，并判断出母猪最佳配种时间		
准备工作	1. 准备 1 头发情母猪，或者有关母猪发情教学视频 2. 准备试情公猪		
实施步骤	1. 外部观察法：观看母猪行为变化、外阴部变化和外阴流淌黏液的变化 2. 公猪试情法：将试情公猪赶到母猪栏，观察母猪的表现，如母猪主动接近试情公猪表明已发情；反之，则未发情 3. 静立反射试验：用双手按压或人骑在母猪的背腰部，如母猪站立不动，则可判断母猪已发情 4. 小组汇报发情鉴定结果，并能说出母猪出现什么行为时是最佳的配种时间		
考核评价	考核内容	评价标准	分值
	外部观察法	1. 能够指出母猪行为变化(20 分) 2. 能够指出母猪外阴的变化(20 分)	40 分
	公猪试情	能够驱赶试情公猪赶到母猪栏，指出母猪的表现，判断是否发情(20 分)	20 分
	静立反射	能通过用手或人骑在母猪的背腰部，母猪发生的表现判断其是否发情(20 分)	20 分
	判定结果	1. 判定母猪是否发情结果准确(10 分) 2. 说出母猪最佳配种时间(10 分)	20 分
	总分		100 分

任务工单 2

任务名称	猪的采精
任务描述	通过现场采精操作，进一步熟练掌握猪的采精步骤及采精注意事项
准备工作	1. 准备 1 头种公猪 2. 实验设备：假台猪、数显恒温箱、集精杯、集精袋(若干)、一次性塑料手套、专用滤纸、医用纱布、橡皮套、0.1%高锰酸钾溶液
实施步骤	1. 将采精训练成功的公猪赶到采精室假台猪旁 2. 戴上双层一次性手套，将公猪包皮内尿液挤出，并用 0.1%高锰酸钾溶液清洗消毒 3. 待公猪爬跨假猪台时，蹲在台猪的左后侧或右后侧，脱掉外层手套，导出阴茎，用拇指轻轻拨动阴茎龟头，其余四指则一紧一松有节奏地握住阴茎前端的螺旋部分

续表

实施步骤	4. 弃去开始的精亮的液体后，待公猪射出较浓稠的乳白色精液时，收集精液，防止包皮积尿流入集精杯 5. 要让公猪射精完全，不要过早终止射精 6. 采精后，去除滤网。将精液放入实验室，将公猪赶回圈内休息		
考核评价	考核内容	评价标准	分值
	设备及公猪准备	1. 设备准备齐全(10分) 2. 能引导公猪爬跨假猪台(10分) 3. 能挤出包皮内尿液，并消毒(10分)	30分
	操作过程	1. 操作方法得当(20分) 2. 采精操作熟练(20分) 3. 采精操作过程无误(30分)	70分
	总分		100分

任务工单3

任务名称	精液品质检查
任务描述	通过操作精液品质检查，包括精液直观项目(色泽、气味、射精量)和微观项目的检查(精子活力、畸形精子率和精子密度)，以能达到熟练检查精液品质
准备工作	1. 准备采集的鲜精液 2. 仪器设备和药品：分光光度计、恒温显微镜、恒温水浴锅、pH测定仪、玻璃搅拌棒、天平、500 mL量筒、载玻片、盖玻片、95%酒精、蓝墨水
实施步骤	1. 将采集的精液马上拿到20～30 ℃的室内，并迅速置于32～35 ℃的恒温水浴锅内，待检 2. 检查数量。把采集的精液倒入经消毒预热烘干的量杯中，读数 3. 检查pH。用万用试纸比色测定，也可用pH测定仪测定 4. 检查气味。用鼻子嗅闻气味 5. 检查颜色 6. 检查活力。用玻璃棒蘸取一滴精液，滴于载玻片中央，盖上盖玻片，置于显微镜下，放大400～600倍目测评估，分10个等级。所有精子做直线运动的评分1分，90%精子做直线运动的评分0.9分，依此类推 7. 检查精子形态。用玻璃棒蘸取一滴精液，滴于载玻片的一端；用另一张载玻片将精液均匀涂开，自然干燥；再用95%酒精固定2～3 min后，放入染色缸内，用蓝墨水染色1～2 min；最后用蒸馏水冲去多余浮色，干燥后放在400～600倍显微镜下进行检查 8. 检查密度。用分光光度仪进行测定，按要求进行一定比例稀释后测定读数并与随仪器附带的精子密度对照表进行比对读数

续表

	考核内容	评价标准	分值
考核评价	设备及药品准备	1. 设备准备齐全(10分) 2. 药品准备齐全(10分)	20分
	操作过程	1. 精液品质检查项目齐全(20分) 2. 精液品质检查操作熟练(20分) 3. 精液品质检查操作过程无误(20分)	60分
	结果	精液品质检查结果准确无误(20分)	20分
	总分		100分

任务工单4

任务名称	精液稀释		
任务描述	通过现场操作精液稀释，包括配制精液稀释液、精液稀释和精液的保存，以能熟练操作精液稀释		
准备工作	1. 准备鲜精液 2. 仪器设备和药品：恒温冰箱、储精瓶、玻璃棒、大烧杯、温度计、蒸馏水、精制葡萄糖、柠檬酸钠、青霉素、链霉素		
实施步骤	1. 配置稀释液。用天平称取精制葡萄糖 0.5 g，柠檬酸钠 0.5 g，量取新鲜蒸馏水 100 mL，将三者放在 200 mL 的烧杯内，用玻璃棒充分溶解，用滤纸过滤后蒸汽消毒 30 min。将溶液凉至 35～37 ℃，将青霉素钾(钠)5 万单位、链霉素 5 万单位倒入溶液内搅拌均匀待用 2. 精液稀释。根据精子密度、活力、需要输精的母猪头数、存储时间等参数确定稀释倍数。加热稀释液，当其温度与精液温度相同时，将稀释液沿瓶壁慢慢倒入原精液中，并且边倒边轻轻摇匀。稀释完毕，用玻璃棒蘸取一滴进行精子活力检查，验证稀释效果 3. 精液保存。将稀释好的精液分装在 100 mL 的储精瓶内，要求装满不留空气封好。在 15 ℃左右的恒温箱内保存		
考核评价	考核内容	评价标准	分值
	设备及药品准备	1. 设备准备齐全(10分) 2. 药品准备齐全(10分)	20分
	操作过程	1. 精液稀释步骤齐全(20分) 2. 精液品质稀释操作熟练(30分) 3. 精液稀释操作过程无误(30分)	80分
	总分		100分

任务工单5

<table>
<tr><td>任务名称</td><td colspan="3">输 精</td></tr>
<tr><td>任务描述</td><td colspan="3">通过现场操作输精技术，能准确找到输精部位，处理输精过程中出现的异常现象</td></tr>
<tr><td>准备工作</td><td colspan="3">1. 准备1头待配母猪
2. 仪器设备和药品：医用乳胶手套、输精管、0.1%高锰酸钾溶液、专用润滑剂</td></tr>
<tr><td>实施步骤</td><td colspan="3">1. 输精员戴上医用乳胶手套，用0.1%高锰酸钾溶液将母猪外阴从尾巴清洗消毒
2. 在输精管前端的螺旋形体或膨大处涂上专用润滑剂
3. 输精员一只手分开待输精母猪的阴门，另一只手将输精管螺旋形体的尖端紧贴阴道背部插入阴道，开始向斜上方插入10 cm左右后，再向水平方向插入
4. 边插边按逆时针方向捻转，待感到螺旋形体已锁住子宫颈时(轻拉输精管而取不出)，停止捻转插入
5. 将储精管与输精管连接，此时腾出一只手有节奏地按摩母猪的阴门和乳房
6. 精液完全输入后可将储精瓶摘下固定于输精管上，让输精管留在母猪体内3～5 min
7. 按顺时针方向将输精管慢慢取出，并用手拍打一下母猪臀部，防止精液逆流
8. 让母猪在采精房安静地停留20 min左右，再将母猪赶回
9. 填写好输精配种记录，重复使用的器械应进行消毒备用</td></tr>
<tr><td rowspan="4">考核评价</td><td>考核内容</td><td>评价标准</td><td>分值</td></tr>
<tr><td>设备及
药品准备</td><td>1. 设备准备齐全(10分)
2. 药品准备齐全(10分)</td><td>20分</td></tr>
<tr><td>操作过程</td><td>1. 输精步骤齐全(20分)
2. 输精过程操作熟练(30分)
3. 输精操作过程无误(30分)</td><td>80分</td></tr>
<tr><td colspan="2">总分</td><td>100分</td></tr>
</table>

任务五　饲养管理妊娠母猪

目标呼应

任务目标	课程教学目标
熟悉胚胎生长发育规律	会饲养、管理妊娠母猪，能运用妊娠母猪饲养管理技术解决生产中的问题
熟悉鉴定母猪妊娠的方法	
熟悉妊娠母猪营养需要特点和环境要求	

情境导入

妊娠母猪是母猪繁殖生产中最长的阶段，养好妊娠母猪是提高猪场繁殖力最为重要的一个饲养环节。因为养好妊娠母猪可确保：①胎儿在母体内顺利着床得到正常发育，防止流产，提高配种分娩率；②每窝能生产尽可能多的，健壮的、生活力强的、初生重大的仔猪；③保持母猪中上等体况，为哺乳期储备泌乳所需要的营养物质。

知识链接

一、早期妊娠诊断

(一)外部观察法

母猪配种后经 21 d 左右，如不再发情，贪睡觉、食欲旺、易上膘、皮毛光、性温驯、行动稳、夹尾走、阴门缩，则表明已妊娠。相反精神不安，阴户微肿，则是没有受胎的表现，应及时补配。假发情的母猪，发情不明显，持续时间短，虽稍有不安，但食欲不减，对公猪反应不明显。

(二)超声波诊断法

1. A 型超声波诊断仪诊断

(1)准备工作：将待检母猪驱赶至宽敞的场地，调试好便携式兽用 A 型超声波诊断仪(图 3-22)，准备好耦合剂(专用耦合剂或菜籽油、石蜡油)。

(2)检查方法：在母猪腹底部后侧的腹壁上(最后乳头上方 5～8 cm 处)涂一些耦合剂。将超声波诊断仪的探触器紧贴在被监测的皮肤，转动探触器，对子宫进行弧形扫描。扫描角度大约与母猪体成 45°，并对准对侧前肩，见图 3-23。当诊断仪发出连续响声(嘶——嘶——)，则诊断为妊娠；诊断仪发出间断声音(嘶——嘟——嘶——)，几次将探头调整方位均无连续声音，则诊断为未妊娠。为确保结果的准确性，应在左侧再检测一次。

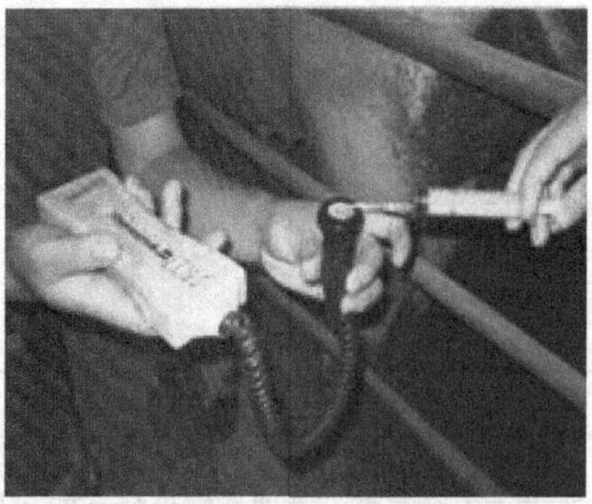

图 3-22 A 型超声波诊断仪

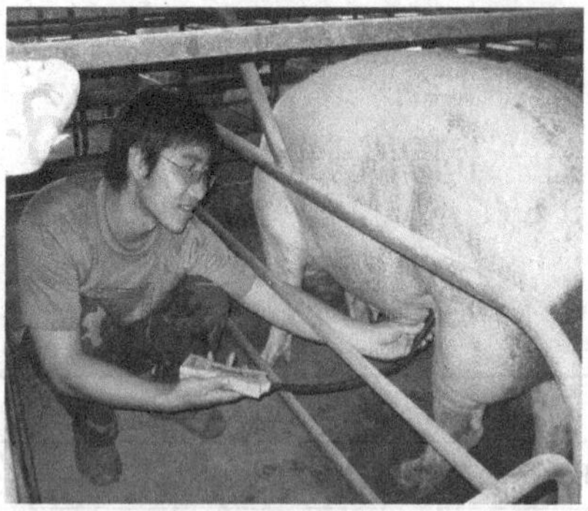

图 3-23 用 A 型超声波诊断仪测定

(3)注意事项。

①每测试一头母猪前必须涂上耦合剂，这样可以保证探触器和猪体接触良好。

②最好选择在母猪安静情况下测试，将使测试工作更加顺利。初次测试时为未孕时，请隔些时日(7～10 d)，再重测以进行确定。

③最早可在母猪配种后 18 d 进行测试，最晚不能超过母猪配种后 75 d。在配种后 18 d 进行测试应该在 30 d 后在重复一次以保证精确的测试结果。

④该诊断方法仅能检测出是否妊娠，不能确定妊娠个数。

2. B 型超声波诊断仪诊断

(1)准备工作：使待检母猪于限位栏内或在运动场上安静站立、侧卧，打开 B 型超声波诊断仪，调节好对比度、灰度和增益，使其适合当地当时的光线强弱及检测者的视觉，准备好耦合剂(专用耦合剂或菜籽油、石蜡油)。

(2)检查方法：待检母猪安静站立或者侧卧时，将其大腿内侧、最后乳头上方腹壁洗净，涂上耦合剂。毛多时，先剪毛再涂耦合剂。将探头涂抹耦合剂后置于最后一对乳头上方区，紧贴母猪腹部皮肤，调整探头前后上下位置及入射角度。首先找到膀胱区，再在膀胱顶上方寻找子宫区，观察 B 超显示屏上子宫的图像，记录检测结果。

(3)判定结果：如在显示屏上出现典型的孕囊暗区即可确定为妊娠。母猪妊娠各阶段的 B 超图像，见图 3-24。

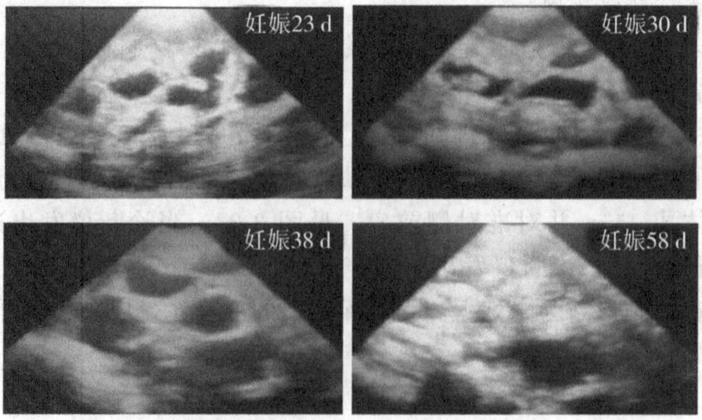

图 3-24 妊娠母猪 B 超检测

(4)注意事项。

①早孕阴性的判断须慎重，因为在受胎数目少或操作不熟练时难以找到孕囊。未见孕囊不等于没有受孕。

②在判断早孕阴性时应于两侧大面积仔细探测，并需几天后多次复检。

③估测怀胎数时更需双侧子宫全面探查，否则估测数不准。

④探测怀胎数的时间在配种后 28～35 d 最适宜，此时能观察到胎体，而且胎囊并不很大，在一个视野内可观其全貌，随着胎龄增加和胎体增大，一个视野只能观察到胎囊的一部分，而估测误差也会增大。

二、预产期推算

1. 333 法

333 法，即从配种之日起，加上 3 月 3 个星期零 3 天，计 114 d。

2. 计算法

计算法，即月加 4，日减 6，过大月减 1，过平月加 2(如是闰年 2 月则加 1)。

3. 查表法

因为月份有大月、小月，天数不同，为了把预产期推算的更准确，把月份大小的误差排除掉，同时也为了应用方便，减少临时推算的错误，可查预产期推算表。母猪预产期推算表(表 3-4)中，上边第一行为配种月份，左边第一列为配种日期，表中交叉部分为预产期。例如，某头母猪于 3 月 5 日配种，先从配种月份中找到 3 月，再从配种日期中找到 5 日，交叉处的 6.27 即 6 月 27 日为预产期。

表 3-4 母猪预产期推算表

配种	1月	2月	3月	4月	5月	6月	7月	8月	9月	10月	11月	12月
1日	4.25	5.26	6.23	7.24	8.23	9.23	10.23	11.23	12.24	1.23	2.23	3.25
2日	4.26	5.27	6.24	7.25	8.24	9.24	10.24	11.24	12.25	1.24	2.24	3.26
3日	4.27	5.28	6.25	7.26	8.25	9.25	10.25	11.25	12.26	1.25	2.25	3.27
4日	4.28	5.29	6.26	7.27	8.26	9.26	10.26	11.26	12.27	1.26	2.26	3.28
5日	4.29	5.30	6.27	7.28	8.27	9.27	10.27	11.27	12.28	1.27	2.27	3.29
6日	4.30	5.31	6.28	7.29	8.28	9.28	10.28	11.28	12.29	1.28	2.28	3.30
7日	5.1	6.1	6.29	7.30	8.29	9.29	10.29	11.29	12.30	1.29	3.1	3.31
8日	5.2	6.2	6.30	7.31	8.30	9.30	10.30	11.30	12.31	1.30	3.2	4.1
9日	5.3	6.3	7.1	8.1	8.31	10.1	10.31	12.1	1.1	1.31	3.3	4.2
10日	5.4	6.4	7.2	8.2	9.1	10.2	11.1	12.2	1.2	2.1	3.4	4.3
11日	5.5	6.5	7.3	8.3	9.2	10.3	11.2	12.3	1.3	2.2	3.5	4.4
12日	5.6	6.6	7.4	8.4	9.3	10.4	11.3	12.4	1.4	2.3	3.6	4.5
13日	5.7	6.7	7.5	8.5	9.4	10.5	11.4	12.5	1.5	2.4	3.7	4.6
14日	5.8	6.8	7.6	8.6	9.5	10.6	11.5	12.6	1.6	2.5	3.8	4.7
15日	5.9	6.9	7.7	8.7	9.6	10.7	11.6	12.7	1.7	2.6	3.9	4.8
16日	5.10	6.10	7.8	8.8	9.7	10.8	11.7	12.8	1.8	2.7	3.10	4.9
17日	5.11	6.11	7.9	8.9	9.8	10.9	11.8	12.9	1.9	2.8	3.11	4.10

续表

配种	1月	2月	3月	4月	5月	6月	7月	8月	9月	10月	11月	12月
18日	5.12	6.12	7.10	8.10	9.9	10.10	11.9	12.10	1.10	2.9	3.12	4.11
19日	5.13	6.13	7.11	8.11	9.10	10.11	11.10	12.11	1.12	2.10	3.13	4.12
20日	5.14	6.14	7.12	8.12	9.11	10.12	11.11	12.12	1.13	2.11	3.14	4.13
21日	5.15	6.15	7.13	8.13	9.12	10.13	11.12	12.13	1.14	2.12	3.15	4.14
22日	5.16	6.16	7.14	8.14	9.13	10.14	11.13	12.14	1.15	2.13	3.16	4.15
23日	5.17	6.17	7.15	8.15	9.14	10.15	11.14	12.15	1.16	2.14	3.17	4.16
24日	5.18	6.18	7.16	8.16	9.15	10.16	11.15	12.16	1.17	2.15	3.18	4.17
25日	5.19	6.19	7.17	8.17	9.16	10.17	11.16	12.17	1.18	2.16	3.19	4.18
26日	5.20	6.20	7.18	8.18	9.17	10.18	11.17	12.18	1.19	2.17	3.20	4.19
27日	5.21	6.21	7.19	8.19	9.18	10.19	11.18	12.19	1.20	2.18	3.21	4.20
28日	5.22	6.22	7.20	8.20	9.19	10.20	11.19	12.20	1.21	2.19	3.22	4.21
29日	5.23	—	7.21	8.21	9.20	10.21	11.20	12.21	1.22	2.20	3.23	4.22
30日	5.24	—	7.22	8.22	9.21	10.22	11.21	12.22	—	2.21	3.24	4.23
31日	5.25	—	7.23	—	9.22	—	11.22	12.23	—	2.22	—	4.24

注：此表为按平年(2月有28天)计算的结果。

三、胚胎生长发育规律及影响因素

(一)胚胎生长发育规律

精子与卵子在输卵管上三分之一壶腹部完成受精后形成合子。一般猪胚胎在输卵管内停留2 d左右，然后移行到子宫角内，此时猪胚胎已发育到4细胞阶段。在子宫角内游离生活5～6 d，胚胎已达到16～32细胞(桑葚胚)。受精后第10 d，胚胎直径可达2～6 mm。第13～14 d胚胎开始与子宫壁疏松附着(着床)。大多在第18 d左右着床完成。着床以前胚胎营养来源是：在输卵管内靠卵子本身；胚胎在子宫角内靠子宫乳供养。第4周左右胚胎具备与母体胎盘进行物质交换的能力。由此可见胚胎在没有利用胎盘与母体交换物质之前是很危险的，容易夭折。此时胚胎死亡率占受精合子的30%～40%。胚胎前40 d主要进行组织器官的形成和发育，生长速度很慢，此时胚胎重量只有初生重的1%左右。妊娠41～80 d，胚胎生长速度比前40 d要快一些，80 d时胚胎重量可达400 g左右，81 d到出生，生长速度达到高峰。仔猪初生重的60%～70%在此期间内生长完成。可见妊娠后期是个关键时期，母猪的饲养管理将直接影响着仔猪初生重(表3-5)。

表3-5 不同日龄胚胎的生长情况

妊娠时期/d	胚胎重量/g	占初生重比例/%	胚胎长度/cm
30	2	0.15	1.5～2
60	110	8	8
90	550	39	15
114	1 300～1 500	100	25

胚胎所处的时期不同，其胚胎体内的化学成分也有所不同。42日龄胚胎与112日龄胚

胎比较，干物质增长 2.1 倍，粗蛋白 1.6 倍，脂肪 1.8 倍，矿物质 2.8 倍，钙 6.2 倍，磷 3.8 倍，铁 12.9 倍，详细资料见表 3-6。

表 3-6　不同日龄胚胎体内化学成分

胚胎日龄/d	个体胎重/g	干物质/%	粗蛋白/%	粗脂肪%	矿物质/%	钙/%	磷/%	铁/%
42	15.78	8.15	6.38	0.52	1.23	0.153	0.142	0.002 4
77	388.00	10.35	7.38	0.64	2.25	0.540	0.292	0.003 8
112	1 303.00	17.05	10.09	0.95	3.42	0.950	0.545	0.031 0

(二)影响胚胎生长发育因素

母猪每次发情排卵为 20～30 个，完成受精形成合子乃至胚胎的为 17～18 个，但真正形成胎儿出生的仅有 10～15 头。造成这种情况的原因是多方面的。统计资料表明，胚胎死亡在胎盘形成以前占受精合子的 25%左右，胎盘形成以后胚胎死亡数占受精合子的 12%～15%，见表 3-7。

表 3-7　生殖各阶段典型的胚胎死亡

生殖阶段	数目	生殖阶段	数目
排出卵子	17.0	妊娠 75 d 胚胎	10.4
受精卵子	16.2	妊娠 110 d 胚胎	9.8
妊娠 25 d 胚胎	12.3	分娩的活仔猪	9.4
妊娠 50 d 胚胎	11.2	每窝断奶的仔猪	8.0

由于在妊娠 36 d 以内死亡的胚胎被子宫吸收了，因此见不到任何痕迹。而妊娠 36 d 以后死亡的胚胎不能被子宫吸收，形成木乃伊胎或死胎。引起胚胎死亡或者母猪流产的因素有以下几个方面。

(1)遗传因素：生产实践中发现公猪或母猪染色体畸形可以引起胚胎死亡，遇到这种情况应进行实验室遗传学检查，淘汰染色体畸形种猪。近年来有人研究表明，猪的品种不同其子宫乳成分不同，对合子的滋养效果不同。梅山猪子宫乳中蛋白质、葡萄糖的含量显著高于大白猪，这可能是梅山猪胚胎的存活率高的原因之一。另外，近亲繁殖使得胚胎的生活力降低，从而导致胚胎中途死亡数量增加或者胚胎生存质量下降，弱仔增多，产仔数降低。

(2)营养因素：母猪日粮中维生素 A、维生素 E、维生素 D、维生素 B_1、维生素 B_2、维生素 B_6、维生素 B_{12}、泛酸、叶酸、胆碱、硒、锰、碘、锌等不足会导致胚胎死亡、胚胎畸形、仔猪早产、仔猪出生后出现“劈叉症”、母猪“假妊娠”等。母猪在妊娠前期能量水平过高，母猪体况过于肥胖，使得子宫壁血液循环受阻，导致胚胎死亡。

(3)环境因素：母猪妊娠期间所居环境温度，对胚胎发育也有一定的影响。当环境温度超过 32 ℃，通风不畅，湿度较大时，母猪将出现热应激，使得母猪体内促肾上腺素和肾上腺素骤增，从而抑制脑垂体前叶一些促性腺激素的分泌和释放，母猪卵巢功能紊乱或减退。高温环境下容易导致子宫内环境发生不良变化，使得胚胎附植受阻，胚胎存活率降低，产仔数减少，木乃伊、死胎、畸形增加。这种现象在每年7月、8月、9月三个月份配种的母猪中比较多见，猪场可以在饲料中添加一些抗应激物质(如维生素C、维生素E、硒、镁等)，同时注意母猪所居环境的防暑降温、通风换气工作，以便减少繁殖损失。

(4)疾病因素：某些疾病对母猪的繁殖形成障碍。临床上出现母猪"假妊娠"，死胎、木乃伊增加，弱仔、产后即死和母猪流产等不良后果。如猪瘟，猪繁殖和呼吸障碍综合征，猪圆环病毒病，日本乙型脑炎，衣原体病，猪肠病毒感染，猪脑心肌炎感染，猪流感，猪伪狂犬病，猪细小病毒病，口蹄疫，巨细胞病毒感染，布氏杆菌病，李氏杆菌病，链球菌病，钩端螺旋体病，附红细胞体病，弓形体等。

(5)其他方面：母猪铅、汞、砷、有机磷、霉菌、龙葵素中毒，药物使用不当，疫苗反应，核污染，公猪精液品质不佳或配种时机把握不准等，均会引起胚胎畸形，死亡乃至流产。

四、妊娠母猪饲养管理

(一)妊娠母猪的生产特点和营养需要

1. 妊娠母猪的生产特点

妊娠母猪在整个妊娠期要完成子宫、胎衣、羊水的增长，胚胎的生长发育和乳腺系统的发育，对于身体尚未成熟的青年母猪还要进行自身生长发育。子宫、胎衣、羊水的增长在妊娠12周以前较为迅速，12周以后增长变慢。母猪妊娠末期，子宫重量是空怀时子宫的10～17倍，母猪不同妊娠时期子宫、胎衣、羊水增长情况见表3-8。

表3-8 母猪不同妊娠时期子宫、胎衣、羊水的增长

妊娠天数/d	子宫		胎衣		羊水	
	重量/g	47 d百分比/%	重量/g	47 d百分比/%	重量/g	47 d百分比/%
47	1 300	100	800	100	1 350	100
63	2 450	189	2 100	263	5 050	374
81	2 600	200	2 550	319	5 650	419
96	3 441	265	2 500	313	2 250	207
108	3 770	290	2 500	313	1 890	140

胚胎生长主要集中在妊娠期的最后四分之一时期内。对于青年母猪自身还要继续生长发育，一般青年母猪在妊娠期间自身体重增长为5～10 kg，经过2次妊娠和泌乳，可以完成自身体成熟生长发育。

2. 妊娠母猪营养需要

妊娠母猪营养需要应根据母猪品种、年龄、体重、胎次进行确定。

(1)能量的需要：1998年NRC的推荐妊娠母猪消化能为25.56～27.84 MJ/d。妊娠母猪能量供给过多会影响母猪繁殖成绩和将来的泌乳，乃至整个生产。过高的能量水平会降低胚胎的存活。安德森(Anderson)总结30次试验结果指出，低能量日粮(20.90 MJ/d·头)存活率77%～80%；而高能量日粮(38.08 MJ/d·头)增加胚胎死亡，配种后4～6周胚胎的存活率为67%～74%。同时多年研究发现，妊娠后期能量水平高低对仔猪初生重影响较为显著，如果母猪日粮能量在20.90 MJ/d·头以下，会降低仔猪初生重；但当日粮能量超过25 MJ/d·头时，初生重增加并不明显。

妊娠母猪能量水平对将来泌乳影响较大，妊娠期间能量水平过高，母猪体重增加过多，泌乳期间母猪体重就会失重过大，不但浪费饲料增加饲养成本，而且还会出现哺乳母猪产后食欲不旺，泌乳性能下降，母猪过度消瘦，并且断奶后发情配种也将受到影响。鉴于上述情况，合理掌握妊娠母猪营养水平，控制母猪妊娠期间增重比较重要，从而以最经济饲养水平饲养妊娠母猪，得到最佳的生产效果，见表3-9。

表 3-9 妊娠母猪不同饲养水平对体重的影响 单位：kg

营养水平（100 kg 体重）	配种体重	产后体重	妊娠期增重	断奶时体重	哺乳期失重	总净增重
高 1.8 kg/d	230.2	284.1	53.9	235.8	48.3	+5.6
低 0.87 kg/d	229.7	249.8	20.1	242.2	7.4	+12.7

(2)蛋白质、氨基酸的需要：蛋白质和氨基酸对母猪的产仔数、仔猪初生重和仔猪的生长发育影响不大，但蛋白质水平过低时将会影响母猪产仔数和仔猪初生重，妊娠母猪可以利用蛋白质和氨基酸储备来满足胚胎生长和发育。母猪长期缺乏蛋白质、氨基酸，母猪繁殖力下降，卵巢功能失常，不发情或发情不规律，排卵数量减少或不排卵；母猪产后泌乳量下降，仔猪易患下痢等病。仔猪断奶后母猪不能如期发情配种等不良后果，这种现象在3胎以后母猪中比较常见，因为头两胎母猪动用了体内蛋白质和氨基酸储备，来满足妊娠和泌乳需要。为了使母猪正常进行繁殖泌乳，并且身体不受损，保证正常产仔7～8胎，NRC(1998)建议，妊娠母猪粗蛋白质水平为12%～12.9%。玉米—麸子—豆粕型日粮，赖氨酸是第一限制性氨基酸，在配制日粮时不容忽视，不要片面强调蛋白质水平，导致母猪各种氨基酸真正摄取量很少，不能满足妊娠生产的需要。NRC(1998)推荐赖氨酸水平为0.52%～0.58%，其他氨基酸的需要参照NRC(1998)标准酌情添加。

(3)矿物质的需要：矿物质对妊娠母猪的身体健康和胚胎生长发育影响较大。无论是常量元素还是微量元素，缺乏的后果是母猪繁殖障碍，具体表现：发情排卵异常，母猪流产，畸形和死胎增加。现代养猪生产，母猪生产水平较高，窝产仔10～12头，初生重1.2～1.7 kg，年产仔2～2.5窝。密闭式猪舍，应注意矿物质饲料的使用。美国NRC(1998)推荐钙0.75%、总磷0.60%、有效磷0.35%、氯化钠0.35%左右，其他矿物质元素参照NRC(1998)妊娠母猪矿物质需要标准酌情添加。

(4)维生素的需要：妊娠母猪对维生素的需要有13种，日粮中缺乏将会出现母猪繁殖障碍乃至终生不育，现推荐NRC(1998)妊娠母猪维生素需要量，配合日粮时可酌情添加。

(5)水的需要：妊娠母猪日粮量虽较少，但为了防止饥饿增加饱腹感，粗纤维含量相对较高，一般为8%～12%，所以对水的需要量较多，一般每头妊娠母猪日需要饮水12～15L。供水不足往往导致母猪便秘，老龄母猪会引发脱肛等不良后果。

(二)妊娠母猪的饲养

1. 遵循低妊娠、高泌乳的饲养体制

根据胚胎生长发育规律和妊娠母猪本身营养特点，依据饲养标准科学配合日粮，注意各种饲料的合理搭配，保证胚胎正常生长发育。整个妊娠期本着“低妊娠，高泌乳”的原则，即削减妊娠期间的饲料给量，但要保证矿物质和维生素的供给。

2. 实施限制饲养

(1)限制饲养的好处：可增加胚胎成活率；减少母猪难产；减少母猪压死仔猪的概率；减少母猪哺乳期失重；有利于母猪哺乳期食欲旺盛；降低饲料成本；减少乳房炎发病率；减少肢蹄发病率；延长母猪利用年限。

(2)限饲方法：分为单栏饲养法、隔日饲喂法、日粮稀释法和电子识别饲喂系统。

①单栏饲养法：利用单栏单独饲喂，最大限度地控制母猪饲料摄入，节省一定的饲料成本，同时避免了母猪之间因抢食发生的咬架，减少机械性流产和仔猪出生前的死亡。但限位栏面积过小，母猪无法趴下，长期站立，肢蹄病发生率增加，使母猪计划外淘汰率增加。

②隔日饲喂法：此方法适合群养母猪，也就是将母猪一周的日喂量集中 3 d 饲喂，使用前应设计一个饲喂计划表，允许母猪在一周的 3 d 中每日自由采食 8 h，剩余 4 d 不再喂料，但要保证清洁爽口的饮水。如每周一、周三、周五自由采食 8 h，日喂量 5.5～6.3 kg。每周合计喂料 16.5～18.9 kg，平均每头母猪每天采食 2.3～2.7 kg。此方法也能防止胆小体弱母猪吃不饱，造成一栏母猪体况不均或者影响胚胎生长发育。隔日饲喂法要求有一个宽阔的投料面积，使每头母猪都有采食位置，以免咬架，另外饲喂时间不要太短，保证每头母猪一次采食吃饱。

③日粮稀释法：在饲粮配合时使用一些高纤维饲料(如苜蓿草粉、麦麸等)，降低饲粮的能量浓度。稀释后的日粮具有较好的饱腹感，防止母猪饥饿躁动，影响其他母猪休息，同时也降低了饲料成本。

④电子识别饲喂系统：使用电子饲喂器自动供给每头母猪预定饲喂量，计算机控制饲喂器，母猪耳标上密码或颈圈的传感器来识别母猪，当母猪要采食时，就来到饲喂器前，计算机就会供给一天当中的一小部分饲料。一台饲喂器可饲养 48 头母猪，一天 24 h 每 0.5 h 为一期。

3. 饲粮要求

(1)饲粮应具有一定体积：使猪吃后有饱腹感，但不能压迫胎儿。粗饲料所提供的氨基酸、维生素与微量元素很丰富，有利于胚胎的发育，同时青粗饲料可防止母猪的卵巢、子宫、乳房发生脂肪浸润，有利于提高母猪的繁殖力与泌乳力。

(2)适当增加轻泄性饲料(如麸皮)，防止便秘。

(3)日粮营养全面，多样配合、全价适口，妊娠 3 个月后就要限制青粗饲料的给量。

(4)严禁喂发霉、变质、冰冻、有毒和有害的饲料；生饲并供足饮水。

4. 分阶段饲养

(1)妊娠前期(0～28 d)：使胚胎顺利着床。控制采食量以减少胚胎的死亡。关键是配种后的 48～72 h，应在配种后 2 d 内将饲喂量降低至 2.0(1.8～2.2)kg。

(2)妊娠中期(29～84 d)：调整体况。日喂量 2.0～2.5 kg/d。

(3)妊娠后期(85～110 d)：促进胎儿的快速生长。日喂量 2.8～3.5 kg/d(初产 2.8～3 kg/d，二产以后 3.2～3.5 kg/d)。

(4)产前(111～分娩)：预防便秘，顺利分娩。产前 24～36 h，日喂量 2～2.5 kg/d，每天至少采食 1.5～1.8 kg，否则易患溃疡和便秘，产仔当天可少喂或不喂。

(5)青年母猪：增加日粮 10%～20%，冬季可增加喂量 10%～20%，日喂 2～3 次。

(三)科学管理妊娠母猪

1. 单栏或小群饲养

单栏饲养是母猪从妊娠到产仔前，均饲养在限位栏内。小群饲养是将配种期相近、体重大小和性情强弱相近的3～4头母猪，放在同一栏内饲养。占地面积1.5～2 m^2/头，有足够的饲槽(槽长与全栏母猪肩宽等长)，饮水器高度为55～65 cm。

2. 创造良好环境

猪舍环境卫生、清洁，地面不能过于光滑，坡度为3%左右，做好防暑降温工作，舍温15～20 ℃(温度超过32 ℃时，导致胚胎死亡或流产)。妊娠初期应绝对安静，避免刺激。一般情况下，配种后21 d内不能打任何针(包括疫苗)。

3. 适当运动

前期限制运动，中后期适当运动，产前1周停止户外运动。

4. 做好日常管理，防止流产

(1)态度温和，避免惊吓、打骂妊娠母猪。应经常触摸母猪腹部，对初产母猪在妊娠后期进行乳房按摩，有利于乳腺系统的发育和泌乳。

(2)每天刷拭猪体保持皮肤清洁。

(3)注意观察妊娠母猪采食、饮水、粪尿和精神状态的变化，预防疾病发生和机械刺激(如挤、斗、咬、跌、骚动等)，防止流产。

初产母猪在良好体况和理想环境中的典型饲养策略，如图3-25所示。

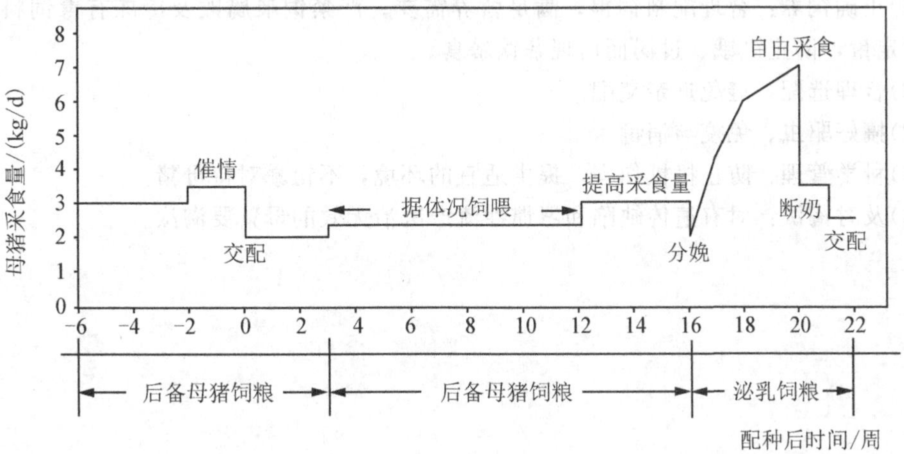

图3-25　初产母猪在良好体况和理想环境中的典型饲养策略

说明：从150日龄到催情前日喂2.3～2.8 kg，配种前11～14 d催情补饲(使采食量增加40%～50%，达3.8～4.0 kg/d或自由采食)，排卵数增加最多。配种～妊娠28 d，1.8～2.2 kg/d；28～84 d，2.0～2.5 kg/d；84～111 d，2.8～3.5 kg/d。

五、母猪流产的原因分析及预防

(一)流产的原因分析

母猪怀孕不足16周，在胎儿出生、具备生存能力以前中止妊娠的现象称流产。其原因如下。

1. 营养因素

(1)长期缺乏蛋白质、维生素 A、维生素 E、维生素 B_1、维生素 B_2、维生素 B_6、维生素 B_{12}、泛酸、胆碱、锰、碘、锌等。

(2)硒添加过量。

2. 疾病因素

(1)卵巢炎、子宫炎、阴道炎、感冒等。

(2)传染病和寄生虫病。如猪繁殖—呼吸障碍综合征、圆环病毒病、细小病毒病、乙型脑炎、伪狂犬病、肠病毒感染、猪脑心肌病毒感染、巨细胞病毒感染、猪瘟、狂犬病、布鲁氏杆菌病、李氏杆菌病、丹毒杆菌病、钩端螺旋体病、附红细胞体病、弓形体病等。

3. 管理因素

(1)夏季高温，通风不畅。

(2)地面过于光滑，行走摔倒，出入圈门挤撞。

(3)饲养员粗暴对待母猪或不正确的驱赶。

(4)突发性惊吓刺激。

(5)采食发霉变质饲料、有毒有害物质、冰冷饲料。

4. 其他因素

不合理用药、免疫接种不良反应等。

(二)预防措施

(1)正确饲养：合理配制饲粮，满足营养需要；严禁饲喂腐败及冷冻有毒饲料，饲喂要定时定量，防止饥饿、过渴而出现暴饮暴食。

(2)合理选配，避免近亲交配。

(3)搞好驱虫、免疫与消毒。

(4)科学管理：防止机械伤害，提供适宜的环境，不粗暴对待母猪。

(5)及时淘汰：对有遗传缺陷和习惯性流产医治无效的母猪要淘汰。

任务工单

<table>
<tr><td>任务名称</td><td colspan="3">早期妊娠诊断</td></tr>
<tr><td>任务描述</td><td colspan="3">现场通过采取外部观察、超声波诊断方法鉴定母猪是否妊娠，以能熟练使用超声波诊断仪</td></tr>
<tr><td>准备工作</td><td colspan="3">1. 待测母猪
2. 仪器和药品：超声波诊断仪、耦合剂</td></tr>
<tr><td>实施步骤</td><td colspan="3">1. 外部观察法：母猪配种后 21 d 左右，如不再发情、贪睡觉、食欲旺、易上膘、皮毛光、性温驯、行动稳、夹尾走、阴门缩，则表明已妊娠；若母猪精神不安、阴户微皱，则是没有受胎的表现，应及时补配
2. 超声波早期诊断法：打开 A 型超测定仪电源，使母猪自然站立，在母猪腹底部后侧的腹壁上(最后乳头上 5～8 cm)处涂上耦合剂，将探触器贴在测量部位，若诊断仪发出连续响声(嘶—嘶—)，说明已妊娠；若发出间断响声(嘶—嘟—嘶—)，几次调整方位均无连续响声，说明未妊娠</td></tr>
<tr><td rowspan="5">考核评价</td><td>考核内容</td><td>评价标准</td><td>分值</td></tr>
<tr><td>外部观察法</td><td>1. 能够指出母猪妊娠行为变化(20 分)
2. 能够指出母猪妊娠外阴的变化(20 分)</td><td>40 分</td></tr>
<tr><td>A 型超声波诊断法</td><td>1. 使用 A 型超声波诊断诊断操作过程熟练(20 分)
2. 使用 A 型超声波诊断诊断操作过程准确无误(20 分)</td><td>40 分</td></tr>
<tr><td>判定结果</td><td>结合两种方法判定母猪是否妊娠，且结果准确(20 分)</td><td>20 分</td></tr>
<tr><td>总分</td><td></td><td>100 分</td></tr>
</table>

任务六 接产技术

目标呼应

任务目标	课程教学目标
熟悉母猪产前准备工作	能执行母猪接产各环节的工作
明确母猪接产技术环节	
能处理假死仔猪和难产母猪	

情境导入

母猪分娩是养猪生产中最繁忙的生产环节，是解决猪源的关键。其任务是保障母猪安全分娩，提高仔猪成活率，从而提高猪场猪群的繁殖力，增加猪场的经济效益。作为猪场技术员应熟悉母猪临产前征状，能执行母猪接产的各项工作环节，确保母猪分娩过程母仔安全。

知识链接

一、产前准备

(一)产房的准备

产房的重点工作是保温和消毒。工厂化猪场实行流水式的生产工艺，均设置专门的产房，实行全进全出制。产房要求清洁、卫生、干燥，温度 15～22 ℃，相对湿度 65%～75%，阳光充足，空气新鲜。

(二)准备接产用品

准备好仔猪保温箱，安装并开启保温灯，并在临产前 2 h 开始预热保温箱，准备毛巾、剪刀、断尾钳、结扎线、水盆、记录表格、消毒用药(5%碘酊溶液、0.1%高锰酸钾溶液、2%～5%来苏儿溶液等)、催产药品和 25%的葡萄糖(急救仔猪用)等。

(三)分娩前母猪的处理

临产前 3～7 d 上产床，按预产期先后进行排列，并对母猪进行消毒，必要时进行驱虫。产前用 0.1%高锰酸钾溶液消毒水清洗母猪的外阴、乳房及腿臀部位。

(四)接产人员准备

分娩舍有饲养员昼夜值班。接产人员应剪短指甲、磨光，双手消毒，准备接产。

二、母猪产仔时间判断

(一)乳房变化

产前 15～20 d 乳房膨大，呈两条带状隆起，皮肤发红发亮，乳头呈八字形外展，见图 3-26。

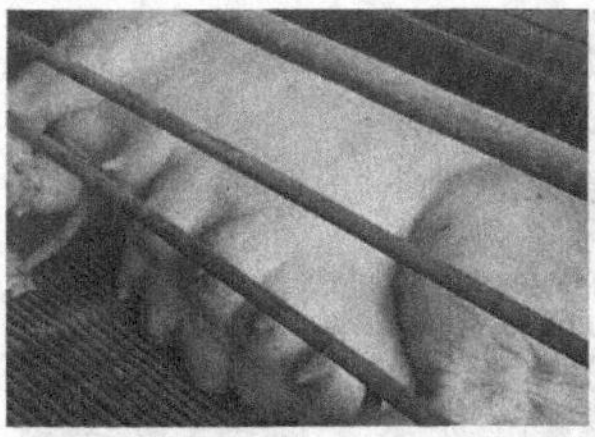

图 3-26 乳房变化

(二)乳汁出现

当母猪前面乳头能挤出乳汁，大约在 24 h 内产仔；当母猪中间乳头能挤出乳汁，约 12 h 内产仔；当母猪后面乳头能挤出乳汁，在 4～6 h 内产仔；当最后一对乳头乳汁放线时，还有 1～2 h 产仔或即将产仔，见图 3-27、图 3-28。

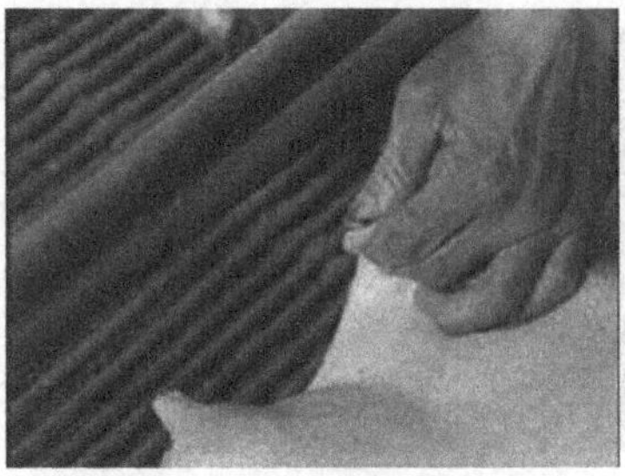

图 3-27 挤出乳汁

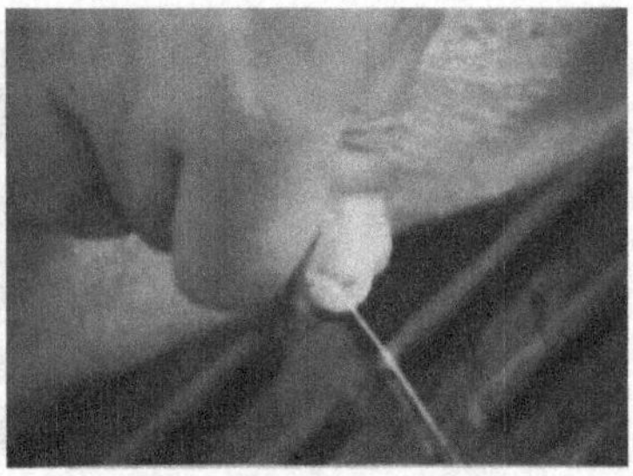

图 3-28 挤出放线乳汁

(三)外阴变化

产前 3～5 d，阴唇红肿，尾根两侧下陷。

(四)行为变化

将要分娩的母猪会急躁不安，有的会用脚刮床板，呼吸急促，频排尿。产前 1 h 躺卧，四肢伸直，阵缩渐快。当母猪阴户流出白色或混有血液的稀薄液体(羊水)，说明分娩马上开始。

三、接产

(一)母猪分娩过程

羊水流出后 20～30 min 以内，就应产出第一头仔猪，时间过长会导致分娩困难。两头仔猪的产出间隔一般为 5～25 min，整个分娩过程为 1～4 h。分娩完成后 10～30 min 内会排出胎衣，有时也在分娩中间排出部分胎衣。

(二)接产技术

1. 消毒

母猪乳房及后躯消毒。

2. 擦黏液

三擦一破：用手指将仔猪的口、鼻的黏液掏出并擦净，再用抹布将全身黏液擦净，撕破胎衣。然后在小猪身上涂抹密斯陀粉，减少小猪体能损耗，见图 3-29 和图 3-30。

图 3-29 擦黏液

图 3-30 涂抹密斯陀粉

3. 断脐

先将脐带内的血液向仔猪腹部方向挤压，距离腹部 4～5 cm 处，用消毒过的结扎线结扎，掐断或剪断，并涂上 5%碘酒消毒，见图 3-31。

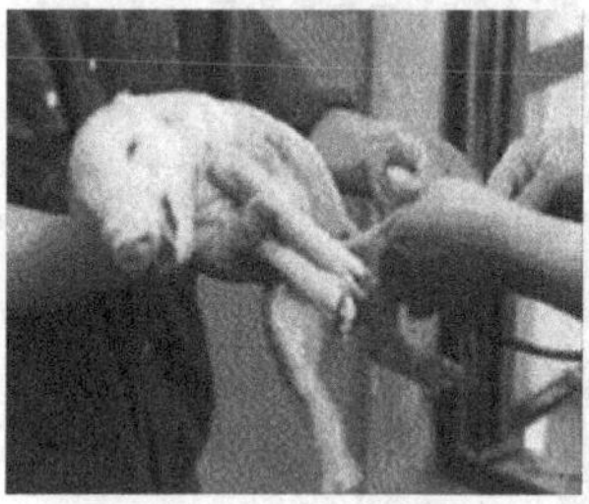

图 3-31 断脐

4. 剪犬齿

初生仔猪有 4 颗犬齿，4 颗隅齿。出生后 12～24 h 内用剪牙钳剪掉牙齿 2/3，但不要剪到牙根，断口要平整，不可扭转或拉扯，以免伤及牙龈。剪完用碘酒涂抹断口，以减少细菌感染，见图 3-32 和图 3-33。

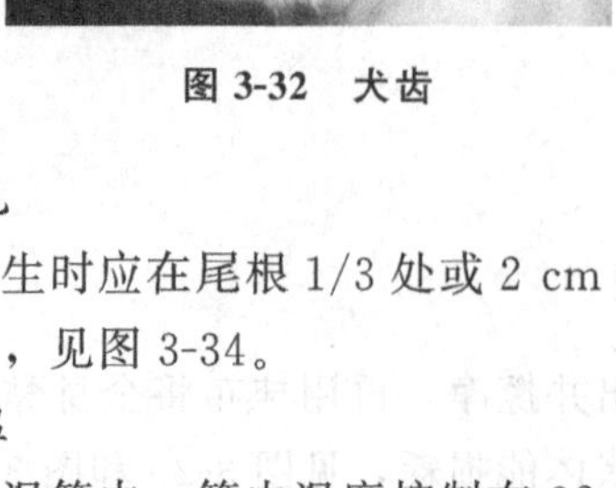

图 3-32 犬齿

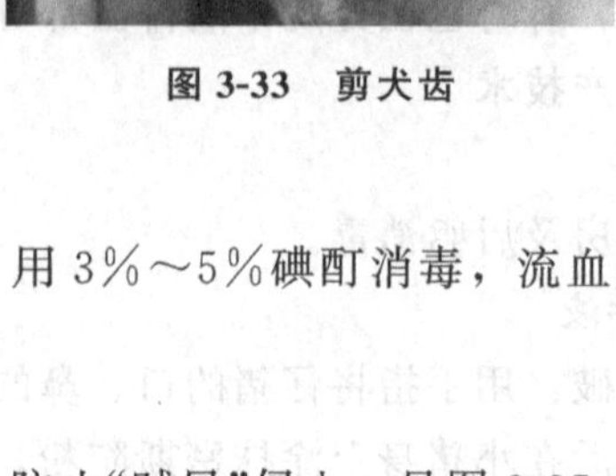

图 3-33 剪犬齿

5. 断尾

仔猪出生时应在尾根 1/3 处或 2 cm 处剪断，用 3%～5%碘酊消毒，流血严重的用高锰酸钾止血，见图 3-34。

6. 保温

放入保温箱内，箱内温度控制在 32～35 ℃，防止“贼风”侵入，见图 3-35。

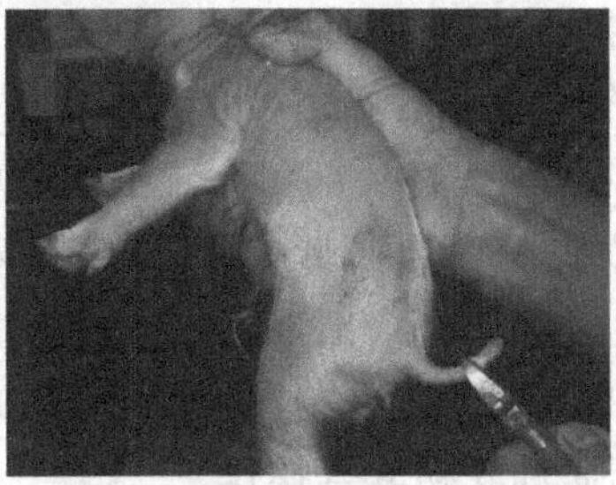

图 3-34　断尾

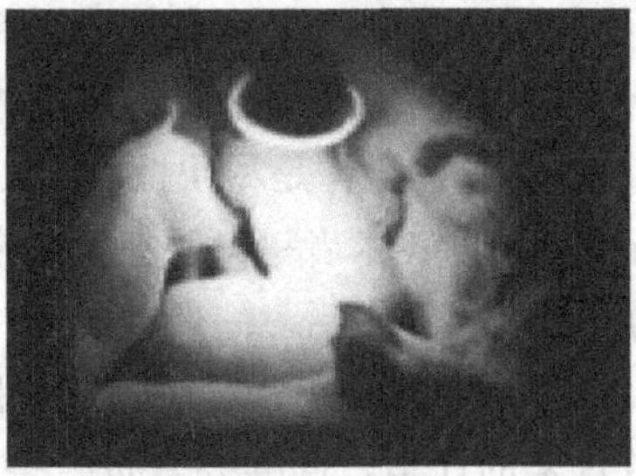

图 3-35　保温

7. 早吃初乳

仔猪出生后 10～20 min 内，应将其抓到母猪乳房处，协助其找到乳头，吸上乳汁，注意吃初乳前将头几滴乳汁弃掉。

8. 填写产仔记录

种猪场应在 24 h 之内进行个体称重，并剪耳号(详见哺乳仔猪饲养管理)，然后填写产仔记录。

9. 清理现场

清洗母猪乳房、外阴和体表，必要时用抗生素灌注生殖道，适当补充水分和营养，清洗圈栏和消毒，更换垫草。

(三)假死仔猪的急救

1. 假死仔猪

假死仔猪是指出生时没有呼吸或呼吸微弱，但心脏仍在跳动的仔猪。遇到这种情况应立即抢救。

2. 假死的原因

假死的原因是仔猪在母猪产道内停留时间过长引起窒息所致。

3. 假死仔猪急救的方法

(1)人工呼吸法：此方法最为简单，即饲养员把仔猪放在麻袋或垫草上，仔猪的四肢朝上，一只手托着肩部，另一只手托着臀部，然后一曲一伸反复进行，频率为 20 次/min，直到仔猪叫出声后为止，见图 3-36。

(2)倒提拍背法：假死仔猪抠完膜后，立即用左(右)手将仔猪后腿提起，然后用右(左)手稍用力拍打假死仔猪的臀部，发现假死仔猪躯体抖动，深吸一口气，说明呼吸中枢启动，假死仔猪已抢救过来，见图 3-37。

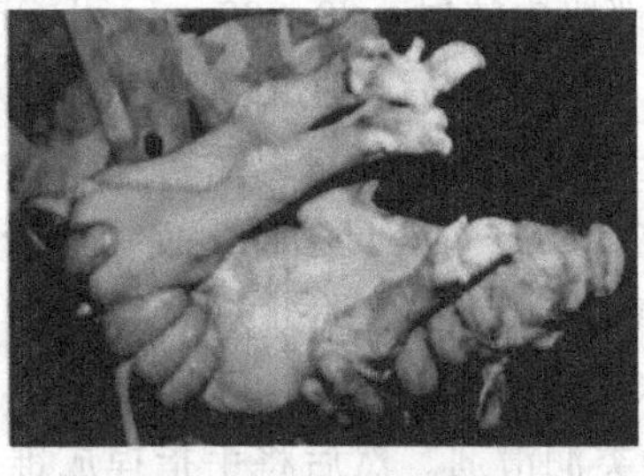

图 3-36　人工呼吸法

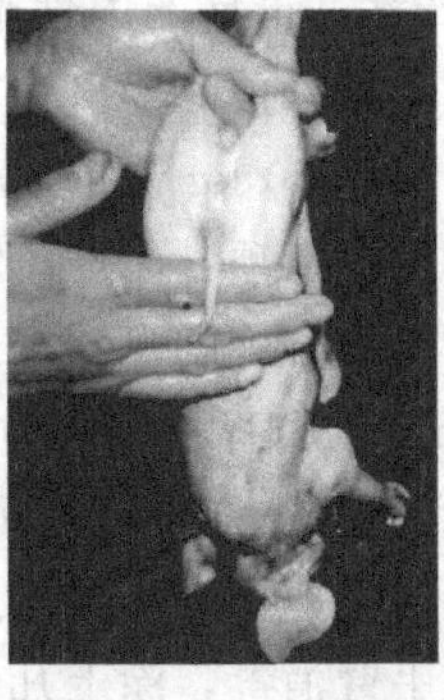

图 3-37　倒提拍背法

(3)药物刺激法：即在仔猪鼻部涂酒精等刺激物或针刺的方法，促其呼吸。

(4)呼气法：即向假死仔猪鼻内或嘴内用力吹气，促其呼吸。

(5)捋脐法：具体操作是尽快擦净胎儿口鼻内的黏液，将头部稍高置于软垫草上，在脐带 20～30 cm 处剪断；术者一只手捏紧脐带末端，另一只手自脐带末端捋动，每秒 1 次，反复进行不得间断，直至救活。一般情况下，捋 30 次时假死仔猪出现深呼吸，40 次时仔猪发出叫声，60 次左右仔猪可正常呼吸。特殊情况下，要捋脐 120 次左右，假死仔猪方能救活。

经抢救过来的仔猪，同样要求进行擦黏液、断脐和吃初乳等操作。

(四)难产及其处理

1. 难产

分娩过程中，胎儿不能顺利娩出，称为难产。难产的类型分为：产道异常，如骨盆畸形、狭窄、宫颈未开放或开放不全、阴道狭窄，阴门狭窄及子宫扭转等；胎儿异常，如胎儿活力不足，胎儿过大、畸形、水肿、气肿，胎位异常等；产力异常，如阵缩及努责微弱(催产素只对这种情况起作用)、阵缩及努责过强与子宫疝等。

2. 难产原因

(1)子宫颈狭窄：阵缩过早或早产、子宫颈炎及子宫颈肿瘤等，造成子宫颈扩张不全，仔猪不能通过子宫颈口造成的难产。

(2)骨盆腔狭窄：多见于初产母猪，主要见于配种过早、盆骨骨折、骨裂及骨质异常增生造成的难产。

(3)产力不足：母猪由于年老体弱、疾病、产仔多、疲劳、运动不足等原因造成子宫收缩无力，无法将胎儿产出造成难产。

(4)胎位不正：由于胎儿在产道中姿势不正常，堵塞于产道中而造成的难产。

(5)双胎难产：两头仔猪同时挤入产道，都不能通过造成的难产。

3. 难产的判断

(1)超过预产期 3～5 d，仍无临产症状的母猪。

(2)如母猪有出现胎衣破裂、羊水流出、母猪强烈努责等产仔症状，但 1～2 h 后仍然没有产仔。

(3)母猪产出 1～2 头仔猪后，仔猪体表已干燥，而间隔 60 min 内仍不见下一头仔猪产出，也没有排出胎衣，判断母猪难产。

4. 难产的处理

(1)注射催产素：母猪产力性难产时，分娩时表现阵缩及怒责微弱，短而无力，应先按摩乳房，用双手按摩前 3 对乳房 5～8 min，可促进催产素分泌，有利于分娩。若不奏效可注射催产素，按每 50 kg 体重 10 IU。臀部肌内注射，20～30 min 可能产出仔猪。

催产素使用注意事项：①在子宫颈口完全打开以后再注射催产素；②禁止在初产母猪上使用；③对于正常分娩的母猪，应该在最少产出 6 头仔猪以后再使用催产素；④母猪分娩过程中，40 min 没有仔猪产出时使用催产素；⑤每头母猪最多使用两份剂量的催产素。

(2)人工助产：如注射催产素助产失败或产道异常、胎儿过大、胎位不正的，应实施手掏术。术者将指甲剪短磨光，先用肥皂水洗净手和手臂，再用 2%来苏儿或 0.1%高锰酸钾溶液将手及手臂消毒，涂上凡士林或油类润滑剂。然后将手指捏成锥形，随着子宫收缩节律慢慢伸入，触及胎儿后，根据胎儿进入产道部位，抓仔猪的两后腿或下颌将小猪拉出(图 3-38)。若出现胎儿横位，应将头部推回子宫，抓住两后肢缓缓拉出；若胎儿过大，母猪骨盆狭窄，拉小猪时，一要与母猪努责同步，二要摇动小猪，慢慢拉出。拉出仔猪后应帮助仔猪呼吸。助产过程中，动作必须轻缓，不可伤到产道、子宫，待胎儿和胎盘全部产出后，于产道局部涂抹青霉素粉，或灌注青霉素(图 3-39)，以防止发生子宫炎、阴道炎。

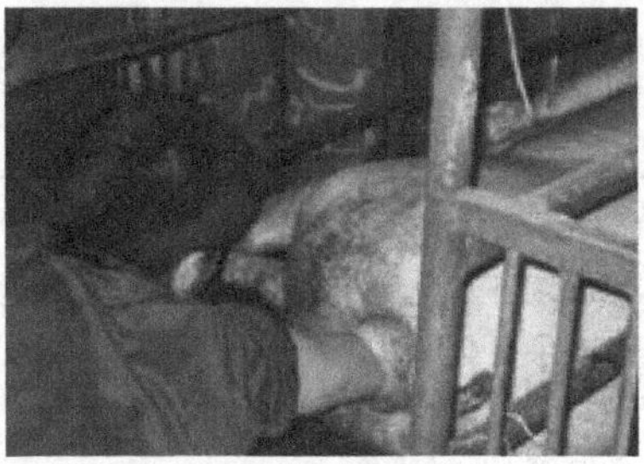

图 3-38　助产

图 3-39　灌注青霉素

(3)对难产的母猪，应在母猪卡上注明发生难产的原因，以便下一次的正确处理或作为母猪淘汰的依据。

四、分娩前后母猪的护理

(一)母猪分娩前的护理

1. 产前 1 周进入产房

停止驱赶和放牧运动，让其在圈内自由活动。建立值班制度，观察母猪的临产症状。

2. 适当减料

膘情和乳房发育良好的母猪，于产前 3～4 d 减料，逐渐减到妊娠后期营养水平的 1/2 或 1/3，到产前 1 d 为 1.5～1.8 kg，产仔当天不喂或少喂，并停喂青绿多汁饲料；膘情与乳房发育不好的母猪，不减料，还应加喂一些含蛋白质较多的饼粕类饲料或动物性饲料。

(二)母猪分娩后的护理

(1)药物护理：产后要对母猪作适当的药物护理(包括产道冲洗、抗菌素使用等)。

(2)根据膘情逐渐加料：母猪在分娩过程中，一般不喂食。分娩后，应喂给稀的温麸皮盐水汤。产后 2～3 h 第一次饲喂，喂量 0.5 kg，以后逐渐增加，5～7 d 后自由采食。

(3)保证清洁足够的饮水。

(4)对膘情差、奶少的母猪加催乳料。

(5)保持安静、充分休息、细心观察。

任务工单 1

<table>
<tr><td>任务名称</td><td colspan="3">分娩前准备工作</td></tr>
<tr><td>任务描述</td><td colspan="3">做好分娩前准备工作并观察母猪临产前症状，准确判断母猪产仔时间</td></tr>
<tr><td>准备工作</td><td colspan="3">1. 待产母猪
2. 仪器和药品：剪牙钳、断尾钳、秤、照明灯、耳号钳、干净毛巾、细线、剪刀、消毒药品、抗生素、催产素、母猪分娩卡</td></tr>
<tr><td>实施步骤</td><td colspan="3">1. 接产准备
(1)用刷子刷去母猪身上的脏物及粪便，重点是擦洗腹部、乳房及阴门附近，然后用2%～5%来苏儿消毒，做到全身洗浴消毒效果更佳
(2)备好有关物品和用具：消毒药品、干净毛巾、细线、剪牙钳、断尾钳、秤、照明灯、耳号钳、抗生素、催产素、母猪分娩卡等
2. 观察母猪临产症状
(1)母猪临产前腹部大而下垂，阴门松弛变软变大，由于骨盆开张，尾根两侧下陷
(2)乳房膨大下垂，红肿发亮，产前 2～3 d，奶头变硬外张，用手可挤出乳汁。待临产前 4～6 h 前最后一对乳头能挤出黏稠乳白色乳汁
(3)母猪神经敏感，紧张不安，突然停食，时起时卧，呼吸急促，频频排粪，拉小而软的粪便，每次排尿量少但次数频繁。有的母猪还出现叼草絮窝或拱草趴地现象。一般在 6～12 h 可分娩
(4)阵缩待产。即母猪由闹圈到安静躺卧，并开始有努责现象，从阴户流出黏性羊水时(即破水)，1 h 内可分娩</td></tr>
<tr><td rowspan="4">考核评价</td><td>考核内容</td><td>评价标准</td><td>分值</td></tr>
<tr><td>接产准备</td><td>能准备好接产过程中所用的工具及药品(40 分)</td><td>40 分</td></tr>
<tr><td>母猪临产征状</td><td>1. 能指出母猪临产前乳房、外阴、行为的变化(40 分)
2. 能准确判定母猪产仔时间，做好接产准备(20 分)</td><td>60 分</td></tr>
<tr><td colspan="2">总分</td><td>100 分</td></tr>
</table>

任务工单 2

任务名称	接产操作
任务描述	通过接产操作，熟练各项接产技术工作
准备工作	1. 待产母猪 2. 仪器和药品：剪牙钳、断尾钳、秤、照明灯、耳号钳、干净毛巾、细线、剪刀、消毒药品、抗生素、催产素、母猪分娩卡

续表

<table>
<tr><td>实施步骤</td><td colspan="3">1. 当母猪出现阵缩待产症状时，用0.1%高锰酸钾擦洗腹部、乳房和阴门附近，同时要注意及时清除母猪对产栏的污染物
2. 仔猪产出后，用左手抓住仔猪躯干，右手掏出口鼻黏液，并用清洁抹布或垫草，擦净全身黏液
3. 用左手抓住脐带，右手把脐带内的血向仔猪腹部挤压几次，然后左手抓住仔猪躯干，用中指和无名指夹住脐带，右手在离腹部4 cm处把脐带捏断。断处用碘酒消毒，若断脐流血不止，或用手指捏住断头片刻。最好用细线结扎后剪断
4. 确认分娩结束，清点胎衣数与仔猪数是否相符，清理胎衣，擦干母猪后躯污物，再一次给母猪乳房消毒，记录分娩卡</td></tr>
<tr><td rowspan="5">考核评价</td><td>考核内容</td><td>评价标准</td><td>分值</td></tr>
<tr><td>母猪的处理</td><td>能清洗消毒母猪腹部、乳房和阴门附近(20分)</td><td>20分</td></tr>
<tr><td>接产操作</td><td>1. 接产操作动作轻且熟练(30分)
2. 接产操作过程无误(30分)</td><td>60分</td></tr>
<tr><td>产后处理</td><td>接产后能及时清理现场，做好记录(20分)</td><td>20分</td></tr>
<tr><td>总分</td><td></td><td>100分</td></tr>
</table>

任务七 饲养管理泌乳母猪

目标呼应

任务目标	课程教学目标
熟悉母猪泌乳规律和影响母猪泌乳的因素	会饲养和管理泌乳母猪，能运用泌乳母猪饲养管理技术解决生产中的问题
熟悉泌乳母猪的营养需要特点和环境要求	
能分析母猪少乳无乳的原因	

情境导入

母乳是仔猪生后 20 d 内的主要营养物质来源，因此饲养泌乳母猪的主要任务就是提高其泌乳能力，做到母子体质健壮，仔猪的哺育率高，保证母猪的正常繁殖体况，为下一个繁殖周期创造条件。提高母猪的泌乳力，首先要了解母猪的泌乳生理及影响泌乳因素，在此基础上采取有效措施饲养管理泌乳母猪。

知识链接

一、母乳的作用和成分

(一)母乳的作用

母乳是仔猪生后 1 周内唯一的营养来源，仔猪生后 3 周内其生长发育所需的营养物质主要来源于母乳。特别是初乳，是迄今为止任何代乳品所不能替代的一种特殊乳品。由此可见，养好哺乳母猪对于仔猪生长发育的重要性。

(二)母乳成分

猪乳成分与其他家畜乳比较，干物质含量多，蛋白质、矿物质含量高，见表 3-10。

表 3-10 各种家畜乳成分

畜别	水分/%	干物质/%	干物质中			
			蛋白质/%	脂肪/%	乳糖/%	矿物质/%
乳牛	86.30	13.70	4.00	4.03	5.00	0.70
水牛	82.20	17.80	4.70	7.80	4.50	0.80
马	89.50	10.50	2.30	1.70	6.10	0.40
绵羊	83.44	16.56	5.15	6.14	4.17	1.10
山羊	86.88	13.12	3.76	4.07	4.44	0.85
猪	80.95	19.05	6.25	6.50	5.20	1.10

二、泌乳机制及影响因素

(一)泌乳机制

1. 乳房的构造

猪的乳房构造比较特殊，每个乳房均没有储备乳汁的乳池，而是由1～3个乳腺体组成的。每个乳腺体是由许许多多的乳腺泡汇集成一些乳腺管，这些乳腺管最后又汇集成乳头管开口于乳头。由于其结构不同于其他家畜，导致泌乳机制也区别于其他家畜。除产后最初的1～3 d外，其余时期仔猪不经拱揉刺激是吃不到乳的。猪的所有乳房中乳腺体数量并不是相等的，其中前边乳房的乳腺体数多于中部，中部又多于后部。乳腺体的数量直接影响着每个乳房的泌乳量，乳腺体数量多，泌乳量就多。因此，前边乳房的泌乳量高于中、后部的乳房。

2. 泌乳机制

母猪的泌乳是受神经和内分泌双重调节的，每一次放乳均是由于仔猪用嘴拱揉乳房产生神经刺激，经神经传到大脑神经中枢，在神经系统的干预下，促使脑下垂体释放排乳激素进入血液中。在排乳激素作用下，乳腺泡开始收缩产生乳汁流淌到乳腺管内，由乳腺管又流淌到乳头管。由于无乳池结构，此时仔猪便吃到了乳。排乳激素的活性在血液中很快被破坏，导致母猪排乳时间较短，一般只有15～30 s。每次排乳过程是，个别仔猪带头拱揉母猪乳房，并伴随饥饿嘶鸣。母猪在仔猪嘶鸣的叫声下，做出“哼哼”唤仔猪反应，招致其他仔猪同时来拱揉乳房，母猪这时应声侧卧，经过一窝仔猪一段时间(1～2 min)的拱揉下，母猪发出急迫的“哼哼”唤仔声，说明此时已排乳，可以看到仔猪的吞咽动作。母猪排乳后，仔猪往往不肯离去，继续拱揉，但无济于事。因为此时母猪整个泌乳系统会产生生理上的不应期，必须经一段时间(40～60 min)的生理调整方可再度恢复泌乳。母猪产后1～3 d由于母猪体内催产素水平相对较高，导致无须拱揉刺激即可排乳。

(二)影响泌乳的因素

1. 品种

不同的品种或品系其泌乳量不同，一般瘦肉型品种(系)的泌乳量高于肉脂兼用型或脂肪型见表3-11。

表3-11　不同品种不同阶段泌乳量

品种＼产后天数	10	20	30	40	50	60	平均	全期
金华猪	5.17	6.50	6.70	5.56	4.80	3.50	5.47	328.20
民　猪	5.18	6.65	7.74	6.31	4.54	2.72	5.65	339.00
哈白猪	5.79	7.76	7.65	6.19	4.10	2.98	5.74	344.40
枫泾猪	9.29	10.31	10.43	9.52	8.94	6.87	9.23	553.80
大白猪	11.20	11.40	14.30	8.10	5.30	4.10	9.27	557.40
长白猪	9.60	13.33	14.55	12.34	6.55	4.56	10.31	618.60
平　均	7.81	9.33	10.23	8.00	6.21	4.12	7.60	456.90

2. 年龄(胎次)

正常情况下，第1产的泌乳量较低，第2产开始上升，第3～6产维持在一定水平上，第 7、8 产开始下降，因此，现在工厂化养猪场主张母猪 7～8 产淘汰。

3. 哺乳仔猪头数

哺乳母猪一窝带仔头数的多少将影响着泌乳量，带仔头数多，则母猪泌乳量就高，但每头仔猪日获得的乳量却减少了，见表 3-12。

表 3-12　母猪哺乳头数对泌乳量的影响

哺乳仔猪头数	母猪的日泌乳量/kg	每头仔猪日获得乳量/kg
6	5～6	1.0
8	6～7	0.9
10	7～8	0.8
12	8～9	0.7

4. 营养

营养水平高低直接影响着母猪的泌乳量，特别是能量、蛋白质、矿物质、饮水等对母猪泌乳性能均有影响。为了提高母猪泌乳量，提高仔猪生长速度，应充分满足母猪所需要的各种营养物质。

5. 乳头位置

乳头位置不同，其泌乳量不同。究其原因是由于乳房内的乳腺体数不同而致。一般前 3 对乳头泌乳量高于中、后部乳头，见表 3-13。

表 3-13　不同乳头位置的泌乳量比例

乳头位置	1	2	3	4	5	6	7
所占泌乳量比例/%	23	24	20	11	9	9	4

6. 环境

温、湿度适宜，安静舒适的环境有利于泌乳，反之，高温、高湿、低温、噪声干扰的环境将使母猪泌乳量降低。

三、泌乳母猪饲养管理

(一)泌乳母猪营养需要

母猪在整个泌乳期分泌大量乳汁。以瘦肉型猪种为例，产后 3～5 周内平均每昼夜泌乳 8～10 kg。由于泌乳排出大量的营养物质，因此应满足哺乳母猪所需要的各种营养物质。

1. 能量的需要

泌乳母猪的能量需要应考虑维持需要、泌乳需要和体重损失所需要的能量。泌乳母猪昼夜泌乳，随乳汁排出大量干物质，这些干物质含有较多的能量，如果不及时补充，一是会降低泌乳母猪的泌乳量，二是会使得泌乳母猪由于过度泌乳而消瘦，体质受到损害。为了使泌乳母猪在 4～5 周的泌乳期内体重损失控制在 10～14 kg 范围内，一般体重 175 kg 左右带仔 10～12 头的泌乳母猪，日粮中消化能的浓度为 14.2 MJ/kg。泌乳母猪每天所需 DE 计算公式为：泌乳母猪每天所需 DE(kJ/d)＝维持 DE＋产乳 DE－母体失重提供的 DE＋体温调节 DE。

2. 蛋白质、氨基酸的需要

泌乳母猪在保证能量需要之外，还需要蛋白质、氨基酸的供给。至于蛋白质、氨基酸需要量的推算依据是：维持加泌乳。NRC(1998)推荐，体重 175 kg(产后)，带仔 12 头，仔猪预期日增重 250 g，母猪泌乳 4 周体重损失 10 kg 情况下，母猪应采食粗蛋白 1 086 g(粗蛋白 19.3%，日粮 5.65 kg)，赖氨酸 0.75%～0.9%(45～55 g/d)，其他氨基酸可参照 NRC(1998)。

3. 矿物质的需要

猪乳中矿物质占 1%，其中钙 0.21%、磷 0.15%，钙磷比例为 1.4∶1，NRC(1998)推荐，钙 0.75%、总磷 0.6%、有效磷 0.35%。母猪日采食钙至少 40 g，磷 31 g，其他矿物质应按 NRC 标准添加。母猪日粮中添加高铜可提高仔猪断奶体重，母猪日粮中缺硒，可导致仔猪患白肌病、营养肝坏死和桑葚心。食盐 0.5%，需保证饮水。其他矿物质如铁、铜、锌、硒、碘、锰等也应根据 NRC(1998)推荐标准酌情执行。

4. 维生素的需要

猪乳中维生素的含量取决于日粮中的水平，因此应根据饲养标准添加各种维生素。但是饲养标准中推荐的维生素需要，只是最低非缺乏状况下的数值，在实际生产中其添加量往往是饲养标准的 2～5 倍。特别是维生素 A、维生素 D、维生素 E、生物素、维生素 B_1、维生素 B_2、维生素 B_6、叶酸，对于高生产水平和处于封闭饲养的泌乳猪来讲显得格外重要。

5. 水的需要

猪乳中含有 80%左右的水，饮水不足会使母猪泌乳量下降，甚至影响母猪身体健康。泌乳母猪每日饮水量为其日粮量的 4～5 倍，同时要保证饮水的质量，要求饮水清洁、卫生、爽口。

(二)泌乳母猪的饲养管理

1. 泌乳母猪的饲养

(1)营养需要：提供母猪需要的所有养分以满足母猪泌乳和维持以后繁殖性能的需要。DE 不低于 11.72 MJ/kg，CP 17%以上，赖氨酸 0.85%～0.90%，钙 0.75%，总磷 0.6%(有效磷 0.35%)，食盐 0.5%，维生素按 NRC 标准的 2～5 倍添加。

(2)保证饲料质量与成分稳定：饲料应新鲜适口，宜使用湿拌料或颗粒料。

(3)合理投喂：产仔当天停料，产后 2～3 h 饮麸皮水(1 份麸皮加 10 份水)，分娩后第 1 天饲喂 0.5 kg，第 2 天饲喂 2 kg，第 3 天饲喂 3 kg，5～7 d 后自由采食。母猪泌乳高峰采食量估算：(1.5～2)+(0.4～0.5)×哺乳仔猪数，每天日喂量不得少于 5 kg。

(4)日喂 3～4 次，间隔均匀，5:00、11:00、16:00 和 21:00 各饲喂一次。

(5)保证充足饮水：泌乳母猪每日饮水量 25～30 L，饮水器高度一般为 55～65 cm，水流量至少 1 L/min。

2. 泌乳母猪管理

(1)提供适宜环境：圈舍内干燥、清洁，温度适宜(15～22 ℃)，阳光充足，空气新鲜。

(2)保护好乳房和乳头：母猪乳腺的发育与仔猪的吮吸有很大的关系，特别是头胎母猪，一定要使所有乳头都能均匀利用，以免未被利用的乳头萎缩，甚至影响以后的母猪的泌乳能力。

(3)合理运动和观察：地面平养时，每天可安排母猪到舍外进行 1 h 的自由活动，这样可以促进母猪食欲，增强体质，提高泌乳量。饲养员在日常管理中，应经常观察母猪采食、排便、精神状态及仔猪的生长发育和健康表现；若有异常，应及时采取措施，妥善处理。

四、母猪无乳或少乳的原因分析及预防

(一)无乳或少乳的原因

1. 营养方面

(1)母猪饲粮配合不合理，饲料单一。

(2)能量水平过低或过高，乳腺发育期喂量过多。

(3)维生素、微量元素缺乏(如维生素 E 和硒)。

(4)饲料突变。

(5)饲料原料粉碎过粗或过细(过粗导致消化不良，过细导致便秘)。

(6)饲料霉变。

2. 疾病方面

接产不当，产栏(圈)不洁，母猪产后患子宫内膜炎、乳房炎，体温升高而无奶。

3. 应激

(1)母猪妊娠后期转群的驱赶以及环境的变化。

(2)分娩时的紧张。

(3)新生仔猪啃咬乳头。

(4)注射药物，各种应激因子均能刺激母猪的感受器官，引起兴奋，刺激相应的神经系统，致使泌乳下降。

4. 环境

嘈杂、高温等。

5. 其他

配种过早、胎次过高等。

(二)预防措施

(1)营养全价平衡，供量合理，保证维生素 E 和硒供应。

(2)避免机械撞伤，以免损伤乳头和乳房而发生乳房炎。

(3)保持良好的卫生环境，预防疾病。

(4)初产母猪在产前半个月，每天进行 2 次乳房按摩。

(5)加强产后监控工作。

(6)适时配种和淘汰老龄母猪。

(三)催乳方法

(1)豆浆、小米粥、亚麻籽糊(用亚麻籽 5 kg，炒熟压碎混入粥料中，分 3～4 d 喂给，每天 2 次)等。

(2)将胎衣洗净，煮 20～30 min，切碎拌料，每日 2～3 次，严禁生吃。

(3)饲喂优质动物性饲料(如鱼粉和肉骨粉等)。

(4)饲喂青绿多汁饲料。

(5)海带促乳：每周用海带 400 g，泡涨后切碎加入 100 g 动物油拌和，再加水 4 kg 煮成海带汤，将汤分成 7 等份，每天早晨给母猪喂一次。

任务工单

任务名称	泌乳母猪日常管理操作规程		
任务描述	根据哺乳母猪的饲养管理技术，制订泌乳母猪日常管理操作程序，运用虚拟猪场运营软件饲养管理泌乳母猪		
准备工作	1. 收集泌乳母猪饲养管理技术的相关资料 2. 准备泌乳母猪饲养管理教学视频 3. 准备猪场运营虚拟软件		
实施步骤	1. 学生通过阅读泌乳母猪饲养管理相关资料，观看泌乳母猪饲养管理视频，小组讨论制订泌乳母猪日常管理操作流程。如环境控制—卫生管理—饲喂管理—健康检查 2. 小组运用猪场运营虚拟软件，打开泌乳母猪饲养管理操作页面，进行操作，虚拟饲养和管理泌乳母猪，通过软件测评打分 3. 小组根据软件测评打分情况自查总结		
考核评价	考核内容	评价标准	分值
	制订方案	1. 认真阅读资讯内容(20 分) 2. 制订泌乳母猪日常管理操作流程合理可行(20 分)	40 分
	虚拟饲养管理情况	根据实际操作，虚拟饲养和管理泌乳母猪，软件自行测评打分(40 分)	40 分
	自查总结	根据软件打分情况和软件的提示，找出饲养管理过程中出现的问题，分析问题，提出改进方案，重新操作(20 分)	20 分
	总分		100 分

项目四
仔猪的饲养管理

任务一 哺乳仔猪的培育

目标呼应

任务目标	课程教学目标
理解哺乳仔猪生理学特点	会饲养管理哺乳仔猪；能运用饲养管理知识评价饲养效果，解决常见问题
会护理哺乳仔猪	

情境导入

哺乳仔猪是指从出生到断奶阶段的猪。哺乳仔猪是养猪生产的物质基础，在遗传学上，它是一个新时代的开始，集中了对其先代选育的效果。在猪一生中，哺乳阶段是生长发育最强烈、可塑性最大、饲料利用效率最高的时期，同时它也是猪一生中死亡率最高的一个阶段。哺乳仔猪培育是增殖养猪数量、提高猪群质量、巩固育种效果、降低生产成本的关键时期。

知识链接

(一)哺乳仔猪的生理特点

1. 生长发育迅速，物质代谢旺盛

与其他家畜比较，猪出生时体重相对最小，不到成年体重的1%(羊为3.6%，牛为6%，马为6%～9%)，但出生后生长发育特别快。一般仔猪初生重为1～1.7 kg，10日龄仔猪的体重可达初生重2～3倍，30日龄时可达4～6倍，60日龄可达10～13倍(表4-1)。如果按照月龄的生长强度计算，第一个月比初生重增长4～6倍，第二个月比第一个月增长2～3倍，第一个月生长最快。

表4-1　哺乳仔猪生长发育

项目	日龄						
	出生	10	20	30	40	50	60
体重平均/(kg/头)	1.50	3.24	5.72	7.25	10.56	14.54	18.65
范围/kg	0.9～2.2	2.0～4.8	3.1～7.8	4.2～10.8	5.4～15.3	8.9～22.4	11.0～27.2
增长倍数	1.00	2.16	3.81	4.83	7.04	9.71	12.43

仔猪出生后的强烈生长是以旺盛的物质代谢为基础的。一般出生后20日龄的仔猪，每千克体重要沉积蛋白质9～14 g，相当于成年猪的30～35倍，特别是能量、蛋白质(氨基酸)、维生素、矿物质(钙、磷)等比成年猪需要相对要多。从仔猪体重增长的成分上看，由表4-2可见，3周龄内脂肪沉积迅速，之后脂肪沉积速度慢，仔猪体内蛋白质、脂肪、灰分的总量随年龄和体重的增长而逐渐增加。

仔猪对营养物质的需要，无论在数量上还是在质量上相对都较高，对营养物质供应不全价的反应比较敏感，因此，补饲仔猪全价日粮尤为重要。

表4-2　仔猪初生到20 kg的生长速度和养分沉积量

体重/kg	水分/%	粗脂肪/%	粗蛋白质/%	粗灰分/%	预期日龄	增重/(g/日)
初生(1.25 kg)*	81	1.0	11	4	—	—
5	68	12	13	3	22	240
10	66	15	14	3	39	320
15	64	18	15	3	53	380
20	63	18	15	3	65	500

注：*初生仔猪体成分除上述外，还含有2.5%的糖原。

2. 消化器官不发达，消化机能不完善

初生仔猪的消化器官虽然在胚胎期就已经形成，但出生时相对重量和容积较小，机能发育不完善。仔猪出生时，胃仅为体重的0.44%，胃重仅有5～8 g，容积也只有25～40 mL。20日龄时胃重达35 g左右，容积扩大了3～4倍。小肠在哺乳期内也强烈生长，长度约增长5倍，容积扩大50～60倍。大肠在哺乳期容积只有每千克体重30～40 mL，断奶后迅速增加到每千克体重90～100 mL。消化器官这种强烈生长持续到6～8月龄，以后开始降低，一直到13～15月龄才接近成年的水平。猪体重与消化器官的增长速度，见表4-3。

表4-3　猪体重与消化器官的增长速度

日龄	0	28	56	112	140	168
体重/kg	1.34	5.90	13.20	36.10	52.10	71.40

续表

日龄		0	28	56	112	140	168
器官重/体重	胃	0.44	0.66	1.04	1.02	0.86	0.84
	小肠	1.60	3.70	2.40	2.80	2.50	2.20
	大肠	0.56	0.68	1.43	1.71	1.69	1.26

消化器官大小发育晚熟，导致消化腺分泌及消化机能的不完善。初生仔猪胃内仅有凝乳酶，而唾液和胃蛋白酶很少，为成年猪的1/4～1/3。同时，胃底腺不发达，不能制造盐酸，缺乏游离的盐酸，胃蛋白酶就没有活性，呈酶原状态，特别不能消化植物性蛋白，这时只有肠腺和胰腺的发育比较完全，胰蛋白酶、肠淀粉酶和乳糖酶活性较高，食物主要是在小肠内消化，所以初生仔猪可以吃乳而不能利用植物性饲料。由于胃内酸性低，导致胃内抑菌、杀菌能力较差，并且也影响胃肠的活动，限制了消化吸收，容易发生下痢。一般3周龄左右胃内才产生少量游离盐酸，之后逐渐增加，直到8～12周龄时盐酸分泌水平接近成年猪水平。

消化机能不完善的又一表现是食物通过消化道的速度较快。食物进入胃内的排空速度，15日龄为1.5 h，30日龄为3～5 h，60日龄为16～19 h。

哺乳仔猪消化器官的大小和消化机能的不完善，构成了它对饲料的质量、形态、饲喂方法、次数等饲养上的要求的特殊性。

3. 体温调节机能不完善，抗寒能力差

对于寒冷的刺激，动物体在神经系统的调节下，发生一系列反应来适应，但初生仔猪大脑皮层发育不完善，垂体和下丘脑的反应能力较低，因此，调节体温适应环境的能力差，特别是生后第一天，在冷的环境中，不易维持正常体温，易被冻僵、冻死，故有“小猪怕冷”之说。

据研究，初生仔猪临界温度为35 ℃，如它们处在13～24 ℃环境时，体温在出生后1 h下降了1.7～7 ℃。尤其是生后20 min内，羊水蒸发，温度降低更快。吃上初乳的健壮仔猪，在18～24 ℃环境下，全面恢复到正常体温需要约48 h。初生猪裸露在1 ℃环境中2 h可冻僵、冻昏，甚至冻死。

初生仔猪皮薄毛稀、皮下脂肪较少，不足体重的1%，保温隔热能力很差，当环境温度低于临界温度下限时，体温靠物理调节不能维持正常，体内就要靠化学调节增进脂肪的氧化，通过提高甲状腺素、肾上腺素的分泌增加产热量。但仔猪体内的能源储备也是很有限的，每100 mL血液中，血糖的含量是100 mg，如吃不到初乳，两天可降至10 mg或者更少，可发生低血糖症而引起昏迷。因此，如因储备少引起化学调节也不能维持正常体温时，仔猪体温也会下降乃至冻僵。所以，吃足初乳的条件下，对初生仔猪保温是养好仔猪的特殊护理要求。一般仔猪生后对环境温度的要求为1～3日龄30～32 ℃，4～7日龄28～30 ℃，8～13日龄26～28 ℃，15～30日龄22～25 ℃。因此，在寒冷的冬、春季节产仔时，要注意防寒保温。

4. 缺乏先天免疫力，抗病力弱

由于母猪的胎盘结构比较特殊，母体血管和胎儿脐带血管之间有6～7层组织(人为3层，牛、羊为5层)构成胎盘屏障，限制了母猪抗体通过血液向胎儿转移。因而仔猪出生时无先天免疫力，只有通过吃到初乳，把初乳中母源抗体传递给仔猪，并过渡到自身产生抗体而获得免疫力。

据测定母猪分娩时每 100 mL 初乳中含有 4～8 gγ-球蛋白，1 d 后下降 2 倍，2 d 后下降近 5 倍，而仔猪出生后 24 h 内，肠道上皮处于原始状态，对蛋白质具有可渗透性，因此，仔猪吃到初乳后，可不经转化即能直接吸收到血液中，使仔猪血清 γ-球蛋白的水平很快提高，免疫力迅速增加，肠壁的吸收随肠道的发育渗透性改变，36～72 h 后显著下降。另外初乳中含有抗蛋白分解酶，可以防止免疫球蛋白不被分解，但这种酶存在时间较短，没有这种酶存在，仔猪不能将免疫抗体完整吸收，也就不能产生免疫力。

仔猪在 10 日龄以后自身才开始产生抗体，虽然随年龄的增长而逐渐增加，但直到 4～5 周龄时数量还很少，6 周龄以后主要靠自身合成抗体。初乳期后，母乳中的免疫球蛋白含量下降。由此可见，2～6 周龄内是母体抗体与自身抗体衔接间断时期，即自身抗体未达到抗病水平以上，母源抗体又下降，低于抗病水平，此期间称为仔猪的“免疫空白期”。在此期间仔猪最易患病，并且仔猪 3 周龄前胃内又缺乏游离盐酸，对饲料、饮水和其他环境中接触到的病原微生物无抑杀作用，因此，哺乳期的仔猪对疾病的抵抗力差，易患腹泻或其他疾病，要经常保持圈舍环境、母猪乳房、饲料、饮水的清洁卫生，减少病原微生物的侵袭，保证仔猪的健康。

猪乳清蛋白和新生仔猪血清蛋白的消长示意图，如图 4-1 所示。

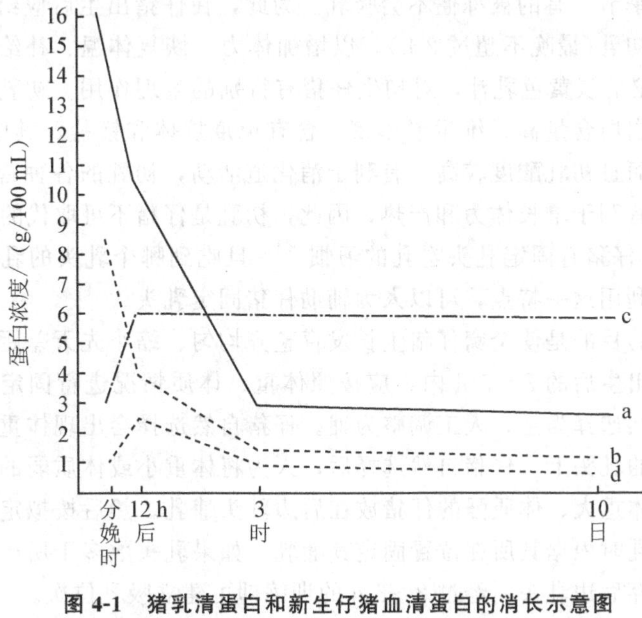

图 4-1 猪乳清蛋白和新生仔猪血清蛋白的消长示意图

a-乳清蛋白的浓度 b-乳清中 γ-球蛋白的浓度
c-仔猪血清蛋白的浓度 d-仔猪血清 γ-球蛋白的浓度

(二)养好仔猪的关键时期

仔猪出生后，生活条件发生了巨大变化。首先，由原来通过胎盘进行气体交换、摄取养料和排除废物，而转变为自主呼吸、采食和排泄。其次，在母体子宫内生活条件相当稳定，不易受外界不良的影响，出生后，直接与外界环境接触，如果饲养管理不当，就可能引起死亡。据加拿大的报道约克夏仔猪 6 890 头，从出生到 20 日龄死亡率为 25.6%，其中，木乃伊为 2%，死产为 2.2%，哺乳期死亡为 16.4%，在出生后的总死亡中，分娩时占 15.3%，第一周占 43.7%，死亡的原因中，因营养不良瘦弱而死的占 26.9%，压死和咬死的占 19.2%，下痢病死的占 14.2%，瘫痪的占 10.2%。由此可见，仔猪年龄越小，死亡率越高，尤其是生后一周之内最多。死亡的原因是：白痢、发育不良、压死和冻死。因此加强初生仔猪 7 d 内的保温防压护理是第一个关键时期。由于母猪泌乳一般在 21 d 左右达高峰后就逐渐下降，而仔猪的生长发育却在迅速上升，如果不及时补料，以补充母猪不足，容易造成仔猪瘦弱，患病而死亡，这是第二关键时期。仔猪 1 月龄后，死亡较小，食量增加，是仔猪由吃乳过渡到吃料独立生活的重要准备期，这是第三个关键性时期，各地在实践中根据仔猪生长发育的特点，以及关键时期的主要矛盾及矛盾的转化，做好仔猪初生护理(7 d 内)、初生后护理措施(7 d 后至断奶)和断奶仔猪护理。

(三)仔猪初生(7 d 内)护理措施

哺乳仔猪主要靠母乳生活，在此期间仔猪具有怕冷、易病的特点，因此，使仔猪获得充足的母乳是促使仔猪健壮发育的关键措施，保温防压是护理仔猪的根本措施。

1. 早吃初乳，固定乳头

(1)早吃初乳：仔猪出生后即可自由行动，第一个活动就是靠触觉寻找乳头吸乳，从出生到第一次吸乳相隔 3～15 min。弱小仔猪因四肢无力，行动不灵，往往不能及时找到乳头，尤其在寒冷季节，有的被冻僵不会吸乳。为此，在仔猪出生后应给以人工辅助，让弱小仔猪尽早吃到初乳(最晚不超过 2 h)，以增加体力、恢复体温、补给水分。初乳是母猪分娩后 3 d 内分泌的淡黄色乳汁，对初生仔猪有特别的生理作用。初乳和常乳的化学成分不同。初乳中蛋白质含量高，维生素丰富，含有免疫抗体和镁盐。其中镁盐有轻泻性，可促使胎粪排出。而且初乳酸度较高，有利于消化道活动，初乳的各种营养物质，在小肠内几乎全被吸收，有利于增长体力和产热，因此，初乳是仔猪不可取代的食物。

(2)固定乳头：仔猪有固定乳头吃乳的习惯，一旦吃到哪个乳头的乳汁后整个哺乳期都不改变。因此，利用这一特点，可以人为辅助仔猪固定乳头。

人工固定乳头的目的是使全窝仔猪生长发育整齐均匀、缩小先天差距、提高哺乳期育成率。待全窝仔猪出生后的 2～3 d 内，应按照体重、体质情况进行固定乳头。固定乳头的原则是：仔猪自然选择为主，人工调整为辅。仔猪自然选择会出现体重从大到小分别排列在母猪从前到后的乳头上。仔猪自然选择后，人为将体重小或体质弱的仔猪固定到前边的乳头哺乳，而将体重大、体质强的仔猪放在后边乳头哺乳。然后按拟定乳头位置做上标记，在每次仔猪哺乳时根据其所在位置固定其哺乳。如果乳头数多于所产仔猪数，应由前向后安排哺乳，放弃后边乳头。经过 2～3 d 的训练即可建立吸乳位次。

2. 保温防压

在仔猪保温箱内安装 250 W 红外线灯泡、电热板，并用温度计监测保温箱内温度。第一周红外线灯泡底端距离仔猪保温箱底的高度为 45 cm 左右。悬挂过高只起光源作用，悬挂低于 45 cm 时，灯下温度过高，容易灼伤仔猪。仔猪每次吃乳后，将其捉回保温箱内取暖，反复几次，仔猪便会自动出入。第二周后悬挂高度可高些，以便使保温箱内温度下降一些，通过查看温度计确定开灯时间和高度或通过观察仔猪趴卧姿势来判断仔猪是否舒适。如果仔猪挤堆、身体颤抖，皮肤呈鸡皮样且全身发红，说明仔猪所居环境温度偏低；

如果仔猪呈放射样趴卧、多靠近出入口或四角，说明保温箱内温度过高，应酌情降低温度，防止箱内外温差过大，引发感冒和下痢等疾病。

初生仔猪反应迟钝、行动不灵敏，应采取防压措施，可以在母猪产圈的一角或一侧，设置护仔栏(后期用作补料栏)防压。要注意培养仔猪自由出入护仔栏吃乳、采食和活动的生活习惯。加强看护，产后头 2 d 的仔猪不吃乳时关入保温箱中，吃乳时定时放出，减少仔猪与母猪的接触机会。为防止或减少仔猪被压死、踩死、冻死、饿死等现象的发生，提高仔猪成活率，在产仔季节应建立昼夜值班制度。同时加强产房的巡视和看护，尤其在听到仔猪被压发出急促叫声后，应立即赶到并稳住母猪，确定压仔位置，将仔猪救出。

现在多数分娩舍内，采用高床分娩栏，在母猪的左右两侧均安装了防压隔栏。仔猪保温箱可直接放置在防压隔栏的一侧，另一侧放有仔猪料槽作为开食补料栏使用。

3. 补铁补硒

(1)补铁。

①仔猪缺铁原因及症状：铁是造血和防止营养性贫血的必需元素。仔猪出生时体内有铁 50 mg 左右，每日生长约需 7 mg 铁，每日从母乳中只能获得 1 mg 左右，如不及时补铁，1 周龄左右，仔猪将会出现缺铁性贫血。其临床表现为生长缓慢或停滞、昏睡，可视黏膜苍白、被毛蓬乱无光泽，呼吸频率加快，膈肌突然痉挛，抗病力降低，易患传染病、腹泻、肺炎等，有时因缺氧而突然死亡。正常仔猪的血红蛋白水平应大于 10 g/100 mL，当降至 8 g/100 mL 时，表明临界贫血，7 g/100 mL 时或更少，表明贫血。

②注射补铁法：目前补铁最常用的制剂是右旋糖酐铁。在仔猪生后 2～3 日龄内，肌内注射 1～2 mL，即可保证哺乳期仔猪不贫血，为加强效果，可在 2 周后补注一次，注射部位为颈部或股内侧肌肉，每头仔猪单独使用 1 个针头防止交叉感染。

③口服补铁法：仔猪可通过提早在饲料中添加硫酸亚铁或氨基酸螯合铁补铁。添加硫酸亚铁效果较氨基酸螯合铁差，但是成本较低，所以也较常用。因为早期仔猪采食量较少，不能摄入足够的铁剂，所以仔猪补饲铁剂必须和其他补铁方法配合使用才能更有效地预防仔猪缺铁性贫血。

向妊娠母猪饲料中添加氨基酸螯合铁能够间接预防仔猪贫血。研究表明，母猪围产期添加 150 g 氨基酸螯合物铁或妊娠母猪饲粮中添加 0.02％氨基酸螯合铁可提高母猪和仔猪生产性能，胎盘和胎儿中铁含量显著增加，预防仔猪贫血和降低仔猪死亡率。

(2)补硒：补硒有利于防止腹泻、肝坏死和白肌病的发生。补硒具体做法是仔猪出生后 3 d 内，每头仔猪肌内注射亚硒酸钠-维生素 E 注射液 0.5 mL(含亚硒酸钠 0.5 mg、维生素 E25 国际单位)，断奶时再补注一次。

4. 寄养和并窝

生产上将患病、缺乳、无乳及不能正常哺育的仔猪，过寄给另一头或几头母猪哺育，称寄养。同时产仔较少的两窝或几窝仔猪合并起来，由一头泌乳能力强、母性好的母猪集中哺育，称为并窝。寄养和并窝时，要求两头母猪产仔期相近(2～3 d 以内)，体重与体高相差不大，被寄养的仔猪要吃上初乳；母仔用同样气味的溶液喷洒或用寄养母猪的乳汁、尿液等抹在仔猪身上，混淆“继母”嗅觉。

5. 仔猪编号

便于记载和鉴定，常用剪耳法和上耳标编号。剪耳法适用于初生 2～7 d 的仔猪；上耳标法适用于4月龄以上的猪只。具体方法如下。

(1)剪耳法。

①大排号法规则(图4-2)：排号原则为左大右小，上1下3，公单母双，耳缺刻代表的数字相加为编号。左耳上缘缺刻为10，下缘为30，耳尖为200，耳中部为800和2 000。右耳上缘缺刻为1，下缘为3，耳尖为100，耳中部为400和1 000。

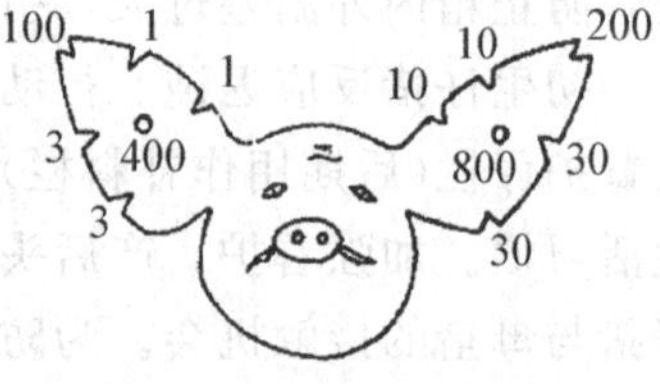

图4-2 大排法编号

③窝排法规则(图4-3)：排号原则为左窝右号(左耳代表窝号，右耳代表个体号)，上大下小，公单母双。左耳尖缺刻为200，左耳上缘近耳尖为10，中间为30，近耳根为50，左耳下缘相对应为1、3、5；右耳尖为100，上缘、下缘剪法与左耳相同，左耳尖缺刻为200，代表窝数。

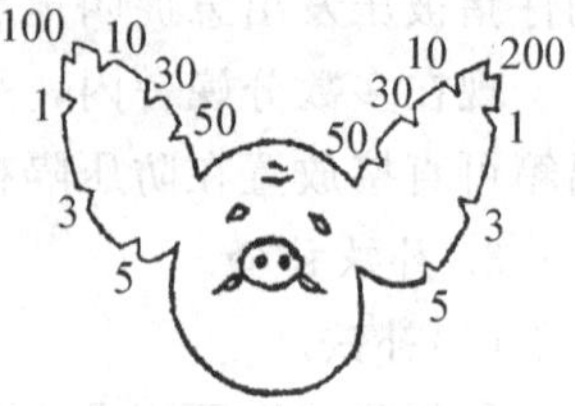

图4-3 窝排法编号

编号时要剪在耳软骨上，注意要避开大的血管，两个缺口不要剪得太近，剪完后用碘酒消毒。另外，防止母猪咬伤操作者。

(2)上耳标法：操作者把耳标书写好或使用猪场管理软件生成耳号二维码，制作呈直径2～3 cm的耳标上，将上部和下部分别装在耳标器上。操作者将仔猪保定好，然后用耳标器将耳标铆上，注意要避开大的血管。

(四)初生后护理措施

1. 仔猪提早开食适时补饲

训练仔猪吃料叫开食。母猪泌乳高峰期(平均21 d)过后，母乳已不能满足仔猪快速生长的需要，所以要提早开食。补料先补充饮水，具体操作方法如下。

(1)水的补充：3～5日龄起补充饮水。

仔猪生长迅速，代谢旺盛，需要水量较多，5～8周龄仔猪需水量为其体重的1/5(育肥猪是1/15)，同时由于母乳中含脂肪量高(7%～11%)，仔猪常感口渴，如不喂给清水，仔猪就会喝脏水或尿液，容易引起下痢。因此，在仔猪生后3～5日龄起诱导仔猪使用饮水器，补给清洁饮水。据试验，用含盐酸0.8%的水饲饮3～20日龄的仔猪(20日龄后改用清水)，60日龄断乳重可提高13%，补饮盐酸有补胃液分泌不全、活化胃蛋白酶之效。每头仔猪仅需盐酸100 g所需成本很少，在经济上也是有利的。

(2)饲料的补充。

①补料目的：补充母乳的不足、锻炼仔猪的消化器官及其机能、促进胃肠发育、缩短饲料过渡的适应期，为安全断乳奠定基础，防止断奶下痢，还有解消仔猪牙床发痒的作用。因此，引导仔猪开食补料的时间应早在母猪乳汁变化和乳量下降之前开始，以便仔猪学会认料。

②开食时间：5～7日龄开始补料，训练仔猪开食。仔猪6～7日龄后前臼齿开始发生，牙床发痒，对圈舍内的东西用闻、拱、咬等进行探究，特别喜啃咬垫草、木屑和母猪粪便中的谷粒等硬物、脏物解消牙痒。

③补饲方法：训练仔猪开食是一件复杂而细微的工作，方法要灵活。为了诱导仔猪早开食，利用其探究行为、模仿与争食的习性外，还可采用下列方法。

a. 大带小法：在仔猪一周龄能自由活动时，打开母猪圈的小门，令仔猪自由出入，随较大仔猪在补饲间或运动场拱食补料。仔猪开始吃得很少，或只是把食物当玩具拱拱咬咬，当它偶尔吃过一点后，就可引起吃食的欲望和反射。为了加速仔猪采食反射的建立，应注意饲料、食槽及补饲地点不要轻易变更，且要选择仔猪喜食的饲料。

b. 母教仔法：这是农村习用的方法，将母猪食槽放低，让仔猪在母猪采食时随母猪拣食饲料，训练仔猪开食。为此，母猪食槽内沿的高度不能超过10 cm，日粮中要选用仔猪喜食的饲料。

④补饲次数：自开食日期起，一般每增加5 d增加一次补饲，每次补饲时间调整到仔猪将来断奶饲喂的时间，达到补喂4～5次即可，每两次至少间隔4 h。如果补饲次数过多，仔猪易腹泻。持续补饲至20日龄后仔猪已能采食，30日龄后食量大增。

2. 加强补料

仔猪30日龄后随着消化机能渐趋完善和体重的迅速增长，食量大增，进入旺食阶段。为了提高仔猪的断奶重和断奶后对成年猪饲料类型的适应能力，应加强这一时期的补料。

(1)根据仔猪采食的习性，选择香甜、清脆适口性好的饲料。特别是在自然哺乳母猪乳量较多的情况下更是如此。仔猪开始采食的早晚取决于饲料的适口性和形态。可以选择哺乳仔猪颗粒饲料和白糖、奶粉混合，增加适口性。

(2)补料要多样配合、营养丰富：因仔猪生长迅速，需要补饲接近母乳营养水平的全价饲料，一般每千克饲粮含消化能13.26～13.67 MJ、粗蛋白18%～20%、赖氨酸0.8%～1%、粗脂肪3%～5%、钙0.7%～0.9%、磷0.6%～0.8%、粗纤维不超过3%～4%，同时应含多种维生素和微量元素，并加抗氧化剂和防霉剂。此外，仔猪饲粮添加有机酸、酶制剂、电解质与缓冲剂、益生素、中草药保健助长添加剂等作为哺乳仔猪料的添加剂，可提高仔猪的增重并预防下痢。

(五)预防下痢

哺乳期的仔猪因自身的生理特点，受疫病的威胁较大，死亡率较高。仔猪出生后7 d以内、20～30日龄、断奶三个阶段，若饲养管理不当，容易引发各种疫病，最常见的是仔猪黄痢、仔猪白痢和传染性胃肠炎。

仔猪黄痢病是由大肠杆菌引起的急性肠道传染病，该病发生于1周龄内的仔猪，以1～3日龄多见，是初生仔猪的一种急性、致死性传染病。临诊特征是排黄色液状粪便，潜伏期很短，一般为24 h左右，短者为12 h，长者1～3 d。同一窝仔猪中突然有1～2头仔猪表现全身衰弱，很快死亡。而后其他仔猪相继发生腹泻，粪便呈黄色浆糊状，内含凝乳小片、腥臭，肛门周围沾满粪便，病猪迅速消瘦、昏迷、衰竭而死亡。

仔猪白痢是仔猪腹泻病中最常见的疾病，是病原性大肠杆菌引起的胃肠炎，该病发生于10～30日龄仔猪，以2～3周龄仔猪较多见，1月龄以上仔猪很少发病。本病发病率高，病死率较低。其主要症状是下痢，病猪体温正常，初期精神、食欲无明显变化，突然发生腹泻，排出乳白色或灰白色浆糊样稀便，含有气泡并有腥臭味，随病情加重，腹泻次数增加，粪为水样，病猪逐渐消瘦、被毛粗乱无光、拱背、寒战，严重者排便失禁、脱水，最后衰竭而死。及时治疗，死亡率较低。

仔猪传染性胃肠炎是由病毒引起的，不限于仔猪，各种猪均易感染发病，而仔猪的死亡率高。主要症状是粪便很稀，严重时呈喷射状，并伴有呕吐，脱水死亡。预防仔猪腹泻病的发生，是减少仔猪死亡、提高猪场经济效益的关键，因此，应采取相应的预防和治疗措施，提高仔猪成活率。具体如下。

(1)加强妊娠母猪的饲养管理，保证胎儿的正常生长发育，提高仔猪的初生重，增强仔猪的抵抗力。

(2)加强泌乳母猪的饲养管理，使母猪产后有良好的泌乳性能，逐渐增加哺乳母猪饲喂量，维持哺乳母猪饲料稳定，不喂发霉变质和有毒的饲料，保证乳汁质量，保证仔猪获得充足优质的营养。

(3)保持猪舍清洁卫生：产房采用全进全出制，前批母猪、仔猪转群后，对产房进行彻底消毒，包括地面、栏杆、网床、屋顶、空间要进行彻底清洗、严格消毒，消灭引起仔猪腹泻的病毒、病菌，特别是被污染的产房消毒更要严格。妊娠母猪进产房时对体表要进行清刷、消毒，临产前用0.1%高锰酸钾溶液擦洗乳房和外阴部，以减少母体对仔猪的感染。产房的地面和网床上不能有粪便存留，随时清扫。

(4)保持圈舍良好的环境：产房要保持适宜的温度、湿度，控制有害气体的含量，使仔猪生活舒服，体质健康，保持较强的抗病能力，可以防止或减少仔猪腹泻等疾病的发生。

(5)加强仔猪饲养：仔猪饲喂做到定时、定量、定质，保持饲粮的相对稳定，注意哺乳、补料和饮水卫生。

(6)应用疫苗和药物预防：母猪分娩前20～23 d注射仔猪腹泻基因工程双价苗(K88、K99)，具有一定的保护作用。仔猪20日龄注射猪瘟兔化弱毒苗。断奶时，注射三联苗(猪瘟、猪丹毒、猪肺疫)。有时要根据本地区疫病流行情况，采取针对性免疫，如本地曾发生过仔猪副伤寒，应在仔猪30～35日龄注射仔猪副伤寒苗。对具有散发或点发猪瘟的猪场，为杜绝本病的发生，可实行猪瘟超前免疫。即仔猪出生后待擦干黏液，立即注射两头份猪瘟疫苗，注苗3 h后，再让仔猪吃乳。对仔猪的黄痢可采用口服药物预防，如用增效磺胺甲氧嗪注射液、硫酸庆大霉素注射液等。

任务工单 1

任务名称	剪耳法仔猪编号		
任务描述	按照排号原则给仔猪编号，以便记载和鉴定		
准备工作	初生 2～7 d 的仔猪若干、耳号钳、5%碘酒		
实施步骤	1. 打耳号 按照大排号法规则和窝排法规则给仔猪打耳号 2. 注意事项 要避开大的血管防止出血过多；两个耳号缺口之间的距离尽可能的远；耳缺口要打在耳软骨上，不要打在皮肤上；打完耳号，要对伤口处用 5%碘酊消毒；注意防止母猪咬伤操作者		
考核评价	考核内容	评价标准	分值
	编号原则	1. 能描述出大排法编号原则(15 分) 2. 能描述出窝排法编号原则(15 分) 3. 能描述出排号的注意事项(10 分)	40 分
	大排法编号操作	1. 能准确打出 671 号(15 分) 2. 能准确识别出仔猪大排号码(15 分)	30 分
	窝排法编号操作	1. 能准确打出 819 窝—11 号(15 分) 2. 能准确识别出仔猪窝排号码(15 分)	30 分
	总分		100 分

任务工单 2

任务名称	哺乳仔猪饲养试验
任务描述	根据哺乳仔猪的饲养管理技术，制订日常管理操作程序，提高哺乳仔猪成活率
准备工作	泌乳舍、哺乳母猪、新生仔猪、哺乳仔猪料、高床分娩栏
实施步骤	1. 分组饲养哺乳仔猪试验 2. 饲养制度确定： 早吃初乳，固定乳头 加强保温，防冻防压 寄养并窝，确保均窝 补铁补硒，防止患病 补水补料，防止下痢 照顾弱小，确保成活 3. 总结并分析仔猪死亡原因

续表

	考核内容	评价标准	分值
考核评价	哺乳仔猪生理特点	1. 能描述出哺乳仔猪生理学特点(20分) 2. 能描述出哺乳仔猪饲养管理规程(20分)	40分
	饲养管理哺乳仔猪	1. 按照标准饲养管理哺乳仔猪(20分) 2. 能说出提高500 g以下仔猪成活率的措施(20分)	40分
考核评价	自查总结	1. 总结哺乳仔猪耗料量与成活率的关系(10分) 2. 根据饲养试验总结提高哺乳仔猪成活率的措施(10分)	20分
	总分		100分

任务工单 3

任务名称	哺乳仔猪日常管理操作规程		
任务描述	根据哺乳仔猪的饲养管理技术，运用虚拟猪场运营软件饲养管理哺乳仔猪，提高哺乳仔猪断奶重、提高哺乳仔猪成活率		
准备工作	1. 收集哺乳仔猪饲养管理技术的相关资料 2. 准备哺乳仔猪饲养管理教学视频 3. 准备猪场运营虚拟软件		
实施步骤	1. 学生通过阅读哺乳仔猪饲养管理相关资料，观看哺乳仔猪饲养管理视频，小组讨论制订哺乳仔猪日常管理操作流程 2. 小组运用猪场运营虚拟软件，打开哺乳仔猪饲养管理操作页面，进行操作，虚拟饲养和管理哺乳仔猪，通过软件测评打分 3. 小组根据软件测评打分情况自查总结		
考核评价	考核内容	评价标准	分值
	制订方案	1. 认真阅读资讯内容(20分) 2. 制订哺乳仔猪日常管理操作流程合理可行(20分)	40分
	虚拟饲养管理情况	根据实际操作，虚拟饲养和管理哺乳仔猪，软件自行测评打分(40分)	40分
	自查总结	根据软件打分情况和软件的提示，找出饲养管理过程中出现的问题，分析问题，提出改进方案，重新操作(20分)	20分
	总分		100分

任务二　保育猪的培育

目标呼应

任务目标	课程教学目标
能按照猪场条件确定保育猪断奶时间和断奶方法	会饲养管理保育猪；运用其饲养管理知识评价饲养效果，解决常见问题
能正确饲养管理断奶仔猪	

情境导入

断奶是猪一生中生活条件的第二个大转变，如果饲养管理不当，会引起仔猪烦躁不安，食欲不振，生长发育停滞形成僵猪，甚至患病或死亡。养好断奶仔猪是养好仔猪的又一个关键时期，饲养断奶仔猪的主要任务是：保证断奶仔猪的正常生长，减少和消除疾病的侵袭，获得最大的日增重，育成健壮结实的断奶仔猪。

知识链接

一、仔猪断奶

断奶仔猪又叫保育猪，指从断奶到70日龄的仔猪。断奶对仔猪是一个很大的应激，包括三个方面。一是营养应激：由吃温热的液体乳到吃固体的生干饲料；二是心理应激：由依附母猪的生活到完全独立的生活；三是环境应激：生活环境发生了变化，由产房移到仔猪培育舍，并伴随着重新编群。

(一)断奶时间确定

猪自然断奶时间为8～9周龄，此时母猪乳腺接近干乳，自然断奶对母猪和仔猪都没有太大的不良影响，但母猪的年提供断奶仔猪数仅16～18头。现代商品猪生产，断奶时间大多提前到3～5周龄，早期断奶能提高母猪的年提供断奶仔猪头数，理论上，断奶时间每提前1周，母猪年产断奶仔猪会增加1头左右。早期断乳成功的技术环节根据母猪、仔猪生理状况及饲养管理条件而定，特别是仔猪的消化系统、免疫系统的发育程度，另外仔猪体重一般不低于5 kg。随着现代化养猪生产发展，出于特殊需要，如培育无特定病原体猪(SPF)等，进行超早期断奶即早于2周龄的断奶，生产上需要创造特殊条件，不然就难于成功，因为它超越了母、仔双方的断奶生理限度。

鉴于我国的猪舍环境条件、生猪价格、早期断奶仔猪料价格等实际情况，适宜的断奶时间为4～5周龄。南方少数条件好的猪场在试验超早期断奶，即14～21日龄断奶，也取得了一定效果；集约化、工厂化养猪场，断奶日龄多在28～35日龄。

(二)早期断奶的优点

1. 明显提高母猪年生产力

仔猪早期断奶可缩短母猪的繁殖周期，增加年产仔窝数。

母猪的一个繁殖周期中的妊娠期变化很小，空怀期变化也不大，只有哺乳期是可变的，生产上利用缩短哺乳期可缩短产仔间隔，提高母猪年产仔胎数，并且因哺乳期短，母猪的体重消耗少，有利于母猪断奶后的发情。

从理论上讲母猪产后即进行断奶，母猪的年产胎数、产活仔数和56日龄仔猪成活头数最多，但实际上与理论有一定差距。多数研究证明，在目前条件下，仔猪生后3～5周龄断奶较为有利，因为过早断奶对母猪产后生殖器官的恢复有一定影响。母猪产后生殖器官的恢复时间多为21 d左右，3～5周龄断奶使母猪的生殖器官有时间复原，为下一次发情做好准备。奶日龄对母猪年生产力的影响(理论值)，见表4-4。

表4-4 不同断奶日龄对母猪年生产力的影响(理论值)

断奶日龄	母猪年分娩窝数	95%受胎率时分娩窝数	母猪年产出栏肉猪数		
			9头/窝	10头/窝	11头/窝
14	2.74	2.60	23.4	26.0	28.6
21	2.61	2.48	22.3	24.8	27.3
28	2.48	2.36	21.2	23.6	26.0
35	2.37	2.25	20.3	22.5	24.7
60	2.04	1.95	17.6	19.5	21.3

2. 提高饲料利用率

仔猪在哺乳期间，通过哺乳母猪食入饲料，转化成乳汁，仔猪再吃母乳的这一转化过程，饲料利用效率约为20%。而仔猪自己直接吃饲料，经自身的消化吸收，这一过程饲料利用效率可达50%，从而提高了饲料利用率。

3. 有利于仔猪的生长发育

早期断奶仔猪虽然刚断奶时，由于应激的影响，增重较慢，但当仔猪适应后增重变快可以得到生长补偿。早期断奶仔猪能自由采食营养水平较高的全价饲料，得到符合自身生长发育所需要的各种营养物质。

4. 降低仔猪培育成本，提高母猪经济效益

猪场实行早期断奶，可以缩短哺乳母猪占用产仔栏的时间，从而提高了产仔栏和猪舍的利用率，降低了使用费用，减少了母猪饲料投放，节约对母猪的各项开支。提高了母猪年提供育肥猪的数量，增加了猪场的综合经济效益。

5. 肥猪出栏量稳定

由于早期断奶，打破了季节分娩制度，全年均可产仔，使育肥猪均衡上市。

(三)断奶方法

1. 一次性断奶法

一次性断奶法指到预定断奶日将母猪与仔猪分开，母猪不再对仔猪哺乳。此方法省工省事，简单易行，适于规模化、工厂化猪场，实现全进全出制管理。但对母、仔应激大，为降低母猪乳房炎的发生，在断奶前3 d对母猪逐渐减料。

2. 分批分期断奶法

分批分期断奶法指按仔猪发育情况，将体重大、体质好、采食饲料能力较强的仔猪先

断奶；体重小、体质弱、吃料有一定困难的仔猪继续哺乳，以促进发育。此种方法做到了“因材施教”，但缺点是延长母猪哺乳期，减少母猪年产窝数。

3. 逐渐断奶法

逐渐断奶法又称安全断奶法，在预定断奶日前 4～6 d 内，逐渐减少日哺乳次数，到了预定断奶日将母仔分开。此法对母猪、仔猪应激较小，但增加饲养员工作量，适应于规模小猪场。

二、断奶仔猪饲养管理

(一)过渡期的饲养

仔猪断乳后 1～3 周内，由于生活条件的突然改变往往不安，食欲不振，增重缓慢甚至体重减轻或得病，尤其是哺乳期内开食晚，补料少的仔猪更为明显，度过这一个适应阶段后，生长才又加快。为了养好断乳仔猪，过好断乳关，就要做到饲料、饲养制度及生活环境“两维持，三过渡”：即维持在原圈管理和维持原饲料饲养，并逐渐做好饲料、饲养制度和环境的过渡。

1. 饲料过渡

在断奶前 2～3 d 要减少母猪饲喂量以减少乳汁分泌，断奶后两周内仔猪延续饲喂哺乳期饲料不变，并适量添加抗菌素、维生素和氨基酸，以减少应激反应。2 周后逐渐将哺乳仔猪料更换为断奶仔猪料。

2. 饲养制度过渡

稳定的生活制度和适宜的饲料调制是提高仔猪食欲、增加采食量，促进仔猪生长的保证。断乳后两周内按哺乳期补饲的次数及时间进行饲喂外，夜间可增加一次饲喂，免得停食过长，使仔猪因受饿而不安。每次喂量不宜过饱，以保持仔猪旺盛的食欲和消化力，并可防止腹泻。

3. 环境过渡

做好环境过渡是养好断乳仔猪的另一重要方面，仔猪断乳后开始的 1～2 d 很不安定经常嘶叫并寻找母猪，夜间尤甚，为了减轻仔猪断奶不安，最好采取不调离原圈，不混群并窝的“原圈育成法”，仅将母猪调走。如需调窝并圈，应在断奶两周采食和粪便情况正常后进行。

目前我国大多数猪场断奶时实行“赶母留仔”，即将母猪赶走，而将仔猪留在原圈栏饲养，以便减少环境应激。国外改革了这种做法，而将母猪和仔猪全部赶走，将母猪赶回空怀车间(舍)而将断奶仔猪转至仔猪保育舍进行饲养，实行“全进全出”，将原圈栏彻底消毒，减少病原微生物感染机会。无论是采取“赶母留仔制”还是“全进全出制”，关键是创造适合仔猪生长发育的环境，减少病源污染。

(二)断奶仔猪饲养

1. 断奶仔猪的营养需要

(1)能量的需要：断奶仔猪的能量需要是根据仔猪断奶时间和体重来制订的。由于每个猪场的生产条件、生产技术水平、饲养品种不同，导致仔猪断奶时间和断奶体重的不同。目前国内外一般多实行 3～4 周龄断奶。其断奶体重为 6～10 kg。根据美国 NRC(1998)饲养标准，其日粮 DE 的最低供给量应该是 7.11 MJ。断奶仔猪在保育舍内饲养到 9 周龄，体重达 20 kg 左右，此阶段的日粮 DE 最低供给量应是 14.21 MJ。如前所述，日粮中能量水平是决定断奶仔猪生长速度的第一要素，根据这一生长代谢特点，人们为了提高断奶仔猪的生长速度，使仔猪尽可能摄取较多的能量，但由于断奶仔猪胃肠容积有限，每日采食的日粮受限，因此人们只有通过提高饲粮能量浓度的方法，使得仔猪摄取到较多的能量，从而满足其迅速生长的需要。一般采取向仔猪饲粮中添加5%～8%脂肪的措施，可以使断奶仔猪9周龄体重达25 kg左右。

(2)蛋白质、氨基酸的需要：仔猪3～4周龄断奶，在其断奶以前，平均日增重300 g以上，猪在60 kg以前其主要增重内容是肌肉组织，而肌肉组织主要成分是蛋白质。断奶后1～2周内，生长速度视其断奶应激大小而有差异。断奶时间晚，断奶体重大，仔猪开食早，仔猪采食固体饲料多，环境条件较适宜的情况下，仔猪应激持续时间较短。断奶后生长速度上升较快，生长速度加快对蛋白质氨基酸的需求应增加。在良好的饲养条件下，仔猪断奶后至9周龄的平均日增重一般为500～700 g。根据这个生长速度，美国NRC(1998)饲养标准要求，10～20 kg阶段，粗蛋白质20.9%、赖氨酸1.15%。

断奶仔猪饲粮粗蛋白质水平对断奶仔猪会产生两种不同的效果，饲粮粗蛋白质过低会使仔猪生长变慢，粗蛋白质水平偏高往往会导致仔猪腹泻发生率增加。鉴于此种情况，人们开始利用氨基酸来平衡日粮，从而提高了生长速度，减少了腹泻发生率。这一举措意义较大，既提高含氮化合物的利用率，又节约了有限的蛋白质资源。

(3)矿物质的需要：保育猪期间，骨组织生长强度较大，因此所需矿物质营养应增加，特别是钙、磷作为骨组织主要成分必须首先考虑。美国NRC(1998)饲养标准推荐钙0.80%～0.70%、总磷0.65%～0.60%、有效磷0.40%～0.32%。其他矿物质元素对断奶仔猪生长发育也十分重要，特别是铁、铜、锌、硒近几年研究结果表明，不仅影响生长速度，而且会影响断奶仔猪健康。美国NRC(1998)饲养标准推荐量为铁80 mg/kg、铜6 mg/kg、锌80 mg/kg、硒0.25 mg/kg，以上推荐量只是防止出现缺乏症的最低量，现在为了促进断奶仔猪更加迅速的生长，以上四种元素往往几倍甚至几十倍量添加，总体来看有的添加过多，从环境保护和资源合理使用角度是不合适的。其他矿物质元素，美国NRC(1998)推荐量分别为氯1.50 mg/kg、钠1.50 mg/kg、镁0.40 mg/kg、锌2.60 mg/kg、碘0.14 mg/kg、锰3 mg/kg。

(4)维生素的需要：仔猪断奶后1～2周应激反应较大，加之以后其生长速度较快，所以导致断奶仔猪对维生素的需求量增加。美国NRC(1998)推荐量，只是防止出现缺乏症最低需要量。而实际配合饲粮过程中，基于生长、加工损耗、抗应激、自然环境破坏等因素的需要，其添加量往往是其推荐量的2～8倍。综合起来，维生素A、维生素E有增强仔猪免疫力的功能。水溶性维生素有增进食欲，防止被毛粗糙的效果。断奶仔猪饲粮中添加脂肪，应增加维生素E的添加量；制作颗粒饲料，应增加B族维生素的添加量；夏季所有维生素均应增加其添加量。

(5)水的需要：断奶仔猪由断奶前的液体乳和固体饲料混合采食转变成单一采食固体饲料，水是不可缺少的重要物质。水的味道、温度、水质及饮水设施对断奶仔猪饮水量影响较大，所以要求饮水无异味，水温冬季不过凉、夏季要凉爽；水质符合人饮用水卫生要求。饮水设施，可以使用饮水槽或饮水器。正常情况下猪的饮水量为其采食风干料重的2～4倍，夏、春、秋三个季节饮水量高于冬季。

2. 阶段饲喂方案

仔猪断奶也是对日粮营养、组成及环境要求较高的阶段，现多倾向两阶段和三阶段饲养法，对仔猪生长发育、饲料利用率、减少消化道疾病更有利。

(1)仔猪两阶段饲养法：指仔猪断奶后到23 kg分为两个阶段配制两种日粮。一般在断奶后14 d内饲喂阶段Ⅰ日粮(哺乳仔猪料)，其养分浓度和消化率较高；从断奶后14 d起经4～5 d过渡到饲喂阶段Ⅱ日粮(断奶仔猪料)。我国采用28～35日龄断奶的大部分猪场，一般从断奶至15 kg左右为阶段Ⅰ，15～25 kg(约12周龄)转群时为阶段Ⅱ。根据实际生产可推荐仔猪在50日龄前，继续喂哺乳仔猪料，50日龄以后逐渐换成断奶仔猪料，整个培育阶段均采用自由采食方法饲喂，自由饮水。仔猪约70日龄时转群到育肥猪舍。

(2)仔猪三阶段饲养法：又称三阶段饲养方案。是仔猪从断奶前高脂肪、高乳糖的母乳逐渐向由谷类和大豆组成的低脂肪、低乳糖、高碳水化合物的饲料过渡的一种措施，第一阶段和第二阶段的饲料是从最大的消化能力和最佳的生产性能、最好的经济角度进行综合分析而设计出来的。主要是诱导仔猪采食干料，一旦采食相当量的饲料，则可在确保维持仔猪的最佳生产性能的同时，尽快降低饲料成本。在第三阶段即可将适口性好又昂贵的成分从营养方案中撤出，以降低饲粮成本。三阶段饲喂方案中至关重要的是第一、二阶段的饲粮不宜喂得时间多长。第一阶段饲粮可用到4周龄或者再多几天，以引导仔猪采食。该方法能消除断奶后的生长迟缓，提供均衡的快速生长直至全出栏，并可采用“全进全出”技术。

3. 饲喂次数及饲喂量

断奶仔猪生长速度较快，所需营养物质较多，但其消化道容积有限，所以自由采食需少喂勤填，生产中在20 kg以前日喂5～6次为宜，20～35 kg日喂4～5次效果较好，饲喂时间与原哺乳期补饲时间相同。日喂量占体重6%左右，如环境温度低可在原日粮基础上增加10%给量。每次喂量以全部仔猪采食完毕，剩料多认为投料太多，饲槽舔光说明喂量不足。喂量过多会造成消化不良，出现腹泻。要利用仔猪一起采食饲料的习性，从而保证断奶仔猪有一个旺盛食欲。饲料料型最好是颗粒饲料。

4. 饮水

确保饮水充足、卫生。自动饮水器水流量至少250 mL/min，每栏安装1～2个饮水器，其高度为30～35 cm。饮水不足会影响健康，将降低生长速度，同时饮水不卫生会引发仔猪下痢等病。

(三)断奶仔猪管理

1. 创造良好环境

断奶仔猪舍要阳光充足，温度湿度适宜，清洁干燥，通风良好。为减少应激，断奶当天环境温度升高至29～30 ℃，之后逐渐下降至22～25 ℃，保持温度稳定，切忌忽高忽低，昼夜温差不大于2 ℃。相对湿度控制在65%～75%，光照时间是14～18 h。圈舍内氮气不得超过20 mg/m³，硫化氢不得超过10 mg/m³，二氧化碳在空气中含量不超过0.2%，一氧化碳不得超过5 mg/m³。

2. 合理分群和调教

(1)饲养密度：指每头猪的占栏面积，饲养密度不仅影响猪的群居行为和舍内的小气候，而且还影响猪的生产力。选择合理的饲养密度才能充分发挥猪的生产潜力，饲养密度过小，浪费圈舍的空间；饲养密度过大，使猪只之间争斗机会增加，从而增加应激。所以一般每头断奶仔猪占栏面积为0.3～0.35 m^2 最为合理。

(2)分群：断奶仔猪在原圈饲养1～2周后，若表现稳定，可根据性别、体重大小、采食快慢、圈栏面积等合理分群，体重相差不超过2～3 kg为宜，每栏8～16头。最好采用“原窝同圈培育”方式。

3. 看护和调群

合群后第一周仔猪易咬架，14～15时易发生。据生产实践观察，通过转移注意力的方法来减少争斗咬架和咬尾等，具体做法是：在圈栏内放置仔猪玩具，并放轻音乐，以分散其注意力，但是还应注意看护，防止意外咬伤。合群后应对猪群进行适当调群，采取“留弱不留强，夜合昼不合，拆多不拆少”的原则。

为了便于管理，此时开始进行三点定位调教。训练的方法是排泄区的粪便暂时不清除，诱导新来的仔猪排泄，其他地方的粪便及时清扫干净。当仔猪活动时，对不到指定区排泄的仔猪，用小竹棍轰赶并加以训斥。睡卧时，可定时哄起并赶到固定区排泄，经过1周左右的训练，可建立起定点睡卧和排泄的习惯。

(四)网床培育断奶仔猪

网床培育断奶仔猪指仔猪在网床培育栏上饲养，仔猪培育栏主要由金属编织网、漏粪地板、围栏和自动食槽组成。漏粪地板通过支架设在粪沟上或水泥地面上，每栏设一个自动食槽和自动饮水器。面积因饲养头数不同而异。

网床培育可减少冬季地面传导散热，提高饲养温度。尿、污水等随时通过网床漏到粪尿沟内，减少了仔猪接触粪尿等污物机会，使床面卫生干燥、清洁，能有效地防止仔猪下痢病的发生和传播。高床网上培育与地面相比，平均日增重多51 g，提高15%，日采食量多37 g，提高6.8%，饲料利用率提高6.0%。

三、促进仔猪生长发育的措施

猪有很大的生长潜力，由于饲养管理和疾病等因素影响往往不能充分发挥，甚至形成被毛粗乱、精神呆滞、曲背拱腰、体小瘦弱、生长落后的“僵猪(落脚猪)”，给养猪场造成很大损失。“僵猪”形成的原因很多，如胚胎期发育不良，初生重轻，没有吃好初乳或母乳不足，补饲过晚或不当，营养不良；受冻或疾病(下痢)寄生虫侵袭等。其中有的受单一因素影响，有的则是由多种因素造成的，情况各异。在生产实践中，要消灭僵猪，首先应该根据仔猪不同时期的特点给以正确的饲养管理与护理，以杜绝僵猪的出现，一旦发生时，要根据僵猪出现的年龄、季节及特征等具体分析，找出原因，排除致僵因素，改进饲养管理，单独饲养采用饲料添加剂或药物，促进机体生活机能的调整，恢复正常生长发育。防止僵猪产生在饲养管理角度上应从以下几方面着手。

1. 做好选种选配工作

双亲应无亲缘关系，纯种生产要认真查看系谱，防止近亲繁殖。商品生产充分利用杂种优势进行配种繁殖。

2. 科学饲养好妊娠母猪

保证母猪具有良好的产仔和泌乳体况，防止过肥过瘦影响将来泌乳，保证胎儿生长发育正常，特别妊娠后期应增加其营养供给，提高仔猪初生重。

3. 加强泌乳母猪饲养管理

本着"低妊娠，高泌乳"原则，供给泌乳母猪充足的营养，发挥其泌乳潜力。

4. 对仔猪提早开食及时补料

供给适口性好，容易消化，营养价值高的仔猪料，保证仔猪生长所需的各种营养。

5. 科学免疫接种、驱虫

根据传染病流行情况，做好传染病的预防工作，一旦仔猪发病应及时诊治，防止转归为慢性病，正确合理选择用药，防止仔猪产生用药副作用，影响生长。及时驱除体内外寄生虫，对已形成的僵猪要分析其产生的原因，然后采取一些补救措施进行精心饲养管理。生产实践中多通过增加可消化蛋白质、维生素的办法恢复其生长速度，同时注意僵猪所居环境空气质量，有条件的养猪场在非寒冷季节可将僵猪放养在舍外土地面栏内效果较好。

四、控制断奶仔猪腹泻的营养措施

腹泻是仔猪阶段常见病和多发病，轻者影响生长增重，重者继发其他疾病甚至死亡，给养猪生产造成一定的损失。仔猪腹泻分为病原性腹泻和非病原性腹泻。

非病原性腹泻是由于断奶应激肠道损伤，使消化道酶水平和吸收能力降低，造成食物以腹泻形式排出。仔猪消化道与外界相连，很容易受外来物质侵袭。肠道的健康依赖于肠道局部免疫系统。该系统能够广泛识别抗原并与其发生特异性反应。肠道免疫抗体对以前未曾接触过的一切外来抗原均会发生免疫反应，用以消除抗原的危害，结果造成肠细胞损伤，成熟细胞减少，消化酶水平下降，小肠绒毛萎缩，肠腺窝增生，导致仔猪腹泻。仔猪日粮中含有大量抗原(主要是蛋白质)，肠道免疫系统不能经常发生免疫反应，而是表现出免疫耐受。当肠道中的食物抗原成分达到一定数量和作用时间后，仔猪受免疫耐受作用，对后来的同类抗原不再反应。当仔猪断奶对高抗原日粮未能适应或者肠道没有产生免疫耐受时，这种日粮将引发仔猪大量腹泻。此种情况多发生早期断奶最初几天或饲粮更改后几天。此时腹泻症状如果不加以控制，可诱发大肠杆菌的大量繁殖，使腹泻症状加剧。可以采取以下措施控制仔猪腹泻的发生率。

1. 选择优质的饲料原料

在仔猪哺乳后期饲料中要逐渐增加豆粕等植物性蛋白质饲料的比例，以使仔猪断奶后能逐渐适应植物性饲料，但在断乳后的饲粮中应加入一些乳产品和动物性蛋白质，以利于断奶仔猪的逐步适应。

2. 充分补饲

对4～5周龄断奶仔猪，在断奶前补饲大量优质饲料，有利于仔猪建立对日粮蛋白质的免疫耐受力。

3. 饲料酸化

给断乳仔猪饲料中添加有机酸有助于维持仔猪胃内和肠道前段的高酸环境，特别是使用消化率差的蛋白质饲料(如大豆饼粕)取代乳产品更有意义。

试验证明，在仔猪饮水或饲料中加入1%的乳酸，可改善断乳仔猪的生长速度和饲料利用率，降低十二指肠和空肠中大肠杆菌数及腹泻发生率。使用1.5%～2.0%的富马酸可提高仔猪日增重9%，采食量5.2%，饲料利用率4.4%；使用1%～3%柠檬酸可改善仔猪增重和饲料利用率；酸化饲料对4～7周龄断乳的仔猪效果最明显。

4. 降低开食料蛋白质水平

蛋白质是日粮的主要抗原物质，降低蛋白质水平可减轻肠道免疫反应和断乳后的腹泻发生率。在仔猪日粮中添加合成氨基酸后，粗蛋白质可比标准推荐量下降 2～3 个百分点，从而达到降低抗原量的目的。

5. 添加药物

仔猪饲粮中添加抗生素，既可以抑制和杀灭一些病原性微生物，又可加速肠道免疫耐受过程，减轻肠道损伤。添加益生素可以使肠道菌群平衡，抑制有害菌的生长繁殖，同样达到减轻腹泻的效果。

6. 添加低聚糖

在日粮中添加异麦芽低聚糖同添加抗生素一样能有效地减少断奶仔猪腹泻病的发生。

五、仔猪早期隔离断乳(SEW)

早期隔离断乳是美国养猪界在 1993 年开始试行的一种养猪方法，这种方法使养猪生产有很大程度的提高。

仔猪早期隔离断乳指仔猪出生后 20 日龄以内(一般在 12～14 日龄)断乳，断乳仔猪被运送到离母猪 1 km 以上的保育场(封闭式猪舍)内，一直到 70 日龄再转入肥育场(或育种场)饲养，从而改善生长期仔猪健康状况，防止母、仔疾病交叉感染。其主要内容包括：仔猪在母源抗体还起作用时断乳，并在断乳后将仔猪转到远离母猪的保育场；采用繁殖场(配种至分娩)、保育场(断乳至 25 kg)、肥育场(25 kg 至出栏)的“多点式”的专业场，地理位置是分开的。采用 SEW 技术，母猪场与仔猪场要有一定的隔离距离，各场相距 1～3 km。且环境、设施、设备、工具等要求极高，最大限度地避免交叉感染；SEW 仔猪对饲粮营养要求极高，且适口性、安全卫生要好。

(一)仔猪早期隔离断奶的主要特点

(1)母猪在妊娠期免疫后，对一些特定的疾病产生抗体后可以垂直传给胎儿，仔猪在胎儿期间就能获得一定程度的免疫。

(2)初生仔猪必须吃到初乳，从初乳中获得必要的抗体。

(3)仔猪按常规免疫，产生并增强自身免疫能力。

(4)仔猪生后 22 d 内特定疾病的抗体在仔猪体内消失以前，就将仔猪进行断乳，之后转移到清净隔离条件良好的保育舍进行饲养。

(5)由于仔猪本身健康无病，不受病原体的干扰，免疫系统没有激活，从而减少了抗病的消耗，加上提供给仔猪科学配合的全价饲料，使得仔猪的生长速度非常快，10 周龄时仔猪体重达 30～35 kg。

(6)由于仔猪断乳日龄的提前，母猪的产仔窝数、总产仔数、分娩栏的利用率都明显提高，极大地提高了生产效益，降低了养猪成本。

(二)早期隔离断奶法的依据

(1)由于对仔猪消化生理研究的不断进展，使得对仔猪代乳料的研究开发日趋完美。仔猪 2 周龄左右所需营养完全由仔猪料供给已成为可能。

(2)母猪妊娠期间对某些特定传染病进行了免疫，便于仔猪出生前获得了一定的抗体。出生后通过吃初乳又获得了一些不能垂直传递的一些抗体，从而增强了仔猪的免疫力。仔猪在母源抗体消失前(3 周龄)已将其转群到条件较好、卫生安全的保育舍养育，减少疾病感染概率。

(3)早期隔离断奶的仔猪应激反应小，持续时间短，减少了生长停滞期，缩短了猪的生长期，提高了圈舍及设施利用率，降低了固定资产成本，加快了仔猪生长速度。

(三)SEW 法的饲养管理措施

1. 断奶日龄的确定

断奶日龄主要是根据所需消灭的疾病及饲养单位的技术水平而定，最常见的断奶日龄是 14～16 d。

2. 饲料配制原则

采用 SEW 法对饲料要求较高。通常将仔猪料分成三个阶段：第一阶段为断乳后 1 周，要求日粮粗蛋白质含量为 20%～22%、赖氨酸 1.38%、消化能 15.40 MJ/kg；第二阶段为断乳后 2～3 周，要求日粮粗蛋白质含量为 20%、赖氨酸 1.35%、消化能 15.02 MJ/kg；第三阶段为 4～6 周，粗蛋白质和赖氨酸同第二阶段，消化能为 14.56 MJ/kg。第一阶段饲料中必须加血清粉和血浆粉。阶段饲养日粮推荐组成，如表 4-5 所示。

表 4-5 阶段饲养日粮推荐组成

项目	早期断奶日粮	过渡日粮	第一阶段	第二阶段	第三阶段
玉米(或更经济的谷物)	玉米基础型(或更经济的谷物)	玉米—豆粕基础型(或更经济的谷物)	玉米基础型(或更经济的谷物)	玉米—豆粕基础型	玉米—豆粕基础型
赖氨酸/%	1.7～1.8	1.5～1.6	1.5～1.6	1.3～1.4	1.15～1.30
脂肪添加量/%	6	3～5	5	3～5	3～5
蛋氨酸/%	0.48～0.50	0.38～0.43	0.38～0.43	0.36～0.38	0.32～0.36
乳糖当量/%	18～25	15～20	15～25	6～8	—
豆粕/%	10～15	—	15	—	—
喷雾干燥猪血浆蛋白/%	6～8	2～3	6～8	—	—
喷雾干燥血粉和精选鲱鱼粉/%	1～2 喷雾干燥血粉和 3～6 精选的鲱鱼粉	2～3 喷雾干燥血粉和/或精选的鲱鱼粉	0～3 喷雾干燥血粉和/或精选的鲱鱼粉	2～3 喷雾干燥血粉或 3～5 精选的鲱鱼粉	—
氧化锌/(mg/kg)	3 000	3 000	3 000	2 000	—
硫酸铜/(mg/kg)	—	—	—	—	125～250
饲料形式	粒状	粒状或粉状	粒状	粉状	—

3. 饲养管理

仔猪采用全进全出方式饲养，每间猪舍养 100 头仔猪，保证阳光充足，温度适宜，通风良好。隔离设施条件及防疫消毒条件良好，为了便于仔猪采食和消化吸收，所使用的饲料以颗粒料为好。

任务工单 1

任务名称	仔猪断奶现场操作	
任务描述	通过参加仔猪断奶操作，使学生掌握仔猪断奶技术，减少断奶应激	
准备工作	1. 秤、记录卡 2. 校内猪生产基地	
实施步骤	1. 断奶时间选择 2. 断奶方法选择 3. 断奶时环境控制 4. 做到两个维持三个过渡 5. 每圈栏 10～12 头，每头猪占栏面积 0.35 m^2 6. 做好日常管理工作	

考核评价	考核内容	评价标准	分值
	断奶时间及断奶方法	1. 能确定断奶时间(10 分) 2. 能说出断奶方法并说明其优缺点(20 分)	30 分
	两个维持三个过渡	描述出两个维持三个过渡的含义(30 分)	30 分
	自查总结	总结断奶操作减少断奶应激的措施(40 分)	40 分
	总分		100 分

任务工单 2

任务名称	保育猪日常管理操作规程
任务描述	根据保育猪的饲养管理技术，制订保育猪日常管理操作程序，运用虚拟猪场运营软件饲养管理保育猪，确保保育猪顺利度过断奶应激，使保育猪快速增长，降低死亡率
准备工作	1. 收集保育猪饲养管理技术的相关资料 2. 准备保育猪饲养管理教学视频 3. 准备猪场运营虚拟软件
实施步骤	1. 学生通过阅读保育猪饲养管理相关资料，观看保育猪饲养管理视频，小组讨论制订保育猪日常管理操作流程。如断奶时间方法选择—环境控制—卫生管理—饲喂管理 2. 小组运用猪场运营虚拟软件，打开保育猪饲养管理操作页面，进行操作，虚拟饲养和管理保育猪，通过软件测评打分 3. 小组根据软件测评打分情况自查总结

续表

	考核内容	评价标准	分值
考核评价	制订方案	1. 认真阅读资讯内容(20 分) 2. 制订保育猪日常管理操作流程合理可行(20 分)	40 分
	虚拟饲养管理情况	根据实际操作，虚拟饲养和管理保育猪，软件自行测评打分(40 分)	40 分
	自查总结	根据软件打分情况和软件的提示，找出饲养管理过程中出现的问题，分析问题，提出改进方案，重新操作(20 分)	20 分
	总分		100 分

项目五
生长育肥猪的饲养管理

任务一　体组织生产发育规律

目标呼应

任务目标	课程教学目标
熟知肉猪生长发育的规律	会饲养管理生长育肥猪；运用其饲养管理知识评价饲养效果，解决生产常见问题
能做好生长育肥前的准备工作	

情境导入

生长育肥猪的饲养效果关系到整个养猪场生产效益。在育肥猪生产中要力求提高增重速度，增加胴体瘦肉率，降低饲料消耗，促使育肥猪早日达到屠宰体重。首先就要熟知生长育肥猪生长发育的规律，做好生产前准备，以便对其正确饲养。

知识链接

一、生长育肥猪的生长发育规律

生长育肥猪又称为肉猪。肉猪生产中要根据各时期猪的生长发育特点，采用不同的饲养管理技术，充分发挥肉猪的生产潜力。

(一)体重的增长

体重增长是表示猪体各部位生长变化规律的综合指标，由绝对生长和相对生长来表示。绝对生长是一定时间内的增长量，是单位时间内家畜整体或各个部分重量、大小所增加的绝对量。以平均日增重来度量。日增重随年龄增长先是增快，到达最大生长速度，后降低。转折点发生在成年体重的40%左右，相当于育肥猪的适宜屠宰期。根据生产实践，猪于体重达到90～100 kg时生长速度最快，但也因遗传类型和饲养条件的不同而异。肉猪生长曲线，见图5-1。

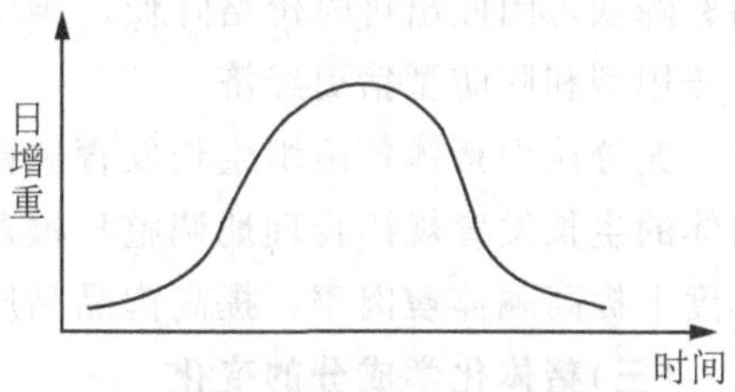

图5-1　肉猪生长曲线

相对生长反映生长强度的相对数值。绝对生长相等的两个个体，生长强度不一定相等。常用增重占始重百分率即生长强度表示。年龄(体重)越小，生长强度越大，随着年龄增长，相对生长速度逐渐减慢。

据分析，国内猪品种之间杂交所产生的杂交育肥猪，6～8月龄前增重较快，饲料转换率也高，而4月龄以前生长强度最大，日增重的高峰多数在75～80 kg阶段，少数在90 kg以后；长白猪、大约克夏猪、杜洛克猪等引入品种，日增重高峰多在90～120 kg；国内猪和国外猪杂交后，日增重高峰多在二者之间。到10月龄以后，增重速度减慢。因此在肉猪生产上要抓住增重速度高峰期，加强饲养管理，提高增重速度，提早出栏，提高饲料转化效率，降低饲养成本。

(二)体组织的生长

生长育肥猪体组织重量的日增重随年龄增长呈现一定的规律性。从图5-2可见各种体组织中骨组织最先发育，生长育肥猪20～30 kg为骨生长高峰期，先向纵行方向生长，后向横行方向生长。肌肉组织居中，60～70 kg为肌肉生长高峰期。脂肪组织是最晚发育，90～110 kg为脂肪沉积高峰期。

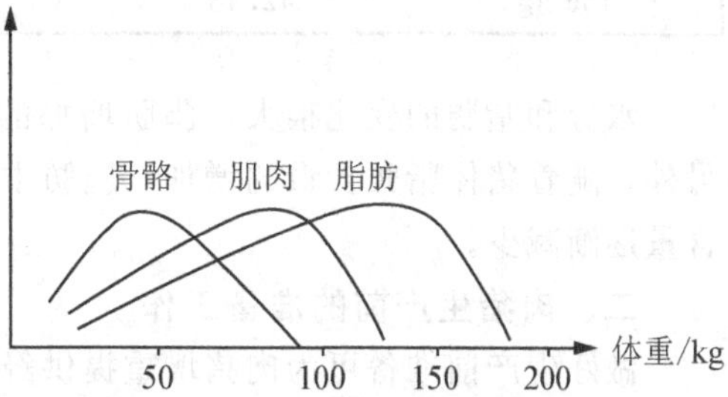

图5-2　骨骼、肌肉、脂肪生长发育规律

例如大约克夏猪，骨组织自2月龄到3月龄(活重30～40 kg)是强烈生长期，强度大于皮肤；肌肉组织，强烈生长从3～4月龄(50 kg左右)开始，并较脂肪型和兼用型猪种维持时间长，直至到100 kg时才明显减弱。现代优良肉用型品种猪的肌肉组织成熟期推迟，可以在活重30～100 kg保持强度增长，100 kg开始下降，至成熟期不再增长，这是近年来屠宰体重增大到114～120 kg的基本原因。脂肪组织是最晚发育，在4～5月龄(体重70～80 kg)以后脂肪组织增长强度明显提高，并逐步超过肌肉组织的增长强度，即“小猪长骨，中猪长肉，大猪长膘”。

体脂肪主要沉积在腹腔、皮下和肌肉间。从沉积迟早来看，以腹腔脂肪较早，皮下次之，肌间脂肪沉积最晚；从沉积数量来看，腹腔脂肪最多，皮下次之，肌肉间最少；从沉积速度而言，腹腔脂肪最快，肌肉间次之，皮下脂肪沉积最慢。

皮肤生长比较稳定，其生长势与猪经济类型有关，即瘦肉型猪种为骨、皮、肌肉、脂肪；而我国一些地方猪种如民猪等，则为骨、肌肉、皮、脂肪。可以看出，地方猪种皮肤的生长势强于肌肉，从而导致皮下脂肪可大量沉积，胴体瘦肉少、皮厚，降低了肉用价值。商品肉猪靠脂肪沉积的增加来提高增重，会导致肉猪饲料报酬低、胴体瘦肉率低、商品率降低，因此出售时价格降低，难以获得较高的经济效益。由此可以看出，养瘦肉型猪比兼用型和脂肪型猪更经济。

充分认识猪体各组织生长发育规律，对于育肥猪生产十分重要。养猪生产者可以根据猪体的生长发育规律合理地调整日粮营养水平，创造相适应的饲养管理环境，从而在一定程度上提高胴体瘦肉率，提高肉品品质和饲料利用率。

(三)猪体化学成分的变化

随着年龄和体重的增长，猪体的化学成分呈现一定规律性的变化，见表5-1。即幼龄时水分、蛋白质、矿物质的相对含量较高，随年龄增长逐渐降低，体重45 kg以后蛋白质和矿物质含量以后趋于稳定。脂肪在仔猪时含量相对较低，随年龄增长逐渐增高。

表5-1　猪体化学成分变化　　单位：%

猪的日龄(或体重)	水分	蛋白质	灰分	脂肪
25 d	70.67	16.56	3.06	2.97
45 kg	66.76	14.95	3.12	16.16
68 kg	56.07	14.03	2.85	29.08
90 kg	53.99	14.48	2.66	28.54
114 kg	51.28	13.37	2.75	32.14
136 kg	42.48	11.63	2.06	42.64

水分和脂肪的变化很大，脂肪增加的同时水分下降，蛋白质和矿物质比例变化不大，另外，随着猪体脂肪含量的增加，脂肪中饱和脂肪酸的含量也相应增加，而不饱和脂肪酸含量逐渐减少。

二、肉猪生产前的准备工作

做好生产前准备可为肉猪增重提供舒适的环境条件，以方便管理，确保安全生产。肉猪生产前的准备工作包括圈舍的消毒以及猪群的驱虫、去势和免疫接种等。

(一)空舍消毒

圈舍使用之前，进行空舍消毒，以减少病原微生物的数量，降低疾病的发生率和养殖风险，节省医药成本，提高养殖场的经济效益。总结空舍消毒程序如下。

1. 维修

观察猪舍的门窗、地面、漏缝地板、粪尿沟、饮水器、饲槽、猪栏、通风设施、取暖设施等有无损坏，发现损坏应马上做好维修工作。

2. 清扫

彻底清除舍内的残料、粪尿、垃圾及门窗尘埃等，并整理舍内用具，如产房空舍后应将仔猪饲槽集中到一起，保温箱的垫板立起来放在保温箱上以便于清洗等。

3. 冲刷

用高压水龙头对猪舍内的上述设施进行彻底冲刷。

4. 浸泡

用火碱溶液(2%～3%氢氧化钠溶液)对地面及1 m高的墙围浸泡24～48 h，注意避开铁器及容易腐蚀的器械。

5. 冲刷

再用高压水龙头将火碱溶液进行彻底冲刷。

6. 广谱抗菌药消毒

用广谱抗菌药对空舍所有表面、设备、用具，不留死角、彻底消毒，特别是对猪只排便区、趴窝区和饲槽饮水器等地方多喷洒消毒药。

7. 火焰消毒

用火焰消毒器对猪舍的所有表面、设备、用具等进行高温消毒，每个部位消毒时间不少于 60 s。

8. 空气熏蒸消毒

确保猪舍密闭，熏蒸消毒药品使用剂量为每立方米空间 42 mL 的福尔马林溶液(35%～40%甲醛溶液)与 21 g 的高锰酸钾固体，计算好用量后将二者混合，混合后将产生大量的刺激性气味的烟雾，操作人员需迅速撤离。当舍温为 24 ℃时，二者反应速度最快且完全。注意事项：①盛放药品的容器不要选用铁器，可用瓷器和瓦制品。②药品混合时要先放高锰酸钾固体后放福尔马林溶液，以防液体飞溅。③熏蒸时间为 24～48 h，时间越长效果越好。

9. 通风换气

空气熏蒸消毒后将舍内的门窗及通风口全部打开，使烟雾散尽。

10. 粉刷

如条件允许则可用石灰粉刷 1～1.5 m 高墙围，待墙壁干燥后恢复舍内布置。以上所有操作完成后即可进猪，如猪舍内达不到预计温度，则还需提前做好加温预热工作。

(二)选好仔猪

1. 选用优良杂交组合的杂种仔猪

仔猪质量对肥育效果具有很大影响，现代养猪生产中，多利用二元、三元及配套系杂交的仔猪进行育肥，优良杂交组合的杂种仔猪生活力强，增重快，肥育期短，节省饲料，抗病力强，有较大的杂种优势，可降低育肥成本，提高经济效益。实践证明，两品种杂交猪可提高增重 20%左右，饲料转化率提高 10%左右。三元杂交比二元效果好，每窝猪所产肉量比两品种杂交提高 19%，因此规模养猪场应选用三元杂交猪进行育肥。

选择适宜的杂交组合，对于自繁自养的猪场比较容易做到，在进行商品仔猪生产时，只要选择好杂交用的亲本品种(品系)，按相应的杂交配套体系进行杂交就可以获得相应的杂种仔猪。

2. 选用体大强壮发育整齐的仔猪

正常情况下，初生重越大，仔猪的活力越强、体质越健壮，生长越快，断奶重也越大。断奶重与 4 月龄体重呈显著的正相关，4 月龄体重与后期增重呈强正相关。并且初生重和断奶重大的仔猪节省饲料，发病率和死亡率都低。

3. 选用健康无病的仔猪

慢性传染病如猪气喘病和萎缩性鼻炎等，虽不至于引起死亡，但却严重降低肉猪生长速度，延长饲养期，增加耗料量。健康仔猪的特征是：两眼明亮有神，被毛光滑有光泽，站立平稳，呼吸均匀，反应敏捷，行动灵活，步态平稳，摇头摆尾或尾巴上卷，叫声清亮，鼻镜湿润，随群出入，粪软尿清，排便姿势正常，主动采食。现代养猪生产上，有的国家进行培育无特定病原猪，为生产者选择健康无病猪提供了保障。选用健康无病的仔猪，一般用“一摸、一听、三看”的方法。一摸：即摸耳根温度是否正常，凉和热表明仔猪都不正常。一听：即仔猪叫声清脆，声大为健康，反之则为病猪。三看：一看仔猪的精神状况，眼大有神；二看肛门及后肢是否粘有粪便，颜色是否正常；三看鼻盘，健康仔猪鼻盘低温湿润，病猪则发干。

(三)合理组群

1. *肉猪的饲养密度*

肉猪适宜的饲养密度对于肉猪的增重、健康、应激、饲料转化率以及猪群管理非常重要。在猪群中出现咬尾、咬耳和咬架现象的主要原因，就是饲养密度过大。在肉猪群养时，一般采用的饲养密度是每栏 8～12 头，每头猪的占栏面积 0.6～1.0 m^2。根据我国中、小型集约化养猪场建设标准和各地区的实际情况，肉猪生产时的猪群饲养密度大小可以参考以下数据(表 5-2)。

表 5-2　肉猪适宜饲养密度

肉猪体重阶段/kg	每栏头数/头	肉猪占栏面积/(m^2/头)	
		混凝土实体地面	漏缝地板地面
20～60	8～12	0.6～0.9	0.4～0.6
60～100	8～12	0.8～1.2	0.8～1.0

肉猪群饲，不但能有效地利用圈舍的面积和生产设备，提高劳动生产率，降低肉猪生产成本，而且可以充分发挥和利用猪的合群性及采食竞争性的特点，增加猪的食欲，提高肉猪的增重效果。但群饲密度较大时，经常发生争食和咬架现象，既影响了猪的采食和增重，又会使群体的生长整齐度降低，不能有效地实行适时出栏和全进全出。因此，肉猪群饲时必须具有合理的饲养密度。

2. *合理分群*

肉猪分群时，应根据其来源、体重、体质、性情和采食特性等方面分别合群饲养，有条件地区或集约化、标准化猪场，也可考虑猪的性别差异。一般情况下，群体内的个体体重差异不得超过 3～5 kg。为减轻猪群争斗、咬架等现象造成应激，建议分群前要采取三项措施：一是用带有气味的消毒剂对猪群进行喷雾消毒以混淆气味、消除猪只之间的敌意；二是分群前停饲 6～8 h，但要在转入的新圈舍食槽内投放饲料，以促使猪群转入后能够立即采食而放弃争斗；三是在新圈舍内悬挂“铁环玩具”或播放音乐以转移其注意力。另外，新组成的群体成员和大小应在充分考虑到“原窝培育”基本原则的基础上，每群以不超过 8～12 头为宜。

3. *及时调群*

肉猪分群后，在短时间内会建立起较为明显的群体位次，此时要尽可能地保持群体的稳定。调群只适用于两种情形：一是体重大小不均；二是饲养密度过大过小。根据猪的生物学特性和行为学特点，调群时应采取“留弱不留强、拆多不拆少、夜合昼不合”的方法。

4. *加强调教*

调教的内容主要有两项，一是防止强夺弱食，使猪群内的每个个体都能有平等的采食机会，防止强夺弱食的主要措施是分槽位采食和均匀投放饲料。二是训练猪的“三点定位”

习惯，三点即采食、休息和排泄有固定的区域。“三点定位”训练的关键在于定点排泄。诱导猪只在阴暗潮湿或带有粪便气味的固定区域排泄，其他地方的粪便及时清扫干净。训练需要 3～5 d 的时间。

(四)驱虫

猪常见寄生虫包括体内寄生虫和体外寄生虫，即猪蛔虫、姜片吸虫、疥螨和猪虱等。驱虫可增进猪的健康，提高肉猪的增重速度和饲料转化率。在生长肥育期通常需要进行 2～3 次驱虫。分别在仔猪断奶后 2 周左右、体重 50～60 kg、135 日龄左右进行。驱虫时选择广谱、高效、低毒或安全的驱虫药物。驱除体内寄生虫，可选用：左旋咪唑，每千克体重 10～15 mg、驱虫净(四咪唑)每千克体重 20 mg、丙硫(苯)咪唑，每千克体重 100 mg 等；驱除体外寄生虫，可选用：敌百虫，每千克体重 0.1 g 溶入温水中拌料空腹饲喂或 1.5%～2.0%溶液喷洒体表，可驱除体外寄生虫。选用驱除体内外寄生虫：伊维菌素或阿维菌素及其制剂，口服和注射均可，其用量为 0.3 mg/kg 体重。

(五)去势

去势俗称为阉割，指去除公母猪主要生殖器官，即公猪去除睾丸，母猪摘出卵巢。

公猪性成熟后因有刺激性膻气味，使胴体肉质有难闻的异味影响肉品口感，所以商品育肥所用公猪均去势。膻味主要成分：一是由睾丸产生的雄酮类固醇，储存于唾液腺；二是由消化道微生物分解色氨酸产生甲基吲哚。

母猪去势主要因为母猪周期发情影响增重，中国地方猪种母猪性成熟较早，及早去势可使母猪性情安静食欲增加，易沉积脂肪。引入品种因性成熟晚，发情症状不明显，故引入品种母猪可不去势。

小公猪去势的时间一般在生后 7 d 内或 30～35 d。小公猪早去势应激小，出血少，伤口愈合快不容易受到感染。

(六)免疫接种

现代养猪生产中，仔猪在 70 日龄前应完成各种疫苗的免疫接种工作，当猪群转入生长育肥猪舍后，一直到出栏上市无须再接种疫苗但应及时对猪群进行采血、检测猪体内的抗体水平，防止发生传染病。因此，在猪进入生长肥育期之前，必须制订合理的免疫程序，认真做好免疫接种工作，做到逐头接种，防止漏免。

目前，我国仍然有一些地区的养猪场或养猪户没有实现自繁自养，需要从外地购进仔猪进行肥育。对外购猪的处理以及免疫接种不合理，往往会给肉猪生产带来很大的隐患。因此，外购仔猪没有进行免疫接种的，在隔离适应后，根据本地区传染病流行情况进行一些传染病的免疫接种。

任务工单

<table>
<tr><td>任务名称</td><td colspan="3">猪的活体测膘</td></tr>
<tr><td>任务描述</td><td colspan="3">通过活体测膘随时观察猪群饲养情况，判断预期胴体品质</td></tr>
<tr><td>准备工作</td><td colspan="3">1. 背膘仪或手持 B 超仪、剪毛剪、耦合剂
2. 校内肉猪生产基地</td></tr>
<tr><td>实施步骤</td><td colspan="3">1. 活体背膘测定部位：倒数 3～4 肋骨处距背中线 4～5 cm 处
2. 剪毛：用剪毛剪或者推子对测定点去除猪的被毛
3. 操作过程：剪毛后在测定点处均匀涂上耦合剂，将探头置于测定位点后，待显示数值</td></tr>
<tr><td rowspan="4">考核评价</td><td>考核内容</td><td>评价标准</td><td>分值</td></tr>
<tr><td>测定部位</td><td>能准确说出测定部位(50 分)</td><td>50 分</td></tr>
<tr><td>测定方法</td><td>会测定活体背膘后并能够准确读数(50 分)</td><td>50 分</td></tr>
<tr><td>总分</td><td></td><td>100 分</td></tr>
</table>

任务二 育肥猪的培育

目标呼应

任务目标	课程教学目标
熟知影响育肥因素	会饲养管理生长育肥猪；运用饲养管理知识，评价饲养效果，解决生产常见问题
能选用适合猪场的育肥方式科学饲养管理生长育肥猪	

情境导入

饲养肉猪是养猪生产的最后一个重要的环节，可为种猪生产和仔猪培育的成果提供检验依据，也为市场提供高质量的商品育肥猪，达到养猪的最终目的。它的生长性能和饲料转换率的高低直接影响猪场经济效益。在生长育肥猪生产中应用最少的劳动力，在尽可能短的时间内，生产出数量多、质量优而成本低的猪肉。

知识链接

一、影响肉猪育肥的因素

影响生长育肥猪育肥的因素很多，各因素之间又是互相联系、互相影响。现将影响猪育肥的主要因素分述如下。

(一)品种和类型

在相同的饲养管理条件下，不同品种和类型猪的生长速度、饲料转化率、胴体品质均有所不同。研究表明：在生长速度性状上，瘦肉型、兼用型猪种比脂肪型猪种优势大。胴体品质因不同品种和类型也有差异。如中国地方早熟品种 50 kg 时已长成满膘，后腿已很发达，为鲜肉用的适宜屠宰体重。而瘦肉型的长白猪在同样体重时则仍在增加体长，后躯不发达，骨骼比重也大。如早熟品种体重达 90 kg 时已发育过度，体躯深度过大，表现出过于肥胖。而瘦肉型的长白猪在同样体重时则仍在发育，肌内脂肪欠缺。如表 5-3 用同样饲料饲喂长白猪和东北民猪到同一体重屠宰，它们的胴体成分也不相同。

表 5-3 品种间胴体组织的差别

品种	胴体长/cm	背膘厚/cm	板油/%	总脂肪/%	总肌肉/%	眼肌面积/cm^2
长白猪	97.60	2.57	2.37	28.07	56.38	31.33
东北民猪	90.01	3.18	4.46	35.61	45.36	23.18

(二)杂交方式

利用杂种优势是提高育肥效果的有效措施。杂交后代生活力增强、生长发育快、肥育期日增重高、饲料利用率高、饲养成本低。因此，一般情况下，杂种猪比纯种猪的生产效果好。但对肥育效果起主要影响的在于有效的杂交组合。

现普遍利用三元杂交猪替代二元杂种进行肉猪生产。采用三个国外瘦肉型猪品种的三元杂交居多，其杂种猪生长快，瘦肉率高，但肉质较差。因此，从生产优质猪肉角度出发，在杂交组合中适当安排我国优良地方猪种参与很有必要。

繁育体系的杂交配套系杂优猪的各项生产指标均高于三元杂种猪，所以随着养猪生产的发展，越来越多的养猪生产企业，利用自身的技术优势、猪种优势和设备优势，建立健全的本企业猪的杂交繁育体系，选育出配套系以生产杂优系列商品猪。如迪卡配套系、斯格配套系、PIC 配套系、达兰配套系、托佩克配套系、光明配套系、深农配套系、华特配套系、冀合白猪配套系。建议大型现代化养猪生产企业，在猪种选育的基础上，建立杂交繁育体系生产现代型的杂优商品猪。

(三)性别的影响

猪的性别不同，其肥育期的增重速度、饲料利用率、胴体品质等均不同。公猪生长最快，小母猪生长最慢，去势猪的生长速度介于两者之间。公猪的饲料利用率比小母猪高 3%，比去势公猪高 7%。公猪的瘦肉率比去势猪高，小母猪介于它们之间。公猪与小母猪分圈饲养有利于提高增重速度和饲料报酬。

(四)仔猪初生重、断奶重及其均匀度

仔猪初生重、断奶重与育肥效果之间呈正相关。仔猪初生体重大，断奶体重越大，育肥起始体重则大，育肥期平均日增重高，育肥效果好。据研究，初生重 0.6～0.8 kg 的仔猪，45 日龄断奶重为 6.8 kg，断奶至 20 kg 期间的日增重为 244.1 g；而初生重为 1.0～1.3 kg 的仔猪，45 日龄断奶重为 8.3 kg，断奶至 20 kg 期间的日增重为 314.1 g。在现代肉猪生产中，仔猪 35 日龄断奶体重应达到 7～8 kg，70 日龄转群时体重达到 22～25 kg。正如“初生差一两，断奶差一斤，出栏差十斤”。

在一窝仔猪数相同的条件下，断奶仔猪均匀性好，则断奶窝重高，6 月龄全窝重也高，并可提高出栏率和养猪经济效益，也能提高猪舍的利用率。

综上所述，在生产中必须重视妊娠母猪的饲养管理和哺乳仔猪及断奶仔猪的培育，提高育肥猪起始体重和均匀度，从而提高生长育肥猪的生产力和出栏率，以提高育肥效果。

(五)日粮营养水平

日粮营养水平对猪的日增重、饲料利用率、胴体品质、出栏率和出栏时间等有直接影响。日粮营养水平不均衡，会造成一些营养的浪费或缺乏，致使猪对饲料的利用率降低，日增重慢，育肥效果差。在集约化生产条件下，生长育肥猪采用前期高营养水平，后期中等或低营养水平饲养，既能提高生长速度，缩短育肥期，又能提高胴体瘦肉率。

(六)环境条件

环境因素主要是指生长育肥猪群居环境中的温度、湿度、饲养密度、有害气体及卫生等。这些因素都会不同程度地影响猪的采食量和日增重，进而影响其育肥性能。

1. 温度、湿度

生长育肥猪采食量和增重速度在 10～20 ℃比较稳定，环境温度过低，猪需要消耗更多能量用于产热，以维持其体温。实践证明，当温度降低到 10 ℃和 5 ℃时，采食量分别增加 10%和 20%，而日增重下降。环境温度升高至 25 ℃和 30 ℃，则采食量分别减少 10%和 35%，日增重亦下降。在温度适宜条件下，单一的湿度因素对生长育肥猪育肥性能无明显影响。但高温、高湿、无风或低温、高湿、有风等环境影响明显。前者采食量下降，增重缓慢甚至停止；后者体热散失多，新陈代谢加强，采食量增加，饲料利用率降低，增重减慢。

2. 饲养密度

若饲养密度大，猪呼吸排出的水汽量越多，粪尿量越大，舍内湿度也越高，有害气体、微生物数量也增多，空气卫生状况恶化，猪的争斗次数明显增多，休息时间减少，从而影响猪的健康、增重和饲料转换率。在我国北方，平均气温较低，气候较干燥，可适当增加密度；在南方，由于气温较高，湿度大，则适当降低饲养密度。

3. 有害气体及卫生

由于猪的呼吸、排泄以及排泄物的腐败分解，不仅使猪舍空气中的氧气减少，二氧化碳含量增加，而且产生了氨、硫化氢、甲烷等有害气体和臭味。高浓度的氨和硫化氢可引起猪的中毒，发生结膜炎、支气管炎、肺炎等，通常情况下，虽然达不到中毒程度，但对猪的健康和生产力有不良影响。舍内二氧化碳含量过高、氧气含量相对不足时，会使猪精神萎靡，食欲下降，增重缓慢。因此，要保持舍内清洁、干燥和通风换气，并在圈舍周围搞好绿化，为育肥猪创造舒适环境，促进生长发育。

4. 气流

在高温环境下，增大气流有利于猪的散热，缓解热应激的影响，是一项重要的防暑措施。在寒冷季节，过大的气流会使机体大量散热，成为阻碍生产性能发挥及影响猪体健康的重要因素，作用于机体局部的低温高速气流(俗称“贼风”)对猪的危害更大，常引起猪的感冒、肠炎、腹泻、关节炎等疾病。因此，在寒冷季节要降低气流速度，更要防止“贼风”。

二、育肥方式

根据生长育肥猪的生长发育规律，并兼顾其增重速度、饲料转化率和胴体品质，中小规模的养猪场或养猪户应选择两阶段育肥方式，而较大规模的养猪场或集约化猪场，可采用三阶段育肥方式。该方式满足了生长育肥猪各个阶段的营养需要，充分发挥了生长育肥猪的增重潜力，能获得较高的日增重，可以缩短育肥期，减少维持消耗，提高出栏率和商品率，最终达到提高经济效益的目的，也可以选择直线育肥方式。

(一)两阶段育肥方式

两阶段育肥方式，即生长育肥猪体重 20～60 kg 阶段为育肥前期，体重 60～100 kg 为育肥后期。育肥前期采用高能量高蛋白饲粮(每千克饲粮含消化能 12.5～12.97 MJ，含粗蛋白 16%～17%)，并实行自由采食；育肥后期，适当降低饲粮中的能量水平和粗蛋白水平，并实行限饲。

(二)三阶段育肥方式

三阶段育肥方式，即将生长育肥猪的整个育肥期分为三个阶段，体重 20～35 kg 为育肥前期，体重 35～60 kg 为育肥中期，体重 60～100 kg 为育肥后期。分别按照三个阶段的饲养标准配制饲粮，自由采食或在育肥后期实行限饲。

(三)直线育肥方式

直线育肥方式，是根据生长育肥猪的体重增长规律和营养需要特点，在肥育全期供给充足的营养，促进猪体各组织充分生长的肥育方式。全期自由采食或以 8～9 分饱为度。

该方式优点是生长速度快、饲料利用率高，但育肥后期摄入能量过多，膘厚，在采食过程中，易造成饲料浪费。

三、饲养管理技术

(一)科学配制育肥猪饲粮

理想的肉猪饲粮既能满足生长发育需要，保证生长育肥猪的生产潜力得以充分发挥，又能充分利用当地的饲料资源，以低成本获得高收益。

1. 饲粮的营养水平

肉猪饲料营养水平的高低，特别是能量水平和蛋白质水平，对肉猪的增重速度和胴体品质会产生较大影响。实践证明，在相同的猪种和环境条件下，通过合理控制饲粮营养水平，可以提高肉猪的增重速度和饲料转化效率，并能够改善胴体品质，获得良好的经济效益。

(1)能量水平：在各种营养成分中，肉猪日粮中能量水平的高低与其增重速度和胴体瘦肉率关系非常密切。一般，在日粮蛋白质和氨基酸水平相同或不同的情况下，猪对能量的摄入量越多，猪的增重速度越快、饲料转化率越高而背膘则越厚、胴体脂肪含量越多。能量水平对猪的生长速度和背膘的影响，见表 5-4。

表 5-4　能量水平对猪的生长速度和背膘的影响

能量水平		低能量水平		高能量水平	
摄入蛋白质		低(共 34 kg)	高(共 43 kg)	低(共 35 kg)	高(共 45 kg)
粗蛋白含量/%		13.4	18.0	13.4	18.0
阶段日增重	20～50 kg	483	564	548	610
	50～90 kg	808	780	828	945
	20～90 kg	616	664	652	735
三点膘厚/mm		17.5	15.0	19.0	16.5

由表 5-4 可以看出，高能量水平对猪的增重有利，但对胴体品质不利。因此，在猪的肥育后期，通过采用限饲的方法以控制猪的能量摄入量来提高胴体瘦肉率，否则，必然会将瘦肉型猪养肥，影响肉猪胴体品质，最终影响养猪经济效益。

经大量生产实践和试验测定，在自由采食的情况下，30～90 kg 的肉猪，平均每天采食混合饲料 2.7 kg，每千克饲粮中含消化能 12.55 MJ 时，增重速度较快，平均日增重可达 750 g；当限饲程度为自由采食量的 25%时，平均每天采食混合饲料 2.0～2.2 kg，每千克饲粮含消化能为 12.55 MJ 时，饲料消化率可提高 6.6%，猪的胴体瘦肉率也比自由采食要高。

(2)蛋白质和氨基酸水平：肉猪日粮中的蛋白质和氨基酸水平，可以影响肉猪的增重速度、饲料转化率和胴体品质，并受猪种、日粮能量水平及能量与蛋白质的配比所制约。

提高肉猪日粮中的蛋白质水平，不但可以提高猪的增重速度，而且还可以得到背膘薄、眼肌面积大和瘦肉率高的肉猪胴体。但试验证明，当肉猪日粮中的粗蛋白水平超过 18%时，虽能改善肉质、提高瘦肉率，却会出现猪的增重速度下降的现象，并可明显增加饲料成本，不经济。根据我国的实际情况以及近期的科研成果，建议各地在配制生长育肥猪日粮时，参考执行以下粗蛋白质水平标准：体重 20～60 kg 阶段为 16%～17%，体重 60～

100 kg 阶段为 14%～16%。

蛋白质对肉猪的增重速度、饲料转化率和胴体品质的影响，不但在于其含量，更重要的还在于蛋白质的质量，即氨基酸的种类、含量和配比。猪需要的必需氨基酸有 10 种，在以玉米—豆粕型日粮中，赖氨酸作为第一限制性氨基酸，对猪的增重、饲料转化率和胴体瘦肉率的影响最大。有大量试验证实，在任何蛋白质水平下，为生长猪补充赖氨酸，都会提高猪的增重速度和胴体瘦肉率，而以赖氨酸占粗蛋白质 6%～8%时的增重效果和胴体品质最好。

(3)矿物质、维生素和粗纤维水平：矿物质和维生素可以促使商品肉猪充分增重，并保证其生长增重的安全性，特别是微量元素，对肉猪的增重速度、饲料转化率和肉猪健康影响较大。

粗纤维含量是影响日粮适口性和消化率的主要因素。肉猪日粮中粗纤维含量的增加，可以降低饲料转化率和猪的增重速度，故在现代养猪生产中对肉猪高速度生长的情况下，应限制其日粮中粗纤维水平。许多研究表明，肉猪日粮中的粗纤维含量为 5%～7%(最适 6.5%)时，增重效果最好。根据我国实际，建议在饲粮消化能含量和蛋白质水平正常的情况下，体重 20～35 kg 阶段粗纤维含量为 5%～6%，35～100 kg 阶段为 7%～8%，最高不超过 9%。

2. 精心设计肉猪的饲粮配方

肉猪饲粮配方的设计是肉猪生产的关键技术之一。配方设计时，首先应该了解当地的饲料资源和饲料的利用价值；其次，要根据猪的生理特点和营养需要设计出一个较为完善的饲粮配方；最后，在使用所设计出的饲粮配方的过程中，根据实际应用效果不断调整和完善饲粮配方，以达到最理想的饲养效果，降低生产成本，提高养猪生产水平和经济效益。

(二)饲养技术

1. 饲料调制

生长育肥猪的饲喂料型有干粉料、湿拌料和颗粒料三种形态，从肉猪喜食的角度上，颗粒料优于湿拌料，湿拌料优于干粉料。

(1)干粉料：把粉碎好的各种饲料，按照各类猪饲粮配方要求混合后投入饲槽让猪采食。30 kg 以下幼猪的饲料粒度以直径 0.5～1.0 mm 为宜，30 kg 以上猪的饲料粒度以直径 1.5～2.0 mm 为宜。

(2)湿拌料：饲喂前 20～30 min，按 1：(0.8～1.0)的料水比例混拌均匀，以手捏成团，放手落地即散为好。注意避免酸败。

(3)颗粒料：干粉料通过制粒机加工成颗粒状饲料，投入饲槽让猪采食。储存方便，粉尘少，不浪费，投食方便，饲料利用率高，育肥效果好，但加工成本较高。

2. 饲喂方法

采用适宜的饲喂方法，以提高饲料利用率和肉的品质。

(1)自由采食：指对猪的日粮采食量、饲粮营养水平、饲喂时间和饮水等方面不加限制的饲喂方法。对一般猪而言，通常在肉猪生长育肥前期(体重 60 kg 以前)采用自由采食，而对三元杂交猪或杂优猪群，则可以从断奶后开始，一直到体重达到 110 kg 左右出栏上市为止，全期进行自由采食。

(2)限制饲喂：指一定生长阶段的肉猪，对其采食量、饲粮营养水平、饲喂时间等方面进行适当限制的饲喂方法。生产中多采用限制生长育肥猪日粮采食量的做法，且饲喂方法灵活多样。限量饲喂虽然能够影响肉猪的日增重，但可以明显减少肉猪体脂肪的沉积，并可提高饲料转化率。

具体做法：每天一次性地投放一天所规定的日粮量；每天2～3次定时饲喂规定数量的日粮；每周连续6 d自由采食、1 d停食，停食期间只关闭自动饲槽而不停饮水等。

无论采用何种限量饲喂方式，关键是限饲的幅度或程度。一般情况下，限量饲喂的日粮给量应为自由采食量的75%～80%，过多限饲会影响猪的增重，而限饲不足又不能起到限饲的作用。

3. 饲喂量与饲喂次数

肉猪饲喂量应根据猪的体重和饲粮组成做适当安排：生长育肥猪体重35 kg以前，胃肠容积小，消化能力差，而相对饲料需要多，每天宜喂3～4次，每天饲喂量为1.2～1.4 kg；体重60 kg前每天饲喂量为1.5～2.1 kg，体重60 kg以后每天饲喂量为2.1～3.0 kg。

建立稳定的饲喂制度，即肉猪的饲喂时间和次数应做到定时定质，不要随意更换饲料。每次饲喂的时间间隔，应尽量保持均衡。猪的食欲在傍晚最旺盛，清晨次之，中午最差，故可以延长中午时的饲喂时间间隔或分别在清晨和傍晚日喂2次。

4. 保证清洁饮水的充足供应

水分占猪体重的55%～65%，主要参与体温调节、养分运转和消化吸收、废物排泄等一系列新陈代谢过程。如果饮水不足，可以引起肉猪的食欲减退、采食量减少，导致肉猪生长速度减慢、健康受损。

肉猪的饮水量随其生理状态、环境温度、体重、饲料类型和采食量等因素而变化。猪在一般情况下的饮水量为其采食风干料量的3～4倍或其体重的16%，环境温度高时饮水量增加，夏季可增加50%，约占体重的23%，而环境温度低时饮水减少，冬季可减少30%即占体重的10%。为满足肉猪的饮水需要，应在圈舍内设置自动饮水器，数量为每10～15头猪一个饮水器，高度为猪的肩高加5 cm即可。保证饮水清洁卫生和爽口。

(三)科学管理

1. 饲养密度

实践证明：15～16 kg的生长育肥猪可占地0.6～0.8 m^2，60 kg的生长育肥猪可占地0.8～1.0 m^2，每群以10～20头为宜。若采用全漏缝地板，可适当增加饲养密度。

2. 控制环境

猪舍环境主要包括温度、湿度、光照、通风、噪声、有害气体和尘埃等。

(1)温度、湿度：为生长育肥猪创造适宜的环境温度，避免温度过高或过低降低育肥猪的生长速度和增重，育肥猪环境温度标准为：体重60 kg以前为16～22 ℃，体重60～90 kg为14～20 ℃，最好不低于12 ℃，体重90 kg以上为12～16 ℃，最低不低于10 ℃。研究证明，生长育肥猪舍内保持20 ℃，可获得较高的日增重和饲料转化率。生长育肥猪的环境湿度以50%～70%为宜。

(2)光照：一般认为，光照对肉猪的生产水平影响不大，但适度的光照却能够促进肉猪的新陈代谢，提高肉猪的增重速度和胴体瘦肉率，增强猪的抗应激能力和抗病力。控制育肥猪舍内的光照，不要太亮，便于猪得到充分休息，防止发生“咬尾症”。有条件的猪场，可将生长育肥猪舍内的光照强度从 10 lx 逐渐提高到 40～50 lx，同时将光照时间从 6～8 h 逐渐延长到 10～14 h 为宜。

(3)通风和噪声：通风与肉猪增重、饲料转化率、健康和发病率有关。猪舍通风以纵向自然通风辅以机械通风为宜。在猪舍自然通风设计时要注意，猪舍门窗并不能完全替代通风孔或通风道，要想保证猪舍的通风效果，猪舍必须设有进气孔和出气孔。猪舍内气流以 0.1～0.2 m/s 为宜，最大不要超过 0.25 m/s。

(4)舍内有害气体：搞好猪舍卫生，防止有害气体、尘埃与微生物超标影响猪的健康，猪舍中要求氨气的体积浓度不超过 0.003%，硫化氢的体积浓度不超过 0.001%，二氧化碳的体积浓度不超过 0.15%。为减少猪舍空气中有害气体的积聚，应改善猪舍通风换气条件，及时处理粪尿，保持适宜的圈养密度，同时注意猪场绿化。

噪声可以造成猪群的应激发生。肥育期间，肉猪舍要保持安静，一般猪舍内噪声强度以不超过 85 dB 为宜。

3. 圈舍的清洁卫生

保持圈舍的清洁卫生，无粪尿，做到勤打扫、勤冲刷、勤通风还要定期对肉猪舍进行消毒，以减少或避免猪舍内有害气体和尘埃的积聚，减少或消灭猪舍内的微生物数量，特别是病原微生物的数量。消毒应每周进行一次，可选用对猪的皮肤和黏膜刺激性较小的消毒剂如季铵盐类，进行高压喷雾消毒，特别要重视对墙壁、窗户和天花板的消毒。

肉猪的科学管理还要要求饲养管理人员要善待猪，对猪粗暴会增加猪对人的恐惧感，猪长期处于应激状态，会导致猪的生产力下降。要求饲养员多与猪接触，使人与猪之间建立亲和关系，有利于猪的生长。

要建立稳定的管理制度，按照猪的一般饲养管理原则，搞好猪的分群、调教、供料、饲喂、饮水、运动、称重、消毒、防疫、驱虫、疾病治疗等生产环节，并给予合理安排，使其程序化、制度化。

四、适时出栏

肉猪的适宜出栏体重要根据育肥性能、胴体品质和经济效益来确定。肉猪达到成年体重的 70%左右，出现增重高峰。在增重高峰出现后即可出栏，有利于经济效益的提高。但增重高峰的出现时间因品种、类型不同而异。含中国地方猪种和小型早熟品种血统较多的杂交猪，增重高峰出现较早，持续时间短，出栏体重相对较小。含瘦肉型品种、配套系杂优猪血统的杂交猪，增重高峰期出现较迟，持续时间较长，出栏体重相对较大。如果出栏体重过大，胴体品质会下降，主要是胴体脂肪量增加，瘦肉量减少。

育肥猪生产既然是商品生产，就必须考虑经济效益。经济效益的高低主要受生产成本和市场价格制约。出栏体重越小，单位增重耗料越少，饲料成本越低，但其他成本的分摊额度大，且售价等级也低，显然不经济。出栏体重越大，单位产品的非饲养成本分摊额度越少，但在后期增重的成分主要是脂肪，而脂肪则是含能量很高的物质。有研究表明，沉积 1 kg 脂肪所消耗的能量，是生长同量瘦肉消耗能量的 2.5 倍以上。因此，胴体脂肪多，饲养成本明显增加，经济效益也就越差。因此，肉猪的适宜出栏体重，应根据增重高峰的出现和胴体瘦肉率的提高来确定。

据试验和生产应用的总结，我国地方猪种(除高原型)中，较早熟又体形小者，适宜出栏体重 70 kg 左右，其他地方猪种适宜出栏体重 75～80 kg；以我国培育猪种或地方猪种为母本，国外瘦肉型品种为父本的二元杂种猪，适宜出栏体重 80～90 kg；以地方猪为母本，两个引入的国外瘦肉型品种为父本的三元杂交猪，适宜出栏体重 90～100 kg；以培育品种为母本，两个国外引入瘦肉型品种为父本的三元杂交猪和国外瘦肉型品种间的杂种猪，适宜出栏体重 100～114 kg。在国外，由于猪的成熟期推迟，生长育肥猪的出栏体重由原来的 90 kg 推迟到 114～120 kg。

五、有毒、有害物残留的猪肉对人类健康的影响

国内外出现了多起含有毒有害物质(重金属、激素、β-兴奋剂、抗生素等)残留的猪肉危害人类健康的事件，猪肉的安全问题越来越受到消费者和政府的关注。若猪肉中残留了重金属元素(汞、铅、砷、镉等)，则其可在人体组织中蓄积，并呈富集状态，具有致畸、致突变、致癌的可能。甲基汞进入人体后不易降解，容易在脑中积累，造成脑神经中枢损伤；有机汞还可从母体通过胎盘转移到胎儿，造成低能儿。铅主要损害神经系统、造血系统和肾脏；也影响凝血酶活力，导致凝血不良；还可损害人体的免疫系统。砷化物中毒时主要影响中枢神经系统、毛细血管渗透性和新陈代谢，且有不同程度皮肤和黏膜刺激作用，还可引起肝脏、肾脏、心脏等器官损害。具有抗生素残留的猪肉，人类食用后可使体内病菌类耐药性增强，并且扰乱人体肠道内菌群的平衡，造成非致病菌死亡，而致病菌增殖，使人得病；青霉素等可使一些人产生过敏性反应，对神经系统也有影响，氯霉素可抑制骨髓造血细胞线粒体内蛋白质合成，引起再生障碍性贫血。食用含有激素残留的猪肉，会影响人的正常生长发育和健康状况。雄激素对人体肝脏有一定损害作用，使胆汁郁积，发生黄疸。动物试验表明，雌激素有致癌作用。盐酸克伦特罗是β-兴奋剂中的一种，有其残留的猪肉往往可使食用者中毒，表现为头晕、心悸、心搏过速、有烦躁感、身体颤抖、肌肉疼痛、头痛等中毒病状。为生产安全猪肉，生产过程中应严格执行中华人民共和国农业行业标准《无公害食品——生猪饲养管理准则》，例如在饲养和饲料添加剂这一环节上，“不应给育肥猪使用高铜，高锌日粮”，“禁止在饲料中额外添加β-兴奋剂、镇静剂、激素类、砷制剂”，“使用含有抗生素的添加剂时，在商品猪出栏前，按有关准则执行休药期”，“不使用变质、霉败、生虫或被污染的饲料，不应使用未经无害处理的泔水、其他畜禽副产品”。

六、无公害肉猪和有机猪生产技术

中华人民共和国农业部在 2001 年制订并颁布了《无公害食品——猪肉》的行业标准(NY 50292001)伴随着人类社会的发展，养猪生产逐渐向着优质化、健康化方向发展。

2002 年 7 月，农业部在全国范围内组织实施了“无公害食品行动计划”，推行市场准入制和农产品质量安全认证制度并实施生产全过程的监管。这标志着我国已经开始了从无公害食品到绿色食品及有机食品的探索和发展。

无公害肉猪生产过程是安全养猪的过程，其主要任务有三项：一是生产出无污染的健康肉猪产品；二是在整个肉猪生产过程中，对猪的重大疫病进行监测和防疫，并严格控制禁用药物和危害人畜健康的重金属添加剂的使用；三是加强养猪场粪尿和废弃物的无害化处理，防止养猪生产过程对环境产生污染。

(一)严格猪种的选择和引进

引种是无公害肉猪场管理的第一环节。为提高猪群的整体质量和保持较高的生产水平，达到优质、高产、高效的目的，无公害肉猪生产中猪种的选择和引进，应严格按照 NY/T5033—2001《无公害食品——生猪饲养管理准则》的要求进行。

1. 引种原则

无公害肉猪场引入猪种应遵循慎重选择猪种个体；严格执行检疫制度；所有猪种必须有检疫证书；种猪场必须要有生产、经营许可证几项原则。

2. 引种要求

无公害肉猪生产的猪群必须来自非疫区，不得从疫区引进种猪及仔猪；需要引进种猪时，应从有种猪经营许可证的种猪场引进，并按 GB 16567 的规定进行检疫，引进的种猪隔离观察 15～30 d，经兽医检查合格后方可供繁殖使用；专门育肥的生产场，引进仔猪时，应从严格实行自繁自养和全进全出的生产模式并达到无公害标准的猪场引进。在选择个体时，要特别加强对其系谱的审查，防止有害基因和遗传病对生产产生影响。要尽量减轻所引猪种运输过程中的应激，并严格执行猪种检疫和隔离制度。在猪种的选留和繁育过程中，应通过疫病监测、基因工程等各种技术手段，及时淘汰亚健康猪和应激敏感猪，保证生产猪群的高质量。

(二)合理配制饲粮

生产无公害肉猪，必须饲喂无公害饲粮。保障饲粮的安全以及控制饲粮的品质就等于阻止了无公害的源头。饲粮是否无公害，主要与饲料原料的选购、营养需要的确定以及配合饲料的加工、存储和运输等过程有关。

1. 合理选购饲料原料并加强质量监测

无公害肉猪生产中所用的饲料原料，必须符合 GB 13078—2001《国家饲料卫生标准》和 NY 5032—2001《无公害食品生猪饲养饲料使用准则》的有关规定，原料的产地环境以及原料的生产加工和运输过程要符合无公害生产的要求，不使用霉变、虫蛀、有毒及被微生物污染的饲料原料，保证饲料原料和饲料产品均来源于无疫病地区，无霉烂变质，未受农药或某些病原体感染。

饲料添加剂的选购和使用，是无公害肉猪生产过程中饲料原料选购的重要内容。微生态制剂、酶制剂、糖萜素、中草药制剂、大蒜素、合成氨基酸添加剂、除臭剂等新型绿色安全的饲料添加剂，不但能够有效地提高饲料效率、降低饲料成本，而且可以通过减少某些成分如氮、磷等的排泄而减轻对环境的污染，从而实现“生态营养”，应该得到广泛的推广和应用。同时，在选择铜、铁、锌等微量元素添加剂时，应尽可能地选择其氨基酸螯合物，提高微量元素的利用率并减少对环境产生的污染。

要严禁将违禁药物，如β-兴奋剂、镇静剂和激素类、砷制剂等作为饲料添加剂使用，并谨慎使用抗生素，严格执行农业部在 2001 年 7 月和 2002 年 3 月发布的《饲料药物添加剂使用规范》和《食用动物禁用的兽药及其他化合物清单》中的有关规定，出栏前严格实行休药期制度。另外，严禁使用未经处理的泔水和其他畜禽副产品。使用自配料的应建立详细的饲料生产记录。

2. 充分满足肉猪的营养需要

不同体重阶段的肉猪的生长速度不同，其采食量和饲料效率也不相同。不同的猪种在不同的体重阶段，对饲料营养需要的差异更大。因此，应合理配制肉猪的饲粮，以充分满足其营养需要。

3. 合理进行配合饲料的加工、储存和运输

在现代市场经济的条件下，养猪生产过程中的专业化分工呈现越来越明确的趋势，而

实现配合饲料生产加工的专业化更是为期不远。专业化的饲料生产企业不但有现代化的饲料生产线，而且可以严格控制饲料原料的质量、价格和配合饲料的质量标准，同时具有专业的饲料存储和运输条件。因此，通过选购或定单生产的方式得到符合要求的配合饲料，是无公害肉猪生产的特点之一。

在选购饲料时，无论配合饲料、浓缩饲料、预混饲料或者添加剂，都要达到一定的要求。色泽一致，无发霉变质、结块、异味和异臭现象；饲料包装要完整，无漏洞、无污染、无异味；标签标示要与内容物质量相一致。在饲料的存储过程中，储存场所内外要清洁卫生，具有防潮、防虫、防鼠和防鸟设施，但不得使用化学灭鼠药和杀虫剂、杀鸟剂；化肥、农药等污染物不得与饲料混放；饲料存储期间，要注意温湿度的变化，并定期抽检配合饲料的质量变化，不合格及变质饲料不得使用。饲料运输工具要干燥、清洁、无异味，具有防雨、防污染设施；装卸过程应防止受到污染，并保持饲料包装完整；饲料不得与有害有毒物品混装混运；不得使用动物运输车辆运输饲料产品；运输车辆和装卸场地要定期清洗和消毒。

(三)重视疫病防制

随着集约化无公害肉猪生产的发展，高密度饲养条件下产生的诸多应激，在使猪病频繁发生的同时又表现出了许多新的特点：新发猪病如PRRS、PMWS等不断出现；温和型或持续型猪病逐渐增多；多病原的继发或并发感染日益严重。因此，根据NY 5031—2001《无公害食品生猪饲养兽医防疫准则》的要求，建立健全无公害肉猪生产条件下的疫病综合防制制度势在必行。

1. 净化猪场环境，是实现疫病防制的前提条件

猪场环境的净化有两方面的含义，一是净化猪场的外部环境以防止猪场受到外来因素的污染或威胁；二是净化猪场的内部环境以防止猪场自身污染的产生。

净化猪场外部环境的关键环节有三个，即猪场场地的选择及规划设计、坚持自繁自养及引进猪种隔离观察制度、加强猪场工作人员的卫生管理。净化猪场内部环境则主要包括：重视猪种选育和饲料营养以提高猪群的抗应激能力；加强饲养管理和环境控制以减少应激因素的产生；实行小单元饲养的全进全出生产模式；重视消毒、灭鼠、杀虫、防鸟以切断疫病的传播途径；制订科学规范的免疫接种程序、药物预防程序和寄生虫控制程序，原则要求商品肉猪70日龄前结束所有疫苗的免疫接种工作，4月龄后停止使用任何抗菌药物；加强猪场粪尿和废弃物的无害化处理以防止自身污染等。其中，制订并执行严格的日常消毒制度，是净化猪场环境最重要的措施。

2. 重视猪群疫病监测，是实现疫病防制的必要手段

疫病监测的结果，是制订猪群免疫接种程序、药物预防程序和寄生虫控制程序以及消毒程序等一系列疫病防制措施的重要依据。兽医技术人员最主要的工作，不是对病猪的临床治疗，而是通过对猪群的疫病监测结果提出疫病防制的综合措施。

(1)结合当地实际情况，有选择地进行疫病预防和接种工作。

(2)及时、敏捷地疫病检测。检测的种类至少包括：口蹄疫、猪水泡病、(非洲)猪瘟、猪繁殖与呼吸综合征、伪狂犬病、乙型脑炎、猪丹毒、布鲁氏菌病、结核病、猪囊尾蚴病、旋毛虫病和弓形虫病等。

(3)一旦发生疫病或疑似情况，要采取果断的应急措施，进行疫病的控制和扑灭。

(4)对每个生产批次的肉猪都应有相关的生产记录资料，所有记录都要在肉猪出栏后保存两年以上。

3. 规范猪场的生产管理，是实现疫病防制的可靠保证

无公害猪场要制订严格的生产管理制度和饲养管理操作规程。谢绝参观，净道和污道分开，饲料、人员、猪群和废弃物分流以及转群和出栏管理等，都是猪场生产管理的重要内容，对实现有效的疫病防制意义重大。

(四)控制药物使用

使用药物是预防和治疗猪病的重要方法，但药物的滥用、不规范使用以及使用时产生的药物残留，不但对猪群的健康构成威胁，而且严重影响无公害肉猪产品的质量。

药物的使用首先要符合 NY 5030—2001《无公害食品生猪饲养兽药使用准则》的要求，禁止使用麻醉药、镇静药、中枢兴奋药、化学保定药及骨骼肌松弛药，禁止使用未经国家畜牧兽医行政管理部门批准的用基因方法生产的兽药，禁止使用未经农业部批准或已经淘汰的兽药。其次，在根据猪群疫病的监测结果以及药敏试验的情况使用允许使用的抗菌药和抗寄生虫药时，应严格遵守规定的投药疗程、用法与用量，各种药物休药期要遵守规定的时间，未规定休药期的品种休药期不应少于 28 d。要建立健全药物的采购、发放和使用管理的档案制度和责任追溯制度，做到“一药、一人、一猪、一用、一停”都能有案可稽，工作人员建立并保存免疫程序记录、全部用药记录及相关记录。

(五)做好猪场粪尿及废弃物的无害化处理

粪尿及废弃物的无害化处理设施，是无公害猪场的必备设施。粪尿和污水既是猪场的排泄物，又是猪场的污染物，对其进行无害化和资源化的处理和利用是无公害肉猪生产的一大特点。

首先，要建立无害化处理设施和病猪隔离区，对疑似病猪和传染病猪进行扑杀；其次，对猪场的粪尿和废弃物进行固液分离，或者生产过程中采用干清粪工艺，采用自然堆腐或高温堆腐方法处理固形物，采用沉淀、曝光、生物膜和光合细菌设施处理污水；然后分别对固形物和液体进行发酵降解，并利用其发酵降解产物生产出适合各种植物生长的专用固体有机肥料和液体有机肥料，推荐“猪—沼—果(蔬)”生态模式，就地吸收、消纳、降低污染，净化环境。

(六)进行出栏初检

肉猪出栏前，应该由专业人员进行静态、动态、饮食状态检查和抽样屠宰检验。静态、动态和饮食状态检查主要采用“看、听、摸、检”的方法，看出栏猪的精神、行动、毛色、皮色、粪尿和采食状态，听出栏猪的叫声、呼吸声和咳嗽声，摸出栏猪的皮肤温度、硬度、弹性和肿大凸出部分，检查出栏猪的体温和必要的实验室检验项目。抽样屠宰检验时，可以抽取同期出栏肉猪的 1%进行猪肉质量安全的检验。出栏肉猪的条形码检测管理系统或信息化管理系统，已经在我国的许多地区被采用。通过条形码技术，可以把每头猪的基本数据存储于管理系统内，每个条码都是单一的、不重复的，每个条形码对应一头猪。通过扫描条形码，可了解该猪的加工厂、屠宰厂、检疫部门、检疫员、饲养场、饲养车间、饲养员和主要技术责任人以及所用的饲料来源和药物、健康状况等许多信息，以便于消费者识别和投诉，使畜禽产品的质检管理实现了全标准化、全法制化。

无公害食品、绿色食品和有机食品都属于安全食品，但安全质量的要求却大不相同。

其中，无公害食品的生产是建立在常规农业的基础上，通过从农田到餐桌的全程安全质量控制，使产品达到无公害食品的要求(有害物质的残留量控制在允许水平以下)；绿色食品的生产则是依托于有限度地使用人工化学品的可持续农业，追求经济效益和生态效益的结合；有机食品却是根植于拒绝使用化学合成物的有机农业，是一类真正无污染、纯天然、高质量的健康食品，人们可以放心食用。

任务工单 1

任务名称	猪的屠宰		
任务描述	了解猪屠宰过程，并通过测定屠宰率分析不同杂交组合的产肉性能		
准备工作	选用不同杂交组合的育肥猪 5 头，准备秤、桶、刀(8 把)、方盘(8 个)、吊钩、拉钩(5 把)、记录表格等		
实施步骤	1. 屠宰过程 (1)宰前体重：供测猪达到规定体重(90～100 kg)后，经停食后 24 h，称得重量 (2)放血：放血部位是在腭后部凹陷处刺入，割断颈动脉放血 (3)烫毛和褪毛：屠体在 68～70 ℃热水中烫 3～5 min 后褪毛 (4)开膛：自肛门起沿腹白线至咽喉左右平分剖开体腔，清除内脏(肾脏和板油保留) (5)劈半：沿脊柱切开背部皮肤和脂肪，再用斧或锯将脊椎骨分成左右两半，注意保持左半胴体的完整 (6)去除头、蹄和尾：头自耳后第一自然褶处切下。前蹄自腕关节、后蹄跗关节切下。尾从荐尾关节处切下 2. 注意事项 (1)褪毛水温不宜过高，以免影响褪毛效果 (2)测量前要校正测量用具 3. 计算屠宰率，分析猪不同杂交组合产肉量的区别		
考核评价	考核内容	评价标准	分值
	屠宰	能说出屠宰过程(30 分)	30 分
	屠宰率	1. 能描述屠宰率的概念(20 分) 2. 能准确测量以上胴体项目(20 分)	40 分
	自查总结	通过屠宰率测定结果，分析不同杂交组合对产肉量的影响(30 分)	30 分
	总分		100 分

任务工单 2

任务名称	生长育肥猪日常管理操作规程
任务描述	根据生长育肥猪的饲养管理技术，制订生长育肥猪日常管理操作程序，运用虚拟猪场运营软件饲养管理生长育肥猪，确保生长育肥猪在较短的时间内，使用较少的饲料，获得数量多、品质好的猪肉
准备工作	1. 收集生长育肥猪饲养管理技术的相关资料 2. 准备生长育肥猪饲养管理教学视频 3. 准备猪场运营虚拟软件

续表

<table>
<tr><td>实施步骤</td><td colspan="3">1. 学生通过阅读生长育肥猪饲养管理相关资料，观看生长育肥猪饲养管理视频，小组讨论制订生长育肥猪日常管理操作流程。如环境控制—卫生管理—饲喂管理—正确饲喂
2. 小组运用猪场运营虚拟软件，打开生长育肥猪饲养管理操作页面，进行操作，虚拟饲养和管理生长育肥猪，通过软件测评打分
3. 小组根据软件测评打分情况自查总结</td></tr>
<tr><td rowspan="5">考核评价</td><td>考核内容</td><td>评价标准</td><td>分值</td></tr>
<tr><td>制订方案</td><td>1. 认真阅读资讯内容(20 分)
2. 制订生长育肥猪日常管理操作流程合理可行(20 分)</td><td>40 分</td></tr>
<tr><td>虚拟饲养管理情况</td><td>根据实际操作，虚拟饲养和管理生长育肥猪，软件自行测评打分(40 分)</td><td>40 分</td></tr>
<tr><td>自查总结</td><td>根据软件打分情况和软件的提示，找出饲养管理过程中出现的问题，分析问题，提出改进方案，重新操作(20 分)</td><td>20 分</td></tr>
<tr><td>总分</td><td></td><td>100 分</td></tr>
</table>

项目六
猪场的生物安全管理

任务一　猪场的消毒

目标呼应

任务目标	课程教学目标
了解猪场的消毒类型和主要的消毒药物	能有效地对猪场环境进行消毒操作
熟悉猪场消毒程序	

情境导入

猪场消毒是猪场管理重要的组成部分，通过消毒，可以将病原体消灭在猪场外，防患于未然。这不仅减少了猪患病的概率，同时为养猪户谋得最大利益，也为消费者提供优质猪肉。

知识链接

消毒的目的在于消灭病原微生物、切断传播途径，防止疾病的爆发流行。因此，消毒是保证家畜健康和正常生产必要的手段。

一、消毒的分类

消毒按其进行的时间及性质分类，可分为预防性消毒、临时性消毒和终末性消毒。

(一)预防性消毒(日常消毒)

为了保证猪群的健康及防止发生各种疾病，必须采取消毒措施，分定期消毒和经常性消毒。定期消毒是指定期消毒猪舍、栏圈、设备用具及出售后的空舍，进行全面清洗和消毒，彻底地消灭微生物；经常性消毒是为避免猪群受到病原微生物的感染，猪场和猪舍的入口处进行消毒，人员猪群出入时要踏过消毒池。进场时经过沐浴并且换穿场内消毒后的衣帽，再进入生产区，这是一种行之有效的预防措施。

(二)紧急消毒(临时性消毒)

当猪群发生传染病时，为及时消灭病猪排出的病原体，应对病猪接触到或接触过的圈舍、设备、器物等进行消毒。对病猪的分泌物、排泄物以及尸体等亦应消毒。此外，兽医人员在防治和试验工作中使用的器械设备和所接触物品亦应消毒。

(三)终末性消毒

终末性消毒是在疫区解除封锁之前，对其所处周围环境进行的一次全方位彻底消毒。在解除封锁前为了消灭猪场内可能残留的病原微生物所进行的全面彻底的大规模消毒。

二、消毒方法

(一)机械性清除

用机械的方法，如清扫、洗刷、通风等清除病原体，是最简单常用的方法。通过对猪舍地面的清扫、洗刷可以清除垫草、粪便和饲料残渣，随着这些污物的清除，大量的病原体也随之清除。虽然机械清扫不能达到彻底消毒的目的，但也为其他消毒做好准备工作。清扫出来的污物应根据病原体的性质采取堆积发酵、掩埋和焚烧等处理。

(二)物理消毒法

1. 阳光

直射阳光具有较强的消毒作用，是一种可普遍利用的天然消毒剂，其光谱中的紫外线，波长在 280～240 nm，有较强杀菌能力。一般病毒和非芽孢的菌体，在直射阳光下，只需几分钟到 1 h，抵抗力很强的芽孢，在连续几天的强烈阳光下，反复暴晒也可变弱或杀死。

2. 高温

高温消毒是一种广泛应用的消毒方法，高温可杀灭各种微生物，消毒效果理想。一般分为干热和湿热两种消毒方法。干热消毒：主要有火焰、焚烧和红外线照射等。可杀灭一般微生物及对高温比较敏感的芽孢，对铁制设备及用具可用此方法。湿热消毒：主要有煮沸、流通蒸汽、巴氏、低温蒸汽(73 ℃)消毒等。

常用物理消毒法使用要领见表 6-1。

表 6-1 常用物理消毒法使用要领

消毒方法	作用因子	处理剂量	主要设备	适宜用途	安全性
煮沸灭菌	湿热	100 ℃、15～30 min	煮锅或煮沸消毒器	耐热耐压物品消毒	无害
高压蒸汽灭菌	湿热压力凝集	121 ℃，5～30 min 126 ℃，5～30 min	高压灭菌器	耐热耐压物品消毒	无害
巴氏消毒	湿热	60～65 ℃，0～60 min 72 ℃，20 s	恒温加热器	牛奶	无害
间歇灭菌	湿热	100 ℃20～45 min/d 连续 3 d	煮锅	生物制品、培养基灭菌	无害

续表

消毒方法	作用因子	处理剂量	主要设备	适宜用途	安全性
干烤灭菌	干热	140 ℃，4 h； 160～180 ℃，1 h； 280 ℃，15 min(真空)	煮锅	耐热物品灭菌	无害
滤过灭菌	黏附阻流	—	各类型滤板滤器	液体空气的除菌	无害
紫外线消毒	电磁波	2.5 W/m³，1 h	紫外线灯及固定、移动装置	空气、薄层透明液体消毒	防止发生臭氧中毒

(三)化学消毒法

应用某些化学药物使微生物的蛋白质产生凝结、沉淀或变性等作用，引起细菌和病毒的繁殖发生障碍或死亡以达消毒目的。

1. 常用的消毒剂

常用消毒防腐药因性状和作用的不同，消毒对象和使用方法亦不一致，应根据需要选择合适的药物，否则即造成经济上损失又达不到消毒的目的。

常用消毒剂的种类、性质、用法与用途，见表 6-2。

表 6-2　常用消毒剂的种类、性质、用法与用途

类别	消毒剂	性状与作用	应用浓度与方法
酚类	苯酚(石碳酸)	白色针状结晶，弱碱性，易溶于水，有芳香味，杀菌力强	2%用于皮肤消毒，3%～5%用于环境与器械消毒
	煤酚皂(来苏儿)	无色，遇光或空气变为深褐色，与水混合成为乳状液体	2%用于皮肤消毒，3%～5%用于环境与器械消毒
酚类	乙醇(酒精)	无色透明液体，易挥发，易燃，可与水和挥发油任意混合	70%～75%用于皮肤和器械消毒
碱类	氢氧化钠(火碱)	白色棒状、块状、片状，易溶于水，碱性溶液，易吸收空气中的二氧化碳	0.5%溶液用于煮沸消毒；敷料消毒；2%用于病毒消毒；5%用于炭疽消毒；加水配制 10%～20%石灰乳涂刷畜舍墙壁、畜栏等消毒
	生石灰	白色或灰白色块状，无臭，易吸水，生成氢氧化钙	
醛类	福尔马林	无色，有刺激性气味的液体，含40%甲醛，90 ℃下易生成沉淀	1%～2%环境消毒，与高锰酸钾配伍熏蒸消毒畜舍房舍等
	戊二醛	挥发慢，刺激性小，碱性溶液，有强大的灭菌作用	2%水溶液，用 0.3%碳酸氢钠调整 pH 在 7.5～8.5 可消毒，不能用于热灭菌的精密仪器、器材的消毒

续表

类别	消毒剂	性状与作用	应用浓度与方法
氧化剂类	过氧乙酸	无色透明酸性液体，易挥发，具有浓烈刺激性，不稳定，对皮肤、黏膜有腐蚀性	0.2%用于器械消毒；0.5%～5%用于环境消毒
	过氧化氢	无色透明，无异味，微酸苦，易溶于水，在水中分解成水和氧	1%～2%创面消毒；0.3%～1%用于黏膜消毒
	臭氧	在常温下为淡蓝色气体，有鱼腥臭味，极不稳定，易溶于水	30 mg/kg，15 min 室内空气消毒；0.5 mg/kg，10 min 用于水消毒；15～20 mg/kg用于污染源污水消毒
	高锰酸钾	深紫色结晶，溶于水	0.1%用于创面和黏膜消毒；0.01%～0.02%用于消化道清洗
表面活性剂类	苯扎溴铵（新洁尔灭）	无色或淡黄色透明液体，无腐蚀性，易溶于水，稳定耐热，长期保存不失效	0.01%～0.05%用于洗眼和阴道冲洗消毒；0.1%用于外科器械和手消毒；1%用于手术部分消毒
	杜米芬（消毒宁）	白色粉末，易溶于水和乙醇，受热稳定	0.01%～0.02%用于黏膜消毒；0.05%～0.1%用于器械消毒；1%用于皮肤消毒
	癸甲溴铵（百毒杀）	无色无味液体、能与水互溶，性质稳定	1∶（300～3 000）；低浓度能杀灭主要的致病菌、病毒、寄生虫，用于环境消毒
	双氯苯胍乙烷	白色结晶粉末，微溶于水和乙醇	0.02%用于皮肤、器械消毒；0.5%用于环境消毒
含碘类消毒剂	碘酊（碘酒）	红棕色液体，微溶于水，易溶于乙醚、氯仿等有机溶剂	2%～2.5%用于皮肤消毒
	碘伏（络合碘）	主要剂型聚乙烯吡咯烷酮和聚乙烯醇碘等，性质稳定，对皮肤无害	0.5%～1%用于皮肤消毒；10 mg/kg浓度用于饮水消毒
含氯类消毒剂	漂白粉	白色颗粒状粉末，有氯臭味，留置空气中失效，溶于水和醇	5%～10%用于环境和饮水消毒
	漂白粉精	白色结晶，有氯臭味，含氯稳定	0.5%～1.5%用于地面、墙壁消毒；0.3～0.4 g/kg 饮水消毒
	氯铵类（含氯铵 B，C，T）	白色结晶，有氯臭味，属氯稳定类消毒剂	0.1%～0.2%浸泡物品与器材消毒；0.2%～0.5%水溶液喷雾用于室内空气及表面消毒

续表

类别	消毒剂	性状与作用	应用浓度与方法
烷类消毒剂基	环氧乙烷	常温无色气体，沸点 10.4 ℃，易燃、易爆、有毒	50 mg/kg 密闭容器内用于器械、敷料等消毒
	氯己啶(洗必泰)	白色结晶，微溶于水，易溶于醇，禁忌与升汞配伍	0.01%～0.025%用于腹腔、膀胱等冲洗；0.02%～0.05%水溶液，术前洗手浸泡 5 min

2. 消毒药的作用机理

(1)药物为菌体细胞壁吸收，破坏菌体壁。

(2)药物渗入细胞的原生质或与细胞中一个或一个以上的成分起反应，使菌体的蛋白质变性。

(3)药物包围菌体表面，阻碍呼吸使之死亡。

3. 消毒剂使用方法

常用的消毒剂使用方法有浸泡法、喷洒法、熏蒸法、气雾法等。

(1)浸泡法：主要用于消毒器械、用具、衣物等。一般要洗涤干净后再行浸泡，药液要浸过物体，浸泡时间应长些，水温应高些。猪舍入口消毒槽内，可用浸泡药物的草垫或草袋对人员的靴鞋进行消毒。

(2)喷洒法：用于猪舍内屋顶、墙壁、地面及固定设备等的消毒，药液要喷到物体的每个部位，一般喷洒地面，药液量为 2 L/m^2，喷墙壁和屋顶药液量为 1 L/m^2。

(3)熏蒸法：是在猪舍密闭的情况下产生气体，使各个角落都能消毒。这种方法简便、省钱、对猪舍结构无损，驱散消毒后的气体较简便。常用的药物有福尔马林(40%甲醛溶液)、过氧乙酸，为加速蒸发，常利用高锰酸钾的氧化作用。熏蒸时，猪舍及设备须清洗干净，猪舍须密闭无缝隙，这样才能保证消毒效果。

(4)气雾法：主要用于猪舍空间消毒。气雾消毒是指消毒液通过气雾发生器后喷射出的雾状微粒，是消灭空气环境中病原微生物的理想方法。猪舍的空舍消毒和带猪消毒常用此方法。

4. 化学消毒剂的选择

(1)必须了解消毒剂的适用性。不同种类的病原微生物构造不同，对消毒剂反应不同，有些消毒剂为“广谱”性的，对绝大多数微生物具几乎相同的效力。也有一些消毒剂为“专用”的，只对有限的几种微生物有效。因此在购买消毒剂时，须了解消毒剂的药性，所消毒的物品，不同情况下所用药剂也不相同。

(2)消毒力强，性能稳定。

(3)毒性小、刺激性小，对人畜危害小，不易残留在畜产品中，并对畜舍、器具等无腐蚀性。

(4)价廉易得，易配制和使用。

5. 注意事项

(1)消毒剂必须彻底地将地面打湿，消毒液使用量一般为 0.3～0.5 L/m^2。

(2)消毒液作用的时间不得低于 30 min。

(3)消毒前要保持消毒对象的清洁卫生。

(4)消毒剂要现配现用，混合均匀，避免边加水边消毒的现象。

(5)不同性质的消毒液不能混合使用。

(6)甲醛熏蒸消毒时，保持栏舍湿度，消毒时确保栏舍密封性。

(7)定期轮换使用消毒剂。

(8)消毒操作人员做好自身防护措施，避免发生烫伤、灼伤等事故，尤其是使用化学性较强的消毒液，应做好岗前培训。

三、猪场消毒

(一)人员及车辆的管制

(1)来访者包括外来维修人员未经猪场主管或者兽医的许可不得进入生活区内，更不允许进入生产区。

(2)在场员工不得在猪场范围内接待外来人员及留宿；场区内不允许有儿童进入和玩耍。

(3)所有进入场区者一定要做好登记，包括：姓名、工作单位、来访原因、最近一次接触包括猪场、鸡场、牛场、羊场及屠宰场等污染敏感区域的地点以及具体时期等内容，并经彻底洗澡消毒后方可进入生活区。

(4)各猪场根据实际情况，把各生产区人员的工作服颜色分开，生产区的工作服和售猪人员工作服不能混穿，场内装猪台和隔离舍的衣服要分开浸泡消毒，由专人负责每天清洗工作服，清洗前要用消毒液浸泡一夜再清洗，消毒液要求每两天更换 1 次。

(5)休假或者离开生活区的本场员工再次进入生产区之前，必须在猪场生活区内隔离至少 48 h 后方能进入生产区；如接触包括活猪在内的敏感污染物，则须执行自接触之时刻起计的 96 h 隔离净化期；任何非本场工作人员在进入猪场生产区以前必须完成猪场主管或兽医认可的 96 h 隔离净化期方可进入。

(6)任何进入猪场生活区的个人携带品都必须接受猪场门卫的检查，除食品以外的任何物品包括衣物、被褥等，必须经过高锰酸钾或甲醛熏蒸过夜消毒或紫外线 30 min 照射消毒，经许可后方可携带进入生活区。

(7)同时负责多点猪场的技术员和主管同一个工作日只能服务一个猪场，并且要与上次服务时间结束后间隔时间 12 h 以上。

(8)本公司运载种猪、商品猪和饲料的司机在进入猪场大门时应立即换上猪场提供的干净的工作服和鞋子在指定区域工作。

(9)任何未经彻底淋浴、更衣、换鞋的人员不得进入生产区。

(二)猪场日常消毒

1. 入场人员的消毒

场门、生产区及生产车间门前必须有消毒池，池内的消毒液必须保持有效的浓度，消毒液每周更换两次，每次更换要做好记录，走道的消毒垫必须保持消毒液浸湿。入场前必须先用消毒剂洗手，将手和暴露在外面的手臂清洗干净，洗完后自然干燥；必须喷雾消毒 30 s，达到全身微湿；脚踩消毒垫或消毒池 1 min；员工外出回场在门卫处沐浴，更换场内预先准备的干净衣服和鞋子方可入场。具体操作如图 6-1 至图 6-6 所示。

图 6-1　车辆消毒池

图 6-2　脚踏消毒池(垫)

图 6-3　手消毒

图 6-4　喷雾消毒

图 6-5　洗浴消毒

图 6-6　更换工作服

2. 进入生产区消毒

员工或外来人员进入生产区须经过洗澡、更换工作服和工作鞋后方可进入生产区，如图 6-7 所示。

图 6-7　进入生产区消毒

3. 进入猪舍的消毒要求

进入猪舍的员工必须换上工作服后，双脚踏入消毒池消毒 10 s 以上或者更换猪舍内胶鞋，并且洗手消毒。

4. 猪舍内部消毒

各栋舍按规定打扫卫生后，每周带猪喷雾消毒 2 次。

5. 运输车辆的消毒

车辆在进场前必须严格喷雾消毒 2 次，要将消毒液将车的表面打湿：包括车头、车底、车轮、内外车厢和顶棚灯光，2 次消毒时间间隔 30 min，消毒后方可从消毒池进入场区。门卫负责做好记录。种猪运输车辆必须专车专用，具备两副垫板，并将垫板浸泡于消毒池中 24 h 后晾干交替使用。

6. 销售淘汰种猪消毒

销售的淘汰种猪要用内部车辆运到离种猪场 500 m 以外的下风向或更远的地方再将猪转到商贩车上，售猪车辆消毒程序参照上述 5 进行。赶猪人员要分工明确、分阶段站岗、不同工人应穿不同颜色的工作服。不得在猪栏和上猪台来回往返走动；同时要防止淘汰猪返回，淘汰猪要从淘汰专用通道出场，不得使用正常的生产道路和上猪台。销售结束后应对使用过的上猪台、秤等工具和过道及时清理、冲洗和消毒；参与淘汰猪销售人员的衣和鞋也要及时清洗和消毒。车辆消毒、装猪台消毒分别如图6-8和图6-9所示。

图6-8 车辆消毒

图6-9 装猪台消毒

(三)场区内消毒

猪舍外的走道、装猪台、生物坑为消毒重点，每周消毒1次。外界出现重大疫情时，要用生石灰在场周围建立2 m高的隔离带。解剖死猪后必须用消毒剂消毒现场，尸体进入生物坑、焚烧炉焚烧或无害化处理等，地表用消毒液泼洒或用生石灰掩盖，参与人员不得在生产区随意走动，更换衣服洗澡消毒后返回生产岗位。

(四)空舍消毒

(1)空舍后先将灯头、插座等设备用塑料薄膜包好，整理舍内用具和清理舍内垃圾，用洗衣粉和水按1∶400稀释后对整个猪舍进行喷洒、浸泡，待停放30 min完全浸泡后用高压水枪进行冲洗。风扇、百叶窗、水帘等地方进行清洗时应将高压水枪头调成喷雾状，避免水压过大损坏设备。

(2)清洗完毕后马上打开风扇，使猪舍快速干燥后，然后用消毒药对栏舍所有表面进行全面的消毒，消毒时间不低于2 h。

(3)消毒后12 h用清水再冲洗栏舍，再用消毒液彻底喷雾消毒1次。

(4)第2次消毒后12 h再用清水将栏舍进行冲洗，将栏舍内所有表面打湿，用高锰酸钾—甲醛熏蒸消毒2 d。

(5)空栏消毒时间最好控制在7～10 d，最低不得少于3 d。

(五)用具消毒

定期对保温箱、补料槽、料箱、饮水器和针管等进行消毒。一般先将用具冲洗干净后，可用0.1%新洁尔灭或0.2%～0.5%过氧乙酸消毒，然后在密闭室内进行熏蒸消毒。

(六)粪便的消毒

患传染病和寄生虫病病畜的粪便的消毒方法有多种，如焚烧法、化学药品法、掩埋法和生物热消毒法等。实践中最常用的是生物热消毒法，此法能使非芽孢病原微生物污染的粪便变为无害，且不丧失肥料的应用价值。

(七)垫料的消毒

对于猪场的垫料，可以通过阳光照射的方法进行。这是一种最经济、最简单的方法，将垫草等放在烈日下，暴晒2～3 h，能杀灭多种病原微生物。对于少量垫草，可以直接用紫外线灯照射1～2 h，可以杀灭大部分病原微生物。

任务工单

<table>
<tr><td>任务名称</td><td colspan="3">猪舍环境消毒</td></tr>
<tr><td>任务描述</td><td colspan="3">能配置消毒液，能制订猪舍消毒程序并选择适宜的消毒方法和消毒剂进行猪舍消毒</td></tr>
<tr><td>准备工作</td><td colspan="3">1. 消毒剂：包括3%～5%煤酚皂或(3%～5%烧碱、0.5%过氧乙酸、10%～20%漂白粉、10%～20%生石灰)、新洁尔灭(或百毒杀)、甲醛、高锰酸钾
2. 小型喷雾器
3. 瓷盘</td></tr>
<tr><td>实施步骤</td><td colspan="3">1. 制订猪舍消毒程序
清扫——喷雾消毒——熏蒸消毒——通风
2. 配置消毒剂
3. 按照消毒程序进行操作
4. 小组依据评价标准自查总结，汇报消毒体会</td></tr>
<tr><td rowspan="6">考核评价</td><td>考核内容</td><td>评价标准</td><td>分值</td></tr>
<tr><td>消毒程序</td><td>制订的消毒程序合理可行(20分)</td><td>20</td></tr>
<tr><td>消毒剂配置</td><td>1. 正确选择消毒剂(10分)
2. 配置消毒剂的浓度适宜(10分)</td><td>20</td></tr>
<tr><td>现场操作</td><td>1. 能按照消毒程序进行操作(20分)
2. 操作规范、注意人身安全(20分)</td><td>40</td></tr>
<tr><td>汇报</td><td>能够分析出操作过程中存在的问题，并能提出改进措施(20分)</td><td>20</td></tr>
<tr><td>总分</td><td></td><td>100</td></tr>
</table>

任务二 猪群免疫接种

目标呼应

任务目标	课程教学目标
熟悉猪场免疫接种的基本知识	能根据猪场实际制订合理的免疫程序
明确猪场常用的免疫接种方法	

情境导入

非洲猪瘟大小通吃，毫不留情，清场无数，并且复养艰难。这让人们真正体会到疫病防控才是从事养猪业的第一要务。免疫是保障猪场安全生产的一个非常重要的措施，通过合理的免疫工作可以提高猪群抵抗力，从而有效降低病原微生物对猪场造成的危害。

知识链接

免疫是保障猪场安全生产的一个非常重要的措施，通过合理的免疫工作可以提高猪群抵抗力，从而有效降低病原微生物对猪场造成的危害。

一、免疫接种的概念与类型

免疫接种是根据特异性免疫的原理，采用人工方法给易感动物接种疫苗、类毒素或免疫血清等生物制品，使机体产生对相应病原体的抵抗力(主动免疫或被动免疫)，易感动物也就转化为非易感动物，达到保护个体和群体、预防和控制疫病的目的。

而免疫失败就是进行了免疫，但猪群或猪只个体不能获得抵抗感染的足够保护力，仍然发生相应的亚临床疾病甚至临床疾病。

免疫接种分为预防免疫接种、紧急免疫接种和临时免疫接种。

二、制订猪场免疫程序

猪场常见传染病的免疫程序见表 6-3。

表 6-3 猪场主要传染病免疫程序

疫苗类型	免疫对象	免疫时间及操作方法
口蹄疫	种公猪	每年注射疫苗 2 次，每隔 6 个月注射疫苗一次，普通苗每次肌内注射 3 mL/头或者后海穴注射 1.5 mL/头，高效苗每次肌内注射 2 mL/头或者后海穴注射 1 mL/头
	育肥猪	出生后 30～40 日龄首免，肌内注射普通苗 2 mL/头或者高效苗 1 mL/头，也可后海穴注射普通苗 1.5 mL/头或者高效苗 1 mL/头。60～70 日龄二免，肌内注射普通苗 3 mL/头或者高效苗 2 mL/头，也可后海穴注射普通苗 1.5 mL/头或者高效苗 1 mL/头。应用普通苗的出栏前 30 d 三免，肌内注射普通苗 3 mL/头，也可后海穴注射普通苗 1.5 mL/头

续表

疫苗类型	免疫对象	免疫时间及操作方法
口蹄疫	后备母猪	仔猪二免后每隔6个月免疫一次，普通苗肌内注射3 mL/头或者后海穴注射1.5 mL/头；高效苗肌内注射2 mL/头或者后海穴注射1 mL/头
猪瘟	种公猪	每年春、秋季用猪瘟兔化弱毒疫苗各免疫接种一次
	种母猪	于产前30 d免疫接种一次；或春、秋季各免疫一次
	仔猪	20日龄、70日龄各免疫接种一次；或仔猪出生后不吃初乳前立即用猪瘟兔化弱毒疫苗接种一次，注射1.5～2 h后可哺乳
	后备种猪	产前一个月免疫接种一次；选留作种用时立即免疫接种一次
仔猪副伤寒	仔猪	断奶后(30～35日龄)口服或注射1头份仔猪副伤寒弱毒冻干菌苗；对经常发生仔猪副伤寒的猪场和地区，为了加强免疫力，可在断乳前后各免疫一次，间隔3～4周
仔猪黄、白痢	初产母猪（未免仔猪黄白痢疫苗）	于开产前30～40 d和15～20 d，各免疫接种1头份
	经产母猪	开产前15～20 d免疫接种一头份
	仔猪	3～5 d给仔猪免疫一次，使仔猪生后30 d内免受猪大肠菌的侵害
猪水肿病	仔猪	出生后半个月，颈部皮下肌肉注射猪水肿病油乳剂灭活疫苗1头份，免疫期6个月
仔猪红痢	妊娠母猪	妊娠母猪初次注射本疫苗时，应接种2次，第一次在分娩前1个月，第二次在分娩前半个月；如妊娠母猪注射仔猪红痢菌苗1头份。免疫期1年
猪细小病毒病	种公猪	每年用猪细小病毒疫苗免疫接种一次
	种母猪	每年用猪细小病毒疫苗免疫接种一次
	后备母猪	配种前4～5 d免疫接种一次，2～3周后再加强免疫一次，免疫期可达7～12个月
猪喘气病	种猪	成年猪每年用猪喘气病弱毒菌免疫接种一次(右侧胸腔注射)
	妊娠母猪	怀孕2个月后免疫接种一次
	仔猪	7～15日龄免疫接种一次
	后备种猪	配种前再免疫一次
猪乙型脑炎	种猪、后备母猪	在蚊蝇季节到来前(4—5月)用乙型脑炎弱毒疫苗免疫接种一次
猪传染性萎缩性鼻炎	公猪、母猪	春、秋两季各注射支气管败血波氏杆菌灭活菌苗一次
	仔猪	70日龄注射一次

续表

疫苗类型	免疫对象	免疫时间及操作方法
猪流行性腹泻、传染性胃肠炎	妊娠母猪	产期 30 d 肌内注射猪流行性腹泻和猪传染性胃肠炎油乳剂灭活苗 1 头份
	仔猪	7～10 日龄肌内注射 1 头份，免疫期半年
猪伪狂犬病	育肥猪	每年接种一次
	仔猪	生后 7～10 日龄首次注射 0.5 头份，免疫期为 12 个月

目前，猪丹毒、肺疫等传染病在一些猪场已不作免疫处理，原因是饲料中的抗生素使用对其有一定的防治作用。

制订阶段性免疫程序见表 6-4。

表 6-4 猪阶段性免疫程序

猪只类型	防疫时间	疫苗/药物	用量
仔猪	7 d	猪喘气病 1	1 头份
	18～21 d	猪喘气病 2	1 头份
	4 周龄	猪瘟	1 头份
	7 周龄	口蹄疫	0.5 头份
	9 周龄	猪瘟	1 头份
	10 周龄	口蹄疫	0.5 头份
	21 周龄	口蹄疫	1 头份
后备猪	23 周龄	猪瘟	1 头份
	24 周龄	萎缩性鼻炎	1 头份
	25 周龄	细小病毒	1 头份
		圆环病毒	1 头份
	26 周龄	乙脑	1 头份
	27 周龄	细小病毒	1 头份
	28 周龄	萎缩性鼻炎	1 头份
		圆环病毒	1 头份
	30 周龄	口蹄疫	1 头份
	31 周龄	伪狂犬	1 头份
	5、11 月各 1 次	圆环病毒	1 头份
种公猪	3、9 月各 1 次	猪瘟	1 头份
	3、7、11 月各 1 次	口蹄疫	1 头份
	4 月	乙脑	1 头份
	4、8、12 月各 1 次	伪狂犬	1 头份
	10、11 月各 1 次(间隔 3 周)	猪瘟-猪丹毒二联苗	4 mL
	5、11 月各 1 次	萎缩性鼻炎	1 头份

续表

猪只类型	防疫时间	疫苗/药物	用量
种母猪	分娩前5周	圆环病毒	1头份
	分娩前4周	猪瘟-猪丹毒二联苗	4 mL
	分娩前3周	萎缩性鼻炎	1头份
	分娩前2周 4、8、12月各1次	口蹄疫 伪狂犬	1头份 1头份
	10、11月各1次(间隔3周)	猪瘟-猪丹毒二联苗	4 mL
	4月	乙脑	1头份

各类疫苗在运输、保存过程要注意不要受热，活疫苗必须低温冷冻保存、灭活疫苗要求在4～8 ℃条件下保存；接种疫苗应在猪健康时进行，对瘦弱、临产母猪不予注射猪口蹄疫疫苗，采取定期预防注射与经常补针相结合的办法，争取做到头头注射，个个免疫；接种疫苗时，不能同时使用抗血清；猪口蹄疫疫苗注射后15 d内不能应用抗生素，其他疫苗尤其是菌苗在注射前3 d及后7 d内不能应用抗生素，以免疫苗失效。

三、提高猪群免疫效果

(一)正确选择疫苗，规范操作程序

(1)到国家认定的经营单位购买有正规的企业名称、标签说明书、产品批准文号、生产批号、生产日期和有效期等质量可靠的疫苗。

(2)按照生物制品管理有关规定，正确保存、运输和使用疫苗。疫苗的保存及整个流转过程(包括运输、入库、存储、接种等)都必须保证在低温状态下，按规定避光保存，使疫苗中的病毒含量保证在有效范围内。冻干疫苗一般需要在－15 ℃以下冷冻保存，温度越低，保存时间越长；一些进口冻干疫苗因加入了耐热保护剂，可以在4～6 ℃保存；油乳剂疫苗的保存温度一般在2～8 ℃。

(3)严格按照说明书使用疫苗，使用时首先要注意疫苗包装是否完好，是否在有效期内，严格按要求选择合适的稀释液进行稀释使用，稀释液温度不能太高，刚取出的冻干疫苗要放置一段时间待到与稀释液温度相近时，再按说明进行，防止疫苗由于温差变化过大而失活。不能在稀释液中随便添加抗生素等物质。稀释后的疫苗要振荡均匀后抽取使用。

(4)疫苗要现配现用，稀释后的疫苗要及时使用，气温15 ℃左右当天用完；15～25 ℃，6 h用完；25 ℃以上，4 h以内用完。未用完的疫苗及空瓶要经高温灭活处理后废弃，以免余毒扩散，弱毒返强和污染环境。

(5)选择恰当的针头，正确地进行消毒，掌握熟练的接种技术。在免疫接种时，应根据对象不同，选择恰当的针头，给小猪免疫时，针头可短些，但给大猪进行颈部肌内注射疫苗时，注射器针头(35 mm长)应垂直于皮肤注入猪的颈部肌肉层内，防止注入皮下脂肪层而影响疫苗的实效性。注射前应做好注射部位的消毒和脱毒处理。注射时防止打空针、漏针。

(二)制订科学的免疫程序，严格按照规程执行

根据当地疫病发生和流行情况，以及省、市、区(县)动物防疫部门制订的免疫程序，

结合养猪场的综合防治条件及猪的抗体水平来确定接种疫苗的种类、时间、方法、次数、剂量。制订免疫程序应遵循以下原则：一是规模猪场的免疫程序由传染病的特性决定，对持续时间长、危害程度大的某些传染病应制订长期的免疫防治对策；二是根据疫苗的种类、接种途径、产生免疫力需要的时间、免疫力的持续期等相关的疫苗免疫学特性制订科学的免疫程序；三是各规模猪场根据本场实际制订免疫程序，在执行过程中应有相对的稳定性；四是在确定免疫程序时，最好先测定仔猪断奶时的母源抗体效价，再确定免疫的时间和剂量。

一般情况，传染性胃肠炎、流行性腹泻等传染病应当在每年的流行季节来临时进行。一些隐性内源性传染病如伪狂犬病、细小病毒感染、乙型脑炎、气喘病、萎缩性鼻炎、猪繁殖与呼吸综合征等在猪场内长期潜伏、不定期发生，可以通过检验、检疫判断其危害程度和发病方式，酌情选用疫苗，一般对种猪进行基础免疫即可。

控制一些急性内源性传染病，如仔猪的黄白痢、链球菌病、轮状病毒感染等，应当着重改善猪场环境条件，适当使用药物，是否接种疫苗要根据猪场实际情况决定。

(三)克服母源抗体干扰

通过母源抗体水平的检测制订合理的免疫程序，如果仔猪群存在较高水平的抗体，则会影响疫苗的免疫效果。据报道，仔猪 1 日龄中和抗体滴度在 1∶512 以上，10 日龄中和抗体滴度在 1∶128 以上，15 日龄下降至 1∶64 以上，这期间保护率为 100%；20 日龄时抗体滴度下降至 1∶32，保护率为 75%，此时为疫苗的临界线；30 日龄时抗体滴度下降至 1∶16 以下，无免疫力。如果新生仔猪有母源抗体的存在，且抗体水平未降到适当水平(中和抗体滴度为 1∶32)就给仔猪接种疫苗，这样就会造成母源抗体封闭，破坏猪机体的被动免疫，从而发生猪瘟。也有的仔猪在 21～25 日龄接种了疫苗，从此再也没有免疫接种，由于仔猪体内尚残留部分母源抗体，能干扰疫苗的免疫力，免疫时间较短，抵抗不住野毒的侵袭而得病，导致免疫失效。

(四)防止免疫抑制性疾病发生

一是要注意饲料营养成分的监测，确保不含霉菌毒素和其他化学物质，饲喂近期生产的优质全价饲料，夏季应注意添加多维素(许多维生素在夏季容易被还原而失效)，增加机体抵抗力。二是要搞好环境卫生，消灭传染源。三是减少应激因素的产生，在免疫前后 24 h 内应尽量减少应激、不改变饲料品质、不安排转群、减少噪声、控制好温度、饲养密度、通风、勤换垫料，适当增加蛋氨酸、缬氨酸，维生素 A、B 族维生素、维生素 C、维生素 D 及脂肪酸等。接种疫苗时要处置得当，防止猪受到惊吓。遇到不可避免的应激时，应在接种前后 3～5 d，在饮水中加入抗应激制剂，如电解质、维生素 C、维生素 E；或在饲料中加入利血平、氯丙嗪等抗应激药物，以有效缓解和降低各种应激，增强免疫效果。四是认真做好免疫抑制性疾病的防治工作，勤观察，发现疾病及时治疗，等猪健康后再免疫。

(五)建立健全的卫生制度

一是猪场应建立卫生管理制度，实行生产区与生活区分区管理，严禁人员随意进出现象，加强猪群的健康管理。二是建立切实可行的消毒制度，如在进出口设消毒池。猪舍内定期消毒，“全进全出”清洗消毒，定期全场大消毒等。三是建立预防接种和驱虫制度，按时做好药物驱虫工作。四是建立检疫与疫病监测制度，尤其是做好引种的隔离防疫工作。五是建立健全病死猪无害化处理制度，及时隔离病猪，规范病死猪的无害化处理。六是猪场应针对存在的细菌性疾病种类和发生阶段，规范使用兽药，采用集体处理与个别用药相结合，注意用药方式、剂量和疗程，减少或避免用药对免疫工作的影响。

(六)树立“养重于防，防重于治”的理念

在饲养管理过程中，要始终树立“养重于防，防重于治”的饲养管理理念。不要盲目迷信和夸大免疫的作用，免疫只是防控疾病的重要手段之一。要在定期开展免疫工作的同时切实加强养猪生产各个环节的消毒卫生工作，降低和消除猪场内的病原微生物，减少和杜绝猪群的外源性感染机会，加强饲养管理，提高猪只自身抗病力。总之，猪场防疫的好坏是关系到养猪的效益高低和成败的重要环节。要加强对基层免疫人员的技术培训，提高从业人员水平。制订免疫程序一定符合本场实际情况，在疫苗的选购、运输存储、使用等各个环节都需要高度责任心和进行细致周到的工作，才能更好地发挥免疫效果。

任务工单

<table>
<tr><td>任务名称</td><td colspan="3">猪场免疫接种操作</td></tr>
<tr><td>任务描述</td><td colspan="3">通过猪场或养猪专业户的疫病的调查了解，能根据疫病发生情况制订合理免疫程序并能现场操作</td></tr>
<tr><td>准备工作</td><td colspan="3">1. 仪器设备：脱脂棉、纱布、消毒锅、镊子、剪刀、毛剪、注射器、注射针头、带盖搪瓷盆、脸盆、肥皂、毛巾、工作服、帽、胶靴、登记表或卡
2. 药品：疫苗、稀释液、地塞米松或盐酸肾上腺素、酒精、碘酒、来苏儿、新洁尔灭</td></tr>
<tr><td>实施步骤</td><td colspan="3">1. 按要求做好养猪场疫病调查
2. 根据疫病调查及原免疫状况结合现场实际制订合理的免疫程序
3. 根据免疫程序选择一种或几种疫苗
4. 根据选择的疫苗的要求确定相应的操作方法
5. 器械消毒：放在消毒锅内煮沸 30 min，然后用无菌纱布包裹在煮锅内
6. 疫苗的稀释：严格按照生产厂家要求选择稀释液，掌握好稀释倍数和稀释方法
7. 对将要接种的部位进行剪毛、消毒等处理
8. 正确进行接种操作并做好记录
9. 认真观察接种后的猪群，发现过敏个体及时用地塞米松或盐酸肾上腺素进行解敏</td></tr>
<tr><td rowspan="4">考核评价</td><td>考核内容</td><td>评价标准</td><td>分值</td></tr>
<tr><td>免疫程序制订</td><td>1. 能根据疫病情况制订免疫程序(10 分)
2. 能正确选择疫苗(10 分)
3. 能确定相应的操作方法(20 分)</td><td>40 分</td></tr>
<tr><td>免疫操作</td><td>1. 免疫程序操作熟练(30 分)
2. 免疫过程操作无误(20 分)
3. 能做好记录，遇到过敏现象能及时处理(10 分)</td><td>60 分</td></tr>
<tr><td>总分</td><td></td><td>100 分</td></tr>
</table>

任务三　控制与净化猪场寄生虫

目标呼应

任务目标	课程教学目标
掌握常见的寄生虫病控制与净化的方法	能根据猪场实际制订合理的驱虫程序
能制订猪场驱除寄生虫程序	

情境导入

猪的寄生虫病对养猪业的危害主要表现在由于寄生虫慢性消耗所造成的经济损失，在规模化猪场流行并造成危害的寄生虫，如猪蛔虫、猪结肠小袋纤毛虫和猪毛首线虫，虽然不至于造成猪只的死亡，但会出现难治愈、易多发及场内流行率很高的现象，这些寄生虫生活史简单、不需要中间宿主(为土源性线虫)，且虫卵抵抗力强，容易通过饮水或地面感染。因此饲养员要控制、净化猪场寄生虫，使猪群不受体内外寄生虫的困扰，提高饲料报酬和繁殖水平。

知识链接

一、猪场主要寄生虫类型

(1)皮肤寄生虫病：蠕形螨病、疥螨病、猪血虱、三色依蝇蛆病、蚊等。

(2)消化道寄生虫病：蛔虫病、食道口线虫病(结节虫病)、毛首线虫病(鞭虫)、钩虫病、类圆线虫病、膜壳绦虫病。

(3)肌肉寄生虫病：旋毛虫病、猪囊虫病。

(4)心脏及血液寄生虫病：附红体病、猪浆膜丝虫病。

(5)肾虫病。

(6)弓形体病。

(7)仔猪球虫病。

(8)隐孢子虫病。

(9)结肠小袋纤毛虫病。

二、控制与净化寄生虫病

(一)控制与净化猪疥螨

1. 长效驱虫注射液(伊维菌素)+体外高效喷雾杀虫药(溴氰菊酯)

种公猪每年注射两次长效驱虫注射液(伊维菌素的升级产品“全灭”或“通灭”)；母猪产仔前2周注射1次；仔猪断奶时注射1次；商品猪引进当日注射1次，注射长效驱虫注射液后全场喷雾杀虫2次。此方法适用于疥螨和体内寄生虫感染严重的猪场。连续使用，可以达到净化的效果。

2. 长效驱虫预混剂(芬苯达唑、伊维菌素的升级产品)+体外高效喷雾杀虫药

首先全群猪只用药1次；种公猪、种母猪：每3个月用预混剂拌料驱虫1次；仔猪：在断奶后转群时拌料驱虫1次；育成猪：转群时拌料驱虫1次；引进猪：并群前拌料驱虫1次；用预混剂驱虫的同时全场喷雾杀虫2次。适用于疥螨和内寄生虫感染不严重的猪场。

(二)控制与净化猪蛔虫病

控制和净化猪蛔虫的关键是正确使用驱虫药物以防止猪蛔虫的反复感染。驱蛔虫药物：可选用左旋咪唑、丙硫咪唑、芬苯达唑、氟苯达唑及伊维菌素等。同时，应注意猪舍的清洁卫生，产房和猪舍在进猪前都需要彻底清洗和消毒，可减少蛔虫卵对环境的污染。猪的粪便和垫草应在固定地点堆积发酵。

1. 猪蛔虫中、轻度感染的猪场

针对不同猪群，可采用以下用药程序：妊娠母猪在怀孕前和产仔前1～2周进行驱虫1次；种公猪每年至少驱虫2次；断奶仔猪在转群前驱虫1次，并且在4～6周后再驱虫1次；后备猪在配种前驱虫1次；新引进的猪必须驱虫后再并群。

2. 猪蛔虫重度感染的猪场

采用成熟前连续驱虫法进行猪蛔虫的控制和净化。针对不同猪群可采用以下用药程序：商品仔猪出生后30日龄第1次驱虫，以后每隔1～1.5个月驱虫1次；后备母猪及种公猪每隔1～1.5个月驱虫1次；母猪配种前和妊娠母猪产前2周内各驱虫1次；新引进的猪必须驱虫后再并群。

(三)控制猪弓形体病

1. 正确选用药物(表6-5)

表6-5 驱弓形体病的药物及使用方法

药物	使用方法
10%增效磺胺-5-甲氧嘧啶(或磺胺-6-甲氧嘧啶)注射液	按0.2 mL/kg体重剂量肌肉注射，每日2次，连用3～5 d
磺胺-6-甲氧嘧啶	按60～100 mg/kg体重，单独口服或配合甲氧苄氨嘧啶(TMP，14 mg/kg体重)口服，每日1次，连用4 d
12%复方磺胺甲氧吡嗪注射液	50～60 mg/kg体重，每日1次肌内注射，连用3～5 d
复方磺胺嘧啶钠注射液	按70 mg/kg体重剂量(首次量加倍)肌内注射，每日2次，连用3～5 d
磺胺嘧啶与甲氧苄氨嘧啶联合	前者70 mg/kg，后者14 mg/kg，每日2次，连用3～5 d
磺胺嘧啶与乙胺嘧啶联合	前者70 mg/kg，后者6 mg/kg，每日2次，连用3～5 d

2. 综合预防

由于此病感染源广、感染途径多，而且当前没有有效疫苗进行预防，因此必须采用综合防治措施进行预防控制。

(1)猪场内禁止养猫，对野猫也要捕捉扑杀，及时杀虫灭鼠，以防滋养体、包囊或卵囊污染饲料、饮水和环境，造成污染。

(2)做好日常卫生消毒　对病死猪，流产胎儿和分泌物进行焚烧深埋处理，场地进行严格消毒，常采用来苏儿或0.5%氨水进行猪舍及用具的消毒。

(3)药物预防　规模化猪场要制订有效可行的预防措施，发病猪场在每年10—11月，

在饲料中按 200～300 mg/kg 的剂量添加磺胺-6-甲氧嘧啶，连用 3～5 d，停药 20 d 后，再用 2～4 d，可有效地预防此病的发生。

(四)控制与净化猪附红体病

猪附红细胞体的传播途径主要有接触性、血源性、垂直性及媒介昆虫传播等，其中垂直性及媒介昆虫传播为主要传播途径。此病的控制与净化主要从以下两个方面进行。

1. 及时治疗病猪

药物治疗关键是发病早期用药，但不论是口服还是注射给药，都只能缓解临床症状，让机体与病原处于一个相对平衡的状态而不继续发病，基本不能彻底根除病原。可选用的药物见表 6-6。

表 6-6　治疗猪附红细胞体的药物及使用方法

药物	使用方法
贝尼尔注射液	8 mg/kg 体重，深部肌内注射，2 次/d，连用 3 d，同时在饲料中添加土霉素，按 200～400 μg/L 混饲
新胂凡纳明(914)	15～45 mg/kg 体重，静脉注射，防止漏出血管
大蒜素	10～15 mg/kg 体重，用生理盐水稀释后静脉注射，连用 3～5 d
盐酸四环素注射液	5～10 mg/kg 体重＋5%葡萄糖注射液 200～300 mL；静脉注射，连用 3 d
强力霉素注射液	1～3 mg/kg 体重，静脉注射或肌内注射，连用 3 d

2. 做好预防工作

预防此病的发生主要采取综合措施，对于一个猪群而言，阻断感染的传播途径，增强机体抵抗力和减少应激反应的发生是很重要的。对于附红细胞体感染呈阳性的猪群，应着重搞好圈舍和饲养工具的卫生，并定期进行消毒。同时加强对吸血昆虫的杀灭，严防吸血昆虫叮咬而引起此病的传播；在实施阉割、打耳号、注射等饲养管理程序时，应防止外科器械和注射器被血液污染而引起传播。对于呈阴性传染的猪群而言，发病的频率可能会增高，但是宿主与病原之间最终会达到某种平衡，如果这种平衡被打破，那么急性附红细胞体病会在任何时候发生。因此应尽量减少猪群的应激，采用增强猪群抵抗力的办法，可定期在饲料中添加一定比例的免疫增强剂，也可添加一定量的预防类药物，如土霉素(混饲 20 mg/kg 体重)，四环素(5～100 mg/kg 体重)等，以保持机体与病原处于某种平衡状态而不致发病。

(五)控制与净化孢球虫病

由于养猪规模化和集约化生产的发展，仔猪球虫病越来越常见并有逐年增高的趋势，因此在中国养猪生产中应引起足够的重视。此病的控制与净化主要从以下两方面着手。

1. 及时治疗病猪

5%的三嗪酮悬液，止痢注射液对仔猪球虫病有极好的治疗预防效果。

2. 强化综合预防措施

新生仔猪应初乳喂养，保持幼龄猪舍清洁、干燥；饲槽和饮水器应定期消毒，防止粪便污染；尽量减少因断奶、饲料突变和运输产生的应激因素。母猪在产前 2 周和整个哺乳期饲料内添加 200 mg/kg 的氨丙啉对孢球虫病具有良好的预防效果。

(六)控制与预防猪场蝇类

每个规模化猪场都在尽可能地想办法解决控制苍蝇的问题，但大部分效果不理想。目前主要的实用可行的控制办法分以下几类。

1. 喷雾灭蝇法

此法简单实用，成本低，使用安全。

2. 使用杀蛆药

在饲料中添加环丙氨嗪(5 g/t，99%纯度)。利用其绝大部分以原形及其代谢物的形式随粪便排出体外的特性，将粪便蝇蛆杀灭。

3. 用糖或信息激素作诱导

拌杀虫剂进行诱杀，此法经济、安全、高效，多点放置效果较好。

4. 控制猪舍内湿度

保持舍内干燥是控制苍蝇繁殖的最好办法，同时加速粪便的干与湿化均可抑制苍蝇的繁殖。

三、猪场驱虫程序

猪群感染寄生虫后不仅体重下降、饲料转化率降低，严重时刻导致猪只死亡，引起很大的经济损失，因此猪场须驱除体内外寄生虫。

(一)后备猪

一般要求引进后 1 周内体内外驱虫 1 次，转栏前再次体内外驱虫 1 次，严重的在其余转栏前增加驱虫。

(二)成年猪

每年定期(2、6、10 月，具体的驱虫时间可根据前寄生虫的普查或抽查结果及上一次驱虫后的效果来进行适当调整)通过饲料厂添加药物(如阿维菌素等)驱虫 3 次。定期对种猪和中大猪进行体外寄生虫的驱虫 1 次，潮湿季节应加强；临产母猪上产床前用体表驱虫药物驱体外寄生虫 1 次。

猪场常用驱虫药的选择见表 6-7。

表 6-7　常用驱虫药的选择

寄生虫	首选药物	次选药物		
内寄生虫	阿苯达唑	伊维菌素	阿维菌素	左旋咪唑
外寄生虫	溴氰菊酯	敌百虫	除虫菊酯类	—
兼顾体内外寄生虫	多拉菌素	伊维菌素	—	—

(三)驱虫注意事项

(1)驱虫药物的使用要视猪群情况、药物性能和用药对象灵活掌握。

(2)驱虫后收集的粪便，要进行生物热堆积发酵(外覆薄膜)，防止虫卵扩散。

(3)体内驱虫药混饲时应混拌均匀。

(4)体外驱虫时要先清洗体表，仔细完成猪只体表的喷雾工作，尤其是肚腹部、四肢内侧、耳朵内等部位，每天 1 次，连续 3 d，7 d 后再次用药 3 d。

任务工单

<table>
<tr><td>任务名称</td><td colspan="3">猪场驱虫操作</td></tr>
<tr><td>任务描述</td><td colspan="3">通过猪场或养猪专业户的疫病的调查了解，能根据疫病发生情况制订合理驱虫程序并能现场操作</td></tr>
<tr><td>准备工作</td><td colspan="3">1. 仪器设备：脱脂棉、纱布、消毒锅、镊子、剪刀、毛剪、注射器、注射针头、带盖搪瓷盆、脸盆、肥皂、毛巾、工作服、帽、胶靴、登记表或卡
2. 药品：驱虫药</td></tr>
<tr><td>实施步骤</td><td colspan="3">1. 按要求做好养猪场疫病调查
2. 根据疫病调查结合现场实际制订合理的驱虫程序
3. 根据驱虫程序选择一种或几种驱虫药
4. 根据选择的驱虫药的要求确定相应的操作方法
5. 驱虫药的稀释：严格按照生产厂家要求选择稀释液，掌握好稀释倍数和稀释方法
6. 正确进行驱虫操作并做好记录</td></tr>
<tr><td rowspan="4">考核评价</td><td>考核内容</td><td>评价标准</td><td>分值</td></tr>
<tr><td>驱虫程序制订</td><td>1. 能根据疫病情况制订驱虫程序(10 分)
2. 能正确选择驱虫药(10 分)
3. 能确定相应的操作方法(20 分)</td><td>40 分</td></tr>
<tr><td>驱虫操作</td><td>1. 驱虫过程操作熟练(30 分)
2. 驱虫过程操作无误(20 分)
3. 能做好记录(10 分)</td><td>60 分</td></tr>
<tr><td>总分</td><td></td><td>100 分</td></tr>
</table>

任务四 猪场废弃物的处理

目标呼应

任务目标	课程教学目标
了解猪场粪污对环境的污染	能设计猪场废弃物无害化处理方案，能有效利用猪场废弃物
熟悉猪场粪便、污水、死尸和臭气处理利用的方法	

情境导入

目前，我国养猪生产正在由小规模分散、农牧结合方式快速向节约化、规模化、工厂化生产方式转变，每年生产大量的粪尿与污水等废弃物，如果处理不当，很容易对周围环境造成严重污染。因此，加强猪场环境保护，合理利用废弃物，变废为宝，减少对环境的污染，是养猪生产必须解决的问题。

知识链接

一、粪便的无害化处理与利用

(一)生产有机肥料

堆肥发酵是利用微生物分解物料中的有机质，分解过程中产热使堆内温度达到50～70 ℃的高温，杀死病原微生物、寄生虫及虫卵和草籽等，腐熟后的物料无臭味，将复杂的有机物被降解为易被植物吸收的简单化合物，生产出高效的有机肥。

(1)传统堆肥：将物料堆成长10～15 m、宽2～4 m、高1.5～2 m的条垛，气温20 ℃左右需腐熟15～20 d，其间需翻堆1～2次，以供氧、散热和使其发酵均匀，此后需要静置堆放2～3个月即可完全成熟。为加快发酵速度，可在跺内埋秸秆束或跺底铺设通风管，在堆垛前20 d应经常通风，则不必翻堆，温度可升至60 ℃。此后在自然温度下堆放2～4个月即可完全成熟。该方法不需设备和耗能，但占地面积大，腐熟时间长且效率低。

(2)现代堆肥法：此方法是根据堆肥原理，利用发酵池、发酵罐(塔)等设备，为微生物活动提供必要条件，可提高发酵效率10倍以上。堆肥要求物料含水率60%～65%，碳氮比(C/N)(25～30)/1，pH为7.0～8.0。堆肥过程中要求通风供氧，天冷时适当供温，腐熟后物料含水率为30%左右。为便于储存和运输，需降低物料含水率至13%左右，并粉碎、过筛、装袋。因此，堆肥发酵设备包括发酵前调整水分和碳氮比与处理设备和腐熟后物料的干燥、粉碎等设备，可形成不同组合的配套设备。

(3)大棚式堆肥发酵(图6-10)：发酵棚可利用玻璃钢或塑料棚投入的太阳能，以确保低温环境的发酵。大棚内的发酵槽分为条形和环形地上槽，槽宽4～6 m，槽壁高0.6～1.5 m，槽壁上设置轨道，与槽同宽的自走式搅拌机可沿轨道行走，速度2～5 m/min。条形发酵槽槽长50～60 m，每天将经过预处理(调整好含水率和碳氮比)的物料放入槽的一端，搅拌机往复行走搅拌，并将新的物料与原有的物料混合，边撒物料边搅拌。一般每平方米槽面积可处理4头猪的粪便，腐熟时间25 d左右。腐熟物料出槽时应存留1/4～1/3，起接种和调节水分的作用。

图 6-10　大棚式堆肥发酵

(二)生产沼气

1. 沼气池

根据各地区的气候特点，按各地方政府能源办公室的定型设计，在地面以下建深3 m、宽1.2～1.5 m的沼气池，沼气池一般由进料池、发酵池、储气室、出料池与导气管等部分组成(图6-11、图6-12)。其结构必须满足沼气生产的厌氧条件要求。

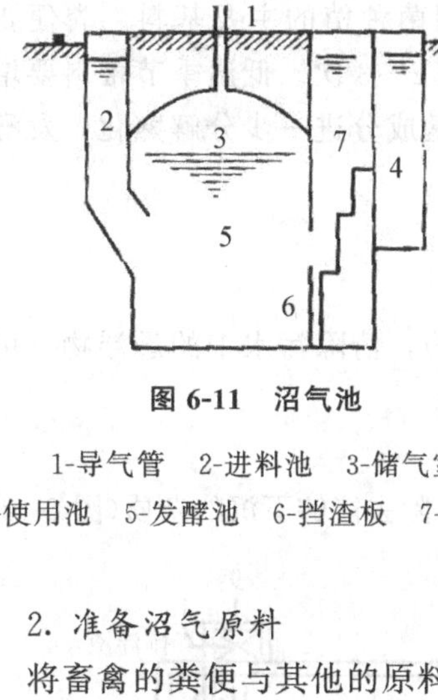

图 6-11　沼气池

1-导气管　2-进料池　3-储气室
4-使用池　5-发酵池　6-挡渣板　7-出料池

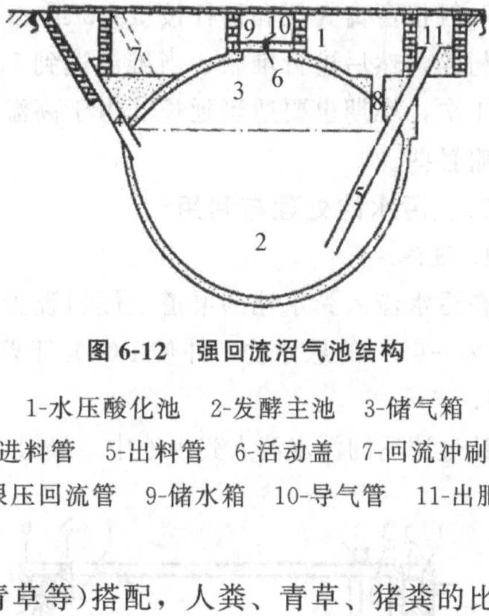

图 6-12　强回流沼气池结构

1-水压酸化池　2-发酵主池　3-储气箱
4-进料管　5-出料管　6-活动盖　7-回流冲刷管
8-限压回流管　9-储水箱　10-导气管　11-出肥间

2. 准备沼气原料

将畜禽的粪便与其他的原料(秸秆、垫料、青草等)搭配，人粪、青草、猪粪的比例为1∶2∶2。调整配料的水分，原料与水量的比例以1∶1为合适。调整沼气池内的pH保持在7～8.5为宜，pH低时，可加石灰或草木灰中和。根据当地的气候特点选择适合不同温度(常温10～26 ℃、中温28～38 ℃、高温48～55 ℃)下的发酵菌种，加入发酵菌种并经常进行搅拌，促进产气细菌的生长、发育和防止池内结壳。

沼气可作为能源，沼渣和沼液可作为肥料，废弃物资源化程度较高。沼气经燃烧后能产生大量的热能(1 m^3 的发热量为20.9～27.17 MJ)，可作为生活、生产用燃料，也可以用于发电。在沼气生产过程中，因厌氧发酵可杀灭病原微生物和寄生虫，发酵后的沼液和沼渣是很好的肥料。但是处理系统的建设投资高，运行管理难度大。该处理系统适用于南方气候温暖地区，北方地区由于气温低，大部分沼气要回用于反应器升温，限制其推广和应用。

3. 利用沼气残余物

生产沼气后产生的残余物——沼液和沼渣含水率高、数量大，且COD(耗氧量)值大，若处理不当会造成二次环境污染，因此必须采取适当的处理与利用方法。常用的处理方法有以下几种：

(1)沼气的残余物作为有机肥料：在进行园艺植物无土栽培时，沼气生产后的残余物是良好的液体培养基。

(2)作池塘水产养殖料：沼液为池塘中的河蚌育珠、滤食性鱼类等提供饵料生物的良好肥料，但需注意一次施用量不宜过多，否则会引起水体的富营养化而引起水中的生物死亡。

(3)用作饲料：沼渣和沼液脱水后可以替代一部分鱼、猪和牛的饲料。但要注意重金属等有毒有害物质在畜产品和水中的残留问题。

4. 养殖生物

用畜禽的粪便养殖蚯蚓、蝇蛆、蜗牛、甲虫等低等动物，这些动物可以分解畜禽粪便，再将这些生物加工成蛋白质饲料，饲喂畜禽。或将畜禽粪便按比例添加到农副产品(稻壳等)中，再加入益生菌制剂生产单细胞蛋白料。利用金龟甲、隐翅虫等甲虫分解粪便，将分解后的粪便推进并埋入土壤。

5. 作食用菌的基料

一般将畜禽粪便和秸秆按 5∶5 或 4∶6 比例配制食用菌种植的主要基料。粪便要晒干、粉碎，然后进行堆制，当堆温达到 70 ℃左右时，翻堆 2～3 次。低温季节堆料要增加翻堆 1 次，堆期也要适当延长。由于高温灭菌时会使培养基成分进一步分解熟化，发酵腐熟度略轻些。

二、污水的处理与利用

1. 过滤

在污水流入粪水池的渠道上倾斜设置栅条或滤网等设施，清除污水中的悬浮物，可除去40%～65%的悬浮物，并使BOD_5 下降 25%～35%。

2. 沉淀

让过滤后的污水流入粪水池中，经过 12～24 h 的沉淀，除去能够下沉的杂质(图 6-13)。

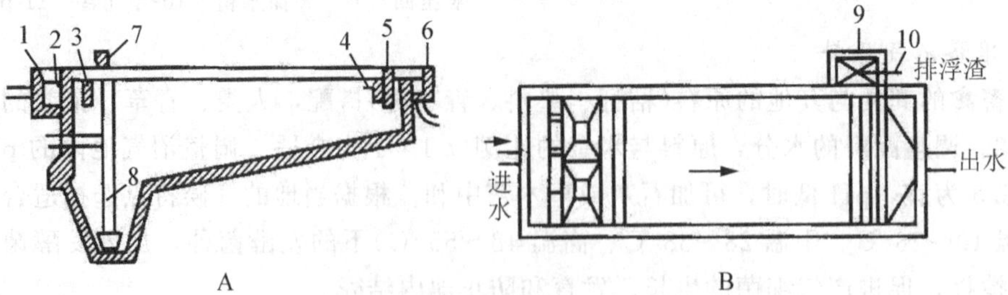

图 6-13 平流式沉淀池

1-进水槽 2-进水孔 3-进水挡板 4-浮渣槽 5-出水挡板
6-出水槽 7-排泥闸门 8-排泥管 9-浮渣井 10-排渣管

3. 土壤处理

让污水流经荒坡、草地等，通过过滤、吸附、氧化、离子交换、生物拮抗等作用，净化水质，改良土壤。

4. 自然好氧处理

将污水排放到人工的池塘或废弃的沟壑、荒滩等处，保持水深 0.2～0.5 m，使阳光照到水底，利用需氧微生物分解有机污染物，净化水质。

5. 人工湿地

模仿自然生态系统中的湿地，经人为设计、建造的，在处理床上种有水生植物或湿生植物，依靠植物和湿地净化、处理污水。

6. 生物处理

(1)活性污泥处理：在污水中加入活性污泥并通入空气进行曝气，使污水中的有机物被活性污泥吸附、氧化和分解，达到净化污水(图 6-14、图 6-15)。

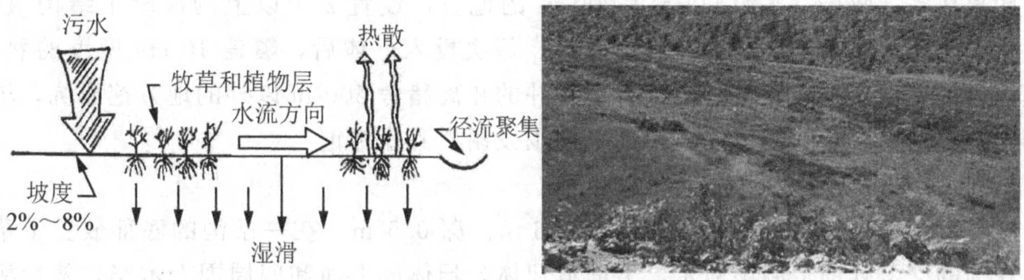

图 6-14　污水草地过滤

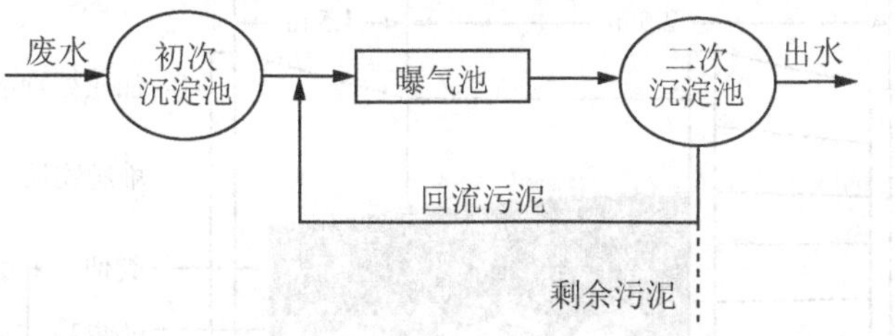

图 6-15　普通活性污泥法流程

(2)生物膜处理：建污水处理设施——普通生物滤池(生物滤塔或生物转盘)。污水通过一层表面充满生物膜的滤料，生物膜上大量微生物在氧气充足的条件下，氧化污水中的有机物(图 6-16、图 6-17)。

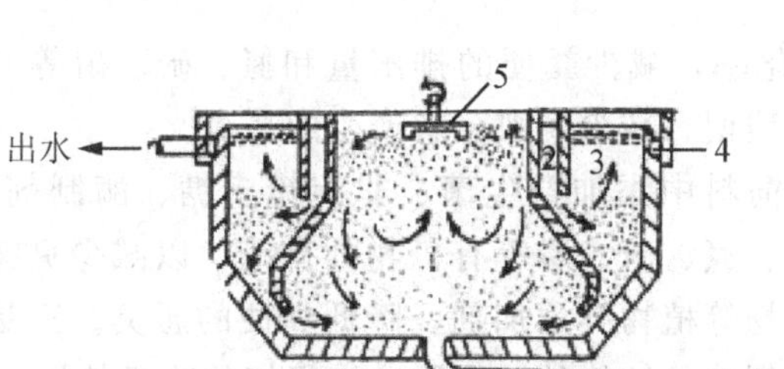

图 6-16　表面曝气式曝气沉淀池

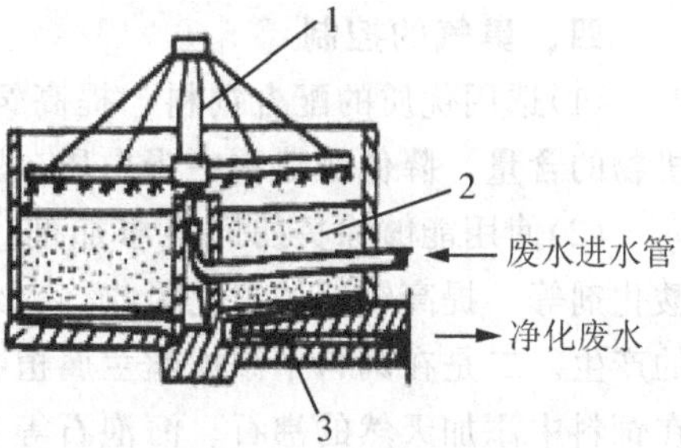

图 6-17　普通生物滤池

三、死尸的处理与利用

(一)化制

将尸体放到特制的高压锅内，在5个大气压、150 ℃条件下进行蒸煮消毒，剩余产品烘干后做饲料。对于非传染病的畜禽尸体，用普通锅在100 ℃以上的条件下进行熬制消毒。或将畜禽尸体放入特制的高温锅(温度达150 ℃)内或有盖的大铁锅内熬煮。达到彻底消毒的目的。

(二)堆肥

将非传染病死亡的畜禽，分层埋置于堆制的发酵粪便中，按发酵条件与粪便一起进行发酵堆肥。

(三)填埋

距离住宅、牧场、水源500～1 000 m的地方，设置2个以上的混凝土结构填埋井，深度大于2 m，直径1 m，井口加盖密封。每次投入尸体后，覆盖10 cm厚度的熟石灰，井填满后用黏土填埋压实密封。没有填埋井的在离猪舍500 m以外的地方挖深坑，坑周围洒消毒药，用塑料袋封装尸体深埋后，周围设栅栏并作标记。

(四)焚烧

挖十字形两条沟，长约2.6 m、宽0.6 m、深0.5 m。在一条沟的底部放置干草和木柴，在沟的交叉处铺上潮湿横木，上面放尸体，尸体的上面和四周围上木柴，然后洒上柴油等油料进行燃烧。或用专门的焚烧炉焚烧(图6-18)。

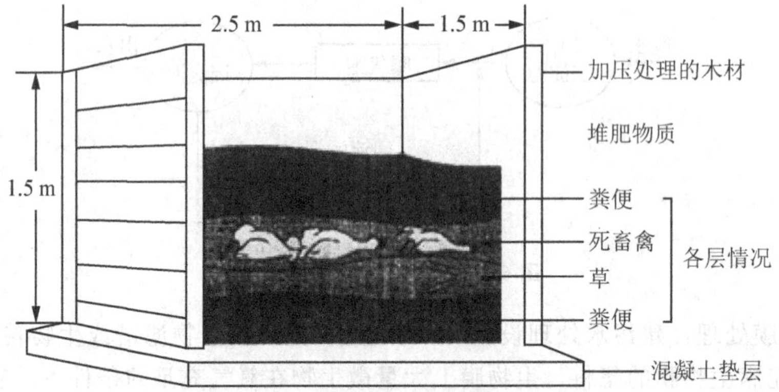

图6-18 畜禽尸体堆肥处理箱

四、臭气的控制

(1)选用优质的配合饲料，提高饲料的消化率，减少粪便的排出量和氮、硫、磷等有机物的含量，降低排泄物中蛋白质、脂肪等的残留，减少腐败分解产生的恶臭。

(2)使用能够除臭的饲料添加剂：一是在饲料中添加益生菌、非淀粉多糖、酶制剂、酸化剂等，提高饲料的消化吸收，有效降低碳、氮、硫、磷等有机物的排泄，以减少臭味的产生。二是在饲料中添加丝兰属植物的提取物等植物类添加剂，降低粪便的恶臭。三是在饲料中添加天然的沸石、海泡石等具有开放型分子结构的矿物质，有很好的除臭效果。

(3)使用除臭剂：一是在粪便及畜床上撒硅藻土、膨润土、沸石等硅酸盐矿石，以吸附铵离子，抑制臭气的散发。二是将硫酸亚铁加工成粉状，撒在承粪板或储粪池中，粪便变成酸性，不产生臭气。三是利用微生物分解、转化粪便中的臭气成分，从而控制臭气的产生。四是利用绿色植物吸收恶臭。

(4)加强卫生管理，及时清理畜禽舍内的粪便、污水及各种废弃物。猪场内堆放、储集的粪便、污水及各种废弃物尽快处理，以需氧方法来进行生物处理，减少臭气的产生，保持肥效价值。

任务工单

<table>
<tr><td>任务名称</td><td colspan="3">设计猪场废弃物处理方案</td></tr>
<tr><td>任务描述</td><td colspan="3">通过调研不同猪场粪尿和污水处理利用的方案，结合实际设计猪场废弃物处理方案，明确粪尿和污水对环境的影响，制订粪尿、污水处理利用的方案</td></tr>
<tr><td>准备工作</td><td colspan="3">1. 收集粪尿污水处理和利用的相关资料
2. 收集有关猪场粪尿、污水处理的新工艺相关资料</td></tr>
<tr><td>实施步骤</td><td colspan="3">1. 小组根据收集资料情况，讨论猪场粪尿、污水对环境的影响，制订粪尿、污水处理和利用的方案
2. 小组总结讨论结果，以书面总结报告的形式就行汇报
3. 根据各小组汇报情况，小组之间依据评价标准进行打分
4. 教师总结，进一步提出要求，学生通过互联网搜索、学习在线开放课相关内容，结合收集的材料明确我国规模化猪场粪尿处理利用情况</td></tr>
<tr><td rowspan="4">考核评价</td><td>考核内容</td><td>评价标准</td><td>分值</td></tr>
<tr><td>收集资料</td><td>1. 收集资料的数据是近三年的数据(20 分)
2. 收集资料信息全面(20 分)</td><td>40 分</td></tr>
<tr><td>现场汇报</td><td>1. 汇报稿书写全面，无错误信息(30 分)
2. 汇报者精神饱满，语速适中，不卑不亢(30 分)</td><td>60 分</td></tr>
<tr><td>总分</td><td></td><td>100 分</td></tr>
</table>

任务五　猪场重大突发事件应急处理

目标呼应

任务目标	课程教学目标
了解重大突发事件应急处理报告程序和内容	能制订猪场防控重大突发事件的应急预案
熟记重大突发事件应急救援处理程序	

情境导入

猪场重大突发事件的特点是突然发生，迅速传播，给猪场生产安全造成严重威胁、危害，以及可能对公众身体健康与生命安全造成危害。因此，必须慎重处理。任何事情的处理都有一套预案程序，其目的是为了保障猪场生产安全，保护公众身体健康与生命安全，维护正常的社会秩序。因此，规模化猪场必须制订防控重大突发事件的应急预案。

知识链接

一、猪场重大突发事件定义与分类

(一)定义

猪场的重大突发事件指突然发生的，能造成或可能造成重大人员伤亡、财产损失、环境破坏和危机社会安全等紧急事件。

(二)分类

根据重大突发事件的发生过程性质和机理，将重大突发事件主要分为自然灾害、事故、事件、公共关系危机事件4类。

1. 自然灾害

自然灾害指由暴雨、洪灾、地震、雷击、冰雹、地基塌陷和地质灾害等造成较大人员伤害和财产损失。

2. 事故

事故指重大安全事故，包括重大火灾、重大生产及施工安全事故、民用爆炸物品和化学危险品重大安全事故、特种设备重大安全事故、重大职业中毒事故；还包括爆炸、房屋倒塌、停水、停电、管道爆裂、交通事故、被盗、电击、主要生产设备损坏失常等突发事故及国家有关规定的安全事故。

3. 事件

事件指重大突发性公共安全事件、重大突发性公共卫生事件、重大疫情等影响公众健康的突发事件。

4. 公共关系危机事件

公共关系危机事件指发生产品质量纠纷、环境污染、劳资关系、政企关系等事件或被媒体公开负面报道、对猪场所属公司声誉和产品品牌造成严重不良影响的事件。

二、重大突发事件处理原则

(1)先救人，后抢物；先重点，后一般。

(2)预防为主，自救为主，统一指挥，分工负责。

(3)把事故控制在最小范围，最大限度地减少人员伤亡和财产损失。

三、重大突发事件应急处理报告程序和内容

(一)报告程序

猪场必须设立值班制度，保证 24 h 有管理人员值班。值班人员要熟知猪场各级主管电话及本地区社会救援机构的联系电话等。

重大突发事件发生后，必须及时逐级上报。发现事故单位必须在 30 min 内上报公司，重大安全事故在发生 1 h 内必须报至集团总部部门的秘书处，绝不允许迟报、瞒报和漏报。

其报告程序如下：

(1)事发现场人员必须立即向本部门主管报告，必要时直接向场长报告。

(2)事发所在部门主管应在第一时间向场长报告。

(3)场长及时向上一级主管报告。对重大安全事故，还应向公司安全生产监督管理委员会和公司总部部门秘书处报告。

(4)对国家法律法规规定报告事件，由公司向所在地安监局、环保局、卫生局等法定部门报告。

(5)当猪场确定事故不能很快得到控制或已经造成人员重大伤亡时，须及时向本地区社会救援机构如 119、120 等呼救，并如实上报给公司和上级政府安监部门，请求政府部门协助解决。

(6)应急处理工作结束后，由公司总部秘书处逐级向有关部门书面报告相关工作情况和突发事件的调查处理报告。

(二)报告内容

1. 安全事故报告内容

(1)事故发生的具体时间和地点。

(2)事故类型：火灾、爆炸、气体泄漏、液体泄漏、中毒、坠落摔伤等。

(3)损失情况：如有无人员伤亡、财产损失预估等。

(4)事故现场处理的大致经过及其他方面等。

2. 其他事件报告内容

按照公司相关规定和制订的应急预案要求进行报告。

四、重大突发事件应急救援组织机构

(1)猪场成立重大突发事件应急领导小组。应急救援领导小组由场长担任，其成员包括猪场各部门主管。

(2)成立现场应急救援专业组，包括技术组、抢险救护组、义务消防组、应急后勤保障组、医务救援小组、安全疏散警戒组、通讯联络组、现场勘察组等，并规定应急救援职能。应按照猪场实际机构设置及人员编制组成与分工，也可由岗位员工个人负责小组职能。

(3)若猪场重大突发事件应急救援领导小组和专业组组成力量有限时，可由猪场所属公司指定有关人员参与共同组成。

(4)救援人员应具备现场应急救援救护的基本知识和技能，定期进行突发事件应急救援演练。现场应急救援组织需要配备必要的应急救援器材、消防设备和医疗药品，并进行经常性的维修保养和补充，保证应急救援工作的正常进行。

(5)各级突发事件应急救援组织应建立健全的应急救援档案。包括：应急救援组织机构成员名单和联系电话、上一级救援组织机构和社会救援机构的联系方式、救援基本技能学习培训、演练记录、应急救援器材、设备目录及维修保养记录、事故应急救援记录等。

(6)各猪场应通过编制具体的重大突发事件应急预案，明确应急救援组织机构及其各项职责和相关处理程序，并进行必要的演练并做好演练记录。

五、重大突发事件应急救援处理程序

(一)重大安全事故应急处理程序

1. 启动预案

事故发生后，立即启动应急预案，各应急抢险小组到位，应急指挥组织立即组织自救工作，并根据灾情做出上报和求助。

2. 现场救援

遇紧急情况立即组织抢险救援队和必要的救援设备，赶赴现场实施救援，充分发挥现场指挥部的作用，指挥和协调各救援人员开展救援行动，合理高效地调配和使用应急资源，控制态势的发展，防止事故扩大，最大限度减少人员伤亡和财产损失，必要时立即向相关专业救援队伍紧急呼救，同时严禁救援过程中的违章指挥和冒险作业行为。

3. 现场恢复

现场恢复也就是救援行动的结束，现场恢复的过程要考虑到潜在的危险，在统一指挥下有计划、有步骤地清理现场，恢复到安全稳定的状态。

4. 事故调查

本着实事求是的原则，事故单位密切配合有关部门做好事故现场勘查、目击证人登记核实、证物收集等调查取证工作。待形成结论性意见后，写出书面事故报告，将报告及时向所在地有关部门和当地安监局报告，同时做好事故的善后处理，保持职工队伍的稳定。

5. 责任追究

应急救援工作结束后，按照“四不放过”的原则，查明事故责任及事故性质，追究相关人员的责任，情节严重的，提交司法部门依法追究其法律责任。

四不放过的事故处理原则：

(1)事故原因未查清不放过。

(2)事故责任人未受到处理不放过。

(3)事故责任人和周围群众没有受到教育不放过。

(4)事故制订切实可行的整改措施没有落实不放过。

(二)重大突发性灾害应急处理程序

1. 启动预案

灾害发生后，立即启动应急预案、各应急抢险小组到位，应急领导组织立即组织自救工作，查明灾情，根据险情和受灾程度，确定救灾方案并根据灾情做出上报和求助。

2. 现场救援

组织抢险救灾人员、设备和相关物资，立即投入救灾行动，消除隐患，防止次生，衍生的连锁反应。最大限度地减少人员伤亡和经济损失，情况危急时，必须立即请求所在地政府部门提供紧急救援，并积极配合有关部门做好紧急抢险。对灾情进行调查监测，同时要做好受灾人员的生活保障和单位生产自救等工作。

3. 善后处理

妥善转移和安置受灾职工群众，并在所在地政府和上级主管部门的帮助下，积极做好灾后重建工作，尽快使工作、生活秩序恢复正常，做好受害者家属的食宿安排和思想工作，保持职工队伍的稳定，按有关规定向受害职工群众提供必要的救助和救济。

4. 重大突发性灾害应急处理预案

重大突发性灾害应急处理预案适用于地震、洪水、地质灾害或强风、雷暴等灾害，造成人员伤亡和重大财产损失。

(三)重大突发性公共卫生事件应急处理程序

1. 事件报告

猪场所在地发现传播迅速或群体性不明原因疾病，群体性食物中毒等现象，必须立即向所在地县级以上卫生防疫部门或卫生监督部门报告，同时向公司报告。

2. 启动预案

猪场根据事发所在地卫生防疫和监督部门的综合评估意见和建议，启动应急救援预案。原则上，内部职工群众发现霍乱、鼠疫等甲类传染性疾病患者 1 人以上或者群体食物中毒 3 人以上的，应启动应急救援预案。

3. 现场救援

事发单位应立即向所在地 120 或 999 急救中心或卫生防疫部门、卫生监管部门指定的医疗机构发出紧急呼救。及时将病人或疑似病人转诊治疗。事业部(部门、单位)医务室及医务救援小组立即派人赶赴事发地点，全力协作，在力所能及的范围内提供职工的有关资料。

参加应急处理的工作人员，应当采取必要的卫生防护措施，并在专业人员的指导下开展工作，防止交叉感染和污染。

4. 预防控制

公司医务救援人员应当在所在卫生防疫监督部门的指导下，采取必要的预防和控制措施，稳定职工队伍。

(1)对事发现场和可能被污染的交通工具等，采取控制措施，必要时，对有关人员进行疏散或隔离，甚至按照法定制度对传染病疫区实行封锁，对食物和水源采取控制措施，切断传播途径，防止疫病扩散。

(2)对可能受到危害的人员和与病人密切接触的人员，要认真进行排查，根据需要采取必要的医疗控制措施。

(3)针对疫情在职工群众中广泛宣传相关的预防知识，消除职工群众的思想顾虑，及时对易受感染的人群和其他易受损害的人群进行应急接种，预防性投药，群体防护等。

(4)事件调查：对群体性食物中毒事件，密切配合有关调查部门做好现场勘查、目击证人登记核实、收集物样等调查取证工作，待形成结论性意见后，及时向地方有关部门和当地安全局报告。

(5)善后处理：根据国家有关规定和所在地政府及有关部门的要求，妥善处理善后事宜。

(四)重大突发公共事件应急处理程序

1. 事件报告

事件发生后，事发单位及时向所在地政府和相关部门报告，同时向公司安全生产监督管理委员会及公司安全环保部、保卫部报告，公司向当地(社会)治安综合治理领导小组办公室报告。

2. 启动预案

猪场根据事件性质和可能造成的影响，启动应急处理预案。原则上，具有下列情形之一的，公司启动应急处理预案。

(1)猪场系统内部职工因故堵截交通，围攻冲击本单位，影响正常工作生活秩序。

(2)猪场系统内部职工因故与其他单位发生纠纷而突发重大群体事件。

(3)发生集体械斗等恶性社会治安案件或者爆炸、纵火、投毒等暴力犯罪。

3. 事态控制

组织相关人员，立即采取得力措施，控制事态的进一步发展，在所在地政府和有关部门以及当地(社会)治安综合治理领导小组的指导下，做好相关工作。

(1)发生严重扰乱社会秩序的重大群体性事件，组织治安应急人员配合所在地有关部门疏散职工群众，控制关键人物，平息事端，必要时可请求公安司法部门介入。

(2)发生危害公共安全的严重违法犯罪案件，立即采取行动配合事发所在地有关部门予以坚决打击。并对因此受到伤害的职工群众给予必要的救助。

4. 事件调查

对事发原因、经过等情况进行详细的调查，由政府有关部门介入的事件，应当给予密切配合。

5. 善后处理

根据有关规定和所在地政府及有关部门的要求，妥善处理好各项善后事宜。

(1)对诱发事件及事件处理过程中暴露的单位内部矛盾和职工反映强烈的问题，猪场有关领导直接与职工群众交换意见，面对面地做好职工群众的思想教育和引导工作。对于职工提出的要求，要实事求是地进行分析，符合政策规定的要在现行政策范围内尽快予以落实，不符合国家政策规定的要求，也要依据有关法律法规和政策规定，耐心细致地做好解释说服工作。

(2)对于与外单位人员发生的民事纠纷而突发重大群体性事件，因本单位人员在工作失误或者违法违规造成的，事发单位应当根据相关法律法规或政策规定以及所在地政府和有关部门的处理意见，尽快妥善处理；因非本单位内部人员恶意滋事、无理取闹造成的突发事件，事发单位应当根据相关法律、法规或政策规定，请求所在地政府和公司、司法部门帮助解决，必要时，可寻求法律途径解决；因其他原因造成的突发事件，应在当地政府和有关部门的指导下，按照“有理、有利、有节”的原则及时协调解决或双方达成谅解。

(3)对因突发事件受伤、致残的无辜群众和参与事件应急处理的工作人员，事发后应提供必要的物质和资金，保障其得到及时有效的救治。采取统一管理，分散接待的方式做好无辜遇难者家属的食宿安排和思想工作，保持职工队伍的稳定。

(五)重大疫情处理程序

1. 疫情报告

当猪群发生国家规定的一类(猪瘟、口蹄疫、水疱病、高致病性蓝耳病)、二类(猪生殖和呼吸综合征、猪传染性胸膜肺炎、猪密螺旋体痢疾、猪流行性腹泻、猪传染性胃肠炎、猪传染性脑脊髓炎)传染病或由未知病原(非管理因素)引起的在7～15 d内损失率超过正常损失率标准2倍以上的疾病时，应在第一时间逐级上报。

2. 现场封锁

一旦发生疫情，立即封锁猪场，同时将疫情通报给相关的部门和人员，采取好隔离防范措施。

3. 猪群处理

对未感染或疑似感染但尚未表现症状的猪只进行紧急免疫，对已经表现症状的猪只立即扑杀并做无害化处理，同时密切观察可能感染疫病病毒的猪群的健康状况。

4. 稳定人心

当出现疫情时，员工可能出现精神紧张、麻木、动作变形、积极性不高等不利于疫情控制的精神状态。此时，主管要在周密部署防疫措施的同时，做好员工的思想工作，调动他们的积极性。达到认真落实疫病的控制方案，最大限度地降低疫情损失的目的。

5. 疫情原因分析

在做好疫情控制的同时，认真的分析导致疫情的原因，根据原因分析的结果，及时作出诊改方案。

6. 责任追踪

按猪场防疫制度对疫情的相关责任人进行惩戒。

7. 解除封锁

当最后一头病猪痊愈、死亡或扑杀，经过该病最长潜伏期以上没有新的病猪出现即可宣布解除封锁。

六、应急物资准备

(一)文件资料

文件资料包括猪场重大突发事件应急预案、场长与部门主管应急联系电话、公司领导和各单位主要领导的有效通讯录等。

(二)硬件措施

硬件措施包括合格的消防水系统及消防砂、符合安全规范的消防通道、便携式灭火器、调度通信设备(防爆对讲机)、应急防爆电筒、医疗救护药品等。

以上物资的数量和规格按国家要求，国家没有明确规定的部分，可按照猪场实际情况配置。

七、后期处理

(一)事故调查

在事故处理后期，现场指挥部应和当地有关部门和机构组成事故调查组，对事件的起因、过程、性质、人员伤亡、财产损失等情况进行仔细调查，提交事故调查报告，其中应包括对事故责任的处理意见和今后对同类事故的防范措施。

(二)事故建档

猪场现场指挥部应将整个事件过程中所有收发信息、领导批示、事故调查报告、现场录像、图片等材料及时整理归档，并总结事件处理过程中的经验和教训，修改、完善事件应急预案。

(三)责任追究

事故处理结束后，有关单位、部门应按照常规要求，积极修复设备，尽快恢复生产；组织展开事故调查，统计事故损失，严格按事故“四不放过”处理原则处理。

任务工单

<table>
<tr><td>任务名称</td><td colspan="3">重大疫情处理程序</td></tr>
<tr><td>任务描述</td><td colspan="3">当猪群发生国家规定的一类(猪瘟、口蹄疫、水疱病、高致病性蓝耳病)、二类(猪生殖和呼吸综合征、猪传染性胸膜肺炎、猪密螺旋体痢疾、猪流行性腹泻、猪传染性胃肠炎、猪传染性脑脊髓炎)传染病或由未知病原(非管理因素)引起的在 7～15 d 内损失率超过正常损失率标准 2 倍以上的疾病时，模拟上报程序</td></tr>
<tr><td>准备工作</td><td colspan="3">1. 收集国家规定的猪群一类和二类重大疫情的相关资料
2. 收集重大疫情处理程序相关资料</td></tr>
<tr><td>实施步骤</td><td colspan="3">1. 小组根据收集资料情况，讨论重大疫情处理程序方案
2. 小组总结讨论结果，以书面总结报告的形式进行汇报。根据各小组汇报情况，小组之间依据评价标准进行打分
3. 教师总结，进一步提出要求，学生通过互联网搜索、学习在线开放课相关内容，结合收集的材料明确我国规定的猪场重大疫情上报程序</td></tr>
<tr><td rowspan="4">考核评价</td><td>考核内容</td><td>评价标准</td><td>分值</td></tr>
<tr><td>收集资料</td><td>1. 收集资料的数据是近三年的数据(20 分)
2. 收集资料信息全面(20 分)</td><td>40 分</td></tr>
<tr><td>现场汇报</td><td>1. 汇报稿书写全面，上报程序准确无误(30 分)
2. 汇报者精神饱满，语速适中，不卑不亢(30 分)</td><td>60 分</td></tr>
<tr><td>总分</td><td></td><td>100 分</td></tr>
</table>

项目七
猪场的经营管理

任务一　管理猪场数据

●●●● 目标呼应

任务目标	课程教学目标
能全面、准确、及时地收集猪场数据	依据猪场数据，准确分析、处理问题
能对数据进行正确的分析，并通过数据分析发现问题	
会使用猪场信息管理系统	

●●●● 情境导入

猪场进行数据化管理，不仅可以获得生产管理的动向信息、准确地评估管理水平、及时发现问题，还能总结、改进、提高管理经验，从而达到提高生产水平，降低成本，增加养殖效益的目的。

●●●● 知识链接

一、猪场数据化管理近况

数据化管理是养猪场现代化管理模式的关键标志。从20世纪后期到现在，国内外养猪业的数据管理逐步从原始的手工账本阶段发展到计算机软件的信息化管理阶段。随着信息管理的发展，养猪生产技术水平也逐步提高。

(一)国外养猪业信息化管理系统发展历程

从20世纪70年代开始，欧洲和美国的养猪业开始使用DBASE和其他数据库软件来记录统计数据。从20世纪80年代至今，出现了如PigCHAMP、Herdsman、Pigtales、PigWIN、STAGES等著名的养猪场管理软件和信息系统。国外的大多数相关软件系统具有操作简单、功能丰富、图形和文本丰富、可移植性强、远程多用户分布式计算以及多对象处理的功能。随着互联网技术的深入发展，一些国外信息管理系统正逐步走向大数据。

(二)国内养猪业信息化管理系统发展历程

国内养猪场管理软件自20世纪90年代至今，可分为以下三个阶段。

1. 初始阶段

自1990年至2005年，管理软件基本上是一个独立的版本或局域网版本，其主要功能是统计、分析生产和销售数据，缺乏实时和移动性。

2. 网络版管理系统的发展阶段

自2005年至2012年，软件逐步升级到网络版，一些饲料企业已经为养猪户开发了互联网版管理软件。软件的实时和移动性得到了改进，管理平台也在尝试向前发展。

3. 移动云平台的发展阶段

自2012年至今，现处于初级云平台的开发阶段。在此阶段，既有专业软件公司的全力推动，也有如温氏、大北农、新希望等企业的积极参与。其中大北农的猪联网系统、微猪科技的微猪系统、新希望的福达云、上海互牧的互牧云等也较受关注。

二、猪场数据收集与管理分析

数据化管理，旨在从各种报表和数据中找出养猪场的症结所在，以便有针对性地采取措施。

(一)数据的收集

猪场可以设置专职数据管理员，负责制作各种生产数据报表，并收集、整理和检查所有的生产记录，建立基于书面材料的电子数据库。以便安排好猪场的日常工作计划、育种和配种计划，最终提高养猪场的工作效率。

1. 数据收集原则

对猪场管理而言，很多数据必需积累一定量才能进行有效地分析和利用，因此数据的收集是数据管理的第一步。规范的数据收集应尽可能地提升工作效率，降低数据收集的成本，减少不必要的错误。为确保所收集的数据客观、真实、全面地反映猪场的实际情况，猪场数据的收集应当遵循准确、及时、高效、全面的原则。

(1)准确：高质量的数据首先要确保数据的准确性。确保数据的准确性是数据收集过程中最难的一个环节。首先要有明确的规章制度，来规范所有参与数据收集人员的行为；其次要建立科学合理的流程，来明确数据收集的责任人、监督人，明确数据收集的时间；最后要进行适当的抽查和盘点，以便及时发现和解决问题。

(2)及时：数据收集的及时性是指数据收集的时间不得提前或延后。要确保数据收集的及时性，首先要明确在什么时间收集最合适，其次要在数据收集的过程中规定明确的时间节点。

(3)高效：数据收集的高效性包含两个内容，一是数据要便于收集，以便提高效率；二是数据收集的产出要大于投入，以便产生价值。因此，要确保数据收集的高效性，首先要考虑数据收集的方式方法是否便于操作，其次要考虑数据收集的内容是否能够产生足够的价值。

(4)全面：数据收集的全面性原则，是在数据收集工作达到一定的水平后的延伸。尤其是对猪场管理而言，限于猪只较长的繁殖周期，猪场很多方面的数据必需积累到一定的量才能发挥作用。因此，猪场数据的收集需要有一定的预见性，要尽可能全面地反映猪场各个方面以及各个环节的信息。

2. 数据收集的内容的划分

(1)从猪场管理的角度，现代猪场的管理一般按照猪的生长周期，将猪场划分为隔离后备、公猪、配种妊娠、分娩、保育、生长育肥六个阶段。猪场的数据一般也是按照猪场管理的六个阶段进行收集、管理、分析和利用。

(2)从猪场经营的角度，将猪场的数据划分为生产数据、财务数据、销售数据、市场数据、人力资源数据等。尤其是对同时运行多个养殖场的企业或公司，这种从宏观层面进行的数据分析就显得尤为必要。

(3)从时间跨度的角度，一般将猪场的数据划分为日数据、周数据、旬数据、月度数据、季度数据、年度数据等。

3. 常用的数据表格

以配种怀孕舍为例，有日报表、周报表、月报表等。以全场为例，常用周报表、月报表、季度表、半年表、年度表。

(二)数据分析方法

数据只代表了一个时间点，并不能对数据的优劣做出判定。为了便于发现问题，需要建立一套数据分析对比的方法。先将常用方法分述如下。

1. 与生产标准比较

为各类生产指标设立标准，将输出数据与标准比较，从而发现生产的优缺点，这是生产中最常用的方式。比如胎均总仔、胎均断奶活仔、产房死淘率、保育死淘率等，建立标准预警范围，超出则视为异常。

2. 同比、环比

所谓同比，即与往年同月进行比较。所谓环比，即与本年度往期比较(常常比较上个月情况)。同比是考虑每年的气候相对恒定，理论上生产成绩受气候的影响是一致的，从而看出今年的生产水平优劣。环比是考虑生产的延续性，生产成绩不能突然发生较大变化。通常有一个梯度变化的规律。分析这种规律，可以衡量气候的影响，也可以大致判断生产的走势，从而判定生产的状况。比如分析本月配种分娩率，可以与上年同期比，也可与上月比较。

3. 横向对比

横向对比即与兄弟单位对比。大家处于同样的气候条件下，同样的生产模式，生产成绩是否也一致，如果不同，分析原因。通过横向比较，常常容易发现本单位的不足，也能快速找到生产操作中存在的问题，明确未来努力的方向，并学习优秀单位的做法，快速改进本单位的生产成绩。

4. 分析数据变化趋势

如逐周、逐月分析数据走势，可预测未来生产的变化规律。常常可以借用往年同期或前几个月的数据变化规律，预测当前的生产状况。比如分析胎均总仔的变化趋势，根据往年逐月的变化规律，大致是6—9月最低，其中7月为最低谷，然后逐步上升，至3—4月为最高峰。分析今年的情况与往年是否相同；高峰和低谷是否与往年相同。从这些情况可以判定今年的生产水平，进而分析出工作的主要矛盾。

5. 与计划数对比

根据年初或月初制订的各类生产计划，分析当前猪场的实际执行情况；分析影响计划进程的因素；制订下年改进措施。通过此类分析可实现生产的正确导向，避免方向偏差。当然，要充分发挥本分析方法的作用，需要生产单位善于制订各类计划，将计划做准做细，而不是搞平均主义，甚至根据情况不断微调生产计划。例如2月少2天，计划应略作更改；例如夏天生产成绩下降，相应指标也应调整。为确保出栏数，配种数需要增加，相应引种数要提前准备到位等。

6. 与社会同行对比

掌握社会同行的生产水平，常常可以及时发现自身问题，明确努力方向，挖掘生产潜力。学习、总结社会同行的先进管理经验，系统性提高自身的生产水平。

三、猪场常用的数据

(一)隔离舍/后备舍

后备猪隔离天数：为疾病控制需要，需要足够的隔离时间，通常需要45 d以上。

后备猪死淘率：以批次为单位计算引入的后备猪死亡、淘汰比例。

10月龄利用率：后备猪达到10月龄已怀孕的比例，按批次计算，逐头统计每一头后备母猪达10月龄以后的状态来计算。猪场可根据自已标准调整为8月或9月龄利用率。

超期未发情比例：以一定日龄(如300 d)为标准判定母猪是否为超期不发情母猪，统计此类母猪占引入后备猪(去掉死淘)的比例。

(二)配种妊娠舍

断奶7 d发情率：同一批次断奶后7 d内发情配种的比例。

配种分娩率：某一时间段内配种的母猪最后分娩的比例。

失配率：某一时间段内配种的母猪中未分娩的比例。

空怀返情流产率：统计某一时间段内配种的母猪出现空怀、返情、流产的比例。配种60天以后没有怀孕的母猪称为空怀，小于60 d称为返情，看到流产物视为流产。

妊娠死亡淘汰率：以整个怀孕舍或某批猪为基础统计怀孕母猪死亡淘汰的比例。

胎龄结构：以怀孕猪或基础母猪群统计各胎母猪所占的比例。本次配种完成至下次配种前为同一胎次。

断奶、妊娠期料量：可统计整个配种前、妊娠期的平均料量或不同时间段的平均料量。

(三)分娩保育舍

平均总产仔数：某一段时间内产出的所有产仔数(含死胎、木乃伊胎)/对应窝数。

平均健仔数：某一段时间内所产健仔数(总产仔去除死胎、木乃伊、弱小仔、畸形仔)/对应窝数。

平均无效仔比例：某一段时间内所产死胎、木乃伊、弱小仔、畸形仔总数/总仔数。

平均断奶活仔猪数：某一段时间内断奶仔猪数量/对应窝数。

胎均转保总数：某一段时间内转保育舍仔猪数量/对应窝数。

猪苗上市正品苗率：同一批次上市保育猪数/当批次断奶或转保总数。

产房仔猪死亡率：某段时间内产房死亡的仔猪数/同期产房仔猪存栏数。

保育仔猪死亡率：某段时间内保育舍死亡的仔猪数/同期保育仔猪存栏数。

哺乳母猪日均采食量：统计产房单元母猪每天平均采食量，可统计每条线整个产房，也可统计每一个单元。

仔猪采食量：统计不同日龄阶段仔猪的平均每头采食量。

繁殖周期：繁殖周期母猪平均妊娠期＋产房平均哺乳期＋母猪断奶至配种平均天数＋21×(1－情期受胎率)。

母猪年分娩胎次：母猪年产窝数(胎次)＝365/繁殖周期。

电脑统计本年度：母猪年产窝数＝总分娩窝数/生产母猪数(凡有配种、分娩记录的母猪都算)。

单头母猪年上市保育猪数：每年上市保育猪数量/年基础母猪数量。

(四)公猪站

后备公猪利用率：引入的后备公猪调教利用的比例。

公猪精液合格率：所采精液合格的比例。可以以月、年度进行统计合格率。

(五)生长舍

料肉比：生长育肥期内或性能测定期饲料消耗总量/总增重。

生长舍成活率：生长舍上市的猪只数/转生长舍猪只数。可以统计多栋猪舍，也可只统计一栋猪舍或某一批猪只。

上市日龄：上市猪只的平均日龄，可以按猪舍或按批次统计。

上市均重：上市猪只的平均体重，可以按猪舍或按批次统计。原种、扩繁场关键数据还有各阶段窝均选留数，原种场还有测定比例、遗传指数等。

(六)猪群健康记录

常用的数据有：记录种猪的免疫接种情况，按照免疫程序接种的疫苗种类、生产厂家、批次以及接种时间，接种后主要疾病的抗体监测水平以及离散度。猪场发生重大疾病的时间、治疗、恢复及损失情况。

(七)猪群营养记录

常用的数据有：仔猪断奶重，母猪妊娠阶段总采食量，哺乳阶段总采食量，妊娠和哺乳阶段日均采食量等。

(八)猪群动态记录

常用的数据有：各猪舍的猪群变动情况，包括出生、转入、转出、淘汰、出售和死亡等情况。

(九)猪群环境记录

常用的数据有：猪舍的温度、湿度、氨气浓度、硫化氢浓度等指标。

(十)生产管理水平

常用的数据有：后备猪利用率、配种分娩率、母猪年分娩窝数、断奶仔猪成本、育肥猪成本、非生产天数、人均养殖量。

四、使用猪场信息管理系统

以猪场超级管家管理软件为例，说明使用猪场管理信息系统方法。

(一)系统登录与初始化

1. 系统登录操作方法

(1)直接双击桌面猪场超级管家快捷图标，或执行【开始】→【猪场超级管家】命令，打开系统登录窗口。

(2)在“连接名称”列表框中选择要登录的数据库系统(主要有本地、学习数据、演示数据几项内容)。

(3)在“用户名:”后的文本框中输入“dba”(此版本的软件仅提供一个用户名，用户不得更改)。初次登录系统，初始密码为空，登录系统后可自行更改。

(4)在“场别代码:”后的文本框中填写系统中已设置好的场别代码(第一次登录可随意输入一个数字)。登录后请按照代码设置准备设置代码，下次使用设置好的代码登录。

(5)单击【确定】按钮登录进入系统。

2. 系统初始化操作方法

(1)单击主菜单上的【系统】→【系统初始化】，弹出一个初始化窗口。

(2)弹出的窗口中出现警告提示。

(3)单击【初始化】按钮，弹出“初始化确认“窗口。否则单击【取消】按钮，关闭窗口。

(4)光标停在初始化密码编辑处输入“初始化密码”，单击【继续】按钮，弹出初始化的最后确认窗口，单击【确定】按钮关闭初始化的两个确认窗口并执行初始化过程。否则单击【取消】按钮关闭初始化的两个确认窗口，取消初始化。

(二)期初数据录入

1. 公猪基本资料录入操作方法

(1)单击【数据录入】→【初始录入】→【公猪基本资料】，出现“原始录入：公猪基本资料”的窗口。

(2)增加新记录。

①单击【新增】按钮→【公猪资料卡：新增/修改】且包含了公猪卡片内容的录入窗口，光标停在耳号处闪动。

②在耳号处录入公猪的耳号“D0008”(完整的耳号，字母大小写都可以)，按回车键，光标自动移到下一个空格父耳号处。

③在父耳号处输入该头公猪的父耳号“dd2286”，按回车键，光标移到了母耳号处，在该处输入该头公猪的母耳号“DD4036”，按回车键，光标移到品种处。

④在品种处输入该头公猪的品种“dd”，按回车键。

⑤光标停在来源(来源指该公猪是购入的还是本场育成的)处，用键盘的↑，↓键上下移动选择来源，如选中“购入”，按回车键。

⑥光标停在出生日期处，输入出生日期 1999.07.17；按回车键，光标移到出生重量处，输入出生重量；按回车键，光标移到断奶重量处，输入该公猪断奶时的重量。

⑦光标停在进场日期单元格，输入该公猪购入的日期(若该头猪是本场育成的，则不用填写)，按回车键，这时若出生日期和进场日期都已经填写了，则进场日龄电脑自动填写，否则进场日龄处为空。

⑧光标停在近交程度单元格，输入近交程度系数，按回车键，光标停在等级评定处，这时等级评定编辑处的右边出现一个黑色的三角形，用鼠标左键单击黑色的三角形，弹出一个下拉列表，用鼠标左键单击列表中想要输入的内容，则选中的内容填写到该方格中，或输入对应的数字(1表示一级，2表示二级，3表示级外)，按回车键。

⑨单击备注单元格，输入备注信息。

(3)一头公猪的卡片信息录入完成后，单击【保存】按钮，保存录入的数据；或者若是备注栏处没有数据，则可在备注处录入加号"＋"保存数据。单击【退出】按钮，这时会弹出一个名为【提示】的窗口，它会询问您"数据已经被修改，是否保存"，这时选择【否】按钮，则数据没有被改动过。

(4)录完所有的公猪卡片并保存数据后，单击【退出】按钮关闭该录入窗口，返回到名为【原始录入：公猪基本资料】的主窗口。

(5)查看系谱。

①单击主窗口中耳号为"DY0008"的记录，这时该条记录的颜色呈现深亮色。

②单击窗口中的【系谱】按钮，打开"初始录入：种猪系谱"窗口。

③窗口的左边显示了DY0008的父辈，祖父辈的耳号，绿色箭头所指向的耳号表示当前正在查看的耳号，它的信息显示在右边窗口，黑桃所指向的耳号表示公猪耳号，红桃所指向的耳号表示母猪耳号。

④单击左边窗口中的对应耳号，这时该耳号前面的标识变为绿色，同时右边窗口显示出对应的耳号的信息；有时左边窗口中的系谱会隐藏起来，要显示隐藏的下一级耳号，则用鼠标双击某一个耳号，则该耳号的下一级系谱就会显示出来了。

⑤单击【关闭】按钮关闭该系谱窗口。返回上一级窗口。

(6)修改公猪卡片的内容。

①单击主窗口中耳号为"DY0008"的记录，使该行记录的颜色呈现深亮色。

②单击【修改】按钮，则弹出名为"公猪资料卡：新增/修改"子窗口。

③单击某项内容的编辑处，用Delete键或退格键删除原有的内容，再输入正确的数据，按回车键即可实现修改。

④单击【保存】按钮保存修改后的数据。

2. 母猪基本资料、猪只期初存栏录入操作方法

(1)执行【数据录入】→【初始录入】→【猪只期初存栏】命令，弹出"期初存栏数"的窗口。

(2)单击【增加】按钮，这时在数据窗口中自动增加一条空的记录，光标停在重量处，数量、重量、所在舍号、猪只类别默认为上一条记录对应的值。单击空记录行的耳号方格处，光标停在耳号处，输入耳号"LW875"，按回车，若该耳号在种猪卡片中不存在，则会出现一提示窗口，提示"875在种猪资料库中找不到"，单击该提示窗口中的【确定】按钮关闭该窗口，返回到"期初存栏数"的窗口，光标仍停在耳号处，这时用退格键删除原来输入的耳号，再重新输入正确的耳号，按回车键。

(3)光标移到重量处，而数量处电脑自动填写为1，不可修改(因为种猪的存栏是一头一头的登记)，在重量处输入该头母猪的重量，按回车键。

(4)在舍号处，输入该头母猪的所在舍号"810802"，按回车键，这时猪只类别处则由

电脑自动根据输入的舍号对应的猪只类别填写为分娩母猪，且是不可改的。

(5)在带仔数量处，输入该头分娩母猪当时的带仔数量，按回车键。

3. 配种记录期初录入操作方法

(1)执行【数据录入】→【初始录入】→【配种记录期初录入】命令，弹出“初始录入：配种记录”的窗口。

(2)单击【新增】按钮，弹出一个名为“期初录入：新增/修改配种资料”的窗口。

(3)在母猪耳号处输入配种母猪的耳号LW8081；在舍号处输入母猪配种舍811001。

(4)配种时间处输入配种时间1999.10.02；在公猪耳号处输入配种的公猪耳号DY125；在公猪舍号处输入公猪当时所在的舍号811003，按回车键。

(5)在交配方式处输入配种方式为“1”(“1”为本交方式，“2”为人工方式)，交配方式处显示为“本交”，在配种员处，输入配种员名称。

(6)在备注处，输入备注信息，按回车增加一条空的详细配种记录，在此行输入该次配种的第二次详细情况。

(7)保存数据。

4. 录入期初数据总结操作方法

(1)在【数据录入】→【初始录入】→【猪只期初存栏】中录入确定的期初时间。

(2)在【数据录入】→【初始录入】→【公猪基本资料】中录入公猪的档案。若要在很短的时间内录完公猪的档案，以便能够在最短的时间内正常使用该软件，则可以在录入公猪的档案时，只录入公猪的耳号(耳号要是完整的)即可，其他的信息(如品种，出生日期等)可以等到有空闲时再用修改功能补输进来。

(三)数据查询与生产提示

猪场超级管家系统提供的查询可查询任意时间段的生产数据，打开“查询”窗口，输入需要查询的时间段，单击【刷新】按钮即可查询到相应时间段的生产数据。

用户可在“数据录入”模块中查询到需要的数据并进行修改，但不提倡在数据录入界面中直接进行数据查询。需查询数据时建议使用“查询”菜单栏上相应的查询功能，此时用户只能查看但不可以修改数据。

(1)个体公(母)猪名录：按公(母)猪耳号查询某一头种猪的档案。

(2)公(母)猪名录(按品种)：按某一品种查询各品种种猪的档案。

(3)种猪合格证：提供种猪合格证打印功能，可根据系统数据自动填写种的各项指标。

(四)报表生成与打印操作方法

打开相应的报表窗口，输入需要生成的报表时间段，单击【刷新】按钮即可生成相应时间段的报表数据。通过打印功能实现报表的打印。

(五)数据分析操作方法

1. 生产成绩与往年同期的比较

可选比较生产成绩指标。

2. 猪场评价

系统提供了一套科学实用的猪场评价体系。

3. 淘汰原因分析

根据生产管理系统提供的数据，某一时间段内的各猪类淘汰的原因，给技术人员及管理人员提供一个科学的客观的数据依据，以便于进行统计分析。

4. 死亡原因分析

根据系统存储的数据，对猪场各猪类死亡的原因进行数据统计，以便于管理人员及技术人员及时发现猪场内各猪类的死亡原因，更便于管理。

5. 采食量分析

对各猪舍的采食量进行数据统计，分析各猪舍的饲料消耗情况。

6. 产仔窝数情况分析

分析产仔数量与产仔窝数的相关联系及比例。

7. 各胎次产仔情况分析

分析母猪在各胎次产仔窝数及产仔数量的关系。

8. 公猪年龄分布

统计分析本猪场公猪年龄分布的情况。

(六)数据备份、恢复与删除

1. 数据备份操作方法

(1)单击【系统】→【数据备份/恢复/删除】，弹出“数据恢复/备份/删除”的窗口。

(2)单击窗口文件格式处“. txt”，“. dbf”，“. xls”，“. htm”中的任何一个，选中该种文件格式进行文件的备份。默认值“. txt”文本文件格式。

(3)单击窗口中的【浏览】按钮，弹出“选择目录”窗口，用户在该窗口中选择备份文件将要存放的位置，再单击【确定】按钮，确定所选的位置，即路径。

(4)单击【备份到 ...】按钮使用非压缩格式备份文件；单击【备份压缩数据到 ...】按钮用压缩格式备份文件，这样数据库里的数据就以您所选的格式备份到了您所选的位置。

2. 数据恢复操作方法

(1)选择要恢复文件的格式。

(2)选择要恢复文件所在的位置。

(3)可分别单击【从 ... 压缩数据恢复】按钮和【从 ... 恢复】按钮，按不同的格式恢复数据到数据库中。

3. 删除数据操作方法

(1)单击【删除数据】按钮，分别为“保留代码数据”和“保留种猪资料”，用户可以根据您的需要选择要保留的内容，要想选中哪一项则用鼠标单击该项，使它前面的“口”内打上符号“√”即表示选中，一般建议两个都选。

(2)单击【删除数据】按钮，出现一个名为“警告”的窗口，询问您“此操作将删除当前库里的数据！是否继续?”，确定要删除数据时用鼠标单击该提示窗口的【是】按钮。

(3)在弹出的“输入删除日期”对话框中输入要删除哪一天以前的数据的日期，该日期将是以后指定的期初时间。

(4)单击【确定】按钮，系统将保留代码设置、种猪基本资料表、母猪在删除日期以前的繁殖记录以及对应的配种记录，其他的数据全部删除。

任务工单

<table>
<tr><td>任务名称</td><td colspan="3">猪场管理软件操作演示</td></tr>
<tr><td>任务描述</td><td colspan="3">通过上机演练，熟知某猪场管理软件的基本功能，熟悉数据录入、档案修改、生成统计报表等功能的操作</td></tr>
<tr><td>准备工作</td><td colspan="3">计算机房、猪场管理软件</td></tr>
<tr><td>实施步骤</td><td colspan="3">1. 系统登录
2. 系统初始化
操作方法
(1)单击主菜单上的【系统】→【系统初始化】，弹出一个初始化窗口
(2)弹出的窗口中出现警告提示
(3)单击【初始化】按钮，弹出“初始化确认“窗口。否则单击【取消】按钮，关闭窗口
(4)光标停在初始化密码编辑处输入“初始化密码”，单击【继续】按钮，弹出初始化的最后确认窗口，单击【确定】按钮关闭初始化的两个确认窗口并执行初始化过程。否则单击【取消】按钮关闭初始化的两个确认窗口，取消初始化
3. 期初数据录入
(1)公猪基本资料录入
(2)母猪基本资料录入
(3)猪只期初存栏录入
(4)配种记录期初录入
4. 数据查询与生产提示
5. 报表生成与打印
6. 数据备份、恢复与删除</td></tr>
<tr><td rowspan="6">考核评价</td><td>考核内容</td><td>评价标准</td><td>分值</td></tr>
<tr><td>系统登录</td><td>能安装猪场管理软件并登录(10 分)</td><td>10 分</td></tr>
<tr><td>期初数据录入</td><td>1. 能录入 5 个公猪信息(10 分)
2. 能录入 10 个母猪信息(15 分)</td><td>30 分</td></tr>
<tr><td>数据查询</td><td>会在软件上查询出录入的信息(20 分)</td><td>20 分</td></tr>
<tr><td>报表生成与分析</td><td>1. 能生成生产报表(20 分)
2. 对生成的报表进行分析(20 分)</td><td>40 分</td></tr>
<tr><td>合计</td><td></td><td>100 分</td></tr>
</table>

任务二 制订猪场管理技术岗位工作规范

目标呼应

任务目标	课程教学目标
熟知猪场各管理岗位职责	会制订适合猪场的生产管理制度
能根据猪场情况制订管理技术岗位规范	

情境导入

为明确责任，规范劳动，需建立明晰的责、权、利相统一的生产管理制度，养猪生产中岗位有生产责任制、经济责任制、岗位责任制三种不同的管理形式。现就生产责任制与岗位责任制的管理办法介绍如下。

知识链接

一、生产责任制

生产责任制是猪场经营者为调动员工的积极性、增强工作责任心、提高猪场的生产水平和经济效益，根据猪场各生产阶段的不同特点制订的生产成绩高低与个人效益挂钩的管理办法。职工工资一般由岗位工资加效益工资构成。实行生产责任制，能使猪场在生产中建立起正常秩序，有效地进行计划领导和推行经济核算，有利于发挥员工的生产积极性，达到增加生产、降低成本的目的。生产责任制的核心是明确规定生产者的任务、经营者和生产者的权利以及惩罚内容。生产责任制中责、权、利反映人与人之间，人与人在生产劳动过程中的分工协作关系和分配中的物质利益关系。它对维持正常的生产秩序，搞好经营管理，提高经济效益具有重要作用。生产责任制的形式多种，现做以下介绍。

(一)联产计酬

联产计酬责任制是联系产量计算报酬，年初按不同生产类别规定包产量，质量或产值指标和奖励办法。到年底结算，超产奖励，减产惩罚。

(二)联产承包

1. 企业承包

按承包对象划分主要有集体承包：合作承包和个人承包；按分配关系划分，主要有利润分成、利润包干、费用包干和联利计酬等。

2. 企业内部承包

按承包对象划分，主要有集体承包、班组承包、个人承包；按此分配关系划分，主要有定包奖、收入比例分成、包干上交、专业承包和联产计酬；按经济指标划分，主要有产量包干、劳动定额包干、包生产成本、包产品质量。

(三)劳动计酬

劳动计酬主要有计件工资制、计时工资制、计时结构工资、浮动工资制和混合制。

猪场的劳动计酬，为了使饲养人员更加关心其生产成果，应采取一定方式把劳动报酬与完成生产任务情况紧密联系起来，超额完成生产任务的，可以多得报酬，或者给予奖励，任务完成不好的，可以少得报酬。具体结合形式，可以是多种多样的。为了进一步提高劳动效率，同样可以实行计时为主、计件为辅，计时工资加奖励的制度，使劳动者由于熟练程度和贡献大小不同，在工资收入方面也有所差别。这样将更有利于调动全场职工的积极性，促进生产力的发展，更好地完成生产任务。其劳动计酬办法多种多样，目前推行较为广泛的有“劳动定额”和“评工计分”相结合的计酬办法。在定额劳动中，多是定额到组，评分到人。其中有的实行饲料与养猪相结合，按增重评分；有的则实行饲料按产量评分与养猪按底分加增重评分。就目前情况看，此两种办法仍是体现按劳分配原则较好的分配形式。按照劳动的数量和质量付给合理的报酬。

(四)奖励与津贴

奖励与津贴是劳动报酬以外的辅助形式，这是对劳动者超过平均水平的劳动所支付的报酬。单项奖：对完成和超额完成某项指标的奖励，如质量奖、革新奖、安全奖、节约奖、合理化建议奖。综合奖：多采用多种指标的百分制评奖法和年终奖励制。津贴：包括加班津贴、夜班津贴、特殊劳动津贴、技术津贴等。

(五)开展评比活动，表彰先进

在猪场生产中，定期开展评比活动，及时表彰先进，可以激发大家的劳动热情，促进养猪业科学技术的普及和猪场经营管理的改善，从而提高劳动效率，增加生产。评比活动的中心内容是大搞增产节约，努力增加生产，提高质量，提高劳动生产率，降低消耗，降低成本，增加盈利。具体到一个养猪场来说，一般可包括比仔猪成活率高、比育肥猪增重快、比利用饲料省、比积肥数量多质量好等。评比的每一个内容，都要与场内各时期的中心任务结合起来进行。同时要拟定先进而又落实的指标，指出明确努力方向，制订具体的措施。在评比形式上，可以场与场、组与组，个人与个人之间进行评比。对于先进单位和个人，要给予表扬和适当奖励。

二、岗位责任制

(一)劳动组织形式

劳动组织形式是指在一定生产方式下劳动者在生产经营过程中分工和协作形式。

1. 劳动分工与协作

分工是指有许多劳动者在有计划地协同劳动过程中从事各种不同的具有一定量的工作。而协作是指有许多劳动者在同一生产过程中，或在不同的但互相联系的生产过程中，有计划地一起协同劳动。

2. 劳动组织形式

在种猪的提供、繁育、饲养、饲料加工、检疫、科技咨询、产品储运及加工、销售、提供市场信息等方面进行分工协作，核心是组织劳动者合理地进行劳动。

以猪群为生产单位组织劳动单位，根据养猪业劳动特点，应建立常年稳定的劳动组织。因为养猪生产是连续不断的，大部分作业是在每天相同的条件下重复进行，劳动对象又是活的猪，需要劳动者具有丰富的知识和经验，还要有很强的责任心，所以在组织劳动单位时，工作岗位应相应保持相对稳定，不宜随意调换，以免影响猪的生长和健康。

(二)劳动定额

劳动定额的制订不能一概而论，要考虑当地的饲养条件、地区特点和劳动力生产熟练程度等因素，确定合理的劳动定额。

1. 劳动定额的种类

(1)产量定额：即单位劳动时间内(通常指一个工作日)生产出的某种产品的数量。

(2)作业定额：即单位时间内完成的某种作业的数量。

(3)工时定额：即生产单位产品(或完成单位作业)所耗费的工时数。

2. 劳动定额的制订方法

经验估工法：由管理人员、专业技术人员以及老饲养员共同研究确定，简便易行，但易偏高或偏低。

(1)统计分析法：是根据过去或现行的养猪生产工序(作业)的产量或工时定额的统计资料，经客观分析研究后结合当前养猪生产情况，研究制订新的劳动定额。

(2)技术测定法：运用技术方法经过实际生产操作过程的写实、测时、记录、计算来确定劳动定额各组成部分的时间，包括作业时间、生理需要时间，准备与结束时间。

3. 劳动定额的作用

劳动定额是合理利用劳动力资源的重要手段，是贯彻按劳分配的重要依据，可以充分调动劳动者的积极性。劳动定额还是计划管理的重要基础，是定岗定编的依据。

4. 饲养人员的劳动定额

传统手工操作为主的饲养方式下，一个饲养员可以饲养母猪 30 头左右，育肥猪 100～300 头；集约化程度较高的饲养方式下，在我国一个饲养员可饲养 100～150 头母猪，育肥猪 1 000 头以上。

(三)劳动计酬形式

劳动报酬是指企业经营者根据劳动者提供的劳动数量、质量或生产产品的多少给劳动者个人的补偿。劳动计酬形式有等级工资制、计件工资大包干等方式。

(四)联产计酬目标责任制

实行目标责任制，能使猪场在生产中建立起正常的秩序，有效地进行计划领导和推行经济核算。完成目标拿工资，超产按规定给予奖金，完不成者按规定给予惩罚。双方签订责任书。按这种制度运行，需实行或有选择地实行相应措施。

1. 定岗定编

根据本场养猪生产过程的阶段划分的实际情况，定出所设的岗位，并根据工作量大小定出所需的人数。

2. 定任务、定指标

对每个岗位定出全年或阶段生产任务及各项生产指标。任务和指标要明确，可操作性强。对暂时没有条件操作的指标可待条件具备时再制订。

3. 定饲料、定药费

根据不同猪群情况定额供给饲料，种猪可按饲养天数、肉猪可按增重数供给饲料。要建立领料制度，专人发放，过秤登记，定期盘底。药费可限额供应，如某猪场规定如下：产房乳猪 35 d 断奶，原圈饲养 1 周转仔猪培育舍。在产房内每头小猪供料 2.5 kg，药费 2 元。

仔猪培育舍饲养42 d，每头供乳猪料5 kg，仔猪料32 kg，药费每头0.7元。生长育肥猪每天供料2 kg，药费每月0.5元。每头种猪年均供料1 t，药费12元(包括产后泌乳期)。

4. 定报酬、定奖罚

任务完成、达到指标，可拿到基本工资，若超额完成可领取奖金，完不成者则要按规定罚款。

三、猪场工作日程

在猪场生产中，根据各猪场具体条件，合理安排每天的工作程序，把各项工作用工作时间表加以固定，便于遵循。在制订工作日程时，总的来说需要考虑以下原则。

(1)拟订的前提应以符合猪的特性，对猪饲养管理有利为原则，而不应以养猪人员的工作或生活上的意愿出发，但对场内工作人员的学习和休息，应当根据劳逸结合的精神作适当的安排。

(2)应按不同季节(主要是冬夏两季)的特点，拟订不同的工作内容及时间安排，制订以后不可轻易变动。

(3)拟订时必须将一天内的主要工作项目，如喂、饮、运动、猪舍清扫卫生工作等明确安排于时间表内，以便贯彻执行。对限量饲喂的猪，每顿喂饲间隔时间要均匀，不能有的过长，有的过短，以保证定时饲喂，有利猪的消化。

(4)拟订时要考虑本场的具体情况，根据各猪群的不同特点，分别拟订项目或予以照顾。需要特别护理的猪，可根据情况穿插在时间表内，或另行安排。

(5)拟订工作日程，必须经过全体饲养人员的认真讨论，对不切合实际情况的内容，应提出修改，随后通过，并经领导批准，公布遵照执行。

四、制订规模猪场岗位定编及岗位职责

猪场场长下设生产线主管、财务主管和后勤主管生产线；主管下设配种妊娠舍组长、分娩保育舍组长、生长育肥舍组长。

(一)岗位定编

1. 管理人员定编

猪场场长1人，生产线主管1人，配种和妊娠组长1人，分娩保育组长1人，生长和育肥组长1人。

2. 饲养员定编

配种妊娠组4人含组长，分娩组4人含组长，保育组2人，生长育肥组6人，夜班1人。

3. 后勤人员定编

后勤人员按实际岗位需要设置人数：后勤主管、会计、出纳、司机、维修工、保安门卫。

(二)制订岗位职责

层层管理、分工明确，以厂长负责制为原则。具体工作由专人负责；既有分工，又有合作；下级服从上级；重点工作协作进行，重要事情通过领导班子研究解决。

1. 厂长的职责

(1)负责猪场的全面工作。

(2)负责制订和完善本场的各项管理制度技术操作规程。

(3)负责后勤保障工作的管理及时协调各部门之间的工作关系。

(4)负责制订具体的实施措施落实和完成公司各项任务。

(5)负责监控本厂的生产情况、员工工作情况和卫生防疫及时解决出现的问题。

(6)负责编排全场的经营生产计划物资需求计划。

(7)负责全厂的生产报表并督促做好月结工作和周上报工作。

(8)做好全厂员工的思想工作，及时了解员工的思想动态，出现问题及时解决，及时向上反映员工的意见和建议。

(9)负责全场直接成本费用的监控与管理。

(10)负责落实和完成公司下达的全场经济指标。

(11)直接管辖生产线主管，通过生产线主管管理生产线，员工负责全厂生产线员工的技术培训工作，每周或每月主持召开生产例会。

2. 生产线主管职责

(1)负责生产线日常工作。

(2)协助厂长做好其他工作。

(3)负责执行《饲养管理技术操作规程》，卫生防疫制度和有关生产线的管理制度，并组织实施。

(4)负责生产线报表工作，随时做好统计分析，以便及时发现问题并解决问题。

(5)负责猪病防治及免疫注射工作。

(6)负责管理生产线、饲料、药物等工作，以及直接成本费用的监控与管理。

(7)负责落实和完成厂长下达的各项任务。

(8)直接管辖组长通过组长，管理员工。

3. 配种妊娠舍组长职责

(1)负责组织本组人员严格按《饲养管理技术操作规程》和每周工作日程进行生产。

(2)及时反映本组中出现的生产和工作问题。

(3)负责整理和统计本组的生产日报表和周报表。

(4)负责本组人员休息替班。

(5)负责本组定期全面消毒、清洁和绿化工作。

(6)负责本组饲料药品工具的使用计划、领取及盘点工作。

(7)服从生产线主管的领导完成生产线主管下达的各项生产任务。

(8)负责本生产线配种工作保证生产线按生产流程运行。

(9)负责本组种猪转群调整工作。

(10)负责本组公猪、后备猪、空怀猪、妊娠猪的预防注射工作。

4. 分娩保育舍组长职责

除完成配种妊娠舍组长的前七点职责外，还应完成的职责包括以下几点。

(1)负责本组空栏猪舍的清洗消毒工作。

(2)负责本组母猪仔猪转群调整工作。

(3)负责哺乳母猪仔猪预防注射工作。

5. 生长育成舍组长职责

除完成配种，妊娠舍组长的前7点职责外，还应完成的职责包括以下几点。

(1)负责肉猪的出栏工作，保证出栏猪的质量。

(2)负责生长育肥猪的周转、调整工作。

(3)负责本组空栏猪舍的清洗消毒工作。

(4)负责生长、育肥舍的预防注射工作。

6. 辅配饲养员职责

(1)协助组长做好配种、种猪转群调整工作。

(2)协助组长做好公猪、空怀猪、后备猪注射预防注射工作。

(3)负责大栏内公猪、空怀猪、后备猪的饲养管理工作。

7. 妊娠母猪饲养员职责

(1)协助组长做好妊娠猪转群调整工作。

(2)协助组长做好妊娠母猪预防注射工作。

(3)负责定位栏内妊娠猪的饲养管理工作。

8. 哺乳母猪仔猪饲养员职责

(1)协助组长做好临产母猪转入、断奶母猪及仔猪转出工作。

(2)协助组长做好哺乳母猪仔猪的预防注射工具。

(3)负责大约 40 个产栏哺乳母猪仔猪的饲养管理工作。

9. 保育猪饲养员职责

(1)协助组长做好保育猪转群调整工作。

(2)协助组长做好保育猪预防注射工作。

(3)负责大约 400 头保育猪的饲养管理工作。

10. 生长育肥猪饲养员职责

(1)协助组长做好生长育肥猪转群调整工作。

(2)协助组长做好生长育肥猪预防注射工作。

(3)负责 500～600 头生长育肥猪的饲养管理工作。

11. 夜班人员职责

(1)负责本区猪群防寒保暖，防暑、通风工作，天气冷、风大时负责放帐幕。

(2)负责本区防火，防盗等安全工作。

(3)重点负责分娩舍接产、仔猪护理工作。

(4)负责哺乳仔猪夜间补料工作。

(5)做好值班记录。

(三)生产例会制度

生产例会制度包括以下几点。

(1)该会由厂长主持。

(2)时间安排。每周末 19:00～21:00 为生产例会和技术培训时间，生产例会 1 h，技术培训 1 h，特殊情况下灵活安排。

(3)内容安排。总结检查上周工作安排，布置下周工作；按生产进度和实际生产情况进行有目的、有计划的技术培训。

(4)程序安排。组长汇报工作，提出问题；生产线主管汇报、总结工作，提出问题；主持人全面总结上周工作，解答问题，统一布置下周的重点重要工作。生产例会结束后进行技术培训。

(5)会前组长、生产线主管和主持人要做好充分准备。重点问题要准备好书面材料。

(6)对于生产例会上提出的一般性技术性问题，要当场研究解决，涉及其他问题和较为复杂的技术问题，要在会后及时上报，讨论研究。并在下周的生产例会上予以解决。

五、制订规模养猪场饲养管理技术规程

(一)隔离舍后备猪饲养管理技术操作规程

1. 工作目标

保证后备母猪使用前合格率在 90%以上，后备公猪使用前合格率在 80%以上。

2. 操作规程

(1)按进猪日龄分批次做好免疫计划，限饲、优饲计划、驱虫计划并予以实施。后备猪配种前，驱体内外寄生虫一次，进行乙脑疫苗，猪细小病毒疫苗等疫苗的注射。

(2)日喂料两次，母猪 6 月龄以前自由采食，7 月龄适当限饲。配种使用前一个月或半个月优饲。

(3)做好后备猪发情记录，并将该记录移交给配种舍人员。母猪发情记录从 6 月龄时开始仔细观察初次发情期，以便在第二次和第三次发情时及时配种，并做好记录。

(4)后备公猪，单栏饲养。后备母猪小群饲养，5～6 头为一圈栏。

(5)引入后备猪的第一周，饲料中应适当添加一些抗应激药物，如维生素 C、矿物质、添加剂等，同时在饲料中适当添加一些抗生素药物，如强力霉素、利高霉素、土霉素、卡那霉素。

(6)引入后备猪至少在隔离猪舍饲养 40 d，若能周转开，最好饲养到配种前一个月，即母猪 7 月龄，公猪 8 月龄。转入生产线前最好与本厂老母猪和老公猪混养两周以上。

(7)后备猪每天每头喂 2.0～2.5 kg 饲料，根据不同体况和配种计划增减饲喂量。后备母猪在第一个发情期开始，要安排喂催情料，一般比常规料饲喂多 1/3 配种后减料到 1.8～2.2 kg。

(8)进入配种舍区的后备母猪每天用公猪试情检查。后备公猪每天分批次赶到运动场运动，1～2 h，后备母猪在六七月龄转入配种舍，小群饲养，后备母猪的配种月龄达到 8 月龄，体重达到 100 kg 以上。后备公猪单栏饲养，配种月龄需达到 9 月龄，体重要达到 130 kg 以上。

(二)配种妊娠舍饲养管理技术操作规程

1. 工作目标

(1)按计划完成每周配种任务，保证全年均衡生产。

(2)保证配种分娩率在 85%以上，保证窝平均产活仔数在 10 头以上，保证后备母猪合格率在 90%以上转入基础母猪群。

2. 操作规程

(1)发情鉴定：发情鉴定的方法是当母猪喂料后半小时表现平静时进行。每天进行两次发情鉴定，上、下午各检查一次，采用人工查情与公猪试情相结合的方法，配种员所有工作时间的 1/3 应放在母猪发情鉴定上。母猪的发情表现食欲减退或停止采食、兴奋不安、爬跨、竖耳、弓背、翘尾、嘶叫、跳圈、频频排尿、神情呆滞等，外阴红肿有光泽，阴道黏膜充血，阴道内有少量黏液。试情法，双手用力压母猪的背腰部，猪不走动并用力

支撑，称静立反射。

(2)配种。

①配种程序：先配断奶母猪和返情母猪，然后根据满负荷配种计划，有选择的配后备母猪，后备母猪和返情母猪需配够3次。

②配种间隔：不同阶段母猪的配种间隔如下：经产母猪上午发情，下午配第一次，次日上、下午分别配送第二次、第三次；下午发情，次日早配一次，第3 d上、下午分别配第二次、第三次。经产母猪两日内配完。断奶后发情较迟(7 d以上)的母猪及复发情的母猪要早配。初产母猪当天发情，第2 d起配第一次，随后每间隔8～12 h，配第二次、第三次。一般来说，2 d内配完；个别的3 d内配完(第一次、第二次配种，情况不稳定时，其后备配种间隔时间可延长)。超期发情(8.5月龄以上)的后备母猪要早配。

(三)分娩舍饲养管理技术操作规程

1. 工作目标

(1)按计划完成的母猪分娩产仔任务。

(2)哺乳期成活率在95%以上。

(3)仔猪三周断奶，平均体重不少于6.0 kg。4周龄断奶平均体重不少于7 kg。

2. 操作规程

(1)产前准备。

①产仔舍必须实行全进全出，应清洁、卫生、干燥，温度为15～22 ℃，相对湿度为50%～70%。

②产仔舍定期消毒。使用前1周，用2%～3%火碱水溶液或其他消毒液彻底消毒。

③根据需要应准备高床网上产仔栏、仔猪箱、擦布、剪刀、耳号钳子(或耳标器)和耳标、记录表格、5%碘酊、0.1%高锰酸钾溶液或0.1%洗必泰溶液、注射器、3%～5%来苏儿、医用纱布、催产素、肥皂、毛巾、面盆、应急灯具、活动隔栏、秤等。北方寒冷季节应准备垫料、250 W红外线灯或电热板等。

(2)判断分娩。

①乳房变化：产前15～20 d：乳房膨大，呈两条带状隆起，皮肤发红发亮，乳头呈八字形外展。

②乳汁出现。

③外阴变化：产前3～5 d，阴唇红肿，尾根两侧下陷。

④行为变化。

(3)接产技术。

①要求有专人看管。

②消毒：母猪乳房及后躯消毒。

③擦黏液：三擦一破：用手指将仔猪的口、鼻的黏液掏出并擦净，再用抹布将全身黏液擦净；撕破胎衣。

④断脐：先将脐带内的血液向仔猪腹部方向挤压，距离腹部4 cm处，用消毒过的结扎线结扎，掐断或剪断，碘酒消毒。

⑤剪犬齿：产后12～24 h内。要剪平，不可扭转或拉扯，以免伤及牙龈。

⑥断尾：留1/3，剪2/3。用5%碘酊消毒。

⑦乳前免疫：必要时做猪瘟弱毒苗乳前免疫，剂量3头份。注射疫苗后1～2 h开奶。

⑧开口药：庆大霉毒1 mL，防下痢。

⑨保温：放入保温箱内，箱内温度控制在32～35 ℃。

⑩早吃初乳：10～20 min内。不超过1 h。随生随哺或产后同哺，吃初乳前将头几滴乳汁挤掉。填写产仔记录；种猪场应在24 h之内进行个体称重，并剪耳号。

⑪清理现场：清洗母猪乳房、外阴和体表，必要时用抗生素灌注生殖道，适当补充水分和营养；清洗圈栏和消毒，更换垫草。

(四)保育舍饲养管理技术操作规程

1. 工作目标

(1)保育期成活率在97%以上。

(2)60日龄转出体重在20 kg以上。

2. 操作规程

(1)转入猪前要彻底清洗消毒，空舍空栏时间不少于3 d。

(2)每周有一批次的猪群转入、转出，猪栏的猪群批次清楚明了。

(3)刚转入小猪的猪栏，要用木屑和棉花将饮水器乳头撑开，使其有小量水流，诱导仔猪饮水和吃料，并经常检查饮水器。

(4)前两天注意限量，以防消化不良，引起下痢。

(5)以后自由采食，勤添少添，每天添料3～4次。

(6)及时调整中猪群，强弱、大小分群，保持合理的密度，病猪、僵猪及时隔离饲养，注意链球菌病的防治，保持圈舍卫生，加强猪群调教训练，猪群吃料、睡觉、排便，三定位，尽可能不用水冲洗有猪的猪栏，注意舍内湿度。

(7)第一周饲料中应添加一些抗应激药物，如维生素C、矿物质、添加剂等，同时饲料中添加一些抗生素药，如强力霉素、利高霉素、土霉素、卡那霉素等，一周后驱体内外寄生虫一次。

(8)清理卫生时注意观察猪群排粪情况。喂料时观察食欲情况，休息时检查呼吸情况，发病猪及时应及时对症治疗，严重病猪要隔离饲养，统一用药。

(9)按季节温度的变化做好通风换气，防暑降温及防寒保暖工作，注意舍内有害气体浓度。

(10)分群合群时，为了减少相互咬架而产生的因素，应遵循“留弱不留强、拆多不拆少、夜合昼不合”的原则，可对并圈的猪喷洒消毒药物，清洁气味差异，并圈后饲养人员要多观察。

(11)每周消毒两次，每周更换一次消毒药。

(五)生长育肥舍饲养管理技术操作规程

1. 工作目标

(1)育成阶段成活率在99%以上。

(2)饲料转换率小于等于2.7∶1。

(3)日增重在650 g以上。

(4)生长育肥的饲养日龄不多于119 d。

2. 操作规程

(1)转入猪前要彻底冲洗消毒空栏，空栏时间不少于3 d。

(2)转入、转出猪群每周一批次，猪栏的猪群批次清楚明了。

(3)及时调整猪群，强弱、大小、公母分群。保持合理的密度，病猪及时隔离饲养。

(4)小猪49～77日龄喂小猪料。78～119日龄喂中猪料，120～168日龄喂大猪料。自由采食，喂料时参考喂料标准，以每餐不剩料或少剩料为原则。

(5)保持圈舍卫生，加强猪群调整，训练猪群吃料、睡觉、排便三点定位。

(6)干粪便要用车拉到化粪池，然后再用重水冲刷圈栏，冬季每隔一天冲洗一次，夏季每天冲洗一次。

(7)清洁卫生时注意观察猪群粪便情况，喂料时观察食欲情况，休息时观察呼吸情况，发现病猪及时对症治疗，严重病猪要隔离饲养，统一用药，按季节温度的变化调整好通风降温工作，经常检查饮水器，做好防暑降温等工作。

(8)分群合群时，分群合作时为了减少相互咬架而产生的因素，应遵循“留弱不留强、拆多不拆少、夜合昼不合”的原则，可对并圈的猪喷洒消毒药物，清洁气味差异，并圈后饲养人员要多观察。

(9)每周消毒两次，每周更换一次消毒药。

(10)出栏猪要事先经鉴定合格后才能出场，残次猪特殊处理出售。

生产实践证明，实行任务到车间，责任到人，定额核算，合理计酬，奖罚分明的目标责任制是一个行之有效的好办法，但各猪场情况不同，不可能千篇一律。一切指标和定额都应经调查研究制订出来才能切实可行，并且在执行过程中随着生产技术的提高及设备的改进还应不断调整和完善。但承包办法必须按期兑现，由于生产成绩突出而获得高额奖励必须如数付给，如因指标确定不当也应兑现。承包指标不应经常修订，应在年初修订。场方与饲养人员签订合同，合同期至少一年或一个生产周期。

●●●● 任务工单

<table>
<tr><td>任务名称</td><td colspan="3">制订猪场饲养员岗位职责</td></tr>
<tr><td>任务描述</td><td colspan="3">能结合六段式生成工艺流程为饲养员制订岗位职责</td></tr>
<tr><td>准备工作</td><td colspan="3">教材、工厂化养猪技术规程及参考材料</td></tr>
<tr><td>实施步骤</td><td colspan="3">1. 六段式生产工艺流程：配种猪舍→妊娠猪舍→分娩哺乳猪舍→保育猪舍→生长猪舍→育肥猪舍
2. 整理配种舍、妊娠猪舍、分娩哺乳猪舍、保育猪舍、生长猪舍、育肥猪舍饲养管职责</td></tr>
<tr><td rowspan="5">考核评价</td><td>考核内容</td><td>评价标准</td><td>分值</td></tr>
<tr><td>各类猪舍特点</td><td>能说出各类猪舍生产目的，区别于其他猪舍的特点(30 分)</td><td>30 分</td></tr>
<tr><td>制订岗位职责</td><td>能制订配种舍、妊娠猪舍、分娩哺乳猪舍、保育猪舍、生长猪舍、育肥猪舍饲养管职责(60 分)</td><td>60 分</td></tr>
<tr><td>总结分析</td><td>总结制订职责是否合理并说明原因(10 分)</td><td>10 分</td></tr>
<tr><td>合计</td><td></td><td>100 分</td></tr>
</table>

任务三 分析及控制猪场的生产成本

目标呼应

任务目标	课程教学目标
熟知猪场成本项目和费用种类	会对猪场进行经济效益分析
会计算饲料成本管理与控制	

情境导入

从企业的角度看，经营猪场的最终目的是盈利。所以在猪场的经营管理过程中，不但要通过先进技术、先进设备和先进的管理使猪只的生产性能得到充分发挥，而且要高度重视成本管理，尽可能控制和降低成本，从而实现更多的利润。

知识链接

一、经济核算

经济核算是指对生产经营过程中的劳动消耗、物质消耗及经营成果进行记载、计算、分析和对比，考核猪场经济合理性。一个猪场，为了实现以尽可能少的劳动消耗和物质消耗，生产出尽可能多、尽可能好的产品，取得最大的经济效果，就有必要应用价值法则，建立和健全经济核算制，对于经济过程中的劳动消耗和物质消耗及其成果实行全面系统的核算。经济核算主要包括资金核算和成本核算。

(一)资金核算

资金是各种财产和物资的货币表现，对一个猪场而言，它包括货币形态的资金和实物形态的资金。资金按周转性质分为固定资金和流动资金。

1. 固定资金

固定资金是指垫支在固定资产上的资金，也是固定资产的货币表现。它是以实物形态如房屋建筑、圈栏、机械设备、运输工具等，它的特点是使用时间长，可多次参加生产过程而不改变原来的物质形态，只是逐步磨损，并且把价值逐年转移到产品中去，并以折旧的方式计入成本。

2. 流动资金

流动资金是指购买仔猪、肉猪、饲料、兽药及其他消耗性原料等的货币支出。它的特点是只参加一次生产过程就被消耗掉，并把它的全部价值转移到新的产品中去。

(二)成本核算

成本是指养猪企业在生产经营过程中发生的各项耗费。通过成本核算进行成本分析来考核经营成果，并及时总结经营中取得的经验，找出经营中出现的问题，最终达到降低成本的目的。

1. 成本项目

养猪场的主要成本项目有劳务费(指直接从事养猪生产的饲养人员的工资和福利费)、饲料费、燃料和动力费、医药费、固定资产折旧费、固定资产维修费、低值易耗品费、其他直接费用、管理费、利息支出等。这些生产费用的总和，就是猪场的生产总成本。

2. 成本计算

计算成本需要收集一个生产周期或一年内的成本项目记账或汇总，核算出各猪群的总费用，将各类猪群的头数、活重、增重、主副产品产量等统计资料。运用这些数据资料，可计算出各类猪群的饲养成本和各种产品的成本。在养猪生产中，一般需要计算猪群的饲养日成本、活重成本、增重成本和主产品成本等。

(1)猪饲养日成本：该成本表示猪场饲养期内平均每天每头猪支出的饲养费。其计算公式如下：

猪饲养日成本＝猪群饲养费用÷猪群饲养头数÷猪群饲养日数

(2)断奶仔猪活重单位成本：俗称断奶仔猪毛重成本，它表示断奶仔猪每千克活重所支出的饲养费。其计算公式如下：

断奶仔猪活重单位成本＝(生产母猪饲养费－副产品价值)÷断奶仔猪活重

(3)育肥猪增重单位成本：该成本为育肥猪每增重 1 kg 所耗费的饲养费用。其计算公式如下：

育肥猪增重单位成本＝(猪群饲养费用－副产品价值)÷猪群增重量

(4)育肥猪活重单位成本：它较全面地反映了生产管理的效果，是极为重要的指标。其计算公式如下：

育肥猪活重单位成本＝(期初活重总成本＋本期增重总成本＋转入总成本－死猪残值)÷(期末存栏活重＋期内离群活猪重)

(5)猪产品单位成本：它是经营者必须进行分析核算的重要成本指标。主产品单位成本越高，所得的利润越少。其计算公式如下：

猪产品单位成本＝(该群饲养费用－副产品价值)÷该群产品总产量

(三)成本的分析

根据养猪生产特点与成本核算的特点，养猪场的成本项目核算应以各类猪群为核算对象，以场、队、组为核算单位，以表格的形式，统计每个饲养周期或年终生产各项费用的支出。这些报表有原始记录表(如猪群变动登记表、饲料消耗登记表、产品收入登记表、物质费用登记表、饲养用工登记表等)、主要成本费用表(仔猪费、饲料费、人工费、折旧费)、产品成本计算表。

成本核算程序为：审核费凭证，将应由成本开支的费用计入成本；按成本核算对象汇集直接费用，按不同的部门、队、组来归集间接费用，将间接费用按合理的方法分配计入生产成本；在生产成品和在产品间分配有关的生产费用，在此基础上计算出生产成品的总成本和单位成本。

二、经济效益分析

猪场的经济效益分析是根据成本核算所反映的生产情况，对猪场的产品产量、劳动生产率、产品成本、盈利等进行全面系统的统计和分析，为对猪场的经济活动作出正确评价提供依据。

(一)产品率的分析

通常是分析仔猪成活数和猪只平均日增重与料重比是否完成计划指标。

(二)产品成本分析

根据生产统计资料计算饲养费用和管理费用，常进行育肥猪增重成本和仔猪活重成本计算。饲料费用一般占总成本的70%左右，是影响成本的重要因素。因此，提高猪群饲料利用率，开发本地饲料资源，是降低成本的有效途径。

(三)盈利分析

在养猪生产创造的价值中，去除支付各项费用支出之后的余额就是猪场的盈利，称为毛利。

利润额＝销售收入－销售产品成本－销售费用

当利润额为负值时即亏损。

三、成本控制

要想提高经济效益，增加利润，一方面要提高母猪单产和育肥猪增长速度等技术指标；另一方面要严格管理，通过报表数据，对照技术参数，及时发现问题，降低各项费用，防止跑冒滴漏，尽可能降低成本。

(一)猪场主要技术参数

报表数据要及时与相关技术指标对比，便于发现问题，及早采取相应措施。

1. 猪群计算方法

妊娠母猪数＝周配种母猪数×15 周

临产母猪数＝周分娩母猪数×单元产栏数

哺乳母猪数＝周分娩母猪数×3 周

空怀断奶母猪数＝周断奶母猪数＋超期未配种及空怀母猪数

后备母猪数＝(周配种数×30%÷12 个月)×4 个月(后备母猪饲养 4 个月配种)

成年公猪数＝周配种母猪数×2÷2.5(公猪周使用次数)＋1～2 头

仔猪数＝周分娩胎数×4 周×10 头/胎

保育猪数＝周断奶数×4 周

中大猪数＝周保育猪数×16 周

年上市肉猪数＝周分娩胎数×52 周×9.1 头/胎

2. 年出栏万头猪场的标准存栏猪群结构

妊娠母猪数 360 头	成年公猪数 20 头
临产母猪数 20 头	后备公猪数 6 头
哺乳母猪数 60 头	仔猪数 800 头
空怀断奶母猪数 30 头	保育猪数 760 头
后备母猪数 48 头	中大猪数 2 949 头

3. 生产技术指标

配种分娩率 85%	24 周龄个体重 93.0 kg
胎均活产仔数 10 头	哺乳期成活率 95.0%
初生重 1.2～1.4 kg	保育期成活率 97.0%
胎均断奶活仔数 9.5 头	育成期成活率 99.0%

21日龄个体重　6.0 kg　　　　　　　　　全期成活率91.0%

8周个体重　18.0 kg

4. 生产计划一览表

基础母猪数437

满负荷配种母猪数周24头，年1 248头　满负荷分娩胎数　周20头，年1 040头

满负荷活产仔猪数周200头，年10 400头　满负荷断奶仔猪数　周190头，年9 880头

满负荷保育成活数周184头，年9 568头　满负荷上市肉猪数　周182头，年9 464头

(二)完善重要岗位管理制度

为有效控制成本，要加强财务管理和物资管理，完善财会人员和仓库管理人员的岗位责任制度。严防跑冒滴漏。

要建立进销存账，由专人负责，物资凭单进出库。要货单相符，不准弄虚作假，生产必需品如药物、饲料、生产工具等，要每月制订计划上报。各生产区根据实际需求领取，不得浪费。

1. 会计、出纳员、电脑员岗位制度

(1)严格执行公司制订的各项财务制度。遵守财务人员守则。打好现金收支手续关。凡未经领导签名批准的一切开支不予支付。

(2)严格执行公司制订的现金管理制度，认真掌握库存现金的额度限额，确保现金的绝对安全。做到日清月结，及时记账，输入电脑，协助公司会计工作。

(3)定期发放工资。

(4)负责出栏猪，淘汰猪等的销售工作，保管员和后勤主管要积极配合。

(5)配合后勤主管生产管理人员做好物资采购工作。

(6)负责电脑工作有关数据报表，及时输入电脑，协助生产管理人员进行电脑查询工作。优先安排生产技术人员进行查询工作。

(7)负责电脑维护与安全监督和控制电脑的使用，有权限设置严谨，与电脑数据管理无关人员进入电脑系统。有责任保障各种生产与财务数据的安全性和保密性。

(8)协助场长、后勤主管做好外来客人的接待工作。

(9)会计、出纳员和电脑员直属厂办公室管理。

2. 仓库管理员岗位责任制度

(1)物资进库时要计量办理验收手续。

(2)物资出库时要办理出库手续。

(3)所有物资要分门别类的堆放，做到整齐有序，安全，稳固。

(4)每月盘点一次，如账务不符，要马上查明原因，分清职责，若失职造成损失，要追究其责任。协助出纳员及其他管理人员做好工作。

(5)协助生产线管理人员做好药物保管，发放工作。

(6)协助做好猪场销售工作。

(7)保管员归后勤主管领导、负责饲料、药物、疫苗的保存发放，听从生产线管理人员的技术指导。

(三)规模化猪场的饲料成本控制

对规模猪场来说，饲料成本一般占总生产成本的65%～75%。饲料成分比例过低，说

明其他成本过高，支出结构不合理，饲料成本比例过高，存在饲料采购价格偏高，饲料再加工损耗和饲养过程中浪费的可能性，饲料成本一般由采购成本、运输成本、仓储成本、加工成本构成。饲料采购成本是指饲料的购买价格，它是影响养猪成本的重要因素。运输成本，包括原料从供应商仓库到猪场仓库的运费。运输途中的损耗和搬运、劳务费等。仓储成本包括饲料仓库的折旧费、维修费和原料储存损耗等。加工成本包括加工机械折旧费、维修费、水电费、加工组、人员工资及福利费等。猪场要加强成本管理，对饲料的采购，加工及出库各环节的管理，内部控制和核算非常重要。

采购、验收和保管是三个不相容职务，不能相互兼任。对于业务量不大的猪场，保管可由加工人员兼任。

1. 原料采购环节的管理和控制

(1)编制采购计划：采购员根据库存情况及时编制采购计划。开具采购通知单，注明要采购原料的名称。价格、数量、产地、供应商名称等。采购通知单一式三联，采购计划经猪场负责人批准后交仓库保管，保管一联，财务部门一联、采购员保存一联。

(2)掌握市场信息，适时采购和库存：目前饲料市场价格信息通畅，可以通过网络报纸，及时了解饲料价格。随时掌握市场动态。小型猪场可以选择价廉、质优服务周到的两三家供应商送货到厂，避免运输途中的损耗。饲料需求量大，资金充足的大型主场可以到场地组织货源，降低采购成本，对受生长季节影响较大的玉米和价格易波动的豆粕、鱼粉等饲料原料的采购要慎重。玉米在成熟季节采购价格的水分高，不易存储，但在淡季采购时价格偏高，因此要选择适当时机，保证合理库存。豆粕、鱼粉等原料在价格高涨时要保持适当库存，价格回落时不要盲目扩大库存，在掌握市场动态的同时，要结合需求量和仓储量合理采购和存储。

2. 原料入库环节的管理和控制

原料经过验收员检验合格后，入库保管员根据实际入库量核对采购通知单，仓库联的有关项目后填开入库单。注明入库原料的品名、价格、数量、供应商名称等。保管员和验收人员在入库单上签字，入库单至少三联，按连续编号顺序填开，一联仓库留存，一联报送财务部门，一联交客户。仓库要设立饲料台账，及时登记原料及成本料的收、发、存记录。入库的原料要按类别，每类原料的堆放要整齐，便于月末盘点。

3. 原料加工环节的管理和控制

饲料加工人员要按照生产计划和规定的配合饲料型号进行加工。每类配合饲料都有规定的原料投入比例，加工时严格按配方比例投料。搬运及加工过程中散落的原料要及时清理并投入加工机械中。为加强猪场成本核算，生产的成本料要严格剂量，一般每包成本料的重量定为 50 kg，误差不能超过 1%。一种料型的饲料生产完工后才能进行下一种料型的生产，不能混合生产，生产完工的成品料要按类别堆放。

4. 成本料出库环节的管理和控制

猪场要对饲养员的饲料领用进行定额管理，仓库对饲养组发出饲料要由保管员先开，出库单注明饲养组名称，料型和取料量，并由仓库保管员和饲养组长签字。出库单至少三联，按连续编号顺序填开，一联仓库留存，一联报送财务部门，一联交饲养组。

5. 原料及成本料盘存和有关报表编制

(1)饲料盘存及报表编制：月末，由猪场负责人汇同财务人员及仓库保管人员对库存饲料进行实地盘储存，由保管员编制饲料盘存报表，注明月末各类原料及成本，料库存的品名和数量，各方签字后交财务部门一份，仓库留存一份。

(2)原料入库汇总表的编制：月末，仓库保管人员根据本月入库原料的品名、数量、单价、金额、客户及入库时间，编制原料入库汇总表。连同原料入库单的财务联交财务部门入账。

(3)饲料出库汇总表的编制：月末，库存保管员要根据本月饲料发出情况，编制饲料出库汇总表。按饲养组登记本月发出各类成品料的汇总数量，并附出库单的财务联交财务部门入账。

(4)饲料生产报表的编制：月末，仓库保管员还应编制饲料生产报表。生产报表应设有期初各类原料及成品料的库存数量，本月购入原料及加工生产成品料的数量，本月加工转出原料及成本料领用数量。月末原料及成品料盘存数量，本月加工损耗量，累计转入转出原料和成品料，即损耗数量等要素。

具体计算方法如下。

原料加工转出数＝上月原料盘存数＋本月原料购入数－月末原料盘存数

本月加工生产成品量＝本月各类原料加工转出数之和

本月加工损耗量＝上月成品料库存＋本月加工生产成品料数－本月成品料实际库存数－本月成品料领用数

加工损耗率＝本月加工损耗量÷本月加工生产成品料数

饲料生产报表由加工组长及保管员签字，后交财务部门一份，库存留存一份。

(5)饲料台账的登记：仓库保管人员在做好原料及成本料出入库台账登记的同时，还要根据原料加工结转及盘存及时调整饲料台账，做到账实相符。

6. 财务程序和指标控制

(1)单据领取的控制：采购通知单、入库单、出库单必须在财务部门领取，实行登记备案制度，用后核销再重新领用。采购通知单、入库单及出库单在使用时按顺序号。

(2)财务指标控制：猪场应按各饲养组的存栏数量和猪群的饲养阶段设定，饲料使用定额，仓库按定额供料，月末由财务部门计算各饲养组的料肉比，年末根据核定的料肉比对饲养组进行奖惩，年末还要根据核定的加工损耗率对加工组进行奖惩。

(3)支付饲料款的控制：支付客户饲料款是客户要向财务部门提供发票和入库单的客户联，二者缺一不可，发票应有出厂负责人、采购员和保管员签字。同时，财务人员还应将采购员报送的采购通知单与发票和入库单核对，核对无误后办理付款手续。

四、降低成本的途径

前面阐明了经济核算与经济活动分析的方法，其目的在于改进猪场的经营管理，探讨降低生产成本的途径。降低成本的主要途径有两个方面：一是提高产量，二是节约开支。如果生产费用不变，产量与成本成反比例的变化，即产量越高，单位产品的成本越低。因此，在养猪业中，应努力提高猪群质量，提高其繁殖率、日增重和饲料利用率。在保证生产的前提下，节约开支、压缩非生产费用是降低成本的主要途径。根据上述关于成本构成项目的分析，主要的成本项目为固定资产折旧、各种原材料消耗、生产人员的劳动报酬和企业管理费用，节约开支也就是从这四个方面入手。第一，充分合理地利用猪舍和各种机具及其他生产设备，尽可能减少产品所应分摊的折旧。第二，节约使用各种原材料，降低消耗。其中包括饲料、垫草、燃料、医药费等。第三，提高劳动生产率，在每工日报酬不变的条件下，劳动效率和劳动生产率越高，产品生产中支付的工资越少。所以，在保证劳动者健康和收入水平的原则下，努力提高劳动生产率是降低成本的一条重要途径。第四，应尽可能精减非生产人员，节约企业管理费用。增加生产与节约开支是降低成本的两个方面，它们互相联系，都直接影响成本水平。节约开支，必须注意保证增产；采取增产措施，又要注意经济效果。只有全面分析，才能达到降低成本，提高经营成果的目的。

任务工单

<table>
<tr><td>任务名称</td><td colspan="3">猪场效益分析</td></tr>
<tr><td>任务描述</td><td colspan="3">根据案例描述，分析该猪场效益</td></tr>
<tr><td>准备工作</td><td colspan="3">某万头猪场基本建设资金投入300万元，常年占用运营资金150万元。去年总产值650万元，销售收入600万元，销售产品成本500万元，销售费用及税金10万元，未有其他经营收支。试计算去年成本利润率、产值利润率、投资利润率</td></tr>
<tr><td>实施步骤</td><td colspan="3">根据公式：
利润额＝销售收入－销售产品成本－销售费用－税金±营业外收支净额，计算利润额
成本利润率＝利润额÷销售产品成本×100%，计算成本利润率
产值利润率＝利润额÷总产值×100%，计算产值利润率
投资总额＝基本建设资金投入＋占用运营资金，计算投资总额
投资利润率＝利润额÷投资总额×100%，计算投资利润率</td></tr>
<tr><td rowspan="5">考核评价</td><td>考核内容</td><td>评价标准</td><td>分值</td></tr>
<tr><td>利润额、
成本利润率、
产值利润率、
投资总额、
投资利润率</td><td>能说出利润额、成本利润率、产值利润率投资总额、投资利润率的含义(30分)</td><td>30分</td></tr>
<tr><td>能正确计算</td><td>1. 能理解猪场效益分析过程(20分)
2. 能正确计算(20分)
3. 结果正确(20分)</td><td>60分</td></tr>
<tr><td>总结分析</td><td>总结盈亏分析过程(10分)</td><td>10分</td></tr>
<tr><td>合计</td><td></td><td>100分</td></tr>
</table>

附　录

附录 1　猪的饲养标准

一、瘦肉型猪饲养标准(GB 8471—87)

(一)生长育肥猪每头每日营养需要量(附表 1-1)

附表 1-1　生长育肥猪每头每日营养需要量

项　目	体重阶段/kg					
	1～5	5～10	10～20	20～35	35～60	60～90
预期日增重/g	160	280	420	500	600	750
采食风干料/kg	0.20	0.46	0.91	1.60	1.81	2.87
消化能/MJ	3.35	7.00	12.60	20.75	23.48	36.02
代谢能/MJ	3.20	6.70	12.10	19.96	22.57	34.60
粗蛋白/g	54	101	173	256	290	402
赖氨酸/g	2.80	4.60	7.10	12.00	13.60	18.08
蛋氨酸＋胱氨酸/g	1.60	2.70	4.60	6.10	6.90	9.20
苏氨酸/g	1.60	2.70	4.60	7.20	8.20	10.90
异亮氨酸/g	1.80	3.10	5.00	6.60	7.40	9.80
钙/g	2.0	3.80	5.80	9.60	100	14.40
磷/g	1.60	2.90	4.90	8.00	9.10	11.50
食盐/g	0.50	1.20	2.10	3.70	4.20	7.20
铁/mg	33	67	71	96	109	144
锌/mg	22	48	71	176	199	258
铜/mg	1.30	2.90	4.50	7.00	7.90	10.80
锰/mg	0.90	1.90	2.70	3.50	3.90	2.20
碘/mg	0.03	0.07	0.13	0.22	0.25	0.40
硒/mg	0.03	0.08	0.13	0.42	0.47	0.80
维生素 A/IU	480	1060	1560	1970	2230	3520
维生素 D/IU	50	105	179	302	342	339
维生素 E/IU	2.40	5.10	10.00	16.00	18.00	29.00
维生素 K/mg	0.44	1.00	2.00	3.20	3.60	5.70
维生素 B_1/mg	0.30	0.60	1.00	1.60	1.80	2.90
维生素 B_2/mg	0.66	1.40	2.60	4.0	4.50	6.00
烟酸/mg	4.80	10.60	16.40	20.8	23.50	25.80

续表

项　目	体重阶段/kg					
	1～5	5～10	10～20	20～35	35～60	60～90
泛酸/mg	3.00	6.20	9.80	16.0	18.00	28.70
生物素/mg	0.03	0.05	0.09	0.14	0.16	0.26
叶酸/mg	0.13	0.30	0.54	0.91	1.03	1.60
维生素 B_{12}/μg	4.80	10.60	13.70	16.00	18.00	29.00

注：磷的给量中应有30%无机磷或动物性饲料的磷。

(二)生长育肥猪每千克饲粮养分含量(附表1-2)

附表1-2　生长育肥猪每千克饲粮养分含量

项　目	体重阶段/kg				
	1～5	5～10	10～20	20～60	60～90
消化能/MJ	16.74	15.15	13.85	12.97	12.55
代谢能/MJ	16.07	14.56	13.31	12.47	12.05
粗蛋白质/%	27	22	19	16	14
赖氨酸/%	1.40	1.00	0.78	0.75	0.63
蛋氨酸+胱氨酸/%	0.80	0.59	0.51	0.38	0.32
苏氨酸/%	0.80	0.59	0.51	0.45	0.38
异亮氨酸/%	0.90	0.67	0.55	0.41	0.34
钙/%	1.00	0.83	0.64	0.60	0.50
磷/%	0.80	0.63	0.54	0.50	0.40
食盐/%	0.25	0.26	0.23	0.23	0.25
铁/mg	165	146	78	60	50
锌/mg	110	104	78	110	90
铜/mg	6.50	6.30	4.90	4.36	3.75
锰/mg	4.50	4.10	3.00	2.18	2.50
碘/mg	0.15	0.15	0.14	0.14	0.14
硒/mg	0.15	0.17	0.14	0.26	0.28
维生素 A/IU	2400	2300	1700	1250	1250
维生素 D/IU	240	230	200	190	120
维生素 E/IU	12	11	11	10	10
维生素 K/mg	2.20	2.20	2.20	2.00	2.00
维生素 B_1/mg	1.50	1.30	1.10	1.00	1.00
维生素 B_2/mg	3.30	3.10	2.90	2.50	2.10
烟酸/mg	24	23	18	13	9

续表

项目	体重阶段/kg				
	1～5	5～10	10～20	20～60	60～90
泛酸/mg	15.00	13.40	10.80	10.00	10.00
生物素/mg	0.15	0.11	0.10	0.09	0.09
叶酸/mg	0.65	0.68	0.59	0.57	0.57
维生素 B_{12}/μg	24	23	15	10	10

(三)后备母猪每头每日营养需要量(附表 1-3)

附表 1-3 后备母猪每头每日营养需要量

项目	体重阶段/kg		
	20～35	35～60	60～90
预期日增重/g	400	480	500
采食风干料/kg	1.26	1.80	2.39
消化能/MJ	15.82	22.21	29.00
代谢能/MJ	15.19	21.34	27.82
粗蛋白质/g	202	252	311
赖氨酸/g	7.8	9.5	11.5
蛋氨酸＋胱氨酸/g	5.0	6.3	8.1
苏氨酸/g	5.0	6.1	7.4
异亮氨酸/g	5.7	6.8	8.1
钙/g	7.6	10.8	14.3
磷/g	6.3	9.0	12.0
食盐/g	5.0	7.2	9.6
铁/mg	67	79	91
锌/mg	67	79	91
铜/mg	5.0	5.4	7.2
锰/mg	2.5	3.6	4.8
碘/mg	0.18	0.25	0.35
硒/mg	0.19	0.27	0.36
维生素 A/IU	1460	2020	2650
维生素 D/IU	220	234	275
维生素 E/IU	13	18	24
维生素 K/mg	2.5	3.6	4.8
维生素 B_1/mg	1.3	1.8	2.4
维生素 B_2/mg	2.9	3.6	4.5

续表

项　目	体重阶段/kg		
	20～35	35～60	60～90
烟酸/mg	15.1	18.0	21.5
泛酸/mg	13.0	18.0	24.0
生物素/mg	0.11	0.16	0.22
叶酸/mg	0.6	0.9	1.2
维生素 B_{12}/μg	13	18	24

注：后备公猪在此数值基础上增加10%～20%。

(四)后备母猪每千克饲粮中养分含量(附表1-4)

附表1-4　后备母猪每千克饲粮中养分含量

项　目	体重阶段/kg		
	20～35	35～60	60～90
消化能/MJ	12.55	12.34	12.13
代谢能/MJ	12.05	11.84	11.63
粗蛋白质/%	16	14	13
赖氨酸/%	0.62	0.53	0.48
蛋氨酸+胱氨酸/%	0.40	0.35	0.34
苏氨酸/%	0.40	0.34	0.31
异亮氨酸/%	0.45	0.38	0.34
钙/%	0.6	0.6	0.6
磷/%	0.5	0.5	0.5
食盐/%	0.4	0.4	0.4
铁/mg	53	44	38
锌/mg	53	44	38
铜/mg	4	3	3
锰/mg	2	2	2
碘/mg	0.14	0.14	0.14
硒/mg	0.15	0.15	0.15
维生素 A/IU	1160	1120	1110
B族维生素/IU	178	130	115
维生素 E/IU	10	10	10
维生素 K/mg	2	2	2
维生素 B_1/mg	1.0	1.0	2.0
维生素 B_2/mg	2.3	2.0	1.9
烟酸/mg	12	10	9

续表

项　　目	体重阶段/kg		
	20～35	35～60	60～90
泛酸/mg	10	10	10
生物素/mg	0.09	0.09	0.09
叶酸/mg	0.5	0.5	0.5
维生素 B_{12}/μg	10.0	10.0	10.0

(五)妊娠母猪每头每日营养需要量(附表 1-5)

附表 1-5　妊娠母猪每头每日营养需要量

项　　目	体　重/kg					
	妊娠前期			妊娠后期		
	90～120	120～150	150 以上	90～120	120～150	150 以上
采食风干料/kg	1.70	1.90	2.00	2.20	2.40	2.50
消化能/MJ	19.92	22.26	23.43	25.77	28.12	29.29
代谢能/MJ	19.12	21.38	22.51	24.75	26.99	28.12
粗蛋白质/g	187	209	220	264	288	300
赖氨酸/g	6.00	6.70	7.00	7.90	8.60	9.00
蛋氨酸+胱氨酸/g	3.20	3.60	3.80	4.20	4.60	4.70
苏氨酸/g	4.80	5.30	5.60	6.20	6.70	7.00
异亮氨酸/g	5.30	5.90	6.20	6.80	7.40	7.80
钙/g	10.4	11.6	12.2	13.4	14.6	15.3
磷/g	8.3	9.3	9.8	10.8	11.8	12.3
食盐/g	5.4	6.1	6.4	7.0	8.0	8.0
铁/mg	111	124	130	143	156	163
锌/mg	71	80	84	92	101	105
铜/mg	7	8	8	9	10	10
锰/mg	14	15	16	18	19	20
碘/mg	0.19	0.21	0.22	0.24	0.26	0.28
硒/mg	0.22	0.25	0.26	0.29	0.31	0.33
维生素 A/IU	5 440	6 100	6 400	7 260	7 920	8 250
维生素 D/IU	270	300	320	350	380	400
维生素 E/IU	14	15	16	18	19	20
维生素 K/mg	2.9	3.2	3.4	3.7	4.1	4.3

续表

项　目	体　重/kg					
	妊娠前期			妊娠后期		
	90～120	120～150	150 以上	90～120	120～150	150 以上
维生素 B_1/mg	1.4	1.5	1.6	1.8	2.0	2.4
维生素 B_2/mg	4.3	4.8	5.0	5.5	6.0	6.3
烟酸/mg	14	15	16	18	19	20
泛酸/mg	16.5	18.4	19.4	21.6	32.5	24.5
生物素/mg	0.14	0.15	0.16	0.18	0.20	0.22
叶酸/mg	0.85	0.95	1.00	1.10	1.20	1.30
维生素 B_{12}/μg	20	23	24	29	31	33

(六)妊娠母猪每千克饲粮中养分含量(附表 1-6)

附表 1-6　妊娠母猪每千克饲粮中养分含量

项　目	体　重/kg	
	90～150	90～150
	妊娠前期	妊娠后期
消化能/MJ	11.72	11.72
代谢能/MJ	11.25	11.25
粗蛋白质/%	11.0	12.0
赖氨酸/%	0.35	0.36
蛋氨酸+胱氨酸/%	0.19	0.19
苏氨酸/%	0.28	0.28
异亮氨酸/%	0.31	0.31
钙/%	0.61	0.61
磷/%	0.49	0.49
食盐/%	0.32	0.32
铁/mg	65	65
锌/mg	42	42
铜/mg	4	4
锰/mg	8	8
碘/mg	0.11	0.11
硒/mg	0.15	0.15
维生素 A/IU	3 200	3 300

续表

项目	体重/kg	
	90～150	90～150
	妊娠前期	妊娠后期
维生素 D/IU	160	160
维生素 E/IU	8	8
维生素 K/mg	1.7	1.7
维生素 B_1/mg	0.8	0.8
维生素 B_2/mg	2.5	2.5
烟酸/mg	8.0	8.0
泛酸/mg	9.7	9.8
生物素/mg	0.08	0.08
叶酸/mg	0.50	0.50
维生素 B_{12}/μg	12.0	13.0

(七)哺乳母猪每头每天营养需要量(附表 1-7)

附表 1-7 哺乳母猪每头每天营养需要量

项目	体重/kg			
	120～150	150～180	180 以上	每增减 1 头仔猪
采食风干料/kg	5.00	5.20	5.30	
消化能/MJ	60.67	63.10	64.31	4.489
代谢能/MJ	58.58	60.67	61.92	4.318
粗蛋白质/g	700	728	742	48
赖氨酸/g	25	26	27	—
蛋氨酸＋胱氨酸/g	15.5	16.1	16.4	—
苏氨酸/g	18.5	19.2	19.6	—
异亮氨酸/g	16.5	17.2	17.5	—
钙/g	32.0	33.3	33.9	3.0
磷/g	23.0	23.9	24.4	2.0
食盐/g	22.0	22.9	23.3	2.0
铁/mg	350	364	371	—
锌/mg	220	229	233	—
铜/mg	22	23	23	—
锰/mg	40	42	42	—

续表

项目	体重/kg			
	120～150	150～180	180 以上	每增减 1 头仔猪
碘/mg	0.60	0.62	0.64	—
硒/mg	0.45	0.47	0.48	—
维生素 A/IU	8 500	8 840	9 000	—
维生素 D/IU	860	900	920	—
维生素 E/IU	40	42	42	—
维生素 K/mg	8.5	8.8	9.0	—
维生素 B_1/mg	4.5	4.7	4.8	—
维生素 B_2/mg	13.0	13.5	13.8	—
烟酸/mg	45.0	47.0	48.0	—
泛酸/mg	60	62	64	—
生物素/mg	0.45	0.47	0.48	—
叶酸/mg	2.5	2.6	2.7	—
维生素 B_{12}/μg	65	68	69	—

(八)哺乳母猪、种公猪每千克饲粮养分含量(附表 1-8)

附表 1-8　哺乳母猪、种公猪每千克饲粮养分含量

项目	体重 120～180 kg(母猪)	体重 90～150 kg(公猪)
消化能/MJ	12.13	12.55
代谢能/MJ	11.72	12.05
粗蛋白质/%	14	12
赖氨酸/%	0.50	0.38
蛋氨酸+胱氨酸/%	0.31	0.20
苏氨酸/%	0.37	0.30
异亮氨酸/%	0.33	0.33
钙/%	0.64	0.66
磷/%	0.46	0.53
食盐/%	0.44	0.35
铁/mg	70	71
锌/mg	44	44
铜/mg	4.4	5
锰/mg	8	9
碘/mg	0.12	0.12

续表

项　　目	体重 120～180 kg(母猪)	体重 90～150 kg(公猪)
硒/mg	0.09	0.13
维生素 A/IU	1 700	3 500
维生素 D/IU	180	180
维生素 E/IU	8	9
维生素 K/mg	1.7	1.8
维生素 B_1/mg	0.9	2.6
维生素 B_2/mg	2.6	0.9
烟酸/mg	9	9
泛酸/mg	12	12
生物素/mg	0.09	0.09
叶酸/mg	0.5	0.5
维生素 B_{12}/μg	13	13

(九)种公猪每头每天营养需要量(附表 1-9)

附表 1-9　种公猪每头每天营养需要量

项　　目	体　重/kg	
	90～150	150 以上
采食风干料/kg	1.9	2.3
消化能/MJ	23.85	28.87
代谢能/MJ	22.90	27.70
粗蛋白质/g	228	276
赖氨酸/g	7.2	8.7
蛋氨酸+胱氨酸/g	3.8	4.6
苏氨酸/g	5.7	6.9
异亮氨酸/g	6.3	7.6
钙/g	12.5	15.2
磷/g	10.1	12.2
食盐/g	6.7	8.1
铁/mg	135	163
锌/mg	84	101
铜/mg	10	12
锰/mg	17	21

续表

项 目	体 重/kg	
	90～150	150 以上
碘/mg	0.23	0.28
硒/mg	0.25	0.30
维生素 A/IU	6700	8100
维生素 D/IU	340	400
维生素 E/IU	17.0	21.0
维生素 K/mg	3.4	4.1
维生素 B_1/mg	1.7	2.1
维生素 B_2/mg	4.9	6.0
烟酸/mg	16.9	20.5
泛酸/mg	20.1	24.4
生物素/mg	0.17	0.21
叶酸/mg	1.00	1.20
维生素 B_{12}/μg	25.5	30.5

注：配种前一个月在标准基础上增加 20%～25%；冬季严寒时在标准基础上增加 10%～20%。

二、肉脂型猪饲养标准

(一)生长育肥猪每天每头营养需要量(附表 1-10)

附表 1-10 生长育肥猪每天每头营养需要量

指 标 \ 体 重/kg	20～35	35～60	60～90
预期日增重/g	500	600	650
采食风干料量/kg	110.79	2.20	2.83
饲料/增重/kg	3.04	3.67	4.35
增重/饲料/(g/kg)	329	273	230
消化能/MJ	19.71	28.54	36.69
代谢能/MJ	18.33	26.61	34.23
粗蛋白质/g	243	308	368
赖氨酸/g	9.7	12.3	14.7
蛋氨酸＋胱氨酸/g	6.4	8.1	7.9
苏氨酸/g	6.1	7.9	9.6
异亮氨酸/g	7.0	9.0	10.8
钙/g	8.4	11.0	13.0

续表

指标 \ 体重/kg	20～35	35～60	60～90
磷/g	7.0	9.1	10.5
食盐/g	4.6	6.6	8.5
铁/mg	84	101	105
锌/mg	84	101	105
铜/mg	3	4	6
锰/mg	6	7	9
碘/mg	0.20	0.29	0.37
硒/mg	0.23	0.33	0.28
维生素 A/IU	1 812	2 622	3 359
维生素 D/IU	278	301	323
维生素 E/IU	15	22	28
维生素 K/mg	2.7	4.0	5.1
维生素 B_1/mg	1.5	2.0	2.8
维生素 B_2/mg	3.6	4.4	5.7
烟酸/mg	20.0	24.0	26.0
泛酸/mg	15.0	22.0	28.0
生物素/mg	0.14	0.30	0.36
叶酸/mg	0.84	1.21	1.56
维生素 B_{12}/μg	15.0	22.0	28.0

(二)生长育肥猪每千克饲粮中养分含量(附表 1-11)

附表 1-11 生长育肥猪每千克饲粮中养分含量

指标 \ 体重/kg	20～35	35～60	60～90
消化能/MJ	12.97	12.97	12.97
代谢能/MJ	12.05	12.09	12.09
粗蛋白质/%	16	14	13
赖氨酸/%	0.61	0.56	0.52
蛋氨酸＋胱氨酸/%	0.42	0.37	0.28
苏氨酸/%	0.41	0.36	0.34
异亮氨酸/%	0.46	0.41	0.38
钙/%	0.55	0.50	0.46

续表

指标 \ 体重/kg	20～35	35～60	60～90
磷/%	0.46	0.41	0.37
食盐/%	0.30	0.30	0.30
铁/mg	55	46	37
锌/mg	55	46	37
铜/mg	2	2	2
锰/mg	4	3	3
碘/mg	0.13	0.13	0.13
硒/mg	0.15	0.15	0.10
维生素 A/IU	1192	1192	1187
维生素 D/IU	183	137	114
维生素 E/IU	10	10	10
维生素 K/mg	1.8	1.8	1.8
维生素 B_1/mg	1.0	1.0	1.0
维生素 B_2/mg	2.4	2.0	2.0
烟酸/mg	13.0	11.0	9.0
泛酸/mg	10.0	10.0	10.0
生物素/mg	0.09	0.09	0.09
叶酸/mg	0.55	0.55	0.55
维生素 B_{12}/μg	10.0	10.0	10.0

注：磷的给量中应有30%无机磷或动物性饲料来源的磷。

(三)后备母猪每天每头营养需要量(附表1-12)

附表1-12　后备母猪每天每头营养需要量

项目 \ 体重/kg	小型			大型		
	10～20	20～35	35～60	20～35	35～60	60～90
预期日增重/g	320	380	360	400	480	440
日采食风干料/kg	0.90	1.20	1.70	1.26	1.80	2.10
消化能/MJ	11.30	15.06	20.05	15.82	22.22	25.48
代谢能/MJ	10.46	14.23	19.25	14.64	20.71	23.81
粗蛋白质/g	144	168	210	202	252	273

续表

体　重/kg 项　目	小　　型			大　　型		
	10～20	20～35	35～60	20～35	35～60	60～90
赖氨酸/g	6.3	7.4	8.8	7.8	9.5	10.1
蛋氨酸＋胱氨酸/g	4.1	4.8	5.8	5.0	6.3	7.1
苏氨酸/g	4.1	4.8	5.8	5.0	6.1	6.5
异亮氨酸/g	4.5	5.4	6.5	5.7	6.8	7.1
钙/g	5.4	7.2	10.2	7.6	10.8	12.6
磷/g	4.5	6.0	8.5	6.5	9.0	10.5
食盐/g	3.6	4.8	6.8	5.0	7.2	8.4
铁/mg	64	64	73	67	79	80
锌/mg	64	64	73	67	79	80
锰/mg	1.8	2.4	3.4	2.5	3.6	4.2
铜/mg	4.5	4.8	5.1	5.0	5.4	6.3
碘/mg	0.13	0.17	0.24	0.18	0.25	0.29
硒/mg	0.14	0.18	0.26	0.19	0.27	0.32
维生素 A/IU	1 400	1 500	1 900	1 462	2 016	2 331
维生素 D/IU	160	210	220	224	234	242
维生素 E/IU	9	12	17	13	18	21
维生素 K/mg	1.8	2.4	3.4	2.5	3.6	4.2
维生素 B_1/mg	0.9	1.2	1.7	1.3	1.8	2.1
维生素 B_2/mg	2.4	2.8	3.4	2.9	13.6	4.0
烟酸/mg	9.5	12.6	17.0	15.1	18.0	18.9
泛酸/mg	9.0	12.0	17.0	13.0	18.0	21.0
生物素/mg	0.08	0.11	0.15	0.11	0.16	0.19
叶酸/mg	0.50	0.60	0.08	0.60	0.90	0.10
维生素 B_{12}/μg	12.0	12.0	17.0	13.0	18.0	21.0

(四)后备母猪的每千克饲粮中养分含量(附表 1-13)

附表 1-13　后备母猪的每千克饲粮中养分含量

体　重/kg 项　目	小　　型			大　　型		
	10～20	20～35	35～60	20～35	35～60	60～90
消化能/MJ	12.55	12.55	12.13	12.55	12.34	12.13
代谢能/MJ	11.63	11.72	11.31	11.63	11.51	11.34

续表

项目 \ 体重/kg	小型			大型		
	10～20	20～35	35～60	20～35	35～60	60～90
粗蛋白质/%	16	14	13	16	14	13
赖氨酸/%	0.70	0.62	0.52	0.62	0.53	0.48
蛋氨酸+胱氨酸/%	0.45	0.40	0.34	0.40	0.35	0.34
苏氨酸/%	0.45	0.40	0.34	0.40	0.34	0.31
异亮氨酸/%	0.50	0.45	0.38	0.45	0.38	0.34
钙/%	0.6	0.6	0.6	0.6	0.6	0.6
磷/%	0.5	0.5	0.5	0.5	0.5	0.5
食盐/%	0.4	0.4	0.4	0.4	0.4	0.4
铁/mg	71	53	43	53	44	38
锌/mg	71	53	43	53	44	38
铜/mg	2	2	2	2	2	2
锰/mg	5	4	3	4	3	3
碘/mg	0.14	0.14	0.14	0.14	0.14	0.14
硒/mg	0.15	0.15	0.15	0.15	0.15	0.15
维生素 A/IU	1 560	1 250	1 120	1 160	1 120	1 110
维生素 D/IU	178	178	130	178	130	115
维生素 E/IU	10	10	10	10	10	2
维生素 K/mg	2	2	2	2	2	1
维生素 B_1/mg	1	1	1	1	1	1.9
维生素 B_2/mg	2.7	2.3	2.0	2.3	2.0	1.9
烟酸/mg	16	12	10	12	10	9
泛酸/mg	10	10	10	10	10	10
生物素/mg	0.09	0.09	0.09	0.09	0.09	0.09
叶酸/mg	0.5	0.5	0.5	0.5	0.5	0.5
维生素 B_{12}/μg	13.0	10.0	10.0	10.0	10.0	10.0

(五)妊娠母猪每天每头需要量(附表 1-14)

附表 1-14 妊娠母猪每天每头需要量

期别	妊娠前期				妊娠后期			
体重/kg	90 以下	90～120	120～150	150 以上	90 以下	90～120	120～150	150 以上
采食风干料/kg	1.50	1.70	1.90	2.00	2.00	2.20	2.40	2.50
消化能/MJ	17.6	19.9	22.3	23.4	23.4	25.8	28.1	29.3
代谢能/MJ	16.7	18.9	21.1	22.2	22.2	24.4	26.6	27.8

续表

期　别	妊娠前期				妊娠后期			
粗蛋白质/g	165	187	209	220	240	264	288	300
赖氨酸/g	5.30	6.00	6.70	7.00	7.20	7.90	8.60	9.00
蛋氨酸+胱氨酸/g	2.90	3.20	3.60	3.80	3.80	4.20	4.50	4.70
苏氨酸/g	4.20	4.80	5.30	5.60	5.60	6.20	6.70	7.00
异亮氨酸/g	4.70	5.30	5.90	6.20	6.20	6.80	7.40	7.8
钙/g	9.2	10.4	11.6	12.2	12.2	13.4	14.6	15.3
磷/g	7.4	8.3	9.30	9.8	9.8	10.8	11.8	12.3
食盐/g	4.8	5.4	6.1	6.4	6.4	7.0	8.0	8.0
铁/mg	98	111	124	130	130	143	156	163
铜/mg	6	7	8	8	8	9	10	10
锌/mg	63	71	80	84	84	92	101	105
锰/mg	12	14	15	16	16	18	19	20
碘/mg	0.16	0.18	0.12	0.22	0.22	0.24	0.27	0.28
硒/mg	0.20	0.22	0.25	0.26	0.26	0.29	0.31	0.33
维生素 A/IU	4 800	5 440	6 100	6 400	6 600	7 260	7 920	8 250
维生素 D/IU	240	272	304	320	320	352	384	400
维生素 E/IU	12	14	15	16	16	18	19	20
维生素 K/mg	2.6	2.9	3.2	3.4	3.4	3.7	4.1	4.3
维生素 B_1/mg	1.2	1.4	1.5	1.6	1.6	1.8	1.9	2.0
维生素 B_2/mg	3.8	4.3	4.8	5.0	5.0	5.5	6.0	6.3
烟酸/mg	12.0	14.0	15.0	16.0	16.0	18.0	19.0	20.0
泛酸/mg	14.6	16.5	18.4	19.4	19.6	21.6	23.5	0.5
生物素/mg	0.12	0.14	0.15	0.16	0.16	0.18	0.20	0.20
叶酸/mg	0.75	0.85	0.95	1.04	1.00	1.10	1.20	1.30
维生素 B_{12}/μg	12	20	23	24	26	29	31	33

(六)妊娠母猪每千克饲粮中养分含量(附表 1-15)

附表 1-15　妊娠母猪每千克饲粮中养分含量

期　别	妊娠前期	妊娠后期
消化能/MJ	11.72	11.72
代谢能/MJ	11.09	11.09
粗蛋白质/%	11.0	12.0
赖氨酸/%	0.35	0.36
蛋氨酸+胱氨酸/%	0.19	0.19

续表

期 别	妊娠前期	妊娠后期
苏氨酸/%	0.28	0.28
异亮氨酸/%	0.31	0.31
钙/%	0.61	0.61
磷/%	0.49	0.49
食盐/%	0.32	0.32
铁/mg	65	65
铜/mg	4	4
锌/mg	42	42
锰/mg	8	8
碘/mg	0.11	0.11
硒/mg	0.13	0.13
维生素 A/IU	3 200	3 300
维生素 D/IU	160	160
维生素 E/IU	8	8
维生素 K/mg	1.7	1.7
维生素 B_1/mg	0.8	0.8
维生素 B_2/mg	2.5	2.5
烟酸/mg	8.0	8.0
泛酸/mg	9.7	9.8
生物素/mg	0.08	0.08
叶酸/mg	0.5	0.5
维生素 B_{12}/μg	12.0	13.0

(七)哺乳母猪每天每头营养需要量(附表 1-16)

附表 1-16 哺乳母猪每天每头营养需要量

体 重/kg	120 以下	120～150	150～180	180 以上
采食风干料量/kg	4.80	5.00	5.20	5.30
消化能/MJ	58.24	60.67	63.10	64.31
代谢能/MJ	56.23	58.58	60.92	62.09
粗蛋白质/g	672	700	728	742
赖氨酸/g	24	25	26	27
蛋氨酸+胱氨酸/g	14.9	15.5	16.1	16.4
苏氨酸/g	17.8	18.5	19.2	19.6
异亮氨酸/g	15.8	16.5	17.2	17.5

续表

体 重/kg	120以下	120～150	150～180	180以上
钙/g	30.7	32.0	33.3	33.9
磷/g	21.6	22.5	23.4	23.9
食盐/g	21.1	22.0	22.9	23.3
铁/mg	336	350	364	371
铜/mg	21	22	23	23
锌/mg	211	220	229	233
锰/mg	38	40	42	42
碘/mg	0.58	0.60	0.62	0.64
硒/mg	0.43	0.45	0.47	0.48
维生素 A/IU	8 160	8 500	8 840	9 010
维生素 D/IU	826	860	894	912
维生素 E/IU	38	40	42	42
维生素 K/mg	8.0	8.5	8.8	9.0
维生素 B_1/mg	4.3	4.5	4.7	4.8
维生素 B_2/mg	12.5	13.0	13.5	13.8
烟酸/mg	13.0	15.0	47.0	48.0
泛酸/mg	48.0	50.0	52.0	53.0
生物素/mg	0.43	0.45	0.47	0.48
叶酸/mg	2.4	2.5	2.6	2.7
维生素 B_{12}/μg	62	65	68	69

(八)哺乳母猪、种公猪每千克饲粮中的养分含量(附表1-17)

附表1-17 哺乳母猪、种公猪每千克饲粮中的养分含量

期 别	母猪哺乳期	种公猪
消化能/MJ	12.13	12.55
代谢能/MJ	11.72	12.05
粗蛋白质/%	14	12.0(14.0*)
赖氨酸/%	0.50	0.38
蛋氨酸+胱氨酸/%	0.31	0.20
苏氨酸/%	0.37	0.30
异亮氨酸/%	0.33	0.33
钙/%	0.64	0.66
磷/%	0.46	0.53
食盐/%	0.44	0.35

续表

期 别	母猪哺乳期	种公猪
铁/mg	70	71
铜/mg	4.4	5
锌/mg	44	44
锰/mg	8	9
碘/mg	0.12	0.12
硒/mg	0.09	0.13
维生素 A/IU	1 700	3 531
维生素 D/IU	172	177
维生素 E/IU	9	8.9
维生素 K/mg	1.7	1.8
维生素 B_1/mg	0.9	2.6
维生素 B_2/mg	2.6	0.9
烟酸/mg	9	8.9
泛酸/mg	10	10.6
生物素/mg	0.09	0.09
叶酸/mg	0.5	0.52
维生素 B_{12}/μg	13	13.3

注：* 为 90 kg 以下采用的蛋白质量。

(九)种公猪每天每头营养需要量(附表 1-18)

附表 1-18 种公猪每天每头营养需要量

体 重/kg	90 以下	90～150	150 以上
采食风干料量/kg	1.4	1.9	2.3
消化能/MJ	17.57	23.85	28.87
代谢能/MJ	16.86	22.89	27.70
粗蛋白质/g	196	228	276
赖氨酸/g	5.3	7.2	8.7
蛋氨酸＋胱氨酸/g	3.1	3.8	4.6
苏氨酸/g	4.2	5.7	6.9
异亮氨酸/g	4.6	6.3	7.6
钙/g	9.2	12.5	15.2
磷/g	7.4	10.1	12.2
食盐/g	5.0	6.7	8.1
铁/mg	99	135	163

续表

体　重/kg	90 以下	90～150	150 以上
铜/mg	7	10	12
锌/mg	62	84	1.1
锰/mg	13	17	21
碘/mg	0.17	0.23	0.28
硒/mg	0.18	0.25	0.30
维生素 A/IU	4 943	6 709	8 121
维生素 D/IU	248	336	407
维生素 E/IU	12.5	16.9	20.5
维生素 K/mg	2.5	3.4	4.1
维生素 B_1/mg	1.3	1.7	2.1
维生素 B_2/mg	3.6	4.9	6.0
烟酸/mg	12.5	16.9	20.5
泛酸/mg	14.8	20.1	24.4
生物素/mg	0.13	0.17	0.21
叶酸/mg	0.73	1.00	1.20
维生素 B_{12}/μg	18.6	25.4	30.6

注：配种前 1 个月标准增加 20%～25%；冬季严寒期内标准增加 10%～20%。

附录 2　饲料成分及营养价值(附表 2-1～附表 2-4)

一、中国饲料成分及营养价值表(附表 2-1)

附表 2-1　中国饲料成分及营养价值表

饲料名称	干物质 DM/%	粗蛋白 CP/%	粗纤维 CF/%	钙 Ca/%	总磷 TP/%	有效磷 AP/%
01 玉米	86.0	9.4	1.2	0.02	0.27	10
02 玉米	86.0	8.7	1.6	0.02	0.27	10
03 玉米	86.0	7.8	1.6	0.02	0.27	0.10
04 高粱	86.0	9.0	1.4	0.13	0.36	0.12
05 小麦	87.0	13.9	1.9	0.17	0.41	0.21
06 大麦(裸)	87.0	13.0	2.0	0.04	0.39	0.14
07 大麦(皮)	87.0	11.0	4.8	0.09	0.33	0.12
08 黑麦	88.0	11.0	2.2	0.05	0.30	0.10
09 稻谷	86.0	7.8	8.2	0.03	0.36	0.12

续表

饲料名称	干物质 DM/%	粗蛋白 CP/%	粗纤维 CF/%	钙 Ca/%	总磷 TP/%	有效磷 AP/%
10 糙米	87.0	8.8	0.7	0.03	0.35	0.13
11 碎米	88.0	10.4	1.1	0.06	0.35	0.13
12 粟(谷子)	86.5	9.7	6.8	0.12	0.30	0.11
13 木薯干	87.0	2.5	2.5	0.27	0.09	—
14 甘薯干	87.0	4.0	2.8	0.19	0.02	—
15 次粉	88.0	15.4	1.5	0.08	0.48	0.15
16 次粉	87.0	13.6	2.8	0.08	0.48	0.15
17 小麦麸	87.0	15.7	8.9	0.11	0.92	0.30
18 米糠	87.0	12.8	5.7	0.07	1.43	0.20
19 米糠饼	88.0	14.7	7.4	0.14	1.69	0.22
20 米糠粕	87.0	15.1	7.5	0.15	1.82	0.24
21 大豆	87.0	35.5	4.3	0.27	0.48	0.16
22 大豆饼	87.0	40.9	4.7	0.30	0.49	0.16
23 大豆粕	87.0	46.8	3.9	0.31	0.61	0.20
24 大豆粕	87.0	43.0	5.1	0.32	0.61	0.20
25 棉籽饼	88.0	36.3	12.5	0.21	0.83	0.27
26 棉籽粕	88.0	42.5	10.1	0.24	0.97	0.25
27 菜籽饼	88.0	35.7	11.4	0.59	0.96	0.33
28 菜籽粕	88.0	38.6	11.8	0.65	1.02	0.33
29 花生仁饼	88.0	44.7	5.9	0.25	0.53	0.17
30 花生仁粕	88.0	47.8	6.2	0.27	0.56	0.18
31 向日葵仁饼	88.0	29.0	20.4	0.24	0.87	0.22
32 向日葵仁粕	88.0	36.5	10.5	0.27	1.13	0.23
33 向日葵仁粕	88.0	33.6	14.8	0.26	1.03	0.23
34 亚麻仁饼	88.0	32.2	7.8	0.39	0.88	0.38
35 亚麻仁粕	88.0	34.8	8.2	0.42	0.95	0.42
36 芝麻饼	92.0	39.2	7.2	2.24	1.19	0.22
37 玉米蛋白粉	90.1	63.5	1.0	0.07	0.44	0.16
38 玉米蛋白粉	91.2	51.3	2.1	0.06	0.42	0.15
39 玉米蛋白粉	89.9	44.3	1.6	—	—	—
40 玉米蛋白饲料	88.0	19.3	7.8	0.15	0.70	0.17
41 玉米胚芽饼	90.0	16.7	6.3	0.04	1.45	—
42 玉米胚芽粕	90.0	20.8	6.5	0.06	1.23	—

续表

饲料名称	干物质 DM/%	粗蛋白 CP/%	粗纤维 CF/%	钙 Ca/%	总磷 TP/%	有效磷 AP/%
43 玉米 DDGS	90.0	28.3	7.1	0.20	0.74	0.31
44 蚕豆粉浆蛋白	88.0	66.3	4.1	—	0.59	—
45 麦芽根	89.7	28.3	12.5	0.22	0.73	—
46 鱼粉	90.0	64.5	0.5	3.81	2.83	2.83
47 鱼粉	90.0	62.5	0.5	3.96	3.05	3.05
48 鱼粉	90.0	60.2	0.5	4.04	2.90	2.90
49 鱼粉	90.0	53.5	0.8	5.88	3.20	3.20
50 血粉	88.0	82.8	0.0	0.29	0.31	0.31
51 羽毛粉	88.0	77.9	0.7	0.20	0.68	0.68
52 皮革粉	88.0	74.7	1.6	4.40	0.15	0.15
53 肉骨粉	93.0	45.0	2.5	11.0	5.90	5.90
54 肉粉	94.0	54.0	1.4	7.69	3.88	3.88
55 苜蓿草粉	87.0	19.1	22.7	1.40	0.51	0.51
56 苜蓿草粉	87.0	17.2	25.6	1.52	0.22	0.22
57 苜蓿草粉	87.0	14.3	21.6	1.34	0.19	0.19
58 啤酒糟	88.0	24.3	13.4	0.32	0.42	0.14
59 啤酒酵母	91.7	52.4	0.6	0.16	1.02	0.31
60 乳清粉	94.0	12.0	0.0	0.87	0.79	0.79
61 牛奶乳糖	96.0	4.0	0.0	0.52	0.62	0.62

二、饲料有效能及主要氨基酸含量(附表 2-2)

附表 2-2 饲料有效能及主要氨基酸含量

饲料名称	粗蛋白 CP/%	消化能/(MJ/kg)	赖氨酸 Lys/%	蛋氨酸 Met/%	苏氨酸 Thr/%	色氨酸 Trp/%
01 玉米	9.4	14.39	0.26	0.19	0.31	0.08
02 玉米	8.7	14.27	0.24	0.18	0.30	0.07
03 玉米	7.8	14.18	0.23	0.15	0.29	0.06
04 高粱	9.0	13.18	0.18	0.17	0.26	0.08
05 小麦	13.9	14.18	0.30	0.25	0.33	0.15
06 大麦(裸)	13.0	13.56	0.44	0.14	0.43	0.16
07 大麦(皮)	11.0	12.64	0.42	0.18	0.41	0.12
08 黑麦	11.0	13.85	0.37	0.16	0.34	0.12
09 稻谷	7.8	12.09	0.29	0.19	0.25	0.10

续表

饲料名称	粗蛋白 CP/%	消化能/(MJ/kg)	赖氨酸 Lys/%	蛋氨酸 Met/%	苏氨酸 Thr/%	色氨酸 Trp/%
10 糙米	8.8	14.39	0.32	0.20	0.28	0.12
11 碎米	10.4	15.06	0.42	0.22	0.38	0.12
12 粟(谷子)	9.7	12.93	0.15	0.25	0.35	0.17
13 木薯干	2.5	13.10	0.13	0.05	0.10	0.03
14 甘薯干	4.0	11.80	0.16	0.06	0.18	0.05
15 次粉	15.4	13.68	0.59	0.23	0.50	0.21
16 次粉	13.6	13.43	0.52	0.16	0.50	0.18
17 小麦麸	15.7	9.37	0.58	0.13	0.43	0.20
18 米糠	12.8	12.64	0.74	0.25	0.48	0.14
19 米糠饼	14.7	12.51	0.66	0.26	0.53	0.15
20 米糠粕	15.1	11.55	0.72	0.28	0.57	0.17
21 大豆	35.5	16.60	2.22	0.48	1.38	0.56
22 大豆饼	40.9	13.51	2.38	0.59	1.41	0.63
23 大豆粕	46.8	13.74	2.81	0.56	1.89	0.64
24 大豆粕	43.0	13.18	2.45	0.64	1.88	0.68
25 棉籽饼	36.3	9.92	1.40	0.41	1.14	0.39
26 棉籽粕	42.5	9.46	1.59	0.45	1.31	0.44
27 菜籽饼	35.7	12.05	1.33	0.60	1.40	0.42
28 菜籽粕	38.6	10.59	1.30	0.63	1.49	0.43
29 花生仁饼	44.7	12.89	1.32	0.39	1.05	0.42
30 花生仁粕	47.8	12.43	1.40	0.41	1.11	0.45
31 向日葵仁饼	29.0	7.91	0.96	0.59	0.98	0.28
32 向日葵仁粕	36.5	11.63	1.22	0.72	1.25	0.47
33 向日葵仁粕	33.6	10.42	1.13	0.69	1.14	0.37
34 亚麻仁饼	32.2	12.13	0.73	0.46	1.00	0.48
35 亚麻仁粕	34.8	9.92	1.16	0.55	1.10	0.70
36 芝麻饼	39.2	13.29	0.82	0.82	1.29	0.49
37 玉米蛋白粉	63.5	15.05	0.97	1.42	2.08	0.36
38 玉米蛋白粉	51.3	15.60	0.92	1.14	1.59	0.31
39 玉米蛋白粉	44.3	15.01	0.71	1.04	1.38	—
40 玉米蛋白饲料	19.3	10.38	0.63	0.29	0.68	0.14
41 玉米胚芽饼	16.7	14.69	0.70	0.31	0.64	0.16
42 玉米胚芽粕	20.8	13.72	0.75	0.21	0.68	0.18

续表

饲料名称	粗蛋白 CP/%	消化能/（MJ/kg）	赖氨酸 Lys/%	蛋氨酸 Met/%	苏氨酸 Thr/%	色氨酸 Trp/%
43 玉米 DDGS	28.3	14.35	0.59	0.59	0.92	0.19
44 蚕豆粉浆蛋白	66.3	13.51	4.44	0.60	2.31	—
45 麦芽根	28.3	9.67	1.30	0.37	0.96	0.42
46 鱼粉	64.5	13.18	5.22	1.71	2.87	0.78
47 鱼粉	62.5	12.97	5.12	1.66	2.78	0.75
48 鱼粉	60.2	12.55	4.72	1.64	2.57	0.70
49 鱼粉	53.5	12.93	3.87	1.39	2.51	0.60
50 血粉	82.8	11.42	6.67	0.74	2.86	1.11
51 羽毛粉	77.9	11.59	1.65	0.59	3.51	0.40
52 皮革粉	74.7	11.09	2.18	0.80	0.71	0.50
53 肉骨粉	45.0	10.03	2.20	0.53	1.58	0.18
54 肉粉	54.0	11.29	3.07	0.80	1.97	0.35
55 苜蓿草粉	19.1	6.95	0.82	0.21	0.74	0.43
56 苜蓿草粉	17.2	6.11	0.81	0.20	0.69	0.37
57 苜蓿草粉	14.3	6.23	0.60	0.18	0.45	0.24
58 啤酒糟	24.3	9.41	0.72	0.52	0.81	—
59 啤酒酵母	52.4	14.81	3.38	0.83	2.33	2.08
60 乳清粉	12.0	14.39	1.10	0.20	0.80	0.20
61 牛奶乳糖	4.0	14.11	0.16	0.03	0.10	0.10

三、相对湿度查对表（附表 2-3）

附表 2-3 相对湿度查对表

干湿球差度/℉ 相对湿度/% 湿球示度/℉	1	2	3	4	5	6	7	8	9	10	11	12	13	14	15
32	88	78	68	60	52	45	38	33	28	23	19	15	12	9	7
33	88	79	69	61	53	47	40	35	29	24	21	17	14	10	8
34	88	79	69	62	54	48	41	36	30	26	22	18	15	12	10
35	89	80	71	63	55	49	42	37	32	27	23	20	17	14	11
36	89	80	71	64	56	50	43	38	33	28	25	21	18	15	13
37	89	81	72	65	57	51	45	40	35	29	26	23	20	17	15

续表

干湿球差度/℉ 相对湿度/% 湿球示度/℉	1	2	3	4	5	6	7	8	9	10	11	12	13	14	15
38	89	81	72	65	58	52	45	41	36	31	27	24	21	18	16
39	89	82	73	66	59	53	47	42	37	32	29	25	22	19	17
40	90	82	73	66	60	54	48	43	38	33	30	26	23	20	18
41	90	82	74	67	60	55	49	44	39	35	31	27	25	22	19
42	90	83	74	68	61	55	50	45	40	36	32	29	26	23	21
43	90	83	75	68	61	56	50	46	41	37	33	30	27	24	22
44	91	83	75	69	62	57	51	47	42	38	34	31	28	25	23
45	91	84	75	69	63	58	52	48	43	39	35	32	29	26	24
46	91	84	76	70	64	59	53	49	44	40	37	33	30	27	25
47	91	84	76	70	64	59	54	49	45	41	37	34	31	28	26
48	91	85	77	71	65	60	54	50	46	42	38	35	32	29	27
49	92	85	77	71	65	61	55	51	46	42	39	36	33	30	28
50	92	85	78	72	66	61	56	52	47	43	40	37	34	31	29
51	92	85	78	73	66	62	57	52	48	44	41	37	35	32	30
52	92	85	78	73	67	62	57	53	49	45	42	38	36	33	30
53	92	86	79	73	68	63	58	54	50	46	42	39	36	34	31
54	92	86	79	74	68	63	58	54	50	46	43	40	37	34	32
55	92	86	80	74	69	64	59	55	51	47	44	41	38	35	33
56	92	86	80	74	69	64	60	56	51	48	45	42	39	36	34
57	92	87	80	75	69	65	60	56	52	48	45	42	39	37	34
58	93	87	80	75	70	65	61	57	53	49	46	43	40	37	35
59	93	87	81	76	70	66	61	57	53	49	46	43	41	38	36
60	93	87	81	76	70	66	62	58	54	50	47	44	41	39	36
61	93	87	81	76	71	67	62	58	54	51	48	44	42	39	37
62	93	88	81	77	71	67	63	59	55	51	48	45	44	40	38
63	93	88	82	77	72	68	63	59	55	52	49	46	43	40	38
64	93	88	82	77	72	68	64	60	56	52	49	46	44	41	39
65	93	88	82	77	72	68	64	60	56	53	50	47	44	42	39
66	93	88	82	78	73	69	64	60	57	53	50	47	45	42	40
67	93	88	82	78	73	69	65	61	57	54	51	48	45	43	40

续表

干湿球差度/℉ 相对湿度/% 湿球示度/℉	1	2	3	4	5	6	7	8	9	10	11	12	13	14	15
68	94	88	83	78	73	69	65	62	58	54	51	48	46	43	41
69	94	89	83	78	74	70	65	62	58	55	52	49	46	43	41
70	94	89	83	79	74	70	66	62	58	55	52	49	47	44	42
71	94	89	83	79	74	70	66	63	59	55	53	50	47	44	42
72	94	89	83	79	74	71	66	63	59	56	53	50	47	45	43
73	94	89	84	79	75	71	67	63	60	56	53	50	48	45	43
74	94	89	84	80	75	71	67	64	60	57	54	51	48	46	44
75	94	89	84	80	75	72	67	64	60	57	54	51	49	46	44
76	94	89	84	80	75	72	68	64	61	57	55	51	49	46	44
77	94	90	84	80	76	72	68	65	61	58	55	52	49	47	45
78	94	90	84	80	76	72	68	65	61	58	55	52	50	47	45
79	94	90	85	80	76	73	68	65	62	58	56	53	50	48	45
80	94	90	85	81	76	73	69	66	62	58	56	53	51	48	46
81	94	90	85	81	77	73	69	66	62	59	56	53	51	48	46
82	94	90	85	81	77	73	69	66	63	59	57	54	51	49	47
83	94	90	85	81	77	73	69	66	63	59	57	54	52	49	47
84	95	90	85	81	77	74	80	67	63	60	57	54	52	49	47
85	95	90	85	82	77	74	80	67	63	60	57	55	52	49	47
86	95	90	86	82	78	74	80	67	64	60	58	55	52	50	48
87	95	90	86	82	78	74	80	67	64	61	58	55	53	50	48
88	95	90	86	82	78	74	71	71	64	61	58	55	53	50	48
89	95	91	86	82	78	75	71	71	64	61	59	56	53	51	49
90	95	91	86	82	78	75	71	71	65	62	59	56	54	51	49
91	95	91	86	83	78	75	71	71	65	62	59	56	54	51	49
92	95	91	86	83	78	75	72	72	65	62	59	56	54	52	49
93	95	91	86	83	79	75	72	72	65	62	59	57	54	52	50
94	95	91	87	83	79	75	72	72	65	62	60	57	55	52	50
95	95	91	87	83	79	76	72	72	66	63	60	57	55	52	50
96	95	91	87	83	79	76	73	73	66	63	60	57	55	53	51
97	95	91	87	83	79	76	74	74	66	64	60	58	56	53	51

续表

干湿球差度/℉ 相对湿度/% 湿球示度/℉	1	2	3	4	5	6	7	8	9	10	11	12	13	14	15
98	95	91	87	83	79	76	74	74	66	64	61	58	56	53	51
99	96	91	88	83	79	76	74	74	66	64	61	59	56	53	51
100	96	91	88	83	79	76	74	74	66	64	61	59	56	53	51

四、猪舍小气候参数表(附表 2-4)

附表 2-4 猪舍小气候参数表

猪舍种类	空怀及妊娠前期母猪	种公猪	妊娠后期母猪	哺乳母猪	哺乳仔猪	断奶仔猪	后备猪	育肥猪*	育肥猪**
温度/℃	14～16	14～16	16～20	16～18	30～32	20～24	15～18	14～20	12～18
湿度/%	60～85	60～85	60～80	60～80	60～80	60～80	60～80	60～85	60～85
冬季换气量/(m^3/h·kg)	0.35	0.45	0.35	0.35	0.35	0.35	0.45	0.35	0.35
春秋季换气量/(m^3/h·kg)	0.45	0.60	0.45	0.45	0.45	0.45	0.55	0.45	0.45
夏季换气量/(m^3/h·kg)	0.60	0.70	0.60	0.60	0.60	0.60	0.65	0.60	0.60
冬季风速/(m/s)	0.30	0.20	0.20	0.15	0.15	0.20	0.30	0.20	0.20
春、秋季风速/(m/s)	0.30	0.20	0.20	0.15	0.15	0.20	0.30	0.20	0.20
夏季风速/(m/s)	≤1.00	≤1.00	≤1.00	≤0.40	≤0.40	≤0.60	≤1.00	≤1.00	≤1.00
窗地比(采光系数)	1/10～1/12	1/10～1/12	1/10～1/12	1/10～1/12	1/10～1/12	1/10	1/10	1/15～1/20	1/15～1/20
照度/lx	75(30)	75(30)	75(30)	75(30)	75(30)	75(30)	75(30)	5 0(20)	50(20)
噪声/dB	≤70	≤70	≤70	≤70	≤70	≤70	≤70	≤70	≤70
微生物含量/m^3	10	6	6	5	5	5	5	8	8
CO_2 气体浓度/(mg/L)	4.0	4.0	4.0	4.0	4.0	4.0	4.0	4.0	4.0

续表

猪舍种类	空怀及妊娠前期母猪	种公猪	妊娠后期母猪	哺乳母猪	哺乳仔猪	断奶仔猪	后备猪	育肥猪*	育肥猪**
NH_3 气体浓度/(mg/m^3)	20	20	20	15	15	20	20	20	20
H_2S 气体浓度/(mg/m^3)	10	10	10	10	10	10	10	10	10
栏圈面积/(m^2/头)	2～2.5	6～9	2.5～3	4～4.5	0.6～0.9	0.3～0.4	0.8～1.0	0.8～1.0	0.8～1.0

注：1. 哺乳仔猪的温度应为：第一周 30 ℃，第二周 26 ℃，第三周 24 ℃，第四周 22 ℃；除哺乳仔猪外，其他各猪舍夏季最高温度应不超过 25 ℃。

2. 人工照明的照度括号外数字为人光灯，括号内数字为白炽灯。

3. * 为育肥猪 165 日龄前，** 为 165 日龄后。

参考文献

[1]陈清明，王连纯．现代养猪生产[M]．北京：中国农业大学出版社，1997.
[2]崔中林．规模化安全养猪综合新技术[M]．北京：中国农业出版社，2004.
[3]段诚中．规模化养猪新技术[M]．成都：四川科学技术出版社，2003.
[4]杨公社．猪生产学[M]．北京：中国农业出版社，2002.
[5]李宝林．猪生产学[M]．北京：中国农业出版社，2001.
[6]黑龙江畜牧兽医职业学院．猪饲养管理与疾病防治[M]．哈尔滨：哈尔滨地图出版社，2004.
[7]姚军虎．动物营养与饲料[M]．北京：中国农业出版社，2001.
[8]娄玉杰．实用动物饲养学[M]．吉林：吉林科学技术出版社，2002.
[9]焦骅．家畜育种学[M]．北京：中国农业出版社，2001.
[10]内蒙古农牧学院．家畜育种学[M]．北京：中国农业出版社，2000.
[11]郭亮．无公害猪肉生产与质量管理[M]．北京：中国农业科学技术出版社，2003.
[12]李炳坦，等．养猪生产技术手册[M]．北京：中国农业出版社，2004.
[13]赵书广．中国养猪大成[M]．北京：中国农业出版社，2001.
[14]张沅．家畜育种学[M]．北京：中国农业出版社，2001.
[15]江苏农学院．养猪学[M]．太原：山西农业大学出版社，1982.
[16]陈润生．猪生产学[M]．北京：中国农业出版社，1995.
[17]王林云．养猪词典[M]．北京：中国农业出版社，2009.
[18]王燕丽．猪生产技术[M]．北京：化学工业出版社，2016.
[19]李立山．养猪与猪病防治[M]．北京：中国农业出版社，2006.
[20]吴学军．猪生产技术[M]．北京：北京师范大学出版社，2011.
[21]山东省畜牧兽医学校．临床兽医学[M]．北京：中国农业出版社，2016.
[22]陈晓华．畜牧兽医专业软件应用[M]．北京：北京师范大学出版社，2011.
[23]李军成．养猪与猪病防治[M]．北京：中国农业出版社，2014.
[24]陈翠玲．动物营养与饲料应用技术[M]．北京：北京师范大学出版社，2018.
[25]王琳．猪场数据收集与管理分析[J]．现代畜牧科技，2017(9).
[26]徐光玉．国内种猪引种指南[J]．中国畜禽种业，2008(12).
[27]杜晓光．种猪引种的五个注意事项[J]．农村养殖技术，2012(7).
[28]邹春丽．猪引种的方法和原则[J]．畜牧兽医科技信息，2017(1).
[29]周景文．生猪引种过程中的防疫管理[J]．中国动物保健，2019(9).